普通高等工科教育机电类规划教材
机械工业出版社精品教材

机械设计课程设计

第2版

主　编　徐起贺　刘静香
副主编　武正权

机械工业出版社

本书是根据教育部制订的高等学校“机械设计”课程教学基本要求，结合普通高等工科院校机械类及近机械类专业机械设计课程设计教学改革的成果，为推进高校机械类应用型人才培养工作，突出其应用型特色，切实提升应用型本科学生的专业素养和实践动手能力编写而成的，是机械设计课程的配套教材。

全书分两篇，共二十章。第一篇（第一章~第十章）为机械设计课程设计指导；第二篇（第十一章~第二十章）为机械设计课程设计常用标准和规范。

本书以圆柱齿轮减速器的设计为主线，系统地介绍了机械传动装置的设计内容、设计方法、设计步骤和注意事项，并结合具体结构设计，分析了设计中常见的问题。此外，对锥齿轮减速器和蜗杆减速器的设计也做了有针对性的指导。本书提供了课程设计中所需的各种设计资料及现行的国家标准和规范，考虑到机械类应用型人才培养的特点，本书内容力求简明扼要，叙述层次清晰，设计过程循序渐进，资料翔实可靠。

本书为普通高等工科院校及应用型本科院校机械类及近机械类专业机械设计课程设计用书，也可供高职高专、电大、职大和函大等相应专业学生使用，还可供从事机械设计工作的工程技术人员参考。

图书在版编目（CIP）数据

机械设计课程设计/徐起贺，刘静香主编. —2版. —北京：机械工业出版社，2018.7（2024.6重印）
普通高等工科教育机电类系列教材　机械工业出版社精品教材
ISBN 978-7-111-60204-0

Ⅰ.①机…　Ⅱ.①徐…②刘…　Ⅲ.①机械设计-课程设计-高等学校-教材　Ⅳ.①TH122-41

中国版本图书馆CIP数据核字（2018）第128290号

机械工业出版社（北京市百万庄大街22号　邮政编码100037）
策划编辑：王英杰　责任编辑：王英杰　责任校对：郑　婕
封面设计：张　静　责任印制：邓　博
北京盛通数码印刷有限公司印刷
2024年6月第2版第7次印刷
184mm×260mm · 17印张 · 413千字
标准书号：ISBN 978-7-111-60204-0
定价：49.80元

电话服务	网络服务
客服电话：010-88361066	机　工　官　网：www.cmpbook.com
010-88379833	机　工　官　博：weibo.com/cmp1952
010-68326294	金　书　网：www.golden-book.com
封底无防伪标均为盗版	机工教育服务网：www.cmpedu.com

前言

本书是根据教育部制订的高等学校“机械设计”课程教学基本要求，结合普通高等工科院校机械类及近机械类专业机械设计课程设计教学改革的成果，为推进高校机械类应用型人才培养工作，突出其应用型特色，切实提升应用型本科学生的专业素养和实践动手能力编写而成的，是机械设计课程的配套教材。本书为普通高等工科院校及应用型本科院校机械类及近机械类专业机械设计课程设计用书，也可供高职高专、电大、职大和函大等相应专业学生进行机械设计课程设计时使用。

全书分两篇，共二十章。第一篇（第一章~第十章）为机械设计课程设计指导；第二篇（第十一~第二十章）为机械设计课程设计常用标准和规范。

本书在内容编排上按照机械设计课程设计的总体思路和一般步骤，以传动装置中广泛使用的圆柱齿轮减速器设计为主线，系统地介绍了机械传动装置的设计内容、设计方法和设计步骤。对圆柱齿轮减速器设计中每一步骤的计算方法、结构设计以及应注意的问题，都做了详细叙述，并且配置了适量的图例和图表，加强了结构设计能力的培养。此外，对锥齿轮减速器和蜗杆减速器的设计特点也做了有针对性的阐述，既避免了内容重复混乱，又便于学生理解和掌握。除了主要介绍减速器设计的方法和步骤外，还提供了必要的现行国家标准、规范及有关资料，内容翔实可靠，方便设计；从培养学生创新能力的角度出发，提供了多样化的课程设计选题，可供指导教师下达设计任务时选用；给出的减速器装配图和零件图的参考图例，以及常见正误结构示例，便于对照比较，可供学生设计时借鉴。

综上所述，本书内容全面，体系完整，重点突出，层次分明，讲解过程循序渐进，符合设计思维过程，便于指导学生自学，具有较强的实用性和广泛的适应性。力求使学生借助于本书并在教师的指导下，能够独立地进行机械设计课程设计，以强化学生设计能力和实践能力的培养。

参加本书编写的人员来自河南工学院、河南科技学院及河南工业大学等高校。本书编写分工：徐起贺编写第一章、第二章、第三章、第四章、第十章、第十三章、第十八章、第十九章，刘静香编写第五章、第六章、第十五章、第二十章，武正权编写第七章、第九章、第十四章、第十七章，马秉馨编写第十一章、第十二章，李勇峰编写第八章，王高平编写第十六章。全书由徐起贺、刘静香担任主编，武正权担任副主编，并由徐起贺负责全书统稿工作。

本书承郑州大学秦东晨教授和国家级教学名师杨占尧教授精心审阅，他们对本书的编写提出了许多宝贵的意见和建议，对提高本书的编写质量给予了很大帮助，编者在此表示衷心的感谢。在编写过程中，参考了多种参考文献，在此对其编者表示衷心的感谢。本书的编写得到了河南高等教育教学改革研究省级立项项目“高等技术应用型人才创新能力培养的系统化研究”的支持，在此表示深深的感谢。

由于编者水平有限，误漏欠妥之处在所难免，恳请广大教师、读者给予批评指正。

编　者

目 录

第二篇 机械设计课程设计常用标准和规范

第一篇

机械设计课程设计指导

第一章

机械设计课程设计概述

第一节 课程设计的主要目的

课程设计是机械设计课程重要的综合性与实践性教学环节，也是第一次对学生进行的比较全面的机械设计训练。课程设计的主要目的如下：

1）综合运用机械设计课程和其他先修课程的基本知识和方法，分析和解决工程实际中的具体设计问题，进一步巩固和深化所学课程的知识。

2）通过设计实践各个环节的锻炼，逐步树立正确的设计思想，增强创新意识和竞争意识，掌握机械设计的一般方法和步骤，培养学生分析问题和解决问题的能力。

3）通过设计计算、绘图以及运用技术标准、规范、设计手册等有关设计资料，进行全面的机械设计基本技能的训练。

第二节 课程设计的基本内容

课程设计的题目，一般选择由本课程所学过的大部分零部件所组成的机械传动装置或其他简单机械，目前较多采用的是以齿轮减速器为主体的机械传动装置，如图 1-1 所示带式输送机传动装置中的二级圆柱齿轮减速器。多年来的教学实践证明：以减速器为主体的机械传动装置，是课程设计较理想的题目，能较全面地达到上述目的。这是由于减速器作为一个完整而独立的部件广泛应用于各类机械中，其传动结构涉及了大部分通用零部件。

课程设计的内容通常包括传动装置的总体设计，传动零件、轴、轴承、联轴器等的设计计算和选择，装配图和零件图设计，以及编写设计计算说明书。

课程设计中要求学生在规定的时间内完成以下工作：

1）绘制减速器装配工作图 1 张（用 A0 或 A1 图幅）。

2）绘制零件工作图 1~3 张（如传动零件、轴、箱体等，视各专业情况而定）。

3）编写设计计算说明书 1 份，约 8000 字。

对于不同的专业，由于培养要求和学时数不同，选题和设计内容及分量应有所不同。本书第九章选列了若干套设计题目，供选题时参考。

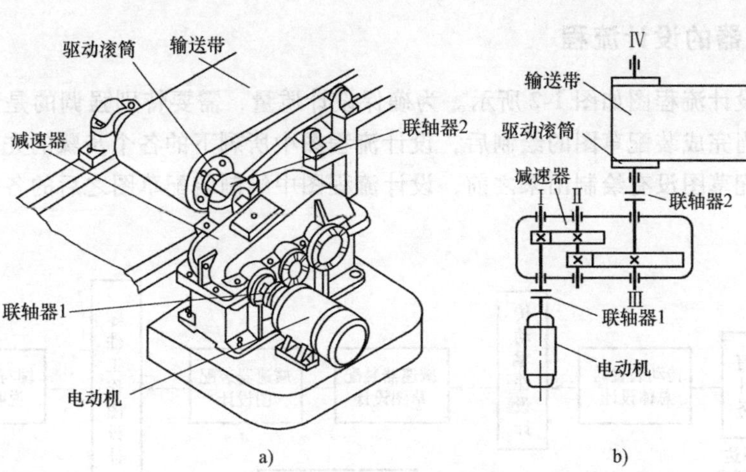

图 1-1　带式输送机传动装置

第三节　课程设计的步骤及流程

一、减速器的设计步骤

课程设计一般可按以下顺序进行：设计准备工作→传动装置总体设计→传动零件设计计算→装配草图设计绘制→装配图设计→零件工作图设计→编写设计计算说明书→设计总结及答辩。每一设计阶段所包含的设计内容和工作量见表 1-1，指导教师在学生完成以下设计内容后，根据图样、说明书以及答辩情况等对设计进行综合评定。

表 1-1　机械设计课程设计的基本步骤

设计阶段	主　要　内　容	约占总工作量的比例
1. 设计准备工作	阅读设计任务书，了解原始数据、工作条件及设计要求，明确设计任务；现场参观（模型、实物、生产现场），看教学录像，拆装减速器，阅读课程设计指导书及有关资料和图样；拟定设计过程进度计划，准备好一本设计计算草稿本；准备好设计所需的资料及绘图用具等	4%
2. 传动装置总体设计	分析和拟定传动方案；选择电动机；计算传动装置的总传动比并合理分配各级传动比；计算传动装置的运动和动力参数（各轴转速、功率、转矩等）	6%
3. 传动零件设计计算	设计计算各级传动件的主要参数和几何尺寸，例如减速器外传动零件的设计计算、减速器内传动零件的设计计算，以及选择联轴器的类型和型号等	8%
4. 装配草图设计绘制	初算轴径，初选轴承，确定轴上各受力点的位置，并对轴、轴承及键等进行校核计算；设计绘制轴系部件的具体结构；设计绘制箱体及附件的具体结构；审查和修改装配草图	32%
5. 装配图设计	加深（或另绘）装配图；标注主要尺寸、公差配合及零件序号；编写标题栏、零件明细栏、减速器技术特性及技术要求等，最后完成装配图	25%
6. 零件工作图设计	绘制指定的零件工作图；绘出必要的视图；标注尺寸、公差及表面粗糙度，编写技术要求、齿轮的啮合特性表及标题栏	10%
7. 编写设计计算说明书	根据计算草稿进行整理，编写出课程设计计算说明书，并附以必要的插图和说明	10%
8. 设计总结及答辩	针对设计题目的完成情况和设计体会，进行课程设计总结，完成答辩准备工作	5%

二、减速器的设计流程

减速器的设计流程图如图 1-2 所示。为确保设计质量，需要特别强调的是，绘制装配草图非常重要。当完成装配草图的绘制后，设计流程图中所剩下的各个步骤的先后顺序可灵活处理，但在装配草图没有绘制出来之前，设计流程图中绘制装配草图之后的各个步骤均无法进行。

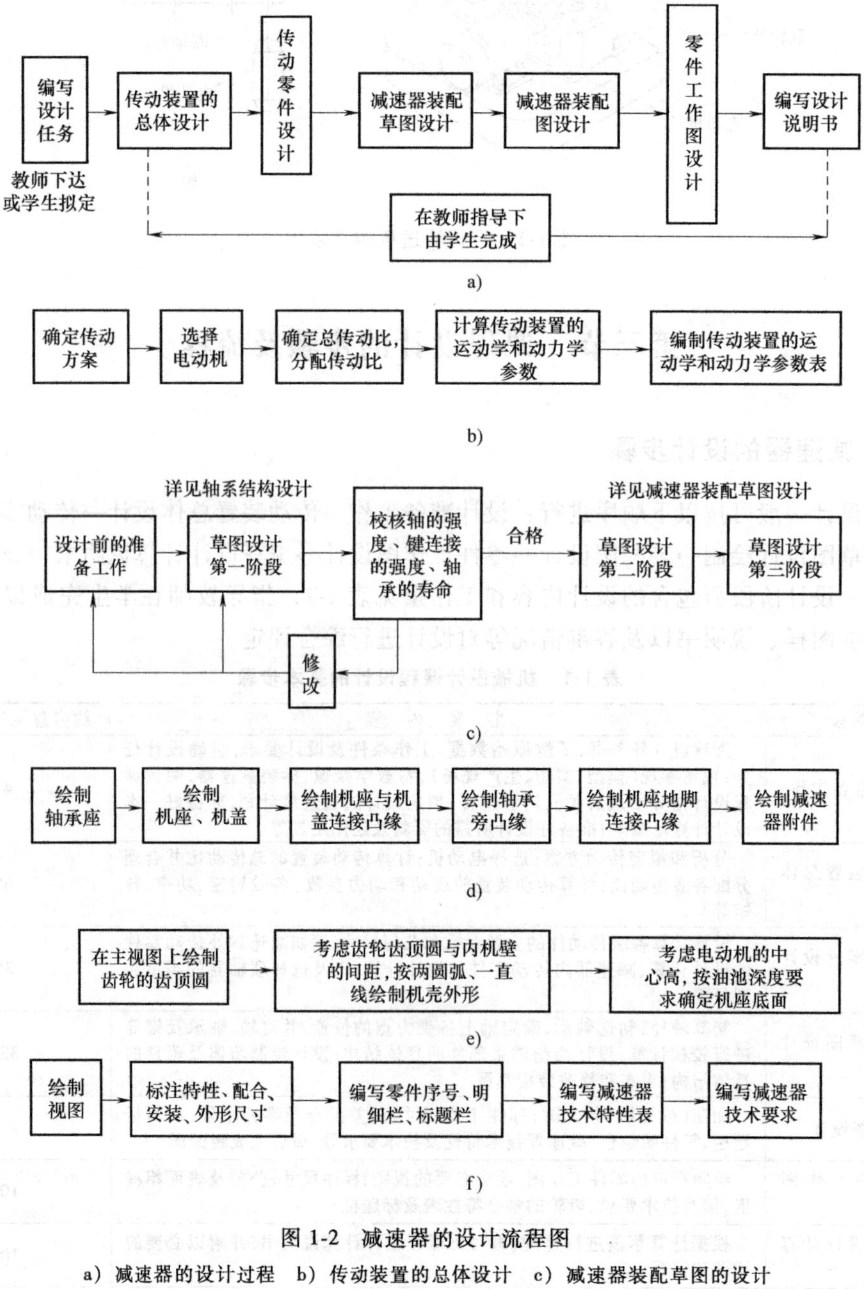

图 1-2　减速器的设计流程图

a）减速器的设计过程　b）传动装置的总体设计　c）减速器装配草图的设计

d）减速器机体设计　e）减速器机体外形设计　f）减速器装配图设计

第四节 课程设计中应注意的问题

一、正确处理继承和创新的关系

机械设计课程设计是在教师指导下由学生独立完成的，它是理论联系实际、培养学生初步设计能力的重要教学环节。学生应明确设计任务，掌握设计进度，认真开展设计工作。在设计过程中，既要借鉴前人的宝贵设计经验和资料，又不能盲目地照搬照抄已有设计资料。正确的方法是：应从具体的设计任务和要求出发，充分利用已有的技术资料，认真分析现有设计方案的特点，从中吸取合理的部分，以开拓自己的设计思路，充实和完善自己的设计方案。此外，正确地利用已有资料，可以避免许多重复工作，加快设计进程，同时也是创新的基础和提高设计质量的重要保证。每个阶段完成后要认真检查，及时修改设计中的不足，避免出现重大错误，影响下一阶段的设计。

二、学会应用“三边”设计方法

在课程设计中应根据设计对象的具体情况，以理论计算为依据，全面考虑设计对象的结构、工艺、经济性等要求，确定合理的结构尺寸。由于课程设计进程的各个阶段是相互关联和彼此制约的，因此往往本阶段发现的问题，牵扯到需要对前面的设计和计算做相应的修改，甚至有的结构和具体尺寸要通过绘图或由经验公式才能确定。因而在设计过程中应采用边计算、边绘图、边修改的“三边”设计方法，使设计计算和绘图交替进行。那种认为只有待全部的理论计算结束和所有的具体结构尺寸确定后才能开始绘图的观点是完全错误的。

三、在设计中贯彻“三化”原则

在设计中贯彻标准化、系列化与通用化的“三化”原则可以保证互换性、降低成本、缩短设计周期，是机械设计应遵循的原则之一，也是评价设计质量优劣的指标之一。在课程设计中应熟悉和正确采用有关技术标准与规范，尽量采用标准件，并应注意一些尺寸需圆整为标准尺寸。同时，设计中应减少材料的品种和标准件的规格，这样能降低成本，并能方便使用和维护。

四、提高工作效率

不断提高工作效率有利于培养良好的工作作风。为此，首先从思想上应引起足够的重视，并在教师的指导下逐步学会合理地安排时间，以避免发生前松后紧或顾此失彼等现象。同时在设计过程中也必须采取一切有利于提高工作效率的措施。例如：事先制订好切实可行的工作计划；经常查阅有关的设计资料和标准；在草稿本上写下编写设计计算说明书时所必需的计算过程及有关数据或标准的来源，且各行之间还应留有一定的间隔，以适应修改或调整设计计算结果的需要等。这样在最后编写设计计算说明书时，可以节省很多时间。

另外，在设计过程中也要树立绿色产品设计意识，培养全面考虑产品的材料选择、可回收性、可拆卸性，以及新技术、新工艺和新能源的应用等方面的能力。

第五节 计算机辅助设计简介

计算机辅助设计是指工程技术人员以计算机为工具，用各自的专业知识，对产品进行总体设计、绘图、分析和编写技术文档等设计活动的总称。它具有绘图速度快、修改设计快、设计计算快、易于建立和使用标准图库及改善绘图质量、提高设计和管理水平、缩短设计周期等一系列优点，是工程设计方法的发展方向，目前已经得到了广泛的应用。

在机械设计课程设计中，学生可用传统的手工计算和手工画图方法进行；若条件允许，也可用计算机进行辅助计算，并用计算机进行辅助绘图。

一、计算机辅助计算

随着计算机技术的发展，各种传动零件的计算机辅助设计软件发展得很快，目前已有多种计算机辅助传动零件设计软件。设计传动零件时，采用计算机辅助设计软件，可节省时间，并可进行多参数设计计算，对设计结果进行人工优选。

在机械设计课程设计中，计算机辅助计算主要包括以下内容：根据强度条件和设计准则，计算确定齿轮、蜗轮的设计参数，进而计算其几何尺寸；进行轴的设计计算，按强度条件确定轴的各部分直径；轴承选择及寿命的校核计算；带传动或链传动的设计计算等。

在进行机械零件设计计算过程中，常需要查阅各种数表及线图，以求得所需参数。为了实现计算机自动查找和检索出所需要的数据，编程时首先应对它们进行处理。常见的处理方法有：将数表和线图直接编在解题的程序中，即程序化；将数表和线图编写成一个独立的数据文件，存入外部存储器，供解题时调用；将数表和线图建成数据库。

二、计算机绘图及常用软件

计算机绘图越来越多地被引入机械设计课程设计中，成为机械设计课程设计绘图的发展方向。绘图软件的种类很多，常用的如下：

1）美国 AutoDesk 公司开发的 AutoCAD 交互式通用绘图软件，具有完善的图形绘制功能、方便的二次开发功能，支持多种操作平台，是广为流行的二维绘图软件。

2）美国参数技术公司开发的 Pro/E 绘图软件，是一个功能强大、基于特征的参数化实体造型系统，在三维造型软件领域占有重要地位。Cero 软件构建于 Pro/E 野火版的成熟技术之上，整合了 Pro/E 的参数化技术、CoCreate 的直接建模技术和 ProductView 的三维可视化技术。

3）北京航空航天大学开发的 CAXA 绘图软件，是我国完全自主研发的工具软件，该软件具有完善的数据接口，可以实现绘图设计、加工代码生成等一体化。

4）美国 SolidWorks 公司的 SolidWorks 软件，是三维造型软件中最简单、易学易用的软件，它提供了多种常用零件的参数化模块，使用起来方便快捷，但功能不如 Pro/E 和 Cero 软件强大。

各种绘图软件的命令都大同小异，只要熟悉了其中一种软件，其他软件的使用也就不成问题了。

三、三维造型设计及其优势

与手工绘图相比，采用绘图软件 AutoCAD、CAXA 进行二维设计，可以减轻工作强度，提高设计速度。但是，随着 Pro/E、Cero、SolidWorks 等三维设计软件的出现，设计已逐步从二维平面设计升级到三维造型设计。三维造型设计不仅可以直观地表征零件的空间结构，真实形象地展现设计结果，也便于观察和检验设计中的缺陷、错误及零件的干涉情况，而且其参数化功能使得修改设计相当方便，还能生成数控加工代码。所以，三维造型设计是机械设计发展的必然趋势。

由于二维工程图是表达产品结构、形状及加工制造的重要图样，因此还需要将已构建的三维实体模型创建生成二维工程图。例如，SolidWorks 软件提供了方便快捷的工程图模块，基于该模块，依据三维实体模型可以很方便地创建所需的各个视图、剖视图、局部放大图及断面图等，还可进行尺寸、公差、表面粗糙度标注及文本注释，生成标题栏和明细栏等。二维工程图的具体创建方法可参考相关教材。

第二章

传动装置的总体设计

传动装置总体设计的目的是分析并拟定传动方案，选择电动机型号，计算总传动比并合理分配各级传动比，计算传动装置的运动和动力参数，为各级传动零件设计和装配图设计准备条件。传动装置的总体设计一般按下列步骤进行。

第一节　分析和拟定传动方案

一、拟定传动方案的任务

机器通常由原动机、传动装置和工作机三部分组成。传动装置位于原动机和工作机之间，用来传递运动和动力，并可用于改变转速、转矩的大小或改变运动形式，以适应工作机的功能要求。传动装置的设计对整台机器的性能、尺寸、重量和成本都有很大影响，合理地设计传动装置是整部机器设计工作中的重要一环，因此应当合理地拟定传动方案。拟定传动方案就是根据工作机的功能要求和工作条件，选择合适的传动机构类型，确定各类传动机构的布置顺序以及各组成部分的连接方式，绘出传动装置的运动简图。

在课程设计中，若由设计任务书给定传动方案时，则学生应了解和分析各传动方案的特点；若设计任务书只给定工作机的性能要求，如带式输送机的有效拉力 F 和输送带的线速度 v 等，则学生应根据各种传动的特点拟定出最佳的传动方案。

合理的传动方案首先要满足工作机的性能要求，适应工作条件，工作可靠，此外还应使传动装置的结构简单、尺寸紧凑、加工方便、成本低廉、传动效率高和使用维护方便。要同时满足这些要求是比较困难的，因此要通过分析、比较多种传动方案，选择出能保证重点要求的最佳传动方案。

图 2-1 列举了矿井运输用带式输送机的三种传动方案。由于工作机在狭小的矿井巷道中连续工作，对传动装置的主要要求是尺寸紧凑、传动效率高。图 2-1a 所示方案宽度尺寸较大，带传动也不适应繁重的工作要求和恶劣的工作环境；图 2-1b 所示方案虽然结构紧凑，但蜗杆传动效率低，长期连续工作时不经济；图 2-1c 所示方案宽度尺寸较小，传动效率较高，也适合在恶劣环境下长期工作，是较为合理的。

由此可知，在选定原动机的条件下，根据工作机的工作条件拟定合理的传动方案，主要是合理地确定传动机构的类型和多级传动中各传动机构的合理布置。下面给出传动机构选型和各类传动机构布置的一般原则。

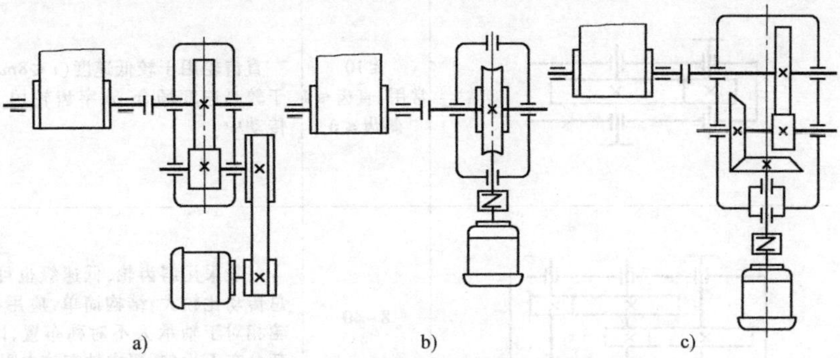

图 2-1 带式输送机传动方案比较

二、选择传动机构的类型

合理地选择传动形式是拟定传动方案时的重要环节。常用传动机构的类型、性能和适用范围列于表 2-1 中，供设计时参考。在机械传动装置中，各种减速器应用很多，为了便于选型，表 2-2 中列出了常用减速器的类型和特点。

表 2-1 常用传动机构的类型、性能和适用范围

<table>
<tr><th rowspan="2">传动机构
选用指标</th><th rowspan="2">平带传动</th><th rowspan="2">V 带传动</th><th rowspan="2">链传动</th><th colspan="2">齿轮传动</th><th rowspan="2">蜗杆传动</th></tr>
<tr><th>圆柱齿轮</th><th>锥齿轮</th></tr>
<tr><td>功率(常用值)P/kW</td><td>小(≤20)</td><td>中(≤100)</td><td>中(≤100)</td><td colspan="2">大(最大达 50000)</td><td>小(≤50)</td></tr>
<tr><td>单级传动比
(常用值)
(最大值)</td><td>2~4
6</td><td>2~4
15</td><td>2~5
10</td><td>3~5
10</td><td>2~3
6~10</td><td>7~40
80</td></tr>
<tr><td>传动效率 η</td><td>中</td><td>中</td><td>中</td><td colspan="2">高</td><td>低</td></tr>
<tr><td rowspan="6">许用线速度
v/(m/s)</td><td rowspan="6">≤25</td><td rowspan="6">≤25~30</td><td rowspan="6">≤40</td><td colspan="2">6 级精度</td><td rowspan="6">≤15~25</td></tr>
<tr><td>≤15~25</td><td>≤9</td></tr>
<tr><td colspan="2">7 级精度</td></tr>
<tr><td>≤10~17</td><td>≤6</td></tr>
<tr><td colspan="2">8 级精度</td></tr>
<tr><td>≤5~10</td><td>≤3</td></tr>
<tr><td>外廓尺寸</td><td>大</td><td>大</td><td>大</td><td colspan="2">小</td><td>小</td></tr>
<tr><td>传动精度</td><td>低</td><td>低</td><td>中</td><td colspan="2">高</td><td>高</td></tr>
<tr><td>工作平稳性</td><td>好</td><td>好</td><td>较差</td><td colspan="2">一般</td><td>好</td></tr>
<tr><td>自锁能力</td><td>无</td><td>无</td><td>无</td><td colspan="2">无</td><td>可有</td></tr>
<tr><td>过载保护作用</td><td>有</td><td>有</td><td>无</td><td colspan="2">无</td><td>无</td></tr>
<tr><td>使用寿命</td><td>短</td><td>短</td><td>中</td><td colspan="2">长</td><td>中</td></tr>
<tr><td>缓冲吸振能力</td><td>好</td><td>好</td><td>中</td><td colspan="2">差</td><td>差</td></tr>
<tr><td>要求制造及安装精度</td><td>低</td><td>低</td><td>中</td><td colspan="2">高</td><td>高</td></tr>
<tr><td>要求润滑条件</td><td>不需要</td><td>不需要</td><td>中</td><td colspan="2">高</td><td>高</td></tr>
<tr><td>环境适应性</td><td colspan="2">不能接触酸、碱、油类、爆炸性气体</td><td>好</td><td colspan="2">一般</td><td>一般</td></tr>
</table>

表 2-2　常用减速器的类型和特点

类　型		简　图	传动比	特　点
单级圆柱齿轮减速器		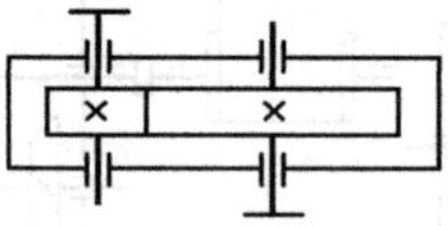	≤10 常用：直齿≤4 斜齿≤6	直齿轮用于较低速度(v≤8m/s)，斜齿轮用于较高速度场合，人字齿轮用于载荷较重的传动中
两级圆柱齿轮减速器	展开式	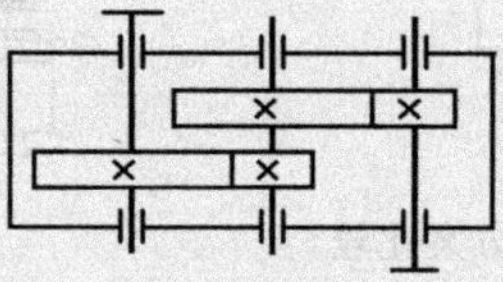	8~40	一般采用斜齿轮，低速级也可采用直齿轮。总传动比较大，结构简单，应用最广。由于齿轮相对于轴承为不对称布置，因而沿齿宽载荷分布不均匀，要求轴有较大刚度
	同轴式	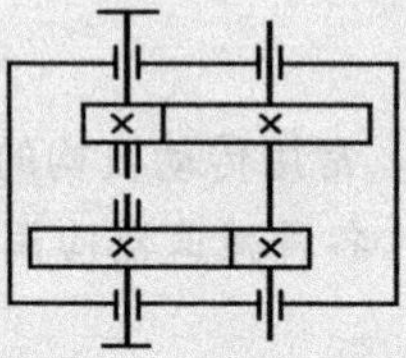	8~60	减速器横向尺寸较小，两大齿轮浸油深度可以大致相同。结构较复杂，轴向尺寸大，中间轴较长、刚度差，中间轴承润滑较困难
	分流式	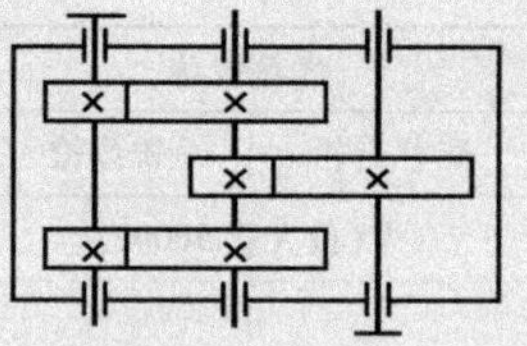	8~60	一般为高速级分流，且常采用斜齿轮；低速级可用直齿或人字齿轮。齿轮相对于轴承为对称布置，沿齿宽载荷分布较均匀。减速器结构较复杂。常用于大功率、变载荷场合
单级锥齿轮减速器		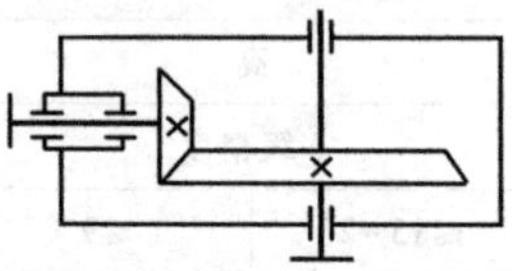	直齿≤6 常用≤3	传动比不宜太大，以减小大齿轮的尺寸，便于加工
锥齿轮-圆柱齿轮减速器		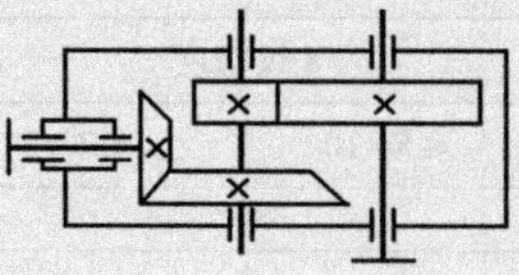	8~40	锥齿轮应置于高速级，以免使锥齿轮尺寸过大，加工困难
蜗杆减速器		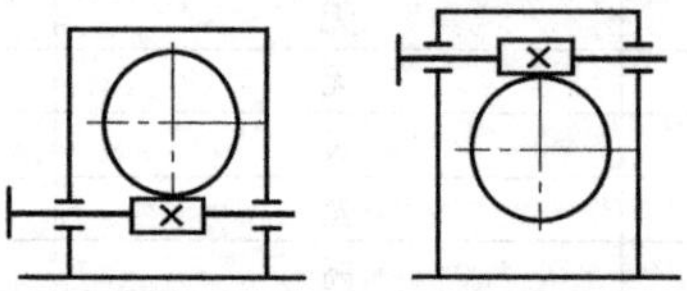 a) 蜗杆下置式　　b) 蜗杆上置式	10~80	结构紧凑，传动比较大，但传动效率低，适用于中、小功率和间歇工作场合。蜗杆下置时，润滑、冷却条件较好。通常蜗杆圆周速度v≤4~5m/s时用下置式，v>4~5m/s时用上置式

选择传动机构类型时应综合考虑各有关要求和工作条件，例如工作机的功能，对尺寸、

重量的限制，环境条件，制造能力，工作寿命与经济性要求等。选择传动机构类型的基本原则如下：

1）传递大功率时，应充分考虑提高传动装置的效率，以减少能耗、降低运行费用。这时应选用传动效率高的传动机构，如齿轮传动。而对于小功率传动，在满足功能的条件下，可选用结构简单、制造方便的传动形式，以降低制造成本。

2）载荷多变和可能发生过载时，应考虑缓冲吸振及过载保护问题，如选用带传动、采用弹性联轴器或其他过载保护装置。

3）传动比要求严格、尺寸要求紧凑的场合，可选用齿轮传动或蜗杆传动。但应注意，蜗杆传动效率低，故常用于中小功率、间歇工作的场合。

4）在多粉尘、潮湿、易燃、易爆场合，宜选用链传动、闭式齿轮传动或蜗杆传动，而不采用带传动或摩擦传动。

三、多级传动的合理布置

当采用由几种传动形式组成的多级传动时，要充分考虑各种传动形式的特点，合理地布置其传动顺序，以便充分发挥各类传动机构的优点，改善机器的工作性能，减小整个传动装置的结构尺寸。常用传动机构的一般布置原则如下：

1）带传动的承载能力较低，传递相同转矩时，结构尺寸比其他传动形式大，但传动平稳，能缓冲吸振，减小噪声，因此宜布置在高速级，有利于整个传动系统结构紧凑。

2）链传动运转不平稳，有冲击和振动，不适用于高速级，宜布置在低速级。

3）当同时采用直齿轮传动和斜齿轮传动时，应将传动平稳、动载荷较小的斜齿轮传动布置在高速级。

4）闭式齿轮传动、蜗杆传动一般布置在高速级，以减小闭式传动的外廓尺寸、降低成本。开式齿轮传动制造精度较低、润滑不良、工作条件差，为减小磨损，一般应布置在低速级。

5）当同时采用齿轮传动及蜗杆传动时，对采用铝铁青铜或铸铁作为蜗轮材料的蜗杆传动，可布置在低速级，使齿面滑动速度较低，以防止产生胶合或严重磨损，并可使减速器结构紧凑；对采用锡青铜为蜗轮材料的蜗杆传动，由于允许齿面有较高的相对滑动速度，可将蜗杆传动布置在高速级，以利于形成润滑油膜，提高承载能力和传动效率。

6）锥齿轮尺寸过大时加工有困难，应将其布置于传动的高速级，并对其传动比加以限制，以减小大锥齿轮的尺寸。

7）一般将改变运动形式的机构（如螺旋传动、连杆机构、凸轮机构）布置在传动系统的最后一级，并且常为工作机的执行机构。

第二节 选择电动机

电动机是由专门工厂批量生产的标准部件，设计时要根据工作机的工作特性、工作环境和载荷条件，选择电动机的类型、结构型式、容量和转速，并在产品目录中选出其具体型号和尺寸。

一、选择电动机的类型和结构型式

电动机分交流电动机和直流电动机两种。由于直流电动机需要直流电源，结构较复杂，价格较高，维护不便，因此无特殊要求时不宜采用。工业上多采用三相交流电源，因此无特殊要求时均应选用三相交流电动机，其中以三相异步交流电动机应用最广泛。最常用的电动机是Y系列笼型三相异步交流电动机，这是一般用途的全封闭自扇冷式电动机，由于其结构简单、工作可靠、价格低廉、维护方便、效率高，因此广泛应用于不易燃、不易爆、无腐蚀性气体和无特殊要求的机械上，如金属切削机床、输送机、风机、搅拌机等，同时由于起动性能较好，也适用于某些要求较高起动转矩的机械。

对于经常起动、制动和正反转的机械，如起重机、提升设备，要求电动机具有较小的转动惯量和较强的过载能力，应选用起重及冶金用的YZ系列（笼型）或YZR系列（绕线型）三相异步电动机。

电动机的结构型式，按安装位置不同有卧式和立式两类，按防护方式不同有开启式、防护式、封闭式及防爆式等。可根据安装需要和防护要求选择电动机的结构型式。常用结构型式为卧式封闭型电动机。

电动机的类型和结构型式应根据电源种类（交流或直流），工作条件（环境、温度、空间位置等），载荷大小和性质（变化性质、过载情况等），起动性能和起动、制动、正反转的频繁程度等条件来选择。

常用的封闭式Y（IP44）系列电动机的技术数据、安装代号、安装及外形尺寸见第二十章表20-1~表20-3。

二、选择电动机的容量

选择电动机的容量就是合理确定电动机的额定功率，即在连续运转的条件下，电动机发热不超过许可温升的最大功率。电动机容量的选择是否合适，对电动机的正常工作和经济性都有影响。容量选得过小，不能保证工作机正常工作，或使电动机因超载而过早损坏；而容量选得过大，则电动机的价格高，能力又不能充分利用，而且由于电动机经常不满载运行，其效率和功率因数都较低，增加电能消耗而造成能源的浪费。

确定电动机功率时要考虑电动机的发热、过载能力和起动能力三方面因素，但一般情况下电动机的容量主要根据电动机运行时的发热条件而定。电动机发热与其工作情况有关。对于载荷不变或变化不大，且在常温下长期连续运转的电动机（课程设计中通常涉及的电动机），只要其所需输出功率不超过额定功率，工作时就不会发热，可不进行发热计算。这类电动机按下述步骤确定：

1. 工作机的输出功率 P_{wo}

工作机的输出功率P_{wo}应由机器工作阻力和运动参数计算确定。课程设计时可按设计任务书给定的工作机参数计算求得。

当已知工作机主动轴的输出转矩T_{wo}（N·m）和转速n_w（r/min）时，则工作机的输出功率P_{wo}（kW）为

$$P_{wo}=\frac{T_{wo}n_w}{9550} \tag{2-1}$$

如果给出带式输送机驱动卷筒的圆周力（即卷筒牵引力）F（N）和输送带速度 v（m/s），则工作机的输出功率 P_{wo}（kW）为

$$P_{wo}=\frac{Fv}{1000} \tag{2-2}$$

输送带速度 v（m/s）与卷筒直径 D（mm）、卷筒轴转速 n_w 的关系为

$$v=\frac{\pi D n_w}{60\times1000} \tag{2-3}$$

2. 电动机的输出功率 P_d

考虑传动装置的功率损耗，电动机输出功率为

$$P_d=\frac{P_{wo}}{\eta} \tag{2-4}$$

式中　η——从电动机到工作机输送带间的总效率，即

$$\eta=\eta_1\eta_2\cdots\eta_n \tag{2-5}$$

式中　η_1、$\eta_2\cdots\eta_n$——传动系统中联轴器、各对轴承、传动副及卷筒等的效率，其数值见表 2-3。

表 2-3　机械传动效率的概略值

种类		效率 η	种类		效率 η
圆柱齿轮传动	经过磨合的 6 级精度和 7 级精度齿轮传动（油润滑）	0.98~0.99	带传动	平带无张紧轮的传动	0.98
				平带有张紧轮的传动	0.97
	8 级精度的一般齿轮传动（油润滑）	0.97		平带交叉传动	0.90
	9 级精度的齿轮传动（油润滑）	0.96		V 带传动	0.96
	加工齿的开式齿轮传动（脂润滑）	0.94~0.96	链传动	片式销轴链	0.95
	铸造齿的开式齿轮传动	0.90~0.93		滚子链	0.96
锥齿轮传动	经过磨合的 6 级和 7 级精度的齿轮传动（油润滑）	0.97~0.98		齿形链	0.97
			滑动轴承	润滑不良	0.94（一对）
	8 级精度的一般齿轮传动（油润滑）	0.94~0.97		润滑正常	0.97（一对）
	加工齿轮的开式齿轮传动（脂润滑）	0.92~0.95		润滑很好（压力润滑）	0.98（一对）
	铸造齿轮的开式齿轮传动	0.88~0.92		液体摩擦润滑	0.99（一对）
蜗杆传动	自锁蜗杆（油润滑）	0.40~0.45	滚动轴承	球轴承	0.99（一对）
	单头蜗杆（油润滑）	0.70~0.75			
	双头蜗杆（油润滑）	0.75~0.82		滚子轴承	0.98（一对）
	三头和四头蜗杆（油润滑）	0.80~0.92	丝杠传动	滑动丝杠	0.30~0.60
联轴器	弹性联轴器	0.99~0.995			
	十字滑块联轴器	0.97~0.99		滚动丝杠	0.85~0.95
	齿式联轴器	0.99	卷筒		0.94~0.97
	万向联轴器（$\alpha>3°$）	0.95~0.99			
	万向联轴器（$\alpha\leqslant3°$）	0.97~0.98			

计算传动装置的总效率时应注意以下几点：

1）所取传动副效率中是否包括其支承轴承的效率，若已包括，则不再计入该对轴承的效率。轴承效率均指一对轴承而言。

2）同类型的几对传动副、轴承或联轴器，均应单独计入总效率，不要漏掉。

3）蜗杆传动的效率与蜗杆头数 z_1 有关，设计时应先初选头数 z_1，然后估计效率，待设计出蜗杆的传动参数后再确定效率，并核验电动机所需功率。此外蜗杆传动的效率中已包括了蜗杆轴上一对轴承的效率，因此在总效率的计算中蜗杆轴上轴承效率不再计入。

4）资料推荐的效率一般都有一个范围，可根据传动副、轴承和联轴器等的工作条件、精度要求和润滑状况选取具体值。工作条件差、加工精度低、润滑不良的传动取小值，反之取大值；情况不明时一般取中间值。

3. 确定电动机的额定功率 P_{ed}

根据计算出的功率 P_d 可选定电动机的额定功率 P_{ed}，应使 P_{ed} 等于或稍大于 P_d。

三、确定电动机的转速

同一类型、功率相同的三相异步电动机，一般有 3000r/min、1500r/min、1000r/min 及 750r/min 四种同步转速可供选择，相应的电动机转子的磁极对数为 2、4、6、8。同步转速为由电流频率与磁极对数而定的磁场转速，电动机空载时才能达到同步转速。负荷达到额定功率时的电动机转速称为满载转速，负载时的转速都低于同步转速。电动机同步转速越高，磁极对数越少，外部尺寸和重量越小，价格越低，但是电动机转速越高，传动装置总传动比越大，会使传动装置外部尺寸和重量增加，提高制造成本；而电动机同步转速越低，磁极对数越多，则外廓尺寸和重量越大，价格越贵，但可使传动装置的总传动比及尺寸减小。因此，在确定电动机转速时，应综合考虑电动机及传动装置的尺寸、重量、价格，分析利弊，选出合适的电动机转速。

选择电动机转速时，可先根据工作机主动轴转速 n_w 和传动系统中各级传动的常用传动比范围，推算出电动机转速的可选范围，以供参照比较，即

$$n'_d = (i'_1 i'_2 \cdots i'_n)\, n_w \tag{2-6}$$

式中　n'_d——电动机转速可选范围；

i'_1、$i'_2 \cdots i'_n$——各级传动的传动比范围，见表 2-1。

在本课程设计中，通常多选用同步转速为 1500r/min 或 1000r/min 的电动机。如无特殊要求，一般不选用 750r/min 的电动机。

四、确定电动机的型号

根据选定的电动机类型、结构型式、功率和转速，可在电动机产品目录或设计手册中查出其型号、性能参数和主要尺寸。本课程设计可由表 20-1 和表 20-3 查出电动机型号及其额定功率、满载转速、外形尺寸、电动机中心高、轴伸及键连接尺寸、机座尺寸等各参数的数据，并列表记录以备后面使用。

应该注意：在计算传动装置中各轴的功率时，对于通用机器，常以电动机的额定功率 P_{ed} 作为设计功率，这样可以留有储备能力，以备发展或不同工作需要；对于专用机器或用于指定工况的机器，则常用电动机的输出功率 P_d 作为设计功率，以免按额定功率 P_{ed} 设计使传动装置的工作能力可能超过工作机的需求而造成浪费。显然，前者计算偏于安全。本课程设计按专用机器来进行。传动装置的转速可按电动机额定功率时的满载转速 n_m 来计算，这一转速与实际工作时的转速相差不大。

第三节　确定传动装置的总传动比和分配传动比

一、计算传动装置的总传动比

根据电动机的满载转速 n_m 和工作机主动轴的转速 n_w，可得传动装置的总传动比 i 为

$$i=\frac{n_m}{n_w} \tag{2-7}$$

由传动方案可知，在多级传动的传动装置中，其总传动比等于各级传动比的连乘积，即

$$i=i_1 i_2 \cdots i_n \tag{2-8}$$

设计多级传动装置时，需将总传动比分配到各级传动机构。

二、合理分配各级传动比

合理分配各级传动比，是传动装置总体设计中的一个重要问题。分配传动比时通常应考虑以下几个原则：

1）各级传动机构的传动比应在推荐值的范围内，以符合各种传动形式的特点，有利于发挥其性能，并使结构紧凑。

2）应使各级传动件的尺寸协调、结构匀称合理，避免互相干涉碰撞。例如，由普通 V 带传动和齿轮减速器组成的传动装置中，一般应使带传动的传动比小于齿轮传动的传动比，否则会使大带轮的外圆半径超过减速器的中心高，易使大带轮与底座相碰，造成安装困难，如图 2-2 所示。

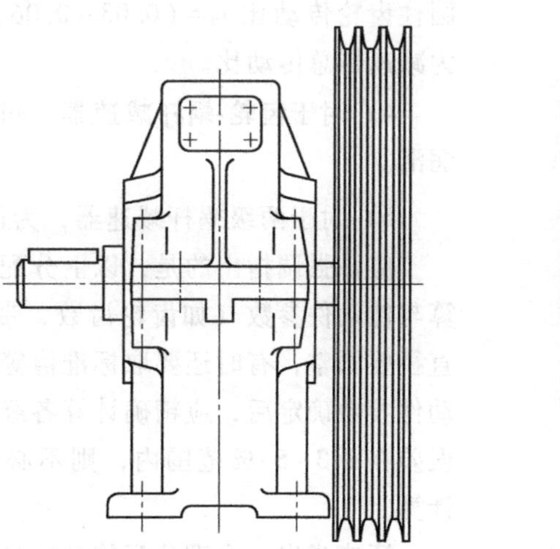

图 2-2　大带轮尺寸过大

3）应使传动装置外廓尺寸紧凑、重量轻。如图 2-3所示的两级圆柱齿轮减速器，在相同的总中心距和总传动比情况下，图 2-3b 具有较小的外廓尺寸。

4）在减速器设计中常使各级大齿轮直径相近，以使各级大齿轮浸油深度合理（低速级大齿轮浸油稍深，高速级大齿轮能浸到油）。如图 2-3b 所示，高、低速两级大齿轮直径相近，且低速级大齿轮直径稍大，其浸油深度也稍大一些，有利于浸油润滑。

5）应使各传动零件之间不发生干涉碰撞。例如，在两级圆柱齿轮减速器中，若高速级传动比过大，会使高速级大齿轮轮缘与低速级输出轴相碰，如图 2-4 所示。

根据上述原则分配传动比，是一项较繁杂的工作，往往要经过多次测算，拟定多种方案进行比较，最后确定一个比较合理的方案。各类标准减速器的传动比皆有规定，下面给出常见非标准减速器传动比的分配方法，供设计时参考。

1）对于两级卧式圆柱齿轮减速器，为使两级的大齿轮有相近的浸油深度，高速级传动比 i_1 和低速级传动比 i_2 可按下列方法分配：

展开式和分流式　　$i_1=(1.3\sim1.5)i_2$

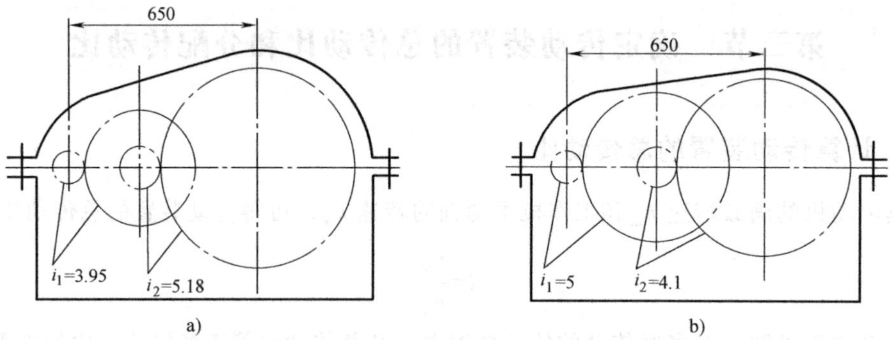

图 2-3　两级圆柱齿轮减速器外廓尺寸比较

同轴式　　　$i_1=i_2$

2）对于锥齿轮-圆柱齿轮减速器，高速级锥齿轮传动比可取 $i_1\approx0.25i$，且 $i_1\leqslant3$（其中 i 为减速器总传动比），以使大锥齿轮直径不会过大，从而便于加工。当希望两级传动的大齿轮浸油深度相近时，允许 $i_1\leqslant4$ 。

3）对于蜗杆-齿轮减速器，可取低速级圆柱齿轮传动比 $i_2=(0.03\sim0.06)i$，其中 i 为减速器总传动比。

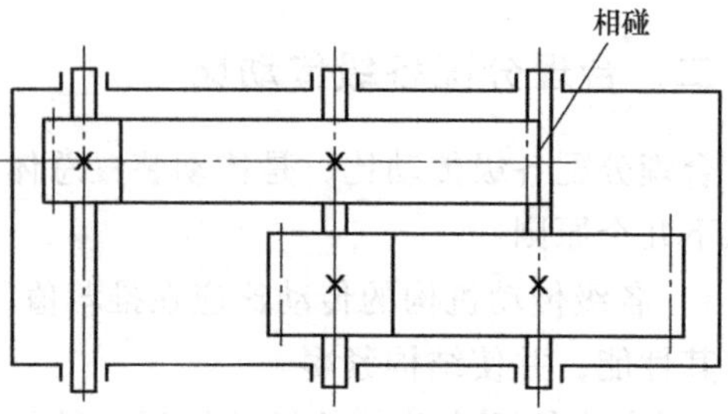

图 2-4　高速级大齿轮与低速轴相碰

4）对于齿轮-蜗杆减速器，可取齿轮传动的传动比 $i_1<2\sim2.5$，以使结构紧凑和便于润滑。

5）对于两级蜗杆减速器，为使两级传动件浸油深度大致相等，可取 $i_1=i_2=\sqrt{i}$。

应该强调指出的是，以上分配的各级传动比只是初步选定的数值，各级传动比的精确计算与传动件参数（如齿轮齿数、带轮直径、链轮齿数等）有关。考虑齿数要取整数，带轮直径要圆整，有时还要取标准值等，所以实际传动比与分配传动比会不一致。待下一阶段传动件参数确定后，应精确计算各级传动比，将实际传动比与前面已计算出的数值相比较，如误差在±(3~5)%范围内，则不必修改，否则要重新调整各级传动比，并相应地修改有关计算。

还应指出，合理分配传动比是设计传动装置应考虑的重要问题，但为了获得更为合理的结构，有时单从传动比分配这一点出发还不能得到完善的结果，此时还应采取调整其他参数（如齿宽系数）或适当改变齿轮材料等办法，以满足预定的设计要求。

第四节　计算传动装置的运动参数和动力参数

选定了电动机型号，分配了传动比之后，为了进行传动件和轴的设计计算，应将传动装置中各轴的转速、功率和转矩计算出来。计算时可先将各轴从高速轴至低速轴依次编号，如Ⅰ轴、Ⅱ轴、Ⅲ轴……，再按顺序逐步计算。现以图 2-5 所示的两级圆柱齿轮减速传动装置为例，说明当已知电动机输出功率 P_d、满载转速 n_m、各级传动比及传动效率后，如何可计算各轴的转速、功率和转矩。

一、计算各轴转速 n (r/min)

设 n_{I}、n_{II}、n_{III} 和 n_w 分别为Ⅰ轴、Ⅱ轴、Ⅲ轴和工作轴的转速，则图 2-5 所示传动装置中各轴转速为

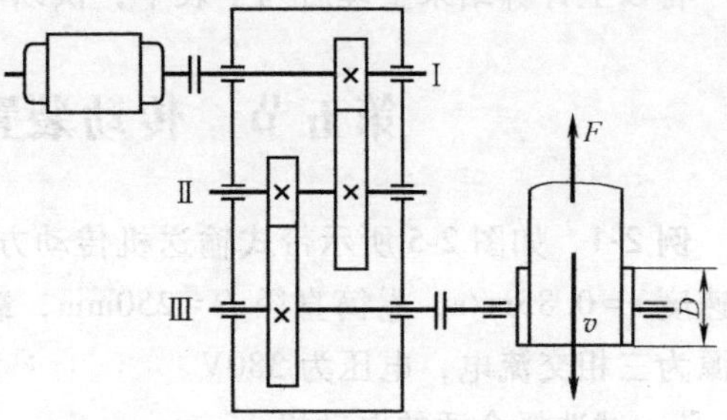

图 2-5 两级圆柱齿轮减速传动装置

$$\left.\begin{aligned} n_{\mathrm{I}} &= n_m \\ n_{\mathrm{II}} &= \frac{n_{\mathrm{I}}}{i_1} = \frac{n_m}{i_1} \\ n_{\mathrm{III}} &= \frac{n_{\mathrm{II}}}{i_2} = \frac{n_m}{i_1 i_2} \\ n_w &= n_{\mathrm{III}} \end{aligned}\right\} \tag{2-9}$$

式中 i_1、i_2——相邻两轴间的传动比，这里分别表示高速级和低速级的传动比。

二、计算各轴输入功率 P (kW)

设 P_{I}、P_{II}、P_{III} 和 P_w 分别为Ⅰ轴、Ⅱ轴、Ⅲ轴和工作轴的输入功率，则各轴输入功率分别为

$$\left.\begin{aligned} P_{\mathrm{I}} &= P_d \eta_{01} \\ P_{\mathrm{II}} &= P_{\mathrm{I}} \eta_{12} = P_d \eta_{01} \eta_{12} \\ P_{\mathrm{III}} &= P_{\mathrm{II}} \eta_{23} = P_d \eta_{01} \eta_{12} \eta_{23} \\ P_w &= P_{\mathrm{III}} \eta_{3w} \end{aligned}\right\} \tag{2-10}$$

式中 η_{01}——电动机与Ⅰ轴之间联轴器的效率；

η_{12}——高速级的传动效率，包括高速级齿轮副和Ⅰ轴上的一对轴承的效率；

η_{23}——低速级的传动效率，包括低速级齿轮副和Ⅱ轴上的一对轴承的效率；

η_{3w}——Ⅲ轴与工作机卷筒轴之间的传动效率，包括一对轴承和联轴器的效率。

三、计算各轴输入转矩 T (N · m)

设 T_{I}、T_{II}、T_{III} 和 T_w 分别为Ⅰ轴、Ⅱ轴、Ⅲ轴和工作轴的输入转矩，则图 2-5 所示传动系统中各轴转矩为

$$\begin{aligned} T_{\mathrm{I}} &= 9550 \frac{P_{\mathrm{I}}}{n_{\mathrm{I}}} \\ T_{\mathrm{II}} &= 9550 \frac{P_{\mathrm{II}}}{n_{\mathrm{II}}} \\ T_{\mathrm{III}} &= 9550 \frac{P_{\mathrm{III}}}{n_{\mathrm{III}}} \\ T_w &= 9550 \frac{P_w}{n_w} \end{aligned} \tag{2-11}$$

将以上计算结果整理后列于表中，供以后设计计算时使用。

第五节 传动装置总体设计计算示例

例 2-1 如图 2-5 所示带式输送机传动方案，已知输送带的有效拉力 $F=2000\text{N}$，输送带线速度 $v=0.85\text{m/s}$，卷筒直径 $D=250\text{mm}$，载荷平稳，常温下连续运转，工作环境有灰尘，电源为三相交流电，电压为 380V。

1）试选择合适的电动机。

2）计算传动装置的总传动比，并分配各级传动比。

3）计算传动装置的运动参数和动力参数。

解：1. 选择电动机

（1）选择电动机的类型 按已知的工作要求和工作条件，选用 Y 系列笼型三相异步电动机，全封闭自扇冷式结构，电压为 380V。

（2）选择电动机的容量 工作机的输出功率为

$$P_{\text{wo}}=\frac{Fv}{1000}=\frac{2000\times0.85}{1000}\text{kW}=1.7\text{kW}$$

从电动机到工作机输送带间的总效率为

$$\eta=\eta_1^2\eta_2^4\eta_3^2\eta_4$$

式中 η_1、η_2、η_3、η_4——联轴器、轴承、齿轮传动和卷筒的传动效率，由表 2-3，取 $\eta_1=0.99$、$\eta_2=0.98$、$\eta_3=0.97$、$\eta_4=0.96$，则

$$\eta=0.99^2\times0.98^4\times0.97^2\times0.96=0.817$$

故电动机的输出功率为

$$P_{\text{d}}=\frac{P_{\text{wo}}}{\eta}=\frac{1.7}{0.817}\text{kW}=2.08\text{kW}$$

（3）确定电动机的转速 按表 2-2 推荐的传动比合理范围，两级圆柱齿轮减速器传动比为 $i'=8\sim40$，而工作机卷筒轴的转速为

$$n_{\text{w}}=\frac{60\times1000v}{\pi D}=\frac{60\times1000\times0.85}{\pi\times250}\text{r/min}\approx65\text{r/min}$$

所以电动机转速的可选范围为

$$n_{\text{d}}'=i'n_{\text{w}}=(8\sim40)\text{r/min}\times65=520\sim2600\text{r/min}$$

符合这一范围的同步转速有 750r/min、1000r/min、1500r/min 三种。综合考虑电动机和传动装置的尺寸、重量及价格等因素，为使传动装置结构紧凑，决定选用同步转速为 1000r/min 的电动机，其型号为 Y112M-6。由表 20-1 可知，其额定功率为 2.2kW，满载转速为 940r/min。

2. 计算传动装置的总传动比并分配各级传动比

（1）传动装置的总传动比 i

$$i=\frac{n_{\text{m}}}{n_{\text{w}}}=\frac{940}{65}=14.46$$

（2）分配各级传动比

$$i=i_1 i_2$$

考虑润滑条件，为使两级大齿轮直径相近，取 $i_1=1.4i_2$。故

$$i_1=\sqrt{1.4i}=\sqrt{1.4\times14.46}=4.5,\quad i_2=\frac{i}{i_1}=\frac{14.46}{4.5}=3.21$$

3. 计算传动装置的运动参数和动力参数

（1）各轴的转速

Ⅰ轴　$n_{\text{Ⅰ}}=n_{\text{m}}=940\text{r/min}$

Ⅱ轴　$n_{\text{Ⅱ}}=\dfrac{n_{\text{Ⅰ}}}{i_1}=\dfrac{940}{4.5}\text{r/min}=208.9\text{r/min}$

Ⅲ轴　$n_{\text{Ⅲ}}=\dfrac{n_{\text{Ⅱ}}}{i_2}=\dfrac{208.9}{3.21}\text{r/min}=65\text{r/min}$

卷筒轴　$n_{\text{卷}}=n_{\text{Ⅲ}}=65\text{r/min}$

（2）各轴的输入功率

Ⅰ轴　$P_{\text{Ⅰ}}=P_{\text{d}}\eta_1=2.08\text{kW}\times0.99=2.06\text{kW}$

Ⅱ轴　$P_{\text{Ⅱ}}=P_{\text{Ⅰ}}\eta_2\eta_3=2.06\text{kW}\times0.98\times0.97=1.96\text{kW}$

Ⅲ轴　$P_{\text{Ⅲ}}=P_{\text{Ⅱ}}\eta_2\eta_3=1.96\text{kW}\times0.98\times0.97=1.86\text{kW}$

卷筒轴　$P_{\text{卷}}=P_{\text{Ⅲ}}\eta_2\eta_1=1.86\text{kW}\times0.98\times0.99=1.8\text{kW}$

（3）各轴的输入转矩

电动机轴　$T_0=9550\dfrac{P_{\text{d}}}{n_{\text{m}}}=9550\times\dfrac{2.08}{940}\text{N}\cdot\text{m}=21.13\text{N}\cdot\text{m}$

Ⅰ轴　$T_{\text{Ⅰ}}=9550\dfrac{P_{\text{Ⅰ}}}{n_{\text{Ⅰ}}}=9550\times\dfrac{2.06}{940}\text{N}\cdot\text{m}=20.92\text{N}\cdot\text{m}$

Ⅱ轴　$T_{\text{Ⅱ}}=9550\dfrac{P_{\text{Ⅱ}}}{n_{\text{Ⅱ}}}=9550\times\dfrac{1.96}{208.9}\text{N}\cdot\text{m}=89.60\text{N}\cdot\text{m}$

Ⅲ轴　$T_{\text{Ⅲ}}=9550\dfrac{P_{\text{Ⅲ}}}{n_{\text{Ⅲ}}}=9550\times\dfrac{1.86}{65}\text{N}\cdot\text{m}=273.27\text{N}\cdot\text{m}$

卷筒轴　$T_{\text{卷}}=9550\dfrac{P_{\text{卷}}}{n_{\text{卷}}}=9550\times\dfrac{1.8}{65}\text{N}\cdot\text{m}=264.46\text{N}\cdot\text{m}$

注意：公式中 T_0 为电动机轴的输出转矩。将上述计算结果汇总于表 2-4，以备查用。

表 2-4　图 2-5 所示传动装置的运动参数和动力参数

轴名	功率 P/kW	转矩 T/N·m	转速 n/(r/min)	传动比 i	效率 η
电动机轴	2.08	21.13	940	1	0.99
Ⅰ轴	2.06	20.92	940	4.5	0.95
Ⅱ轴	1.96	89.60	208.9	3.21	0.95
Ⅲ轴	1.86	273.27	65	1	0.97
卷筒轴	1.80	264.46	65		

例 2-2　图 2-6 所示为一带式输送机传动装置的运动简图。已知输送带的有效拉力 $F=$

2600N，输送带线速度 $v=1.6\text{m/s}$，卷筒直径 $D=450\text{mm}$，在室内常温下长期连续工作，载荷平稳，单向运转，工作环境有灰尘，电压为380V。已知带式输送机的效率为 $\eta_w=0.94$。

1）试选择合适的电动机。

2）计算传动装置的总传动比，并分配各级传动比。

3）计算传动装置的运动参数和动力参数。

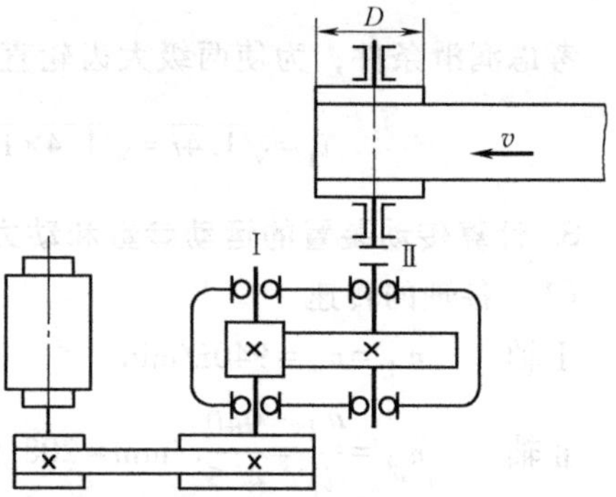

图 2-6 带式输送机传动装置的运动简图

解：1. 选择电动机

(1) 选择电动机的类型 按已知的工作要求和工作条件，选用Y系列笼型三相异步电动机，全封闭自扇冷式结构，电压为380V。

(2) 选择电动机的容量 工作机的输出功率为

$$P_{wo}=\frac{Fv}{1000}=\frac{2600\times1.6}{1000}\text{kW}=4.16\text{kW}$$

由表2-3，取V带传动效率 $\eta_1=0.96$，滚动轴承效率 $\eta_2=0.99$，齿轮传动效率 $\eta_3=0.97$，十字滑块联轴器效率 $\eta_4=0.98$，则从电动机到工作机输送带间的总效率为

$$\eta=\eta_1\eta_2^2\eta_3\eta_4\eta_w=0.96\times0.99^2\times0.97\times0.98\times0.94=0.84$$

故电动机的输出功率为

$$P_d=\frac{P_{wo}}{\eta}=\frac{4.16}{0.84}\text{kW}=4.95\text{kW}$$

因载荷平稳，电动机额定功率 P_{ed} 只需略大于 P_d 即可。查表20-1中Y系列三相异步电动机的技术数据，选取电动机的额定功率 P_{ed} 为5.5kW。

(3) 确定电动机的转速 工作机卷筒轴的转速为

$$n_w=\frac{60\times1000v}{\pi D}=\frac{60\times1000\times1.6}{\pi\times450}\text{r/min}=67.94\text{r/min}$$

由表2-1可知，V带传动比范围为 $i_1'=2\sim4$，单级圆柱齿轮的传动比范围为 $i_2'=3\sim5$，则总传动比范围为 $i'=2\times3\sim4\times5=6\sim20$，所以电动机转速的可选范围为

$$n_d'=i'n_w=(6\sim20)\times67.94\text{r/min}=407.64\sim1358.8\text{r/min}$$

符合这一范围的同步转速有750r/min和1000r/min两种，考虑到电动机的重量和价格，常选用同步转速为1000r/min的电动机，其型号为Y132M2-6。由表20-1可知，其满载转速 $n_m=960\text{r/min}$。

2. 计算传动装置的总传动比和分配各级传动比

(1) 传动装置的总传动比

$$i=\frac{n_m}{n_w}=\frac{960}{67.94}=14.13$$

(2) 分配各级传动比 由 $i=i_1i_2$，为使V带传动的外部尺寸不致过大，取其传动比 $i_1=3$，则齿轮传动比 i_2 为

$$i_2=\frac{i}{i_1}=\frac{14.13}{3}=4.71$$

3. 计算传动装置的运动参数和动力参数

(1) 各轴的转速

Ⅰ轴　$n_{\text{Ⅰ}}=\frac{n_m}{i_1}=\frac{960}{3}\text{r/min}=320\text{r/min}$

Ⅱ轴　$n_{\text{Ⅱ}}=\frac{n_{\text{Ⅰ}}}{i_2}=\frac{320}{4.71}\text{r/min}=67.94\text{r/min}$

卷筒轴　$n_w=n_{\text{Ⅱ}}=67.94\text{r/min}$

(2) 各轴的输入功率

Ⅰ轴　$P_{\text{Ⅰ}}=P_d\eta_1=4.95\text{kW}\times0.96=4.752\text{kW}$

Ⅱ轴　$P_{\text{Ⅱ}}=P_{\text{Ⅰ}}\eta_2\eta_3=4.752\text{kW}\times0.99\times0.97=4.56\text{kW}$

卷筒轴　$P_w=P_{\text{Ⅱ}}\eta_2\eta_4=4.56\text{kW}\times0.99\times0.98=4.42\text{kW}$

(3) 各轴的输入转矩

电动机轴　$T_0=9550\frac{P_d}{n_m}=9550\times\frac{4.95}{960}\text{N}\cdot\text{m}=49.24\text{N}\cdot\text{m}$

Ⅰ轴　$T_{\text{Ⅰ}}=9550\frac{P_{\text{Ⅰ}}}{n_{\text{Ⅰ}}}=9550\times\frac{4.752}{320}\text{N}\cdot\text{m}=141.82\text{N}\cdot\text{m}$

Ⅱ轴　$T_{\text{Ⅱ}}=9550\frac{P_{\text{Ⅱ}}}{n_{\text{Ⅱ}}}=9550\times\frac{4.56}{67.94}\text{N}\cdot\text{m}=640.98\text{N}\cdot\text{m}$

卷筒轴　$T_w=9550\frac{P_w}{n_w}=9550\times\frac{4.42}{67.94}\text{N}\cdot\text{m}=621.30\text{N}\cdot\text{m}$

注意：公式中 T_0 为电动机轴的输出转矩，将上述结果汇总于表 2-5，以备查用。

表 2-5　图 2-6 所示传动装置的运动参数和动力参数

轴名	功率 P/kW	转矩 T/N · m	转速 n/(r/min)	传动比 i	效率 η
电动机轴	4.95	49.24	960	3	0.96
Ⅰ轴	4.752	141.82	320	4.71	0.96
Ⅱ轴	4.56	640.98	67.94	1.00	0.97
卷筒轴	4.42	621.30	67.94		

思　考　题

1. 传动装置的主要作用是什么？传动装置总体设计的主要内容有哪些？
2. 合理的传动方案应满足哪些方面的要求？
3. 各种机械传动形式有哪些特点？其适用范围如何？
4. 如何选择电动机的功率、转速和型号？电动机的额定功率和计算功率有何区别？
5. 传动装置的效率如何计算？计算总效率时要注意哪些问题？
6. 分配各级传动比时应考虑哪些基本原则？你设计减速器时如何分配各级传动比？

7. 分配的传动比和传动件实际传动比是否一定相同？

8. 计算传动装置中各轴的运动参数和动力参数时分别按电动机的何种转速、何种功率进行计算？

9. 传动装置中各相邻轴间的功率、转矩、转速关系如何确定？同一轴的输入功率和输出功率是否相同？

10. 若在传动方案中同时采用 V 带传动、套筒滚子链传动、圆柱齿轮传动，则应如何安排布置上述各种传动的顺序？

11. 同时采用圆柱齿轮传动和锥齿轮传动时，为什么常将锥齿轮传动布置在高速级？

12. 蜗杆传动在多级传动中怎样布置较好？

第三章

传动零件的设计计算

在装配图设计前首先要进行传动零件的设计计算，计算各级传动件的参数并确定其尺寸，以便为装配图设计准备条件。若传动装置中除减速器外还有其他传动件，通常应先设计减速器外部的传动件，以便为减速器的设计提供比较准确的原始数据。其次，还需要通过初算确定各阶梯轴的一段轴径，并选择联轴器的类型和型号。课程设计任务书所给的工作条件及传动装置的运动和动力参数计算所得数据，则是传动件和轴设计计算的原始依据。各种传动件的设计计算方法可参照机械设计教材进行，下面仅就设计计算中应注意的一些问题做简要说明。

第一节　减速器外部的传动件设计

减速器外的传动件，一般常用 V 带传动、链传动或开式齿轮传动，它们在减速器之前进行设计。设计时需要注意这些传动件与其他部件的协调问题。

一、V 带传动

带传动设计时，应考虑带轮尺寸与其相关零部件尺寸的相互关系。例如，对于安装在电动机轴上的小带轮外圆半径 $d_a/2$，应小于电动机的中心高 H（见图 3-1），以避免与机座或其他零部件发生碰撞。

带轮毂孔直径、长度应与安装轴的轴伸尺寸相配。若带轮安装在电动机轴上，则其轮毂孔径应与电动机轴的直径相等，轮毂长度应与电动机的轴伸长度相匹配。带轮轮缘宽度 B 与轮毂长度 l 不一定相同，前者取决于带的型号和根数，而后者取决于轴孔直径 d 的大小，常取 $l=(1.5\sim2)d$。

二、滚子链传动

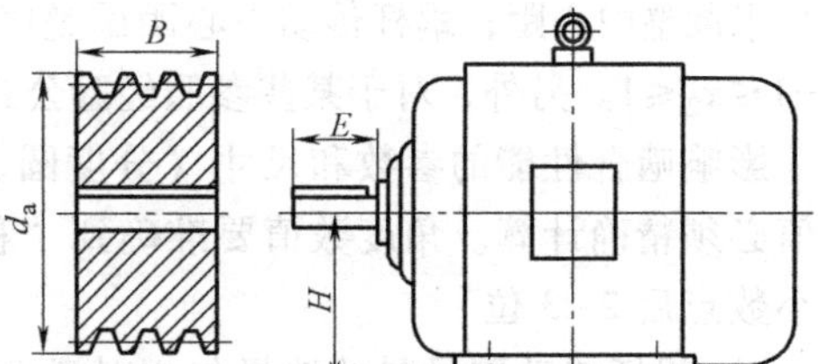

图 3-1　小带轮与电动机尺寸的关系

在保证强度足够的前提下，尽量选取较小链节距。当采用单排链使传动尺寸过大时，可改用双排链或多排链。为使磨损均匀，链轮齿数最好选为奇数或不能整除链节数的数。为避免使用过渡链节，链节数最好为偶数。为了不使大链轮尺寸过大，速度较低的链传动的齿数不宜取得过多。链轮外廓尺寸及轮毂孔尺寸应与减速器、工作机的其他零件相适应。应记录选定的润滑方式和润滑剂牌号以备查用。

三、开式齿轮传动

开式齿轮传动一般用于低速，为使支承结构简单，常选用直齿。开式齿轮传动为悬臂布置时，轴的支承刚度较小，为减轻轮齿的载荷分布不均，齿宽系数应取较小值。开式齿轮传动一般只需按弯曲强度进行计算，但考虑到因齿面磨损而引起的对轮齿强度的削弱，应将按强度计算所得的模数增大 10%~20%，同时选择减摩性和耐磨性好的配对材料。开式齿轮传动的尺寸确定之后，应注意检查传动结构尺寸与其他相关零部件是否发生干涉。

通常由于设计学时的限制，减速器以外的传动件只需确定重要的参数和尺寸，而不进行详细的结构设计。装配图只画减速器部分，一般不画外部传动件。但是，减速器的轴伸结构与其上的传动件或联轴器的结构有关，是否在装配图上画出减速器以外的传动件或联轴器的安装结构，将由指导教师视情况而定。

在完成减速器外部传动件设计之后，应根据最后选定的大小带轮直径、大小齿轮或链轮齿数，计算各有关传动的实际传动比，以修正减速器的传动比以及运动参数和动力参数。

第二节　减速器内部的传动件设计

减速器外部的传动件设计完成后，应对减速器的各级传动比及有关参数做相应的调整，然后按修正后的参数进行减速器内部传动件的设计计算。

1）齿轮材料的选择应与齿坯尺寸及齿坯的制造方法协调。若齿坯直径较大需用铸造毛坯时，应选用铸钢或铸铁材料。同一减速器中各级小齿轮（或大齿轮）的材料应尽可能一致，以减少材料牌号和简化工艺要求。齿轮的结构设计是在装配草图的设计过程中完成的，因此传动件详细的结构尺寸和技术要求的确定，应结合装配草图设计或零件图设计进行。

2）齿轮强度计算中的齿宽 b 是工作齿宽，这对相啮合的一对齿轮来说是相同的。对于圆柱齿轮传动，考虑装配时两齿轮可能产生的相对位置误差，常取大齿轮齿宽 $b_2=b$，而小齿轮齿宽 $b_1=b+(5\sim10)\text{mm}$，以便装配。锥齿轮传动，因为齿宽方向的模数不同，为了使两齿轮能正确啮合，大小齿轮的齿宽必须相等。在齿轮的支承上也应有相应的调整两齿轮位置的结构，以使两齿轮模数相等的大端能够对齐。

3）传动件的尺寸和参数取值要正确、合理。齿轮和蜗轮的模数、蜗杆分度圆直径等必须符合标准。为了安全可靠，在动力传动中，圆柱齿轮的模数一般不小于 2mm。圆柱齿轮和蜗杆传动的中心距应尽量圆整成尾数为 0 或 5 的整数，以便于箱体的制造和测量。直齿圆柱齿轮传动可通过改变模数、齿数或采用角变位来调整中心距；斜齿圆柱齿轮传动可通过改变螺旋角的大小来调整中心距；蜗杆传动中心距圆整时，有时需进行变位，蜗轮的变位系数 x_2 取值范围为 $-1\leqslant x_2\leqslant 1$。另外，对于某些参照经验公式计算出来的结构尺寸也应该进行圆整。

影响啮合性能的参数和尺寸（分度圆、节圆、齿顶圆、节锥角、变位系数、螺旋角等）数值必须精确计算。角度数值要准确到"秒"，一般尺寸（分度圆、齿顶圆等）数值应准确到小数点后 2~3 位。

4）蜗杆传动副材料的选择与相对滑动速度有关，因此设计时可按初估的滑动速度选择材料。在蜗杆传动尺寸确定后，要检验其滑动速度和传动效率与初估值是否相符，并检查所选材料是否合适。若与初估值有较大出入，应修正后重新计算。

蜗杆上置或下置取决于蜗杆圆周速度 v_1，当 $v_1 \leqslant 4 \sim 5\text{m/s}$ 时可取下置，否则可采用上置。

蜗杆轴的强度、刚度验算及蜗杆传动的热平衡计算，常需画出装配草图并在确定了蜗杆支点距离和箱体轮廓尺寸之后才能进行。

根据设计计算结果，验算总传动比，使其在设计任务书要求范围之内，否则应调整齿轮参数。最后将传动件的有关数据和尺寸及时整理列表，并画出其结构简图，以备在装配图设计和轴、轴承、键连接等校核计算时使用。

第三节　轴径的初算和联轴器的选择

一、轴径的初算

轴的结构设计要在初步估算出一段轴径的基础上进行。轴径可按扭转强度初算，计算公式可参考机械设计教材进行。初估的轴径为轴上受扭段的最小直径，当此处有键槽时，还要考虑键槽对轴强度削弱的影响，然后圆整成为标准值。

若外伸轴用联轴器与电动机轴相连，则应综合考虑电动机轴径及联轴器孔径尺寸，适当调整初算的轴径尺寸。由于高速轴转速高、转矩小，按许用扭转切应力计算所得的轴径往往较小，与标准联轴器的孔径相差较大，这时轴径宜适当放大，以满足联轴器的孔径要求，通常可取轴端直径 $d=(0.8\sim1.0)d_M$，其中 d_M 为电动机外伸轴的直径。若输入端装有带轮，则计算所得的最小轴径也可酌情放大，以保证悬臂端有足够的刚度。

二、联轴器的选择

减速器常通过联轴器与电动机轴、工作机轴相连接。联轴器的选择包括联轴器的类型和型号（尺寸）等的合理选择。

联轴器的类型应根据工作要求来选择。连接电动机轴与减速器高速轴的联轴器，由于轴的转速较高，为减小起动载荷，缓和冲击，一般应选用具有较小转动惯量和具有弹性的联轴器，例如弹性套柱销联轴器、弹性柱销联轴器。减速器低速轴（输出轴）与工作机轴连接用的联轴器，由于轴的转速较低，传递的转矩较大，又因为减速器输出轴与工作机轴之间往往有较大的轴线偏移，因此常选用刚性可移式联轴器，例如滚子链联轴器、齿轮联轴器；若工作机有振动冲击，为了缓和冲击，以免振动影响减速器内传动件的正常工作，则可选用弹性联轴器，如弹性柱销联轴器。对于中小型减速器，其输入轴、输出轴均可采用弹性柱销联轴器，因为它加工制造容易，装拆方便，成本低，能缓冲减振。

联轴器的型号按计算转矩、轴的转速和轴径进行选择。要求所选联轴器的许用转矩大于计算转矩，许用转速也应大于传动轴的工作转速，所选联轴器两端轴孔直径的范围应与被连接两轴的直径相适应。应注意减速器高速轴外伸段轴径与电动机的轴径不得相差很大，否则难以选择合适的联轴器。电动机选定后，其轴径是一定的，应注意调整减速器高速轴外伸段的直径。

联轴器轴孔的型式和尺寸可参照第十七章进行选择。联轴器型号选定后应将有关尺寸列表备用。

例 3-1　某两级圆柱齿轮减速器，其高速轴通过联轴器与电动机轴连接，已选定电动机型号为 Y132M1-6，额定功率 $P_0=4\text{kW}$，轻载转速 $n_0=960\text{r/min}$，电动机轴径 $d_M=38\text{mm}$，轴

伸长 $E=80mm$。试确定减速器高速轴外伸段轴径并选择合适的联轴器。

解：

(1) 初步估算减速器高速轴外伸段轴径

$$d=(0.8\sim1.0)d_M=(0.8\sim1.0)\times38mm=30.4\sim38mm$$

(2) 选择联轴器，确定减速器外伸段轴径 根据传动装置的工作条件，拟选用 LT 型弹性套柱销联轴器（GB/T 4323—2002），计算转矩为

$$T_{ca}=K_AT=1.5\times39.8N\cdot m=59.7N\cdot m$$

式中 T——联轴器所传递的公称转矩。

$$T=9.55\frac{P_0}{n}=9.55\times\frac{4\times10^3}{960}N\cdot m=39.8N\cdot m$$

式中 K_A——工作情况系数，通常取 $K_A=1.25\sim1.5$，本例中取 $K_A=1.5$。

查第十七章 LT6 联轴器，其公称转矩 $T_n=250N\cdot m>T_{ca}=59.7N\cdot m$，许用转速 $[n]=3800r/min>960r/min$，轴孔直径 $d_{min}=32mm$，$d_{max}=42mm$。

若取减速器高速轴外伸段轴径 $d=32mm$，可选联轴器轴孔 $d_1=d_M=38mm$，$d_2=d=32mm$，所以 LT6 联轴器能满足要求。

第四节 传动零件的结构及其尺寸

一、普通 V 带带轮（见表 3-1）

表 3-1 普通 V 带带轮的结构及其尺寸 （单位：mm）

V 带轮槽结构	实心式(S)[$d_d\leqslant(2.5\sim3)d$]	腹板式(P)($d_d\leqslant300$ 且 $d_d-d_1<100$)
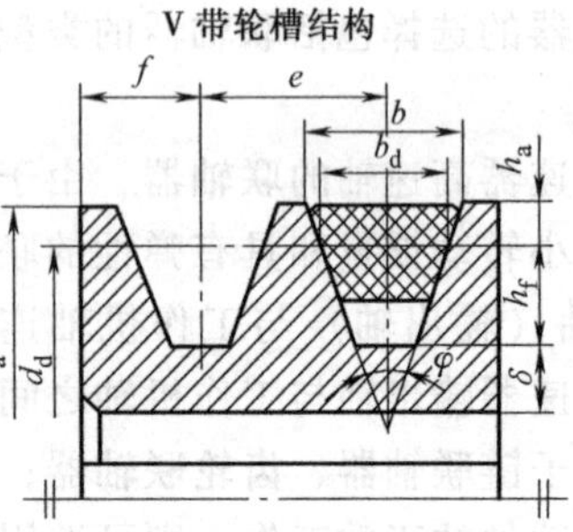	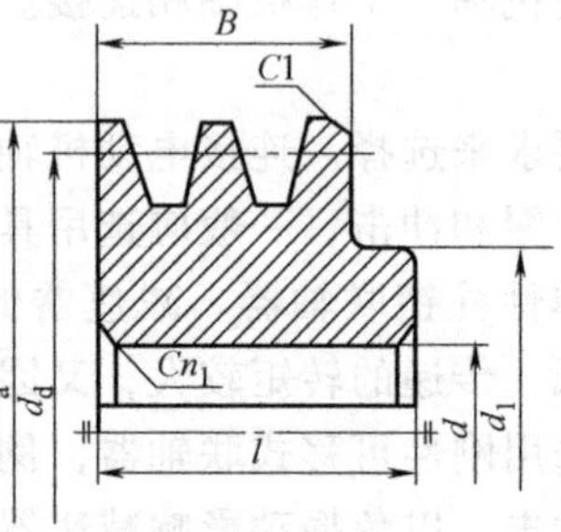	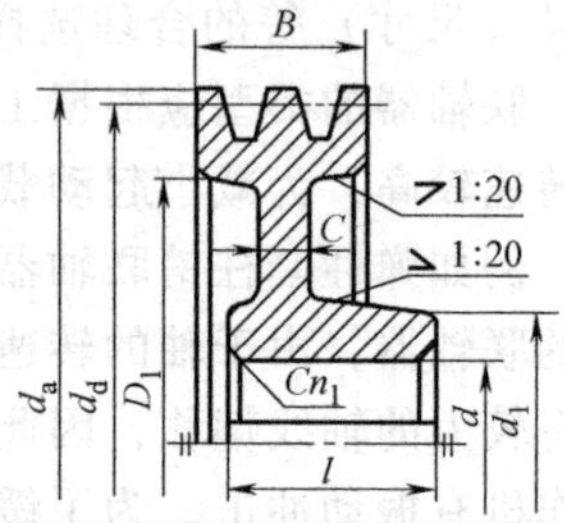
孔板式(H)($d_d\leqslant300$ 且 $d_d-d_1\geqslant100$)	椭圆轮辐式(E)($d_d>300$)	
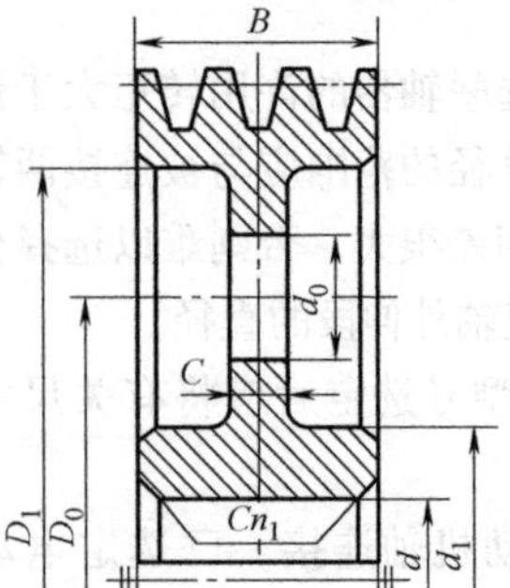	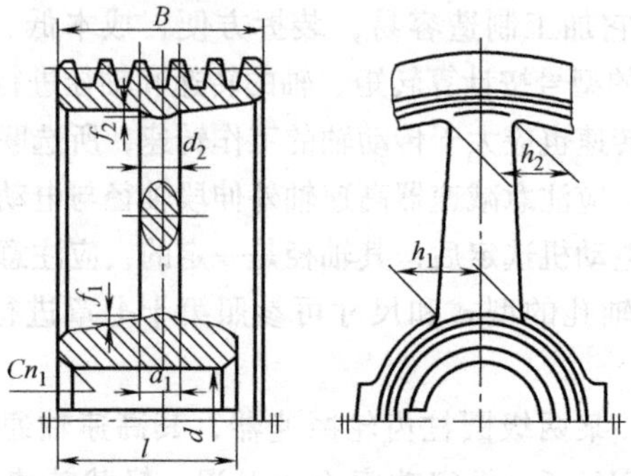	

（续）

V型轮槽型尺寸（GB/T 10412—2002）									外形尺寸	椭圆轮辐尺寸
槽型		Y	Z	A	B	C	D	E	$d_a=d_d+2h_a$	$h_1=290\sqrt{\frac{P}{nA}}$ A——轮辐数 P——传递功率（kW） n——带轮转速（r/min）
b_d		5.3	8.5	11	14	19	27	32	$d_1=(1.8\sim2)d$	
$b\approx$		6.3	10.1	13.2	17.2	23	32.7	38.7	$B=(z-1)e+2f$ z——轮槽数	
h_{amin}		1.6	2.0	2.75	3.5	4.8	8.1	9.6		
h_{fmin}		4.7	7.0	8.7	10.8	14.3	19.9	23.4		
e		8±0.3	12±0.3	15±0.3	19±0.4	25.5±0.5	37±0.6	44.5±0.7		
f		7±1	8±1	10^{+2}_{-1}	12.5^{+2}_{-1}	17^{+2}_{-1}	24^{+3}_{-1}	29^{+4}_{-1}	$l=(1.5\sim2)d$	$h_2=0.8h_1$
δ		5	5.5	6	7.5	10	12	15	n_1——按轴过渡圆角定	$a_1=0.4h_1$
φ 32°	对应d_d值	60	—	—	—	—	—	—		
φ 34°	对应d_d值	—	≤80	≤118	≤190	≤315	—	—		
φ 36°	对应d_d值	>60	—	—	—	—	≤475	≤600	$D_0=0.5(D_1+d_1)$	$a_2=0.8h_1$
φ 38°	对应d_d值	—	>80	>118	>190	>315	>475	>600	$D_1=d_d-2(h_f+\delta)$	$f_1=0.2h_1$
C		6	8	10	14	18	22	28	$d_0=0.25(D_1-d_1)$	$f_2=0.2h_2$

槽型	轮槽数	轮缘宽度 B	轮毂长度 l / 带轮基准直径 d_d 系列值						孔径 d 系列值
Z	1	16	28 / 50~150	32 / 160~250					12,14,16,18,20,22,24,25,28,30
Z	2	28	35 / 50~125	40 / 140~250	45 / 280~355	50 / 400			12,14,16,18,20,22,24,25,28,30,32,35
Z	3	40	40 / 50~150	45 / 160~250	50 / 280~400	55 / 500~600	64 / 630		16,18,20,22,24,25,28,30,32,35
Z	4	52	52 / 50~280	55 / 315~400	60 / 500~600	64 / 630			20, 22, 24, 25, 28, 30, 32,35,
A	1	20	35 / 75~140	40 / 150~224	45 / 250				16, 18, 20, 22, 24, 25, 28,30
A	2	35	45 / 75~160	50 / 180~315	60 / 355~500				16,18,20,22,24,25,28,30,32,35,38,40
A	3	50	50 / 75~280	60 / 315~355	65 / 400~630				
A	4	65	45 / 75~90	50 / 95~160	60 / 180~355	65 / 400	70 / 450~630		20,22,24,25,28,30,32,35,38,40
A	5	80	50 / 75~90	60 / 95~160	65 / 180~280	70 / 315~560	75 / 630		24,25,28,32,35,38,40
B	1	25	35 / 125~140	40 / 150~200	45 / 224~250				18,20,22,24,25,28,30
B	2	44	45 / 125~160	50 / 170~280	60 / 315~450	65 / 500			32,35,38,40
B	3	63	50 / 125~224	60 / 250~355	65 / 400~450	75 / 500~630	85 / 710		
B	4	82	50 / 125~150	60 / 160~224	65 / 250~355	70 / 400~450	75 / 500~600	90 / 630~710	32, 35, 38, 40, 42, 45, 50,55
B	5	101	50 / 125	60 / 132~160	70 / 170~355	80 / 400~450	90 / 500~600	105 / 630~710	32, 35, 38, 40, 42, 45, 50,55
B	6	120	60,65 / 125~150,160	70 / 170~180	80,90 / 200,280~355	100 / 400~450	105 / 500~600	115 / 630~710	

（续）

槽型	轮槽数	轮缘宽度 B	轮毂长度 l / 带轮基准直径 d_d 系列值						孔径 d 系列值
C	1	85	55 / 200~210	60,65 / 224~236,250	70 / 265~315	75,80 / 335~400,450	85,90 / 500,560~630	95,100 / 710,800~1000	42，45，50，55,60,65
	2	110.5	60 / 200~210	65,70 / 224~236,250	75,80 / 265~315,335	85,90 / 355~450,500	90,100 / 560,600~710	165,110 / 750,800~1000	
	3	136.5	65,70 / 200~236	75,80 / 250~315	85,90 / 335~400	95,100 / 450~560	105,110 / 600~800	115,120 / 900,1000	
	4	161.5	70,75 / 200~236	80,85 / 250~315	90,95 / 335~400	100,105 / 450~560	110,115 / 600~800	120,125 / 900,1000	
	5	187	75,80 / 200~250	85,90 / 265~315	95,100 / 335~400	105,110 / 500,560	115,120 / 600~800	125,130 / 900,1000	60,65

二、圆柱齿轮（见表 3-2）

表 3-2 圆柱齿轮的结构及其尺寸 （单位：mm）

锻造齿轮

齿轮轴

（$x \leqslant 2.5m_n$ 时，m_n 为法向模数）

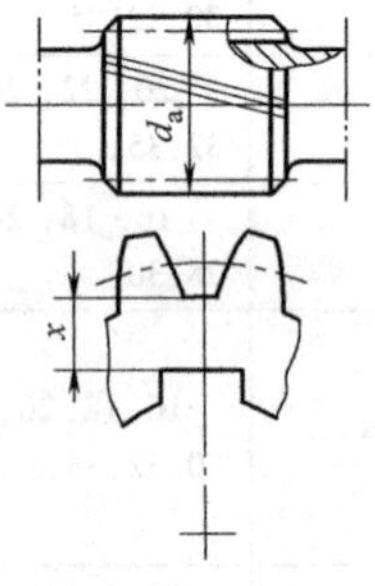

实心式（$x>2.5m_n$，$d_a \leqslant 150$）

d_a 较小时（≤100）

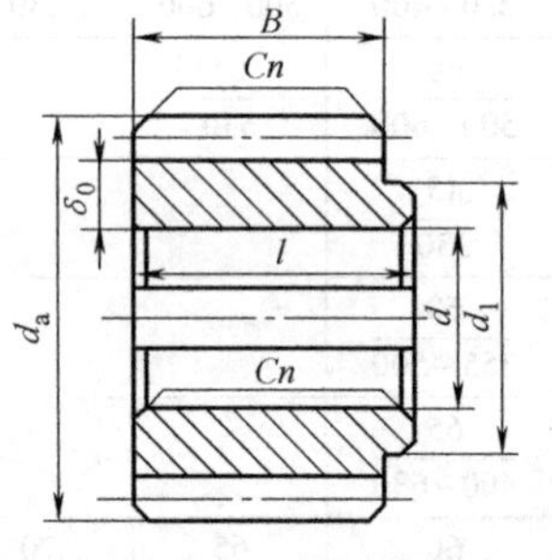

d_a 较大时(100～150)

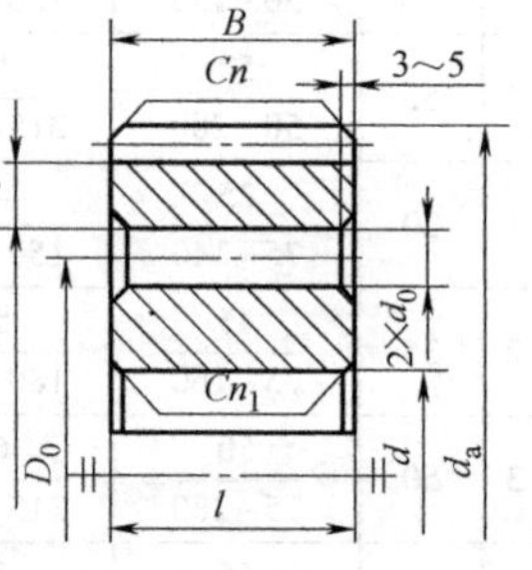

腹板式（$d_a=150\sim500$）

自由锻(批量较小时)

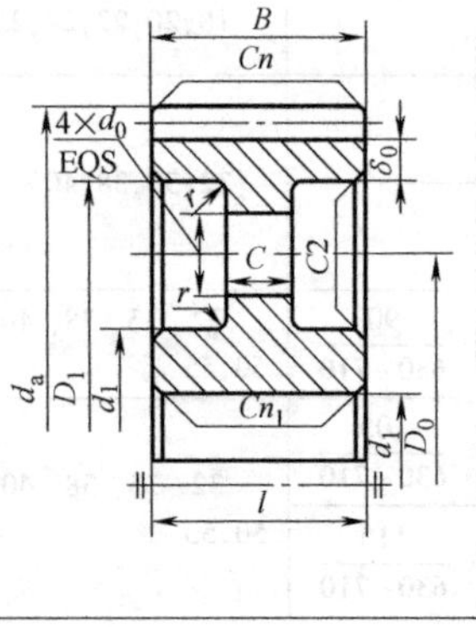

模锻（批量较大时）

D_1-d_1 较小时

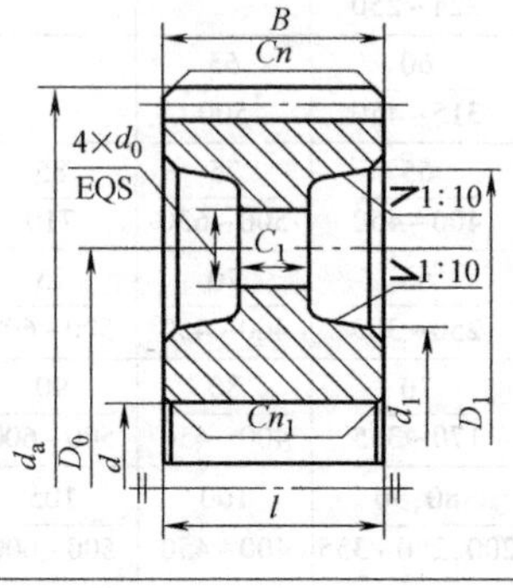

D_1-d_1 较大时

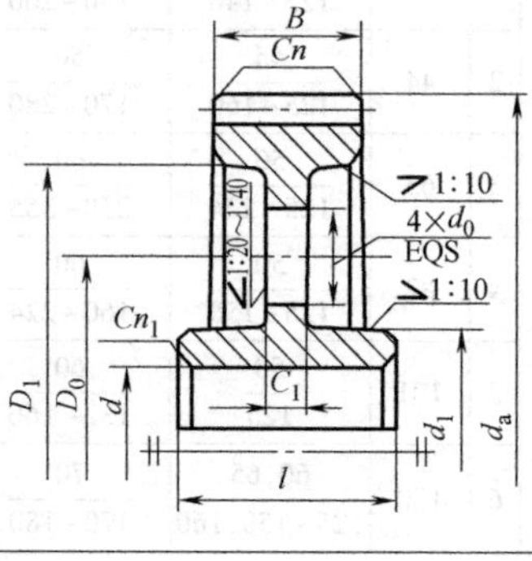

（续）

锻造齿轮	$d_1=1.6d$	实心式	$\delta_0 \geqslant 8\sim10$	$D_1=d_a-10m_n$
	$l=(1.2\sim1.5)d \geqslant B$		$d_0 \geqslant 10$	
	$D_0=0.5(D_1+d_1)$	腹板式	$\delta_0=(2.5\sim4)m_n \geqslant 10$	$D_1=d_f-2\delta_0$
	$n=0.5m_n$（m_n 为法向模数）		$d_0=0.25(D_1-d_1)$	$C=0.3B$
	n_1——据轴过渡圆角定		$r=5$	$C_1=(0.2\sim0.3)B$
铸造齿轮	d_a=400～1000，$B \leqslant 200$ 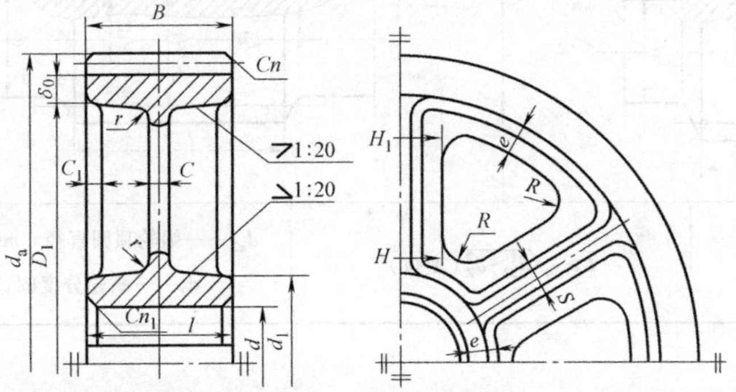			$d_1=1.6d$（铸钢）；$1.8d$（铸铁） $H=0.8d$（铸钢）；$0.9d$（铸铁） $H_1=0.8H$ $\delta_0=(2.5\sim4)m_n \geqslant 8$ $l=(1.2\sim1.5)d \geqslant B$ $C=0.25H \geqslant 10$ $C_1=0.8C$ $S=0.17H \geqslant 10$ $e=0.8\delta_0$ $n=0.5m_n$ $r=0.5C$ n_1——按轴过渡圆角定 n、R 由结构确定

三、直齿锥齿轮（见表 3-3）

表 3-3 锻造直齿锥齿轮的结构及其尺寸 （单位：mm）

齿轮轴	实心式（$\delta>1.6m$，$d_a \leqslant 200$）	$d_1=1.6d$
（$\delta \leqslant 1.6m$ 时，m 为大端模数）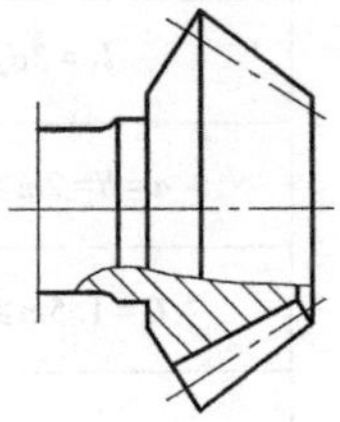	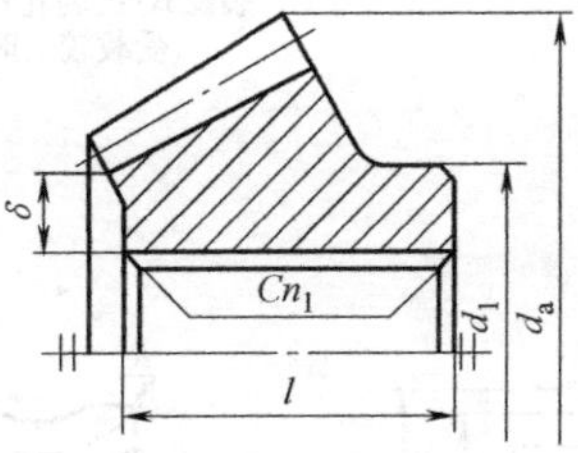	$l=(1\sim1.2)d$
		$\delta_0=(3\sim4)m \geqslant 10$
		$C=(0.1\sim0.17)R \geqslant 10$
		d_0、D_0 由结构确定
		n_1——按轴过渡圆角定
腹板式（$d_a \leqslant 500$）		
自由锻（批量较小时）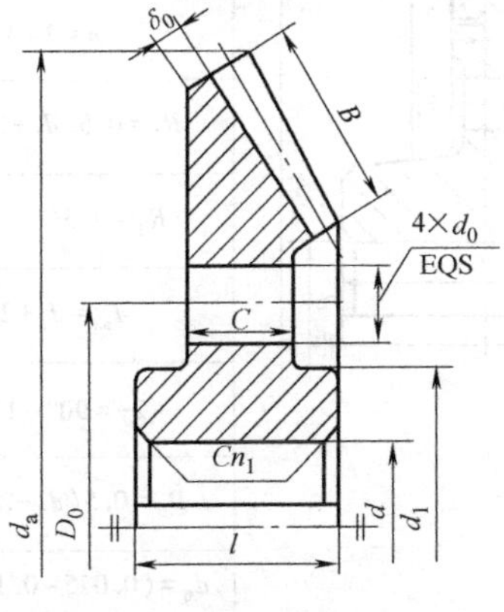	模锻（批量较大时）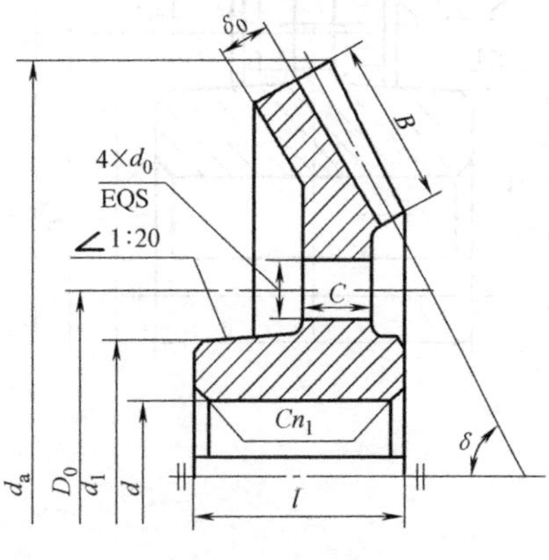	

四、蜗杆（见表 3-4）

表 3-4 蜗杆的结构及其尺寸 （单位：mm）

<table>
<tr><td colspan="2">车制($d_f-d \geqslant 2 \sim 4$)
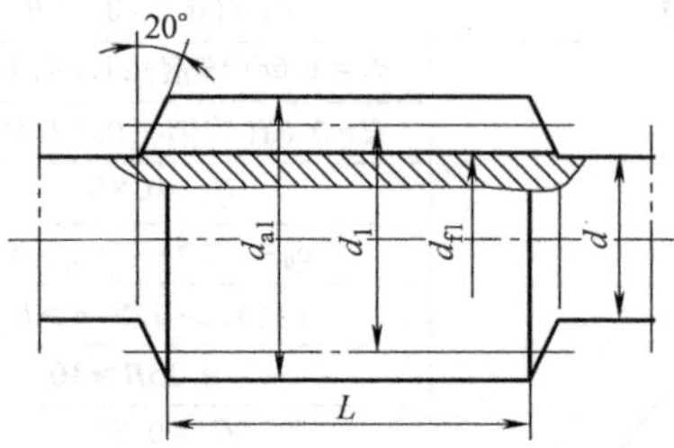
</td><td>铣制(d 可大于 d_f)
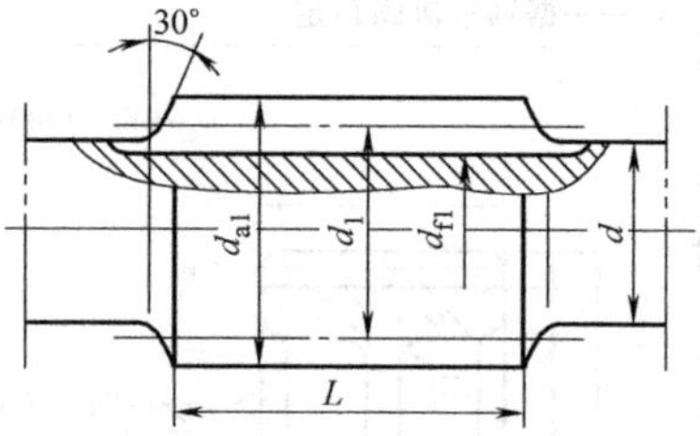
</td></tr>
<tr><td>$L \geqslant 2m\sqrt{z_2+1}$（不变位）</td><td>$L \geqslant \sqrt{d_{a2}^2-d_2^2}$（变位）</td><td>$d_{a2}$——蜗轮顶圆直径　m——模数
d_2——蜗轮分度圆直径</td></tr>
</table>

五、蜗轮（见表 3-5）

表 3-5 蜗轮的结构及其尺寸 （单位：mm）

装配式(六角头螺钉连接) ($d_2>100$) 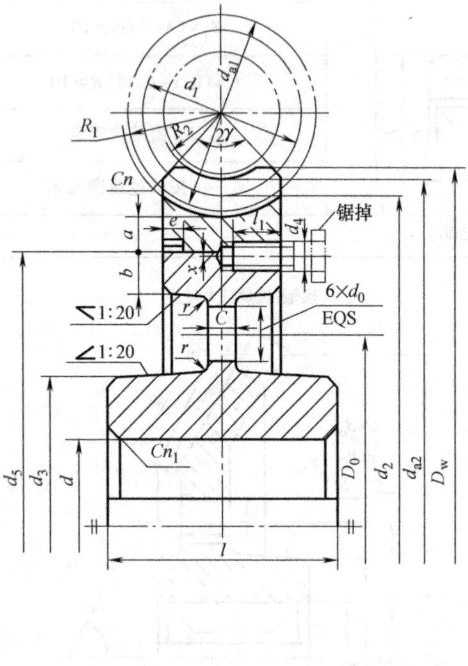 装配式(铰制孔螺栓连接) (受载较大时用) 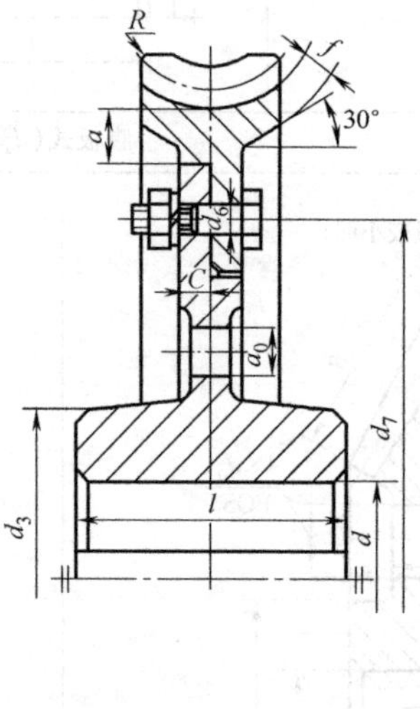 	$d_3=(1.6\sim1.8)d$
	$l=(1.2\sim1.8)d$
	$d_4=(1.2\sim1.5)m \geqslant 6$
	$l_1=3d_4$
	$a=b=2m \geqslant 10$
	$C=1.5m \geqslant 10$
	$x=1\sim3$
	$e \approx 10$
	$n=2\sim3$
	$R_1=0.5(d_1+2.4m)$
	$R_2=0.5(d_1-2m)$
	$d_{a2}=d_2+2m$
	$2\gamma=90°\sim110°$
	$D_0=0.5(d_5-2b+d_3)$
	$d_6=(0.075\sim0.12)d \geqslant 5$

（续）

装配式(螺钉连接)　　整体式(青铜 $d_2 \leqslant 100$，铸铁 $v_s \leqslant 2\text{m/s}$，$v_s$ 为滑动速度) 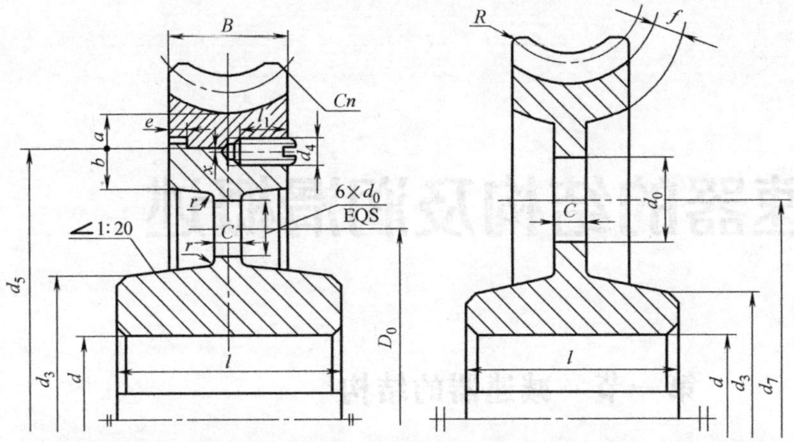	$f \geqslant 1.7m$
	$R=4\sim5$
	$D_w \leqslant d_{a2}+2m(z_1=1)$
	$D_w \leqslant d_{a2}+1.5m(z_1=2)$
	$D_w \leqslant d_{a2}+m(z_1=4)$
	$B \leqslant 0.75d_{a1}(z_1=1.2)$
	$B \leqslant 0.67d_{a1}(z_1=4)$
	d_5、d_0、d_7、r 由结构确定
	$d_5\ \frac{H7}{s6}\left(\frac{H7}{r6}\right)$，$d_6\ \frac{H7}{r6}$
	n_1——按轴过渡圆角定

思 考 题

1. 传动装置设计中，为什么一般先计算减速器外部的传动零件？

2. 设计 V 带传动时，确定带轮直径、带轮轮毂长度和轴孔直径时应注意哪些问题？

3. 减速器外部的传动件设计完成后，如何对减速器的传动比及运动参数、动力参数进行修改？

4. 选择齿轮材料、齿轮毛坯制造方法时应考虑哪些问题？

5. 你所设计的齿轮采用什么材料、热处理及加工工艺？

6. 闭式软齿面齿轮传动的主要失效形式和设计准则是什么？闭式硬齿面齿轮传动和开式齿轮传动又怎样设计？

7. 设计齿轮传动时，哪些参数应取标准值？哪些参数要精确计算？哪些参数应该圆整？

8. 如何选择联轴器？确定联轴器轴孔直径时要考虑哪些问题？

第四章

减速器的结构及润滑概述

第一节　减速器的结构

减速器是一种封闭在刚性壳体内的独立传动装置，其功用是降低转速，把原动机的运动和动力传递给工作机。减速器结构紧凑，效率较高，传递运动准确可靠，使用维护方便，可以成批生产，因此得到了广泛的应用。

减速器的类型很多，其结构根据使用要求的不同而异，但其基本结构均由传动件、轴系部件、箱体、附件和连接件等组成。通常，齿轮减速器箱体都采用沿轴线水平剖分式的结构，对蜗杆减速器也可采用整体式箱体的结构。图 4-1～图 4-3 所示分别为单级圆柱齿轮减

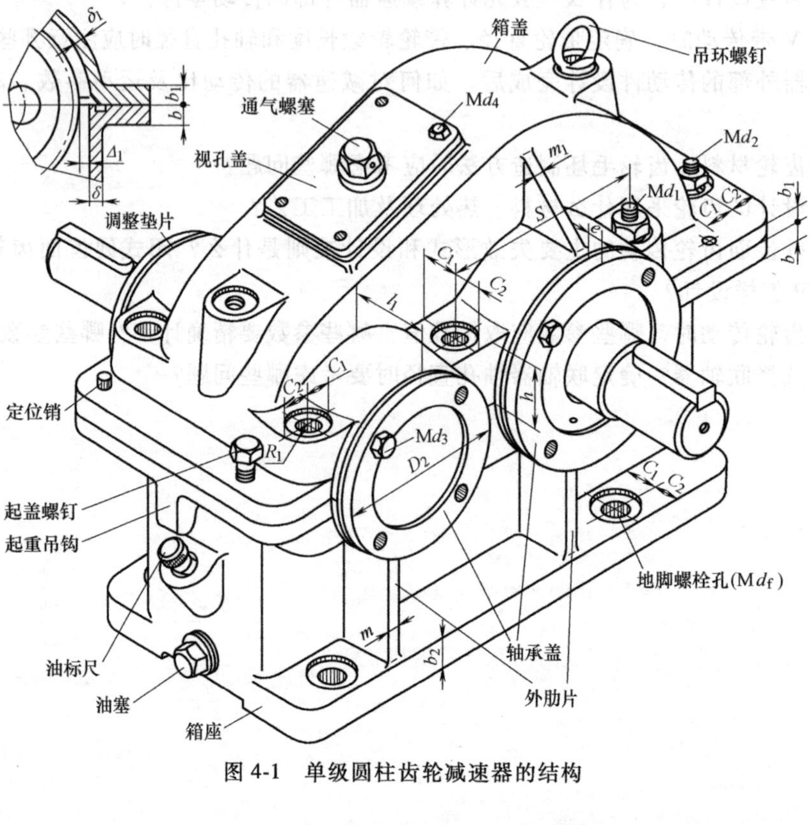

图 4-1　单级圆柱齿轮减速器的结构

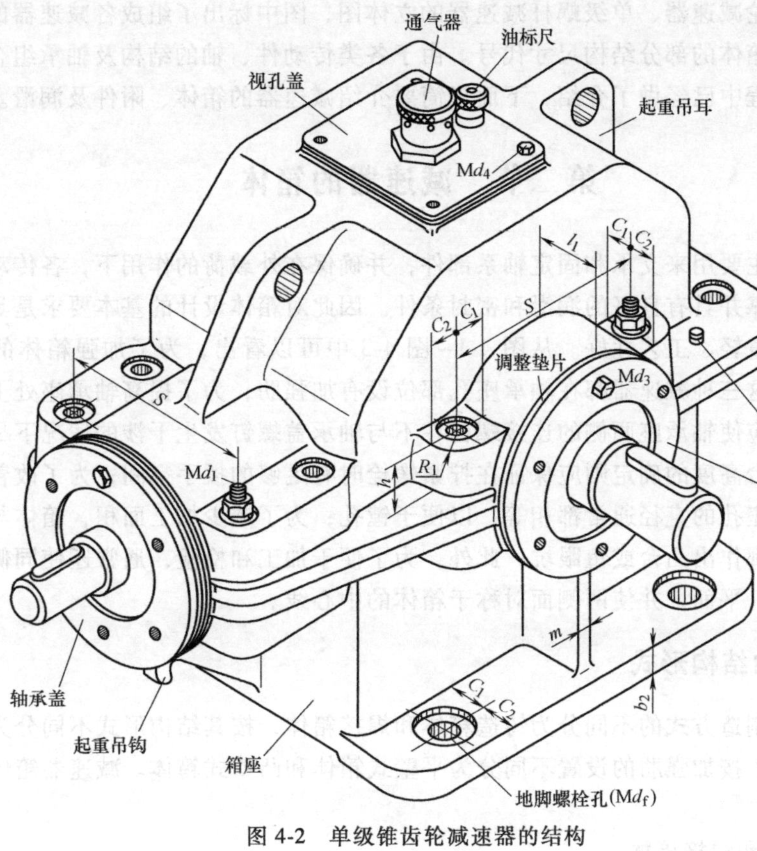

图 4-2　单级锥齿轮减速器的结构

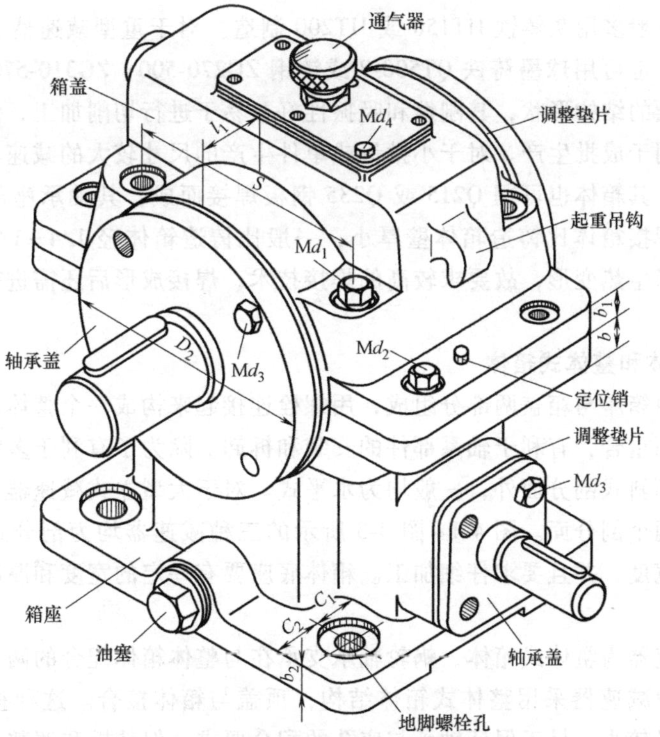

图 4-3　单级蜗杆蜗轮减速器的结构

速器、单级锥齿轮减速器、单级蜗杆减速器的立体图，图中标出了组成各减速器的主要零部件的名称及铸造箱体的部分结构尺寸代号。由于各类传动件、轴的结构及轴承组合结构等在机械设计基础课程中已经做了介绍，下面仅简要介绍减速器的箱体、附件及润滑。

第二节　减速器的箱体

减速器箱体主要用来支承和固定轴系部件，并确保在外载荷的作用下，各传动件仍能正确啮合、工作可靠并具有良好的润滑和密封条件。因此对箱体设计的基本要求是具有足够的强度和刚度、重量轻、工艺性好。从图 4-1 ~ 图 4-3 中可以看出，为了加强箱体的支承刚度并使重量较轻，这三种减速器都在轴承座孔部位设有加强肋；为了提高轴承座处上下箱体间的连接刚度，还应使轴承座两侧的连接螺栓在不与轴承盖螺钉发生干涉的情况下尽可能靠近轴承座孔，其凸台高度的确定则应保证在拧紧螺栓时有足够的扳手空间；为了改善箱体的加工工艺性，轴承座孔的直径通常都相等，以便于镗孔；为了减少加工面积，箱体与其他零部件的接合处一般都作出凸台或鱼眼坑；此外，为了便于加工和检验，通常还使同侧各轴承座的外端面处于同一平面，并使两侧面对称于箱体的中心线。

一、箱体的结构形式

箱体按毛坯制造方式的不同分为铸造箱体和焊接箱体，按其结构形式不同分为剖分式箱体和整体式箱体，按加强肋的设置不同分为平壁式箱体和凸壁式箱体。减速器箱体多采用剖分式结构。

1. 铸造箱体和焊接箱体

减速器箱体一般多用灰铸铁 HT150 或 HT200 制造。对于重型减速器，为提高其承受振动和冲击的能力，也可用球墨铸铁 QT500-7 或铸钢 ZG270-500、ZG310-570 制造。铸造箱体易获得合理和复杂的结构形状，其刚性和吸振性好，易于进行切削加工，但制造周期长，质量较大，因而多用于成批生产。对于小批量或单件生产的尺寸较大的减速器，为了减小质量或缩短生产周期，其箱体也可用 Q215 或 Q235 钢板焊接而成，其轴承座部分可用圆钢、锻钢或铸钢制造。焊接箱体比铸造箱体壁厚小，一般比铸造箱体轻 1/4 ~ 1/2，可降低生产成本。但焊接时易产生热变形，故要求较高的焊接技术，焊接成形后还需进行退火处理以消除内应力。

2. 剖分式箱体和整体式箱体

剖分式箱体由箱座与箱盖两部分组成，用螺栓连接起来构成一个整体。剖分面与减速器内传动件轴线平面重合，有利于轴系部件的安装和拆卸。除为了有利于多级齿轮传动的等油面浸油润滑作成倾斜式剖分面外，一般均为水平式。对于大型立式减速器，为了便于制造和安装，也可采用两个剖分面。图 4-1 ~ 图 4-3 所示的三种减速器均为剖分式箱体。剖分接合面必须有一定的宽度，并且要求仔细加工。箱体底座要有一定的宽度和厚度，以保证安装的稳定性与刚度。

小型蜗杆减速器为整体式箱体，蜗轮轴承支承在与整体箱体配合的两个大端盖中。小型立式单级圆柱齿轮减速器采用整体式箱体结构，顶盖与箱体接合。这种整体式箱体尺寸紧凑、刚度大、质量较小，易于保证轴承与座孔的配合要求，但装拆和调整往往不如剖分式箱体方便。

3. 平壁式箱体和凸壁式箱体

平壁式箱体常设外肋，凸壁式箱体常设内肋。凸壁式箱体的刚度、油池容量和散热面积等都比较大，且外表光滑美观，但高速时油的阻力大，铸造工艺也较为复杂，且外凸部分只能采用螺钉或双头螺柱连接，箱座上需制出螺纹孔。

近年来，减速器箱体结构设计的特点：外形简单、造型整齐，以方形小圆角过渡代替传统的大圆角曲面过渡；上下箱体连接处的外凸缘改为内凸缘结构；加强肋和轴承座均设计在箱体内部等。

二、箱体的结构尺寸

由于箱体的结构和受力情况比较复杂，目前尚无对箱体进行强度和刚度计算的成熟方法，箱体的结构尺寸通常根据其中的传动件、轴和轴系部件的结构，按经验设计公式在减速器装配草图的设计和绘制过程中确定。铸铁减速器箱体各部分的结构尺寸见表 4-1，供设计时参考。

表 4-1 铸铁减速器箱体的结构尺寸（图 4-1~图 4-3）

<table>
<tr><th rowspan="2">名称</th><th rowspan="2">符号</th><th colspan="9">尺寸关系</th></tr>
<tr><th colspan="3">圆柱齿轮减速器</th><th colspan="3">锥齿轮减速器</th><th colspan="3">蜗杆减速器</th></tr>
<tr><td>箱座壁厚</td><td>δ</td><td colspan="6" rowspan="2">$\delta=0.025a+\Delta\geqslant 8\text{mm}$
$\delta_1=0.02a+\Delta\geqslant 8\text{mm}$
式中：$\Delta=1\text{mm}$（单级），$\Delta=3\text{mm}$（两级①）；
a 为低速级中心距，对于锥齿轮减速器，a②$=\dfrac{d_{m1}+d_{m2}}{2}$</td><td colspan="3">$0.04a+3\text{mm}\geqslant 8\text{mm}$</td></tr>
<tr><td>箱盖壁厚</td><td>δ_1</td><td colspan="3">上置式：$\delta_1=\delta$
下置式：$\delta_1=0.85\delta\geqslant 8\text{mm}$</td></tr>
<tr><td>箱体凸缘厚</td><td>b、b_1、b_2</td><td colspan="9">箱座 $b=1.5\delta$；箱盖 $b_1=1.5\delta_1$；箱底座 $b_2=2.5\delta$</td></tr>
<tr><td>加强肋厚</td><td>m、m_1</td><td colspan="9">箱座 $m=0.85\delta$；箱盖 $m_1=0.85\delta_1$</td></tr>
<tr><td>地脚螺栓直径</td><td>d_f</td><td colspan="3">$0.036a+12\text{mm}$</td><td colspan="3">$0.018(d_{m1}+d_{m2})+1\text{mm}\geqslant 12\text{mm}$</td><td colspan="3">$0.036a+12\text{mm}$</td></tr>
<tr><td>地脚螺栓数目</td><td>n</td><td colspan="3">$a\leqslant 250\text{mm}, n=4$
$a>250\sim 500\text{mm}, n=6$
$a>500\text{mm}, n=8$</td><td colspan="6">$n=\dfrac{\text{箱底座凸缘周长之半}}{200\sim 300\text{mm}}\geqslant 4$</td></tr>
<tr><td>轴承旁连接螺栓直径</td><td>d_1</td><td colspan="9">$0.75d_f$</td></tr>
<tr><td>箱盖、箱座连接螺栓直径</td><td>d_2</td><td colspan="9">$(0.5\sim 0.6)d_f$；螺栓间距 $L\leqslant 150\sim 200\text{mm}$</td></tr>
<tr><td>轴承盖螺钉直径和数目</td><td>d_3、n</td><td colspan="9">见表 4-14</td></tr>
<tr><td>轴承盖（轴承座端面）外径</td><td>D_2</td><td colspan="9">见表 4-14、表 4-15；$S\approx D_2$，S 为轴承两侧连接螺栓间的距离</td></tr>
<tr><td>观察孔盖螺钉直径</td><td>d_4</td><td colspan="9">$(0.3\sim 0.4)d_f$</td></tr>
<tr><td rowspan="3">d_f、d_1、d_2 至箱外壁距离；
d_f、d_2 至凸缘边缘的距离</td><td rowspan="3">C_1、C_2</td><td>螺栓直径</td><td>M8</td><td>M10</td><td>M12</td><td>M16</td><td>M20</td><td>M24</td><td>M27</td><td>M30</td></tr>
<tr><td>$C_{1\min}$</td><td>13</td><td>16</td><td>18</td><td>22</td><td>26</td><td>34</td><td>34</td><td>40</td></tr>
<tr><td>$C_{2\min}$</td><td>11</td><td>14</td><td>16</td><td>20</td><td>24</td><td>28</td><td>32</td><td>34</td></tr>
<tr><td>轴承旁凸台高度和半径</td><td>h、R_1</td><td colspan="9">h 由结构确定；$R_1=C_2$</td></tr>
<tr><td>箱体外壁至轴承座端面距离</td><td>l_1</td><td colspan="9">$C_1+C_2+(5\sim 10)\text{mm}$</td></tr>
</table>

① 对锥齿轮-圆柱齿轮减速器，按两级考虑。

② a 按低速级圆柱齿轮传动中心距取值，d_{m1}、d_{m2} 为两锥齿轮的平均直径。

第三节 减速器的附件

为了保证减速器的正常工作，在减速器的箱体上通常需要设置一些附件，以便于减速器润滑油池的注油、排油，检查油面高度和减速器的拆装、检修等。减速器各附件（图 4-1~图 4-3）的名称、用途和规格现介绍如下。

一、窥视孔及视孔盖

为了便于检查箱内传动零件的啮合情况、润滑状态、接触斑点和齿侧间隙，并向箱体内注入润滑油，在箱盖顶部能够看到齿轮啮合区的位置开设了窥视孔。窥视孔应有足够的大小，以便手能伸入箱体进行检查操作。平时用视孔盖、封油垫片和螺钉封闭窥视孔，以防止润滑油外漏和灰尘、杂质进入箱内。与视孔盖接触的窥视孔处应设计出凸台以便于加工，一般高出 3~5mm 即可，如图 4-4 所示。视孔盖可用轧制钢板或铸铁制成。轧制钢板视孔盖如图 4-5a 所示，其结构简单轻便，上下面无需加工，单件生产和成批生产均常采用；铸铁视孔盖如图 4-5b 所示，需制木模，且有较多部位需进行机械加工，故应用较少。

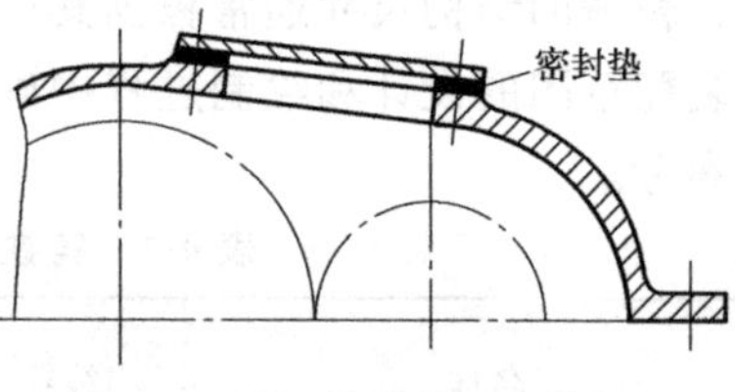

图 4-4 窥视孔处的凸台结构

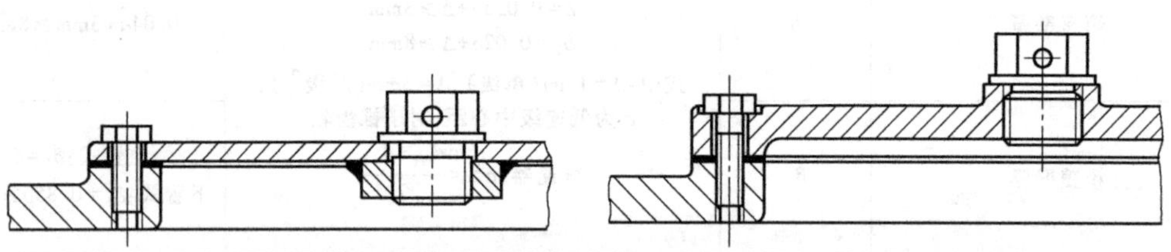

a) b)

图 4-5 视孔盖

a）钢板制 b）铸铁制

窥视孔及视孔盖的结构和尺寸见表 4-2，也可自行设计。

表 4-2 窥视孔及视孔盖的结构和尺寸 （单位：mm）

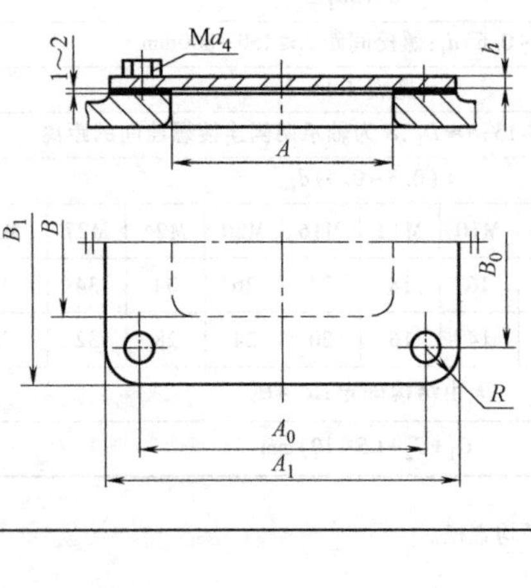	A	100,120,150,180,200
	A_1	$A+(5\sim6)d_4$
	A_0	$\frac{1}{2}(A+A_1)$
	B	$B_1-(5\sim6)d_4$
	B_1	箱体宽度-(15~20)
	B_0	$\frac{1}{2}(B+B_1)$
	d_4	M6~M8
	R	5~10
	h	1.5~2(Q235);5~8(铸铁)

二、通气器

减速器工作时，各运动副间的摩擦发热将使箱体内的温度升高、气压增大。为了避免在这种情况下由于密封性能的下降而导致润滑油向外渗漏，通常多在箱盖顶部或视孔盖上安装通气器。这样就可以使箱体内的热空气能自由地逸出，以达到箱体内、外的气压平衡，从而保持其密封性能。简易的通气器具有丁字形孔，用于较清洁的环境；较完善的通气器具有过滤网及通气曲路，可减少灰尘进入，可用于多尘环境中。根据工作场所和环境的不同，可以选用不同类型的通气器，其结构和尺寸见表 4-3～表 4-5。

表 4-3　通气螺塞（无过滤装置）　　（单位：mm）

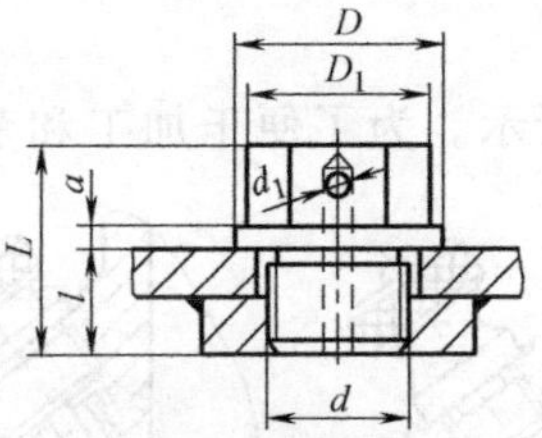

d	D	D_1	S	L	l	a	d_1
M12×1.25	18	16.5	14	19	10	2	4
M16×1.5	22	19.6	17	23	12	2	5
M20×1.5	30	25.4	22	28	15	4	6
M22×1.5	32	25.4	22	29	15	4	7
M27×1.5	38	31.2	27	34	18	4	8

注：1. S 为扳手口宽。
2. 材料为 Q235。
3. 适用于清洁的工作环境。

表 4-4　通气帽（经一次过滤）　　（单位：mm）

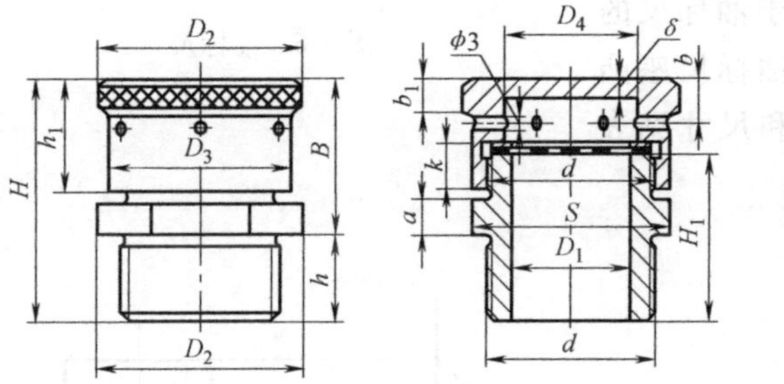

d	D_1	D_2	D_3	D_4	B	h	H	H_1
M27×1.5	15	36	32	18	30	15	45	32
M36×2	20	48	42	24	40	20	60	42
M48×3	30	62	56	36	45	25	70	52

d	a	δ	k	b	h_1	b_1	S	孔数
M27×1.5	6	4	10	8	22	6	32	6
M36×2	8	4	12	11	29	8	41	6
M48×3	10	5	15	13	32	10	55	8

注：此通气帽有过滤网，适合于有尘的工作环境。

表 4-5　通气器（经两次过滤）　　（单位：mm）

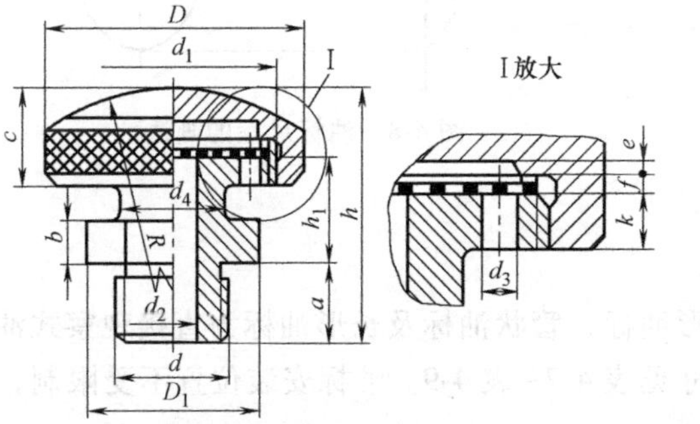

d	d_1	d_2	d_3	d_4	D	a	b
M18×1.5	M33×1.5	8	3	16	40	12	7
M27×1.5	M48×1.5	12	4.5	24	60	15	10

d	c	h	h_1	D_1	R	k	e	f
M18×1.5	16	40	18	25.4	40	6	2	2
M27×1.5	22	54	24	39.6	60	7	2	2

注：此通气器经两次过滤，防尘性能好。

三、油面指示器

为了加注润滑油或在使用过程中能方便检查箱内油面的高度，以确保箱内的油量适中，在减速器中油面较稳定且便于观察的地方（如低速级传动附近的箱体上）装有油面指示器。

油面高度有最高油面和最低油面之分。最低油面为传动件正常运转时的油面，其高度由传动件浸油润滑时的要求确定；最高油面指油面静止时的高度。由于传动件运转时对油的不断搅动，因而其油面高度较静止时为低。为了保证运转时仍具有适当的油面高度，静止时的油面高度应高于运转时的油面高度。至于高出多少合适，一般应视减速器大小由试验确定，对中小型减速器通常取5~10mm。油标的安装高度应能测出最高油面和最低油面为宜。油面指示器分为油标尺和油标两类，下面分别给予介绍。

1. 油标尺

油标尺的结构简单，故减速器中使用较普遍，如图4-6所示。为了便于加工和节省材料，油标尺的手柄和尺杆常由两个元件铆接或焊接在一起。油标尺在减速器上的连装，可采用螺纹连接，也可采用H9/h8配合装入。检查油面高度时拔出油标尺，以杆上油痕判断油面高度。油标尺上两条刻度线的位置分别对应最高油面和最低油面。如果需要在运转过程中检查油面，为避免因油搅动影响检查效果，可在油标尺外装隔离套（图4-6b）。设计时应合理确定油标尺插孔的位置及倾斜角度，既要避免箱体内的润滑油溢出，又要便于油标尺的插取及其插孔的加工，如图4-7所示。油标尺座凸台的画法可参考图4-8。油标尺的结构和尺寸见表4-6。

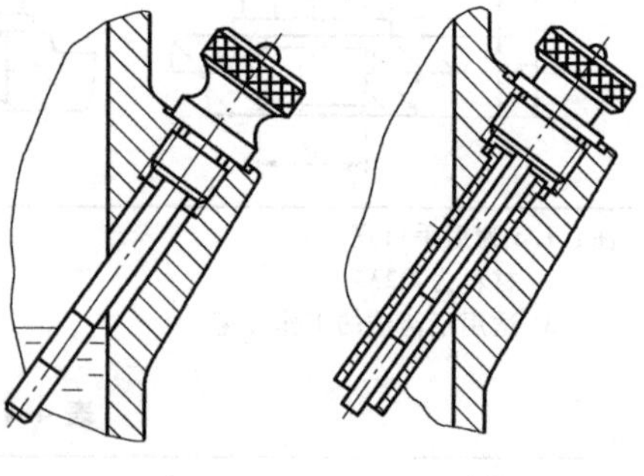

a)　　b)

图4-6　油标尺

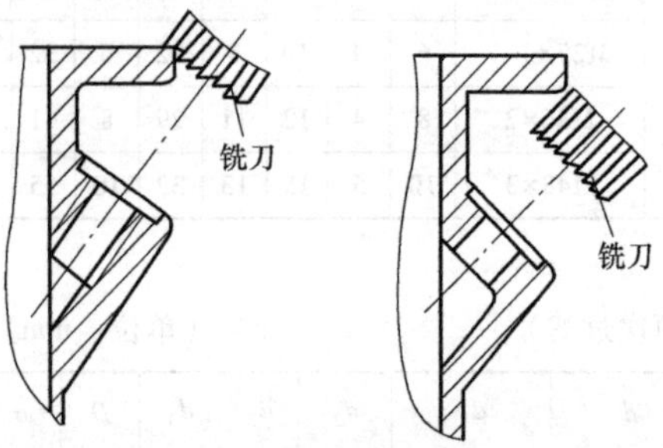

a)　　b)

图4-7　油标尺安装位置的工艺性

a) 不正确　b) 正确

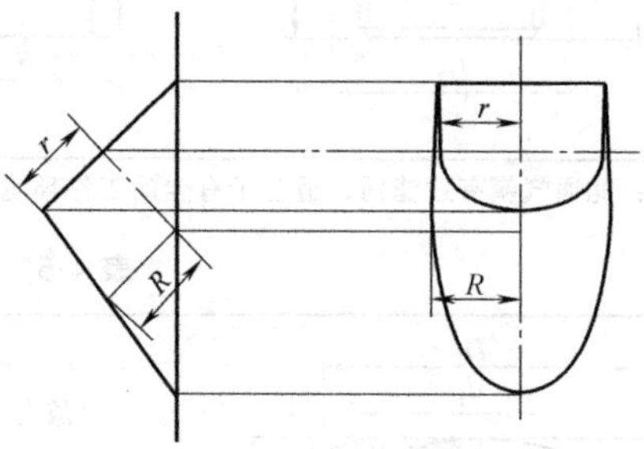

图4-8　油标尺座的画法

2. 圆形油标、管状油标及长形油标

油标尺为间接检查式油面指示器，而圆形油标、管状油标及长形油标为直接观察式油面指示器，可随时观察油面高度，其结构和尺寸见表4-7~表4-9。油标安装位置不受限制，当箱座高度较小时，宜选用油标。

表 4-6 油标尺的结构和尺寸 （单位：mm）

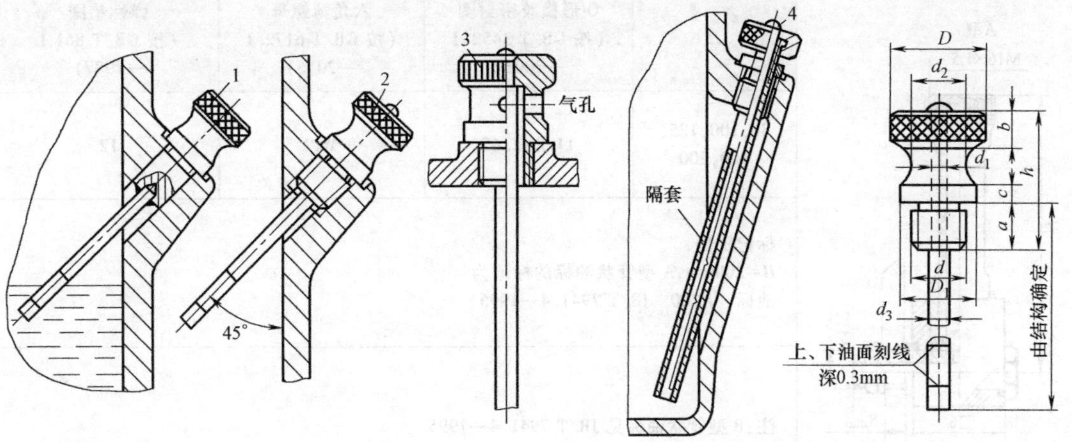

$d\left(\frac{H8}{h9}\right)$	d_1	d_2	d_3	h	a	b	c	D	D_1
M12(12)	4	12	6	28	10	6	4	20	16
M16(16)	4	16	6	35	12	8	5	26	22
M20(20)	6	20	8	42	15	10	6	32	26

注：油标尺 1、2、3 须在停机时才能准确测出油面高度；油标尺 3 还兼有通气器的作用。

表 4-7 压配式圆形油标的结构及尺寸（JB/T 7941.1—1995） （单位：mm）

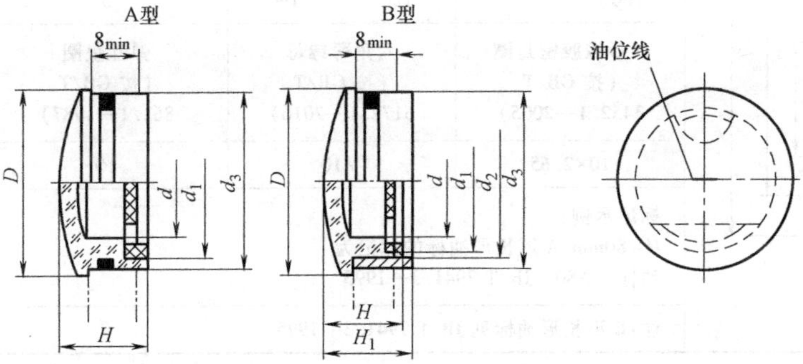

标记示例：
视孔 $d=32$mm，A 型压配式圆形油标的标记为
油标 A32 JB/T 7941.1—1995

d	D	d_1 公称尺寸	d_1 极限偏差	d_2 公称尺寸	d_2 极限偏差	d_3 公称尺寸	d_3 极限偏差	H	H_1	O 形橡胶密封圈（按 GB/T 3452.1—2005）
12	22	12	−0.050 −0.160	17	−0.050 −0.160	20	−0.065 −0.195	14	16	15×2.65
16	27	18		22	−0.065 −0.195	25				20×2.65
20	34	22	−0.065 −0.195	28		32	−0.080 −0.240	16	18	25×3.55
25	40	28		34	−0.080 −0.240	38				31.5×3.55
32	48	35	−0.080 −0.240	41		45		18	20	38.7×3.55
40	58	45		51	−0.100 −0.290	55	−0.100 −0.290			48.7×3.55
50	70	55	−0.100 −0.290	61		65		22	24	—
63	85	70		76		80				

表 4-8 管状油标的结构及尺寸（JB/T 7941.4—1995） （单位：mm）

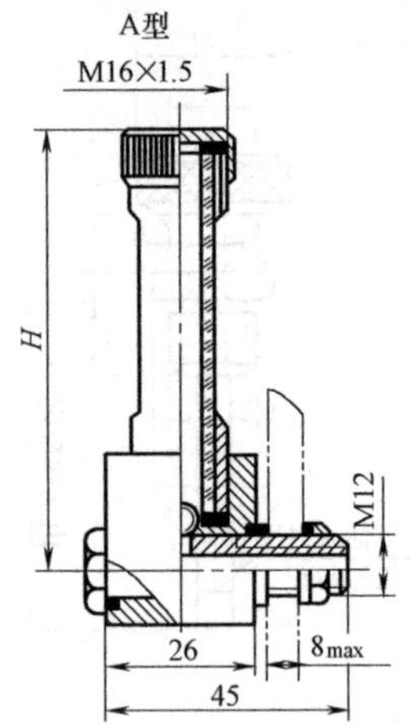

H	O 形橡胶密封圈（按 GB/T 3452.1—2005）	六角薄螺母（按 GB/T 6172.1—2016）	弹性垫圈（按 GB/T 861.1—1987）
80,100,125,160,200	11.8×2.65	M12	12

标记示例：
H=200mm，A 型管状油标的标记为
油标 A200 JB/T 7941.4—1995

注：B 型管状油标见 JB/T 7941.4—1995

表 4-9 长形油标的结构及尺寸（JB/T 7941.3—1995） （单位：mm）

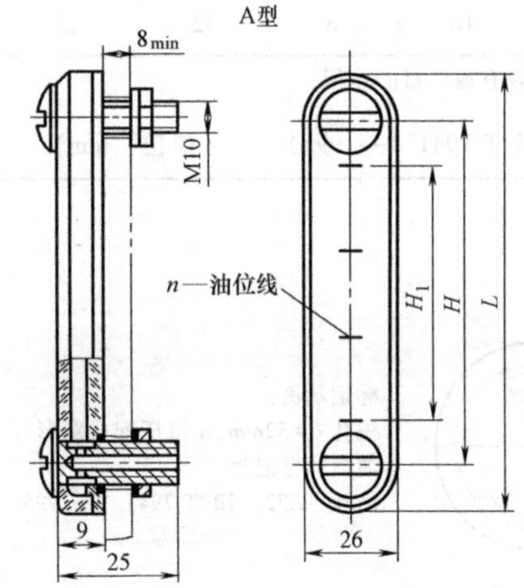

H 公称尺寸	H 极限偏差	H_1	L	条数 n
80	±0.17	40	110	2
100		60	130	3
125	±0.20	80	155	4
160		120	190	5

O 形橡胶密封圈（按 GB/T 3452.1—2005）	六角薄螺母（按 GB/T 6172.1—2016）	弹性垫圈（按 GB/T 861.1—1987）
10×2.65	M10	10

标记示例：
H=80mm，A 形长形油标的标记为
油标 A80 JB/T 7941.3—1995

注：B 型长形油标见 JB/T 7941.3—1995

四、放油孔及放油螺塞

为了换油及清洗箱体时排出油污，在减速器箱座底部的油池最低处设有放油孔，并安置在减速器不与其他部件靠近的一侧，以便于放油（图 4-9）。箱体底面常向放油孔方向倾斜 1°~1.5°，并在其附近做出一凹坑，以便于攻螺纹及污油的汇集和排放。平时用带细牙普通螺纹的螺塞和密封垫圈将其堵住，以防止漏油；也可用带锥形螺纹的放油螺塞直接密封。放油孔不能高于油池底面，以避免排油不净，图 4-9a 所示的结构不正确，图 4-9b、c 所示的两种结构均可，但图 4-9c 有半边螺孔，其攻螺纹工艺性较差。为了安装螺塞，箱体放油孔外侧应有 3~5mm 的凸起部分，以利于加工。放油螺塞的结构和尺寸见表 4-10 和表 4-11。

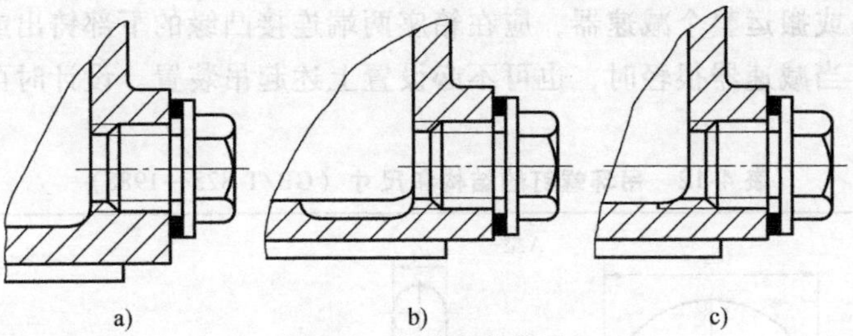

图 4-9　放油孔的位置

a）不正确　b）正确　c）可以

表 4-10　外六角螺塞及封油垫　　（单位：mm）

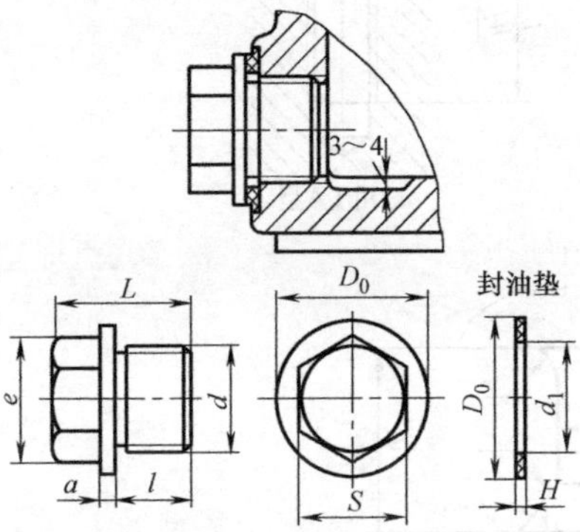

d	M14×1.5	M16×1.5	M20×1.5
D_0	22	26	30
e	19.6	19.6	25.4
L	22	23	28
l	12	12	15
a	3	3	4
S	17	17	22
d_1	15	17	22
H	2		

注：封油垫材料为耐油橡胶、工业用革；螺塞材料为 Q235。

表 4-11　锥螺纹螺塞　　（单位：mm）

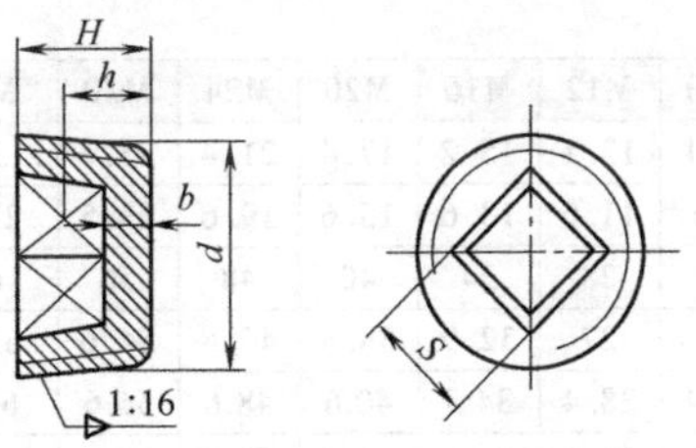

尺寸代号	基准直径 $d=D$	基准距离 h	有效螺纹长度 H	b	S
R1/2	20.955	8.2	13.2	4	8
R3/4	26.441	9.5	14.5	4.5	12
R1	33.249	10.4	16.8	5	14

注：1. D 为内螺纹大径，材料为 35 钢。靠锥螺纹密封，不需封油垫，应用较广。

2. 螺纹基本尺寸摘自 GB/T 7306.1—2000。

五、吊环螺钉、吊耳及吊钩

为了便于拆卸和搬运箱盖，应在箱盖上铸出或焊上吊耳或安装吊环螺钉。吊环螺钉为标准件，按减速器的重量从表 4-12 中选取。为保证足够的承载能力，装配时必须将螺钉完全拧入箱盖，使台肩抵紧支承面。箱盖安装吊环螺钉处应设置凸台，以使吊环螺钉有足够的深度。加工螺纹时，应避免钻头半边切削的行程过长，以免钻头折断，如图 4-10 所示，其中图 4-10c 所示螺孔的工艺性更好。为了减少螺孔及支承面等部位的机械加工工序，常在箱盖上铸出吊耳来代替吊环螺钉，其结构尺寸见表 4-13。

为了便于起吊或搬运整个减速器，应在箱座两端连接凸缘的下部铸出或焊上吊钩，其结构尺寸见表4-13。当减速器很轻时，也可不必设置上述起吊装置。设计时可根据具体条件进行适当修改。

表 4-12　吊环螺钉的结构和尺寸（GB/T 825—1988）　　（单位：mm）

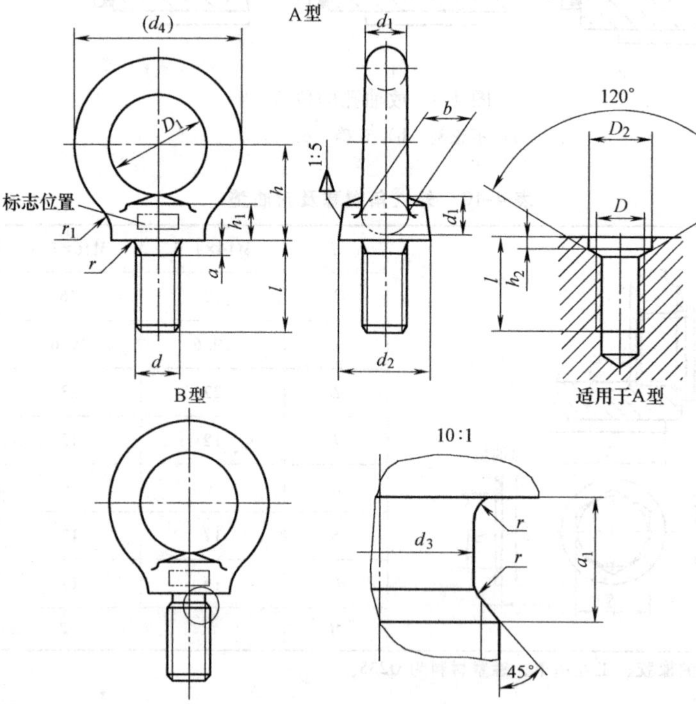

标记示例：
规格为 M20，材料为 20 钢，经正火处理，不经表面处理的 A 型吊环螺钉的标记为
螺钉　GB/T 825—M20

规格(d)		M8	M10	M12	M16	M20	M24	M30	M36
d_1	max	9.1	11.1	13.1	15.2	17.4	21.4	25.7	30
	min	7.6	9.6	11.6	13.6	15.6	19.6	23.5	27.5
D_1	公称	20	24	28	34	40	48	56	67
	min	19	23	27	32.9	38.8	46.8	54.6	65.5
	max	20.4	24.4	28.4	34.5	40.6	48.6	56.6	67.7
d_2	max	21.1	25.1	29.1	35.2	41.4	49.4	57.7	69
	min	19.6	23.6	27.6	33.6	39.6	47.6	55.5	66.5
h_1	max	7	9	11	13	15.1	19.1	23.2	27.4
	min	5.6	7.6	9.6	11.6	13.5	17.5	21.4	25.4
l	公称	16	20	22	28	35	40	45	55
	min	15.1	18.95	20.95	26.95	33.75	38.75	43.75	53.5
	max	16.9	21.05	23.05	29.05	36.25	41.25	46.25	56.5
d_4 参考		36	44	52	62	72	88	104	123
h		18	22	26	31	36	44	53	63
r_1		4	4	6	6	8	12	15	18
r min		1	1	1	1	1	2	2	3
a_1 max		3.75	4.5	5.25	6	7.5	9	10.5	12
d_3	公称(max)	6	7.7	9.4	13	16.4	19.6	25	30.8
	min	5.82	7.48	9.18	12.73	16.13	19.27	24.67	29.91

（续）

规格(*d*)			M8	M10	M12	M16	M20	M24	M30	M36
a　max			2.5	3	3.5	4	5	6	7	8
b			10	12	14	16	19	24	28	32
D			M8	M10	M12	M16	M20	M24	M30	M36
D_2	公称(min)		13	15	17	22	28	32	38	45
	max		13.43	15.43	17.52	22.52	28.52	32.62	38.62	45.62
h_2	公称(min)		2.5	3	3.5	4.5	5	7	8	9.5
	max		2.9	3.4	3.98	4.98	5.48	7.58	8.58	10.08
最大起吊重量/kN	单螺钉起吊	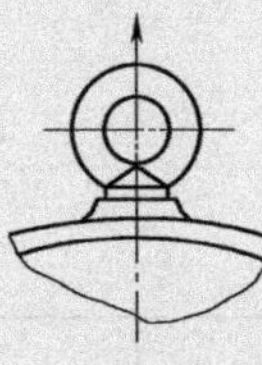	1.6	2.5	4	6.3	10	16	25	40
	双螺钉起吊	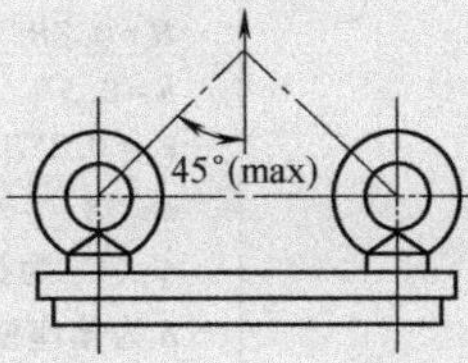	0.8	1.25	2	3.2	5	8	12.5	20

减速器重量 *W*/kN(供参考)

一级圆柱齿轮减速器						两级圆柱齿轮减速器					
中心距	100	160	200	250	315	中心距	100×140	140×200	180×250	200×280	250×355
W	0.26	1.05	2.1	4	8	*W*	1	2.6	4.8	6.8	12.5

注：1. M8～M36 为商品紧固件规格。
2. 末端倒角或倒圆按 GB/T 2—2016 规定。
3. A 型无螺纹部分杆径约等于螺纹中径或等于螺纹大径。
4. 表中数值是指平稳起吊时的最大起吊重量。

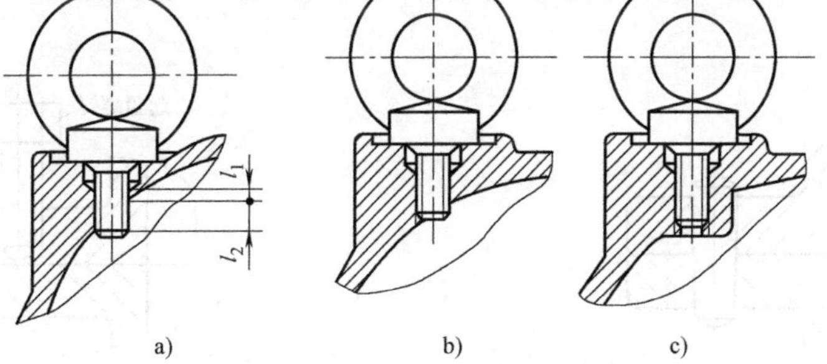

图 4-10　吊环螺钉螺孔尾部的结构

a）不正确（l_1 过短）　b）可用　c）正确

六、定位销和起盖螺钉

为了保证剖分式箱体轴承座孔的加工与安装精度，应于镗孔前在箱体连接凸缘长度方向两侧各安装一个圆锥定位销。为了加强定位的效果，两销孔的距离应尽可能远，且不宜做对称布置，以提高定位精度。定位销孔应在箱盖和箱座的剖分面加工完成并用螺栓紧固后进行钻、铰，其位置应便于进行钻、铰和装拆，不应与邻近箱壁和螺钉相碰。定位销的直径 d 可取 $d=(0.7\sim0.8)d_2$（d_2为凸缘上连接螺栓的直径），长度应大于连接凸缘的总厚度，并且装配成上、下两头均有一定长度的外伸量（一般取 3～5mm），以便于装拆，如图 4-11 所示。圆锥销的尺寸可根据表 14-5 和表 14-6 选取。

表 4-13 吊耳及吊钩的结构尺寸 （单位：mm）

箱盖吊钩	箱盖吊耳	箱座吊钩
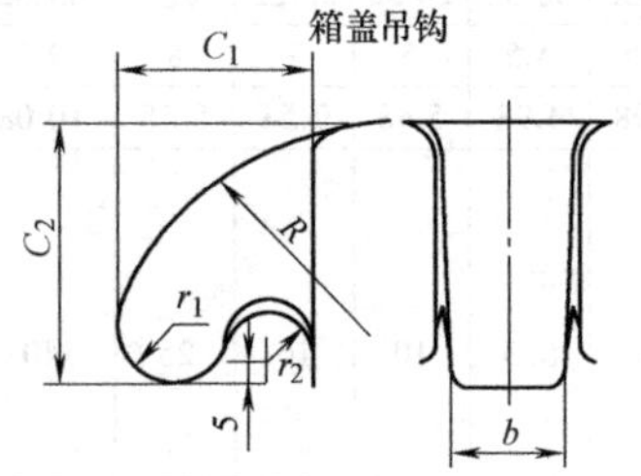	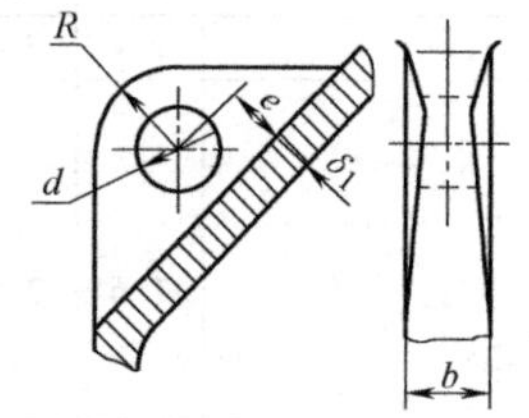	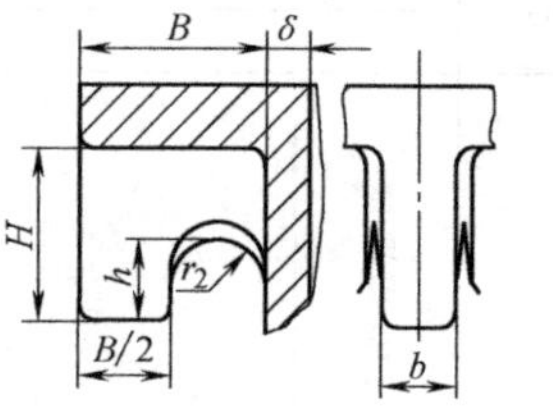
$C_1=(4\sim5)\delta_1$ $C_2=(1.3\sim1.5)C_1$ $b=2\delta_1$ $R=C_2$ $r_1=0.25C_1$ $r_2=0.2C_1$ δ_1 为箱盖壁厚	$d=(1.8\sim2.5)\delta_1$ $R=(1\sim1.2)d$ $e=(0.8\sim1)d$ $b=2\delta_1$ δ_1 为箱盖壁厚	$B=C_1+C_2$ $H=0.8B$ $h=0.5H$ $r_2=0.25B$ $b=2\delta$ C_1、C_2 为扳手空间尺寸 δ 为箱座壁厚

减速器装配时，为了防止润滑油沿上、下箱体的剖分面渗出，通常需要在剖分面上涂以水玻璃或密封胶，以增强密封效果，但这给拆卸箱体带来了困难。为了便于开启箱盖，一般应在箱盖侧边的连接凸缘上安装 1 个或 2 个起盖螺钉，以便拆卸时通过拧动起盖螺钉而顶起箱盖（图 4-12）。为了便于钻孔，最好将起盖螺钉与箱盖凸缘连接螺栓布置在同一中心线上。起盖螺钉的直径一般等于凸缘连接螺栓直径，其螺纹有效长度要大于箱盖凸缘厚度，螺钉端部应做成圆柱形并光滑倒角或做成半球形，以免顶坏螺纹。也可在箱座凸缘上制出起盖用螺孔，螺孔直径等于凸缘连接螺栓直径，这样必要时可用凸缘连接螺栓旋入起盖螺孔顶起箱盖。

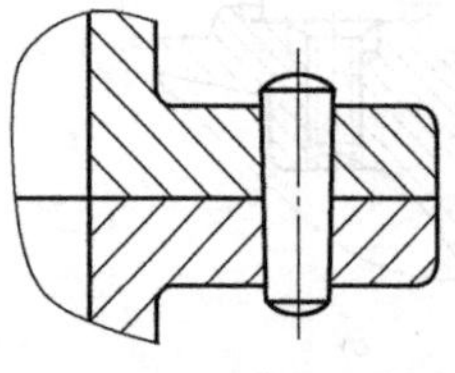

图 4-11 定位销的结构

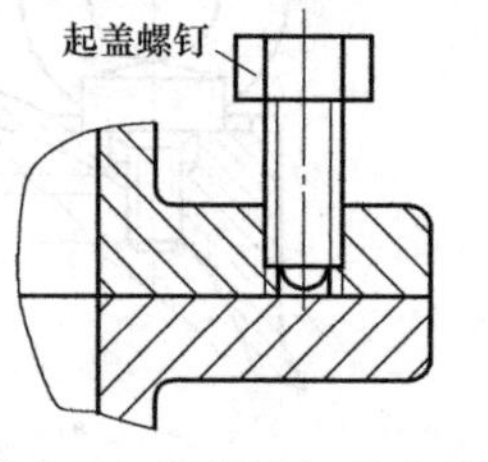

图 4-12 起盖螺钉的结构

七、轴承盖与套杯

轴承盖是用来对轴承部件进行轴向固定和承受轴向载荷的，并起密封和调整轴承间隙的作用。轴承盖有嵌入式和凸缘式两种。前者结构简单，尺寸较小，且安装后使箱体外表比较平整美观，但密封性能较差，不便于调整间隙，故多适合于成批生产。后者利用六角螺钉固定在箱体上，便于拆装和调整轴承间隙，密封性较好，因此使用较多。但与嵌入式轴承盖相比，零件数目较多，尺寸较大，外观不平整。

当同一转轴两端轴承型号不同时，可利用套杯结构使箱体上的轴承孔直径一致，以便一次镗出，保证加工精度。也可利用套杯固定轴承轴向位置，使轴承的固定、装拆更为方便，还可用来调整支承（包括整个轴系）的轴向位置。轴承盖及套杯的结构和尺寸见表 4-14~表 4-16。

表 4-14 凸缘式轴承盖 （单位：mm）

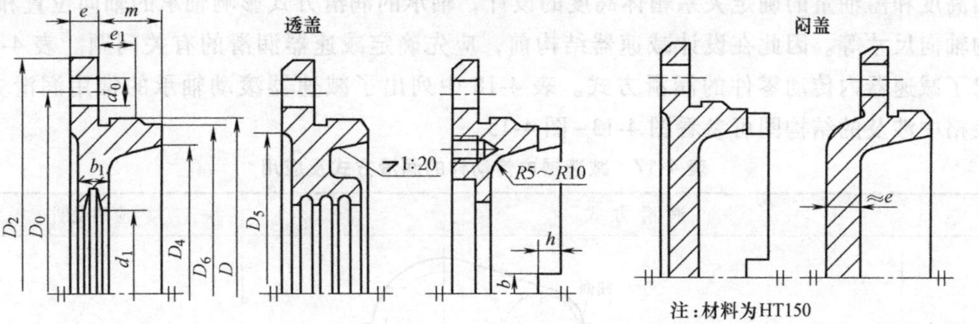

注：材料为HT150

$d_0=d_3+1$
$D_0=D+2.5d_3$
$D_2=D_0+2.5d_3$
$e=1.2d_3$
$e_1\geqslant e$
m 由结构确定

$D_4=D-(10\sim15)$
$D_5=D_0-3d_3$
$D_6=D-(2\sim4)$
b_1、d_1 由密封件尺寸确定
$b=5\sim10$
$h=(0.8\sim1)b$

轴承外径 D	螺钉直径 d_3	螺钉数
45~65	6	4
70~100	8	4
110~140	10	6
150~230	12~16	6

表 4-15 嵌入式轴承盖 （单位：mm）

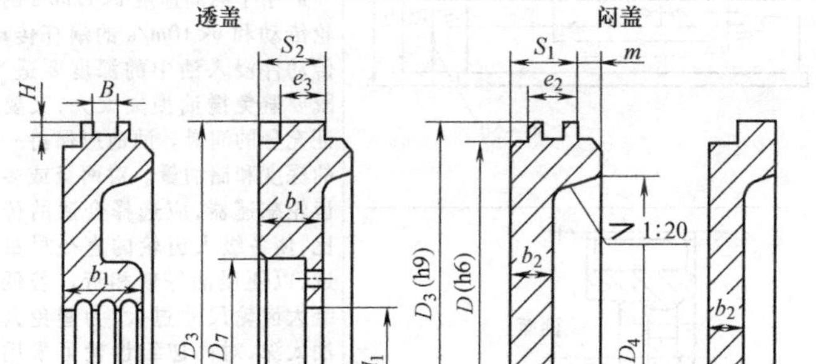

$S_1=15\sim20$
$S_2=10\sim15$
$e_2=8\sim12$
$e_3=5\sim8$
m 由结构确定
$D_3=D+e_2$，装有 O 形密封圈时，按 O 形密封圈外径取整
$b_2=8\sim10$
其余尺寸由密封尺寸确定

注：材料为 HT150

表 4-16 轴承套杯 （单位：mm）

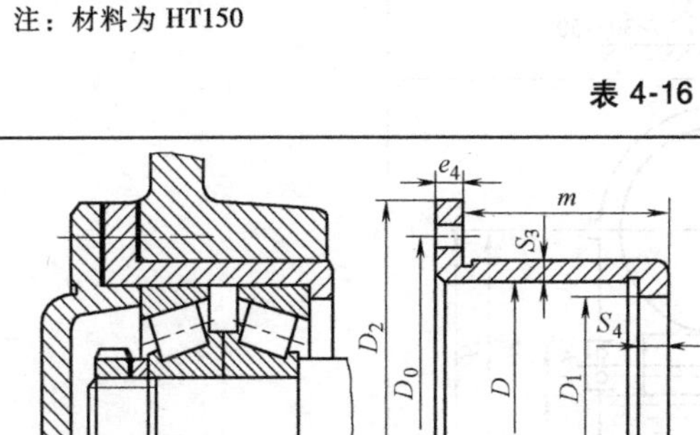

S_3、S_4、$e_4=7\sim12$
$D_0=D+2S_3+2.5d_3$
D_1 由轴承安装尺寸确定
$D_2=D_0+2.5d_3$
m 由结构确定
d_3 见表 4-14

注：材料为 HT150

第四节 减速器的润滑

减速器内的传动零件和轴承都需要良好的润滑，这样不仅可以减小摩擦磨损、提高传动效率，还可以防止锈蚀、冷却散热及降低噪声。减速器的润滑对其结构设计有直接影响，如油面高度和需油量的确定关系箱体高度的设计，轴承的润滑方式影响轴承的轴向位置和阶梯轴的轴向尺寸等。因此在设计减速器结构前，应先确定减速器润滑的有关问题。表 4-17 中列出了减速器内传动零件的润滑方式。表 4-18 中列出了减速器滚动轴承的常用润滑方法。在表格中涉及的结构图可参看图 4-13～图 4-15。

表 4-17 减速器内传动件的润滑方式及应用

润滑方式				应用说明
浸油润滑	单级圆柱齿轮减速器	当齿轮模数 $m<20$mm 时，浸油深度 h 约为 1 个齿高，但不小于 10mm	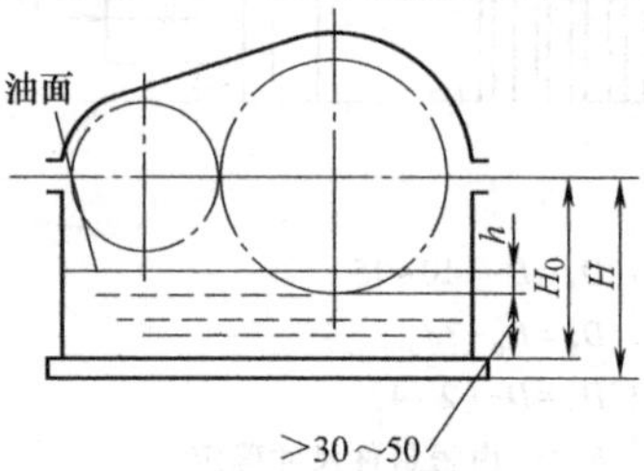	适用于圆周速度 $v<12$m/s 的齿轮传动和 $v<10$m/s 的蜗杆传动。传动件浸入油中的深度要适当，既要避免搅油损失太大，又要保证充分的润滑。油池应保持一定的深度和储油量。对两级或多级齿轮减速器，应选择合适的传动比，使各级大齿轮的直径尽量接近，以便浸油深度相近。若低速级大齿轮尺寸过大，为避免其浸油太深，对高速级齿轮可采用带油轮润滑等措施
	两级或多级圆柱齿轮减速器	高速级大齿轮浸油深度 h_f 约为 0.7 个齿高，但不小于 10mm 低速级，当 $v=0.8\sim12$m/s时，大齿轮浸油深度 $h_s=1$ 个齿高（不小于 10mm）～$\frac{1}{6}$齿轮半径；当 $v=0.5\sim0.8$m/s 时，$h_s=\left(\frac{1}{6}\sim\frac{1}{3}\right)$ 齿轮半径	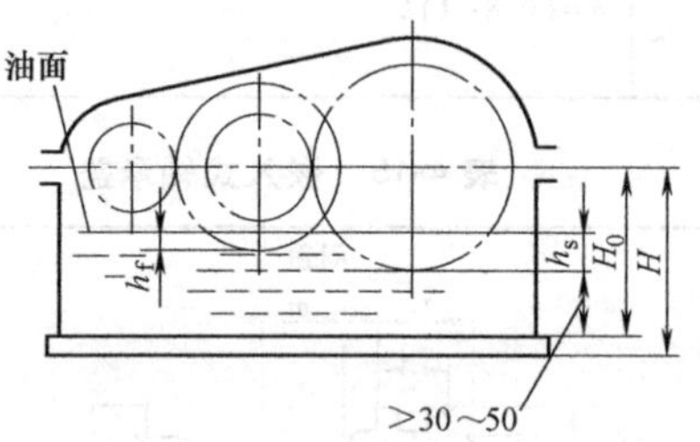	
	锥齿轮减速器	整个大锥齿轮齿宽（至少半个齿宽）浸入油中	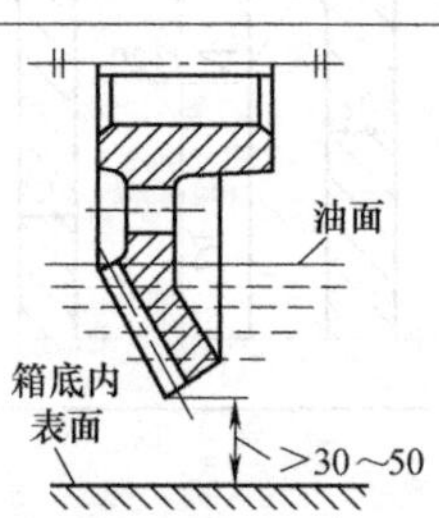	
	蜗杆减速器	上置式：蜗轮浸油深度 h_2 与低速级圆柱大齿轮的浸油深度 h_s 相同 下置式：蜗杆浸油深度 $h_1\geqslant1$ 个螺纹牙高，但不高于蜗杆轴轴承最低滚动体中心	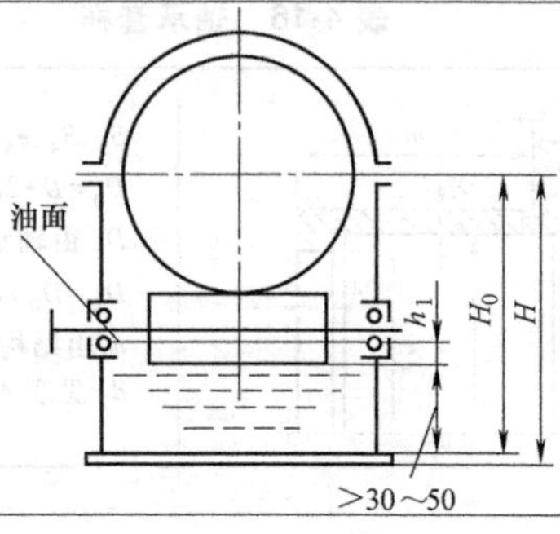	

（续）

润滑方式			应用说明
喷油润滑	利用油泵压力将润滑油从喷嘴直接喷到啮合面上。喷油润滑需要专门的供油装置，费用较贵	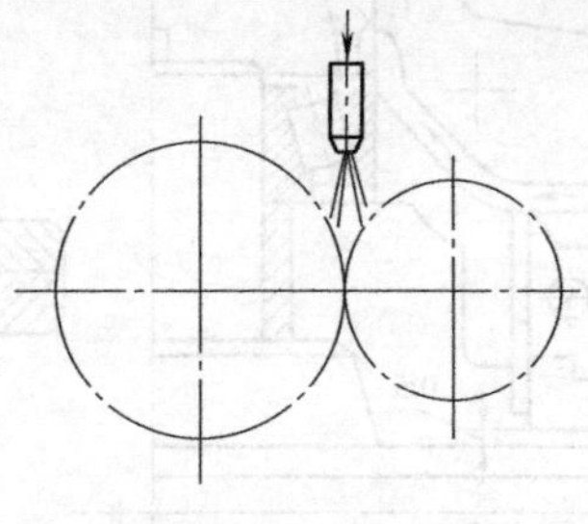	适用于 $v>12\mathrm{m/s}$ 的齿轮传动和 $v>10\mathrm{m/s}$ 的蜗杆传动。此时因高速使粘在轮齿上的油会被甩掉而且搅油过甚，温升高，故宜用喷油润滑，也适用于速度不高，但工作条件繁重的重型或重要减速器

表 4-18　减速器滚动轴承的润滑方式及其应用

润滑方式			应用说明
脂润滑		润滑脂直接填入轴承室。图 4-13 所示为利用旋盖式油杯压入润滑脂	适用于 $v<1.5\sim2\mathrm{m/s}$ 的齿轮减速器。可用旋盖式、压注式油杯向轴承室加注润滑脂
油润滑	飞溅润滑	利用齿轮溅起的油形成油雾进入轴承室或将飞溅到箱盖内壁的油汇集到输油沟内，再流入轴承进行润滑，如图 4-14 所示	适用于浸油齿轮圆周速度 $v\geqslant1.5\sim2\mathrm{m/s}$ 的场合。当 v 较大（$v>3\mathrm{m/s}$）时，飞溅油可以形成油雾；当 v 不够大或油的黏度较大时，不易形成油雾，应设置输油沟等引油结构
	刮板润滑	利用刮板将油从轮缘端面刮下后经输油沟流入轴承，如图 4-15 所示	适用于不能采用飞溅润滑的场合（浸油齿轮 $v<1.5\sim2\mathrm{m/s}$）；同轴式减速器中间轴承的润滑；蜗轮轴轴承、上置式蜗杆轴轴承的润滑
	浸油润滑	使轴承局部浸入油中，但油面应不高于最低滚动体的中心	适用于中、低速如下置式蜗杆轴的轴承润滑。高速时因搅油剧烈易造成严重过热

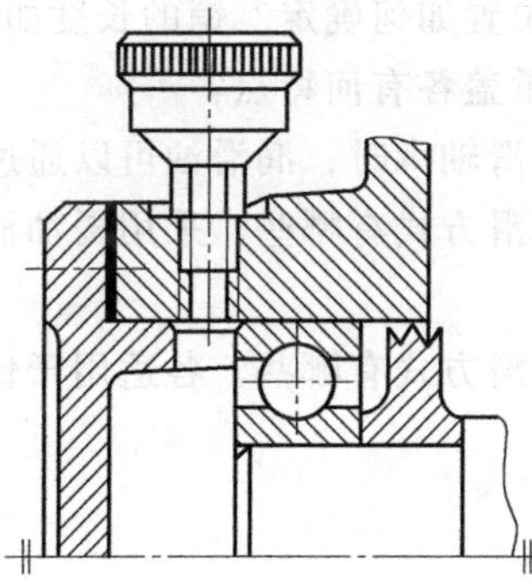

图 4-13　脂润滑

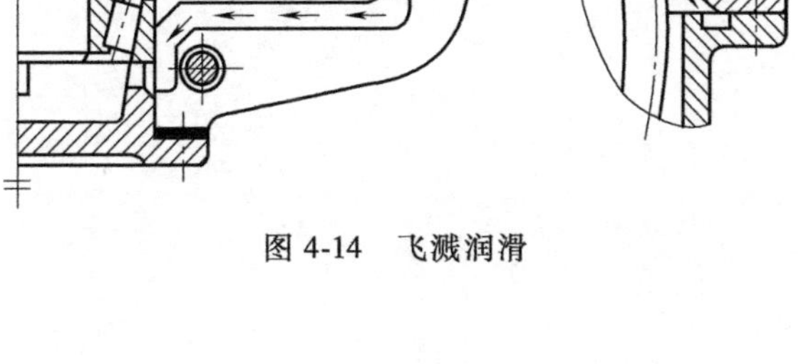

图 4-14　飞溅润滑

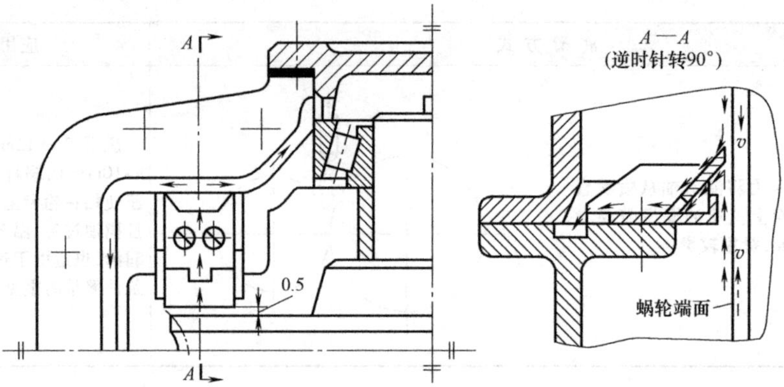

图 4-15 刮板润滑

思 考 题

1. 减速器箱体有哪些结构形式？各有哪些特点？
2. 铸造箱体和焊接箱体各有何特点？使用条件有何不同？
3. 箱体上有关尺寸如何确定？需要考虑哪些问题？
4. 窥视孔的作用是什么？如何确定其位置？
5. 通气器、油面指示器和螺塞的作用是什么？它们各有哪些结构形式和特点？
6. 吊环、吊钩有哪些结构形式？其设计时应考虑哪些问题？
7. 为什么要安装起盖螺钉？其大小如何确定？
8. 定位销的作用是什么？其位置如何确定？销的长度如何确定？
9. 嵌入式轴承盖和凸缘式轴承盖各有何特点？
10. 当利用箱体油池中的油润滑轴承时，润滑油可以通过哪些方式进入轴承？
11. 减速器内部传动件常用润滑方式有哪些？采用浸油润滑时，传动件的浸油深度如何确定？
12. 减速器滚动轴承的常用润滑方式有哪些？各适用于什么场合？

第五章

圆柱齿轮减速器装配图设计

第一节　减速器装配图设计概述

一、装配图的设计步骤

减速器装配图用来表达减速器的整体结构、轮廓形状及传动方式，也反映各个零部件的结构形状、尺寸及相互位置关系。因此，设计通常是从画装配图着手，确定所有零部件的位置、结构和尺寸，并以此为依据绘制零件工作图。装配图也是指导机器装配、调试、检验及维修的技术依据，所以绘制装配图是设计过程中的重要环节，必须用足够的视图和剖视图表达清楚。

装配图设计所涉及的内容较多，设计过程较复杂，往往要边计算、边画图、边修改，直至最后完成装配工作图。减速器装配图的设计一般按以下步骤进行：

1）装配图设计前的准备。

2）初步绘制装配草图及进行轴系零件的计算（第一阶段）。

3）减速器轴系部件的结构设计（第二阶段）。

4）减速器箱体和附件的设计（第三阶段）。

5）完成装配工作图（第四阶段）。

装配图设计的各个阶段不是绝对分开的，会有交叉和反复。在进行某些零件设计时，可能会对前面已经进行的设计做必要的修改。为了保证装配图的设计质量，初次设计时，先在草图纸上绘制装配草图。经设计中的不断修改完善、检查无误后，再在图纸上重新绘制正式的装配图。

二、装配图设计前的准备

在画装配图之前，应翻阅有关资料，参观或拆装实际减速器，了解各零部件的功能、类型和结构，以及相互之间的关系，认真读懂几张典型的减速器装配图样，做到对设计内容心中有数。此外，还要根据任务书上的技术数据，按前文所述的要求，计算并选择出有关零部件的结构和主要尺寸，具体内容如下：

1）选出电动机的类型和型号，并查出其轴径、伸出长度和中心高等。

2）确定各传动零件的主要尺寸数据，如齿轮分度圆直径、齿顶圆直径、齿宽、中心距、锥齿轮锥距、带轮或链轮的几何尺寸等。

3）按工作情况和转矩选出联轴器的类型和型号、两端毂孔直径和长度及有关安装尺寸。

4）初选滚动轴承的类型，如向心轴承或角接触轴承等，具体型号暂不确定。

5）确定箱体的结构形式（剖分式或整体式）和轴承端盖形式（凸缘式或嵌入式）。

绘图时，应选好比例尺，尽量采用 1∶1 或 1∶2 的比例尺，用 A0 或 A1 图纸绘制三个视图，以加强设计的真实感。

三、装配图设计注意事项

减速器装配图设计应由内向外进行，先画内部传动零件，然后再画箱体、附件等。三个视图设计要穿插进行，不能抱住一个视图画到底。

装配图的设计过程中既包括结构设计，又有校核计算。计算和画图需要交叉进行，边画图，边计算，反复修改以完善设计。

装配图上某些结构如螺栓、螺母、滚动轴承等，可以按机械制图国家标准关于简化画法的规定绘制。对同类型、尺寸、规格的螺栓连接可只画一组，但所画的这一组必须在各视图上表达完整，其他组用中心线表示。

下面介绍圆柱齿轮减速器装配图的设计步骤和方法。

第二节　初步绘制减速器装配草图（第一阶段）

初绘减速器装配草图是减速器装配图设计的第一阶段，其基本内容为：在选定箱体结构形式的基础上，确定各传动零件之间及箱体内壁的位置；通过绘图设计轴的结构尺寸并初选轴承型号；确定轴承位置、轴的跨度和轴上所受各力作用点的位置；对轴、轴承及键连接进行校核计算。

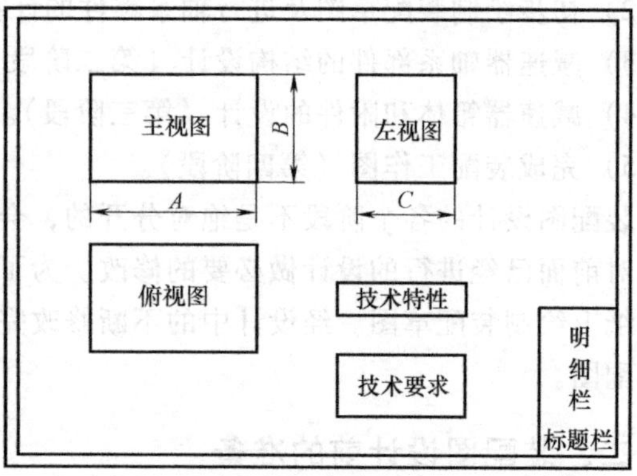

图 5-1　视图布置参考图（图中 A、B、C 见表 5-1）

一、选择视图与布置图面

减速器装配图通常用三个视图并辅以必要的局部视图来表达，同时还要考虑标题栏、明细栏、技术要求、尺寸标注等所需的图面位置。绘制装配图时，应根据传动装置的运动简图和由计算得到的减速器内部齿轮的直径、中心距，参考同类减速器图样，估计减速器的外形尺寸，合理布置三个主要视图。可参考图 5-1 所示布置图面，视图的大小可按表 5-1 进行估算。

表 5-1　视图大小估算表

	A	B	C
单级圆柱齿轮减速器	$3a$	$2a$	$2a$
两级圆柱齿轮减速器	$4a$	$2a$	$2a$
锥齿轮-圆柱齿轮减速器	$4a$	$2a$	$2a$
单级蜗杆减速器	$2a$	$3a$	$2a$

注：a 为传动中心距。对于两级传动，a 为低速级的中心距。

二、确定齿轮位置和箱体内壁线

圆柱齿轮减速器装配图设计时，一般从主视图和俯视图开始。在主视图和俯视图上画出齿轮的中心线，再根据齿轮直径和齿宽画出齿轮的分度圆、齿顶圆和齿宽轮廓。为保证全齿宽接触，应使小齿轮比大齿轮宽 5~10mm。

为了避免因箱体铸造误差造成齿轮与箱体间的距离过小产生运动干涉，应使大齿轮齿顶圆至箱体内壁之间、齿轮端面至箱体内壁之间分别留有适当距离 Δ_1 和 Δ_2（见表 5-2）。高速级小齿轮一侧的箱体内壁线先不画，待箱体结构设计时，由主视图按投影关系确定。

在设计两级展开式齿轮减速器时，还应注意使两个大齿轮端面之间留有一定的距离 Δ_4；并使中间轴上大齿轮与输出轴之间保持一定距离 Δ_5，若不能保证，则应调整齿轮传动的参数。通常输入轴与输出轴上的齿轮最好布置在远离外伸轴端的位置。

减速器各零件之间的位置尺寸见表 5-2。

表 5-2　减速器零件的位置尺寸　　（单位：mm）

代号	名　　称	荐用值	代号	名　　称	荐用值
Δ_1	齿轮齿顶圆至箱体内壁的距离	$\geqslant 1.2\delta$，δ 为箱座壁厚	Δ_7	箱底至箱底内壁的距离	≈ 20
Δ_2	齿轮端面至箱体内壁的距离	$>\delta$(一般取$\geqslant 10$)	H	减速器中心高	$\geqslant r_a+\Delta_6+\Delta_7$
Δ_3	轴承端面至箱体内壁的距离： 轴承用脂润滑时 轴承用油润滑时	 $\Delta_3=10\sim15$ $\Delta_3=3\sim5$	L_1	箱体内壁至轴承座孔端面的距离	$=\delta+C_1+C_2+(5\sim10)$，$C_1$、$C_2$见表 4-1
Δ_4	旋转零件间的轴向距离	10~15	e	轴承端盖凸缘厚度	见表 4-14
Δ_5	齿轮齿顶圆至轴表面的距离	$\geqslant 10$	L_2	箱体内壁轴向距离	
Δ_6	大齿轮齿顶圆至箱底内壁的距离	$>30\sim50$	L_3	箱体轴承座孔端面间的距离	

三、确定箱体轴承座孔端面位置

对于剖分式齿轮减速器，箱体轴承座内端面常为箱体内壁。轴承座的宽度 L_1（即轴承座内、外端面间的距离）取决于箱体壁厚 δ、轴承旁连接螺栓所需扳手空间的尺寸 C_1、C_2 以及区分加工面与毛坯面所留出的尺寸（5~10mm），如图 5-2 所示。因此，轴承座宽度 $L_1=\delta+C_1+C_2+(5\sim10)$ mm，式中 δ、C_1、C_2 的值见表 4-1，据此可画出箱体轴承座孔外端面线。

但对于嵌入式轴承端盖或当轴承宽度（T）较大时（一般为低速级轴承），轴承座宽度 L_1 也有可能由轴承座孔中的零件轴向尺寸和位置决定，如图 5-2 所示，即 $\Delta_3+T+m>\delta+C_1+$

C_2+(5~10)mm（Δ_3见表5-2）。此时最好先画低速级的轴及轴承部件，定出该轴承座外端面后，其他轴承座的外端面则应布置在同一平面上，以利于加工。

至此，绘出的图形如图5-3和图5-4所示。

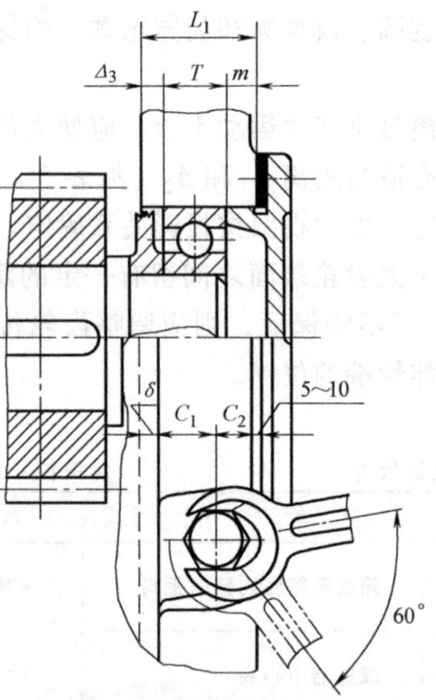

图5-2　轴承座端面位置的确定

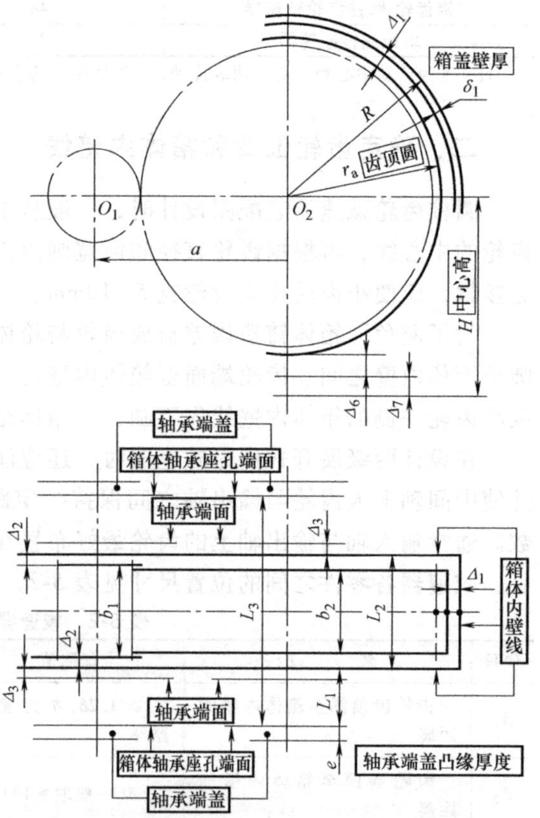

图5-3　单级圆柱齿轮减速器的初绘装配草图

四、初算轴的直径

当轴的支承距离未定时，不能确定轴上所受弯矩的大小和分布情况，因而不能按轴的实际载荷确定直径。通常可先根据轴所传递的转矩，按扭转强度初步估算各轴的直径d(mm)，即

$$d \geqslant A\sqrt[3]{\frac{P}{n}} \tag{5-1}$$

式中　P——轴所传递的功率（kW）；

n——轴的转速（r/min）；

A——由材料的许用扭转应力所确定的系数，其值见机械设计教材。

利用式（5-1）估算轴径时，应注意以下几点：

1）对于外伸轴，由式（5-1）求出的直径，为外伸轴段的最小直径；对于非外伸轴，计算时应取较大的A值，估算的轴径可作为安装齿轮处的直径。

2）计算轴径处有键槽时，则应考虑键槽对轴强度的削弱。一般若有一个键槽时，

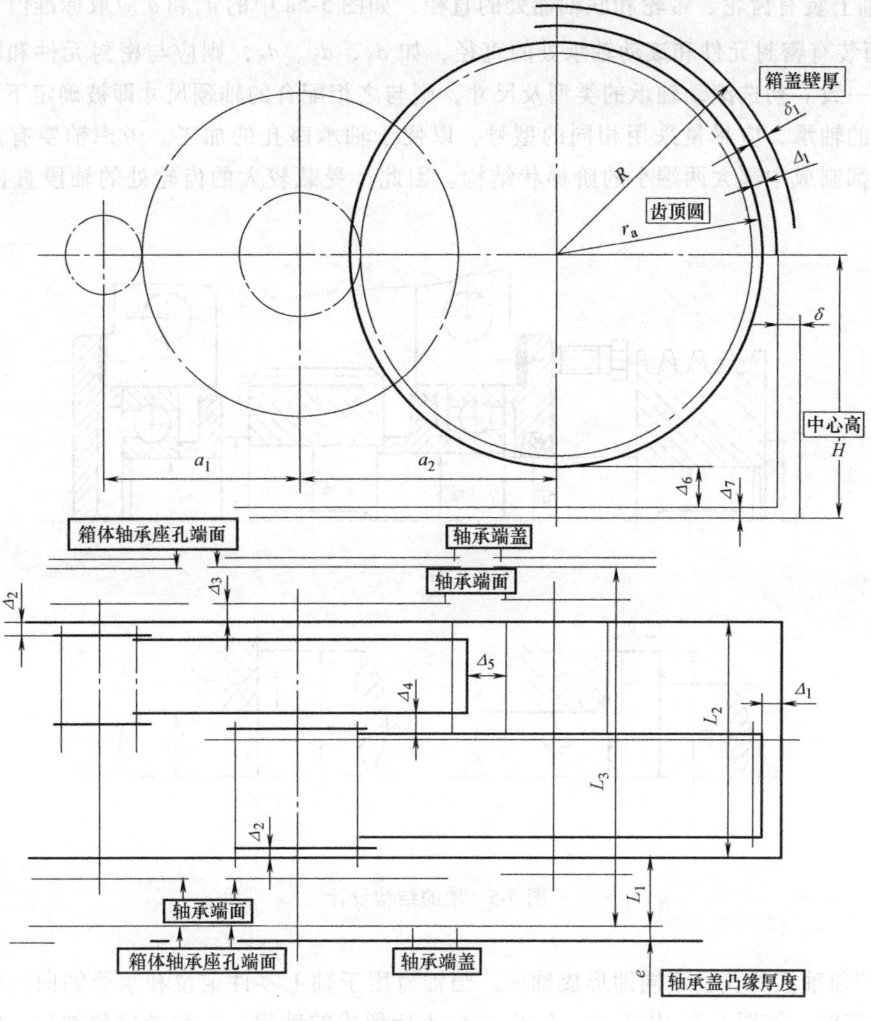

图 5-4　双级圆柱齿轮减速器的初绘装配草图

d 值应增大 3%～5%；若有两个键槽时，d 值应增大 7%～10%。最后将轴径圆整为标准值。

3）外伸轴段装有联轴器时，外伸段的轴径应与联轴器毂孔直径相适应；外伸轴段用联轴器与电动机轴相连时，应注意外伸段的直径与电动机轴的直径不能相差太大；外伸轴段装有带轮时，则其直径应与带轮孔径相同，必要时可改变轴径 d。

五、轴的结构设计

轴的结构设计是在初算轴径的基础上进行的。为满足轴上零件的定位、固定和装拆方便，并有良好的加工工艺性，通常将轴设计成阶梯轴。轴结构设计的任务是合理确定轴的径向尺寸、轴向尺寸及键槽的尺寸和位置等。现利用图 5-5 来说明轴的结构设计过程。

1. 确定轴的各段直径

1）轴上装有齿轮、带轮和联轴器处的直径，如图5-5a中的d_3和d应取标准值（参照表11-3）。而装有密封元件和滚动轴承处的直径，如d_1、d_2、d_5，则应与密封元件和轴承的内孔径尺寸一致。初选滚动轴承的类型及尺寸，则与之相配合的轴颈尺寸即被确定下来。轴上两个支点的轴承，应尽量采用相同的型号，以便于轴承座孔的加工。考虑轴要有足够的强度，一般都制成中部大两端小的阶梯状结构。因此，受载较大的齿轮处的轴段直径d_3应取较大值。

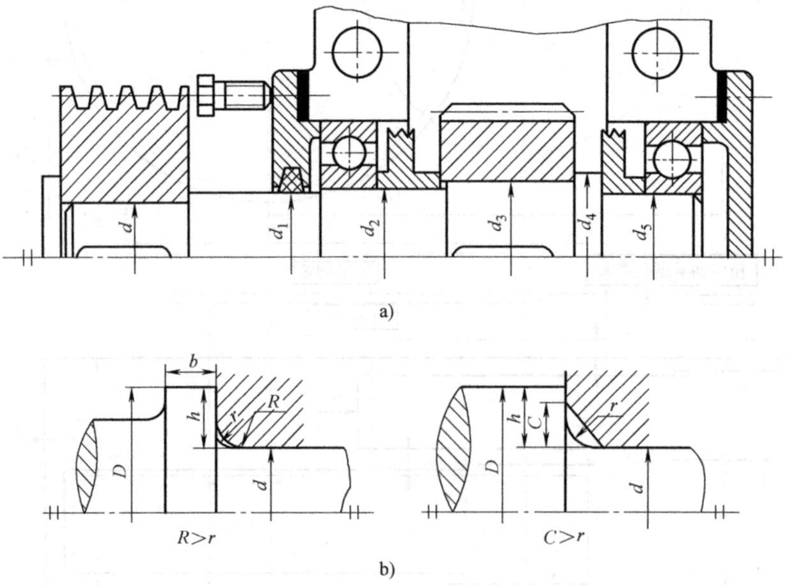

图5-5 轴的结构设计

2）相邻轴段的直径不同即形成轴肩。当轴肩用于轴上零件定位和承受轴向力时，应具有一定的高度，如图5-5a中d-d_1、d_3-d_4、d_4-d_5所形成的轴肩。一般的定位轴肩，轴肩高度可取（0.07~0.1）d。用作滚动轴承内圈定位时，轴肩的直径应按轴承的安装尺寸要求取值（见表15-1~表15-5），以便于轴承的拆卸。

如果两相邻轴段直径的变化仅是为了轴上零件装拆方便或区分加工表面时，两直径略有差值即可，例如取1~5mm（如图5-5a中d_1-d_2、d_2-d_3的变化），也可以采用相同公称直径而取不同的公差数值。

3）为了降低应力集中，轴肩处的过渡圆角不宜过小。用作零件定位的轴肩，零件毂孔的倒角（或圆角半径）应大于轴肩处过渡圆角半径，以保证定位的可靠（图5-5b）。一般配合表面处轴肩和零件孔的圆角、倒角尺寸见表11-7。装滚动轴承处轴肩的过渡圆角半径应按轴承的安装尺寸要求取值（见表15-1~表15-5）。

4）需要磨削加工的轴段常设置砂轮越程槽（越程槽尺寸见表11-8）；车制螺纹的轴段应留出退刀槽（螺纹退刀槽尺寸见表13-4）。

应该注意，直径相近的轴段，其过渡圆角、越程槽、退刀槽等尺寸应一致，以便于加工。

2. 确定轴的各段长度

轴的各段长度主要取决于轴上零件的宽度以及相关零件（箱体轴承座、轴承端盖）的轴向位置和结构尺寸，确定轴向长度时应考虑以下几点：

1）对于安装齿轮、带轮、联轴器的轴段，应使轴段的长度略短于相配轮毂的宽度。一般取轮毂宽度与轴段长度之差 $\Delta=2\sim3$mm，以保证传动件在用其他零件轴向固定时，能顶住轮毂，使固定可靠，而不是顶在轴肩上，如图 5-6a、b 中中心线上部。图 5-6a、b 中中心线下部所示为错误结构，当制造有误差时，这种结构不能保证零件的轴向固定及定位。轮毂宽度与孔径有关，可查有关零件的结构尺寸。

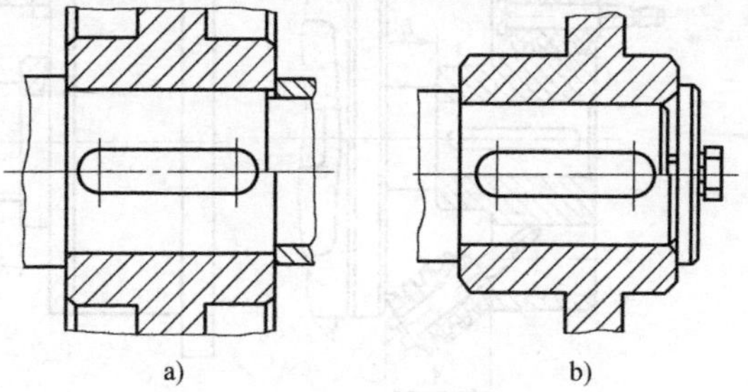

图 5-6　轮毂与轴段长度的关系

2）安装滚动轴承处轴段的轴向尺寸由轴承的位置和宽度来确定。根据以上对轴的各段直径尺寸设计和已选的轴承类型，可初选轴承型号，查出轴承宽度和轴承外径等尺寸。轴承内侧端面至箱体内壁应留有一定的间距，其大小取决于轴承的润滑方式。采用脂润滑时所留间距较大，一般取为 10~15mm，以便置放封油盘，如图 5-16 所示；若采用油润滑，一般所留间距为 3~5 mm，以便放置挡油盘，如图 5-17 所示。确定了轴承位置和已知轴承的尺寸后，即可在轴承座孔内画出轴承的图形。

3）当轴上零件彼此靠得很近时，如图 5-7a 所示的尺寸 C 很小时，不利于零件的拆卸，需要适当增加有关轴段的轴向尺寸。如图 5-7b 所示，将轴段长度 l 增加到 l'。

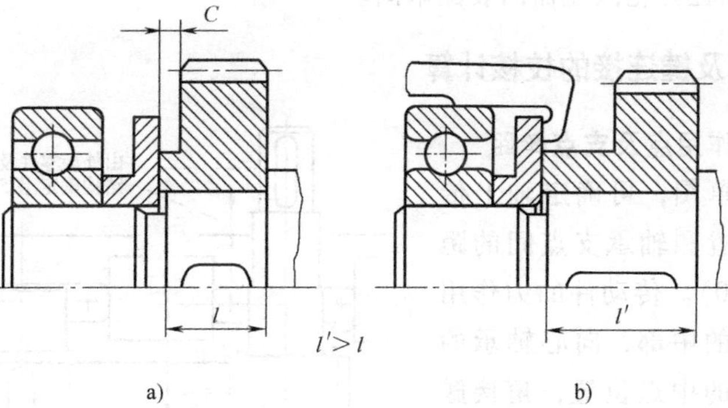

图 5-7　轴上零件的设置应利于装拆

轴的外伸段长度取决于外伸轴段上安装的传动件尺寸和轴承盖的结构。如轴端装有联轴器，则必须留有足够的装配尺寸，如弹性套柱销联轴器（图 5-8a）就要求有装配尺寸 A。采用不同的端盖结构，将影响轴外伸的长度。当用凸缘式端盖（图 5-8b）时，轴外伸段长度必须考虑拆卸端盖螺钉所需的足够长度 L，以便在不拆卸联轴器的情况下，可以打开减速器机盖。若外接零件的轮毂不影响螺钉的拆卸（图 5-8c）或采用嵌入式端盖时，则 L 可取小些，但一般不小于 15~20mm。

3. 轴上键槽的尺寸和位置

平键的剖面尺寸根据相应轴段的直径确定，键的长度应比轴段长度短，一般短 5~

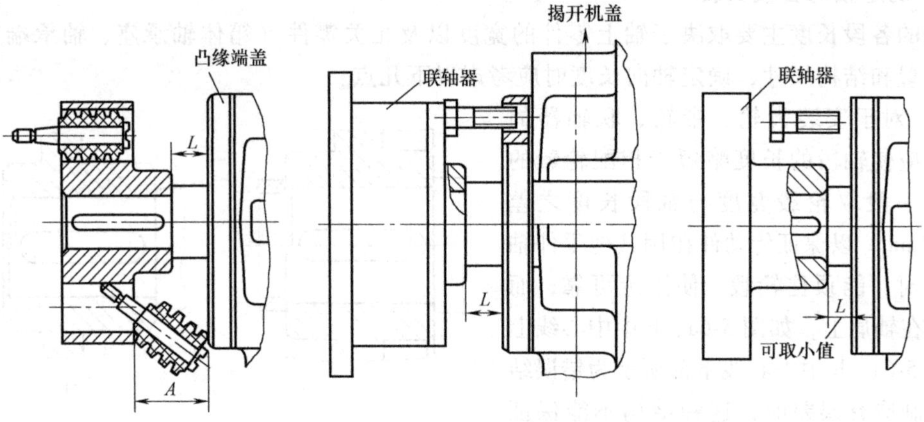

图 5-8　轴外伸段长度的确定

10mm。键槽应靠近轮毂装入侧轴段端部，一般取其距离为 2~5 mm，以利于装配时轮毂上的键槽容易对准轴上的键。键槽不要太靠近轴肩处，以避免加重轴肩过渡圆角处的应力集中。

当轴上有多个键时，若轴径相差不大，应尽可能采用相同的剖面尺寸；同时，轴上各键槽应布置在轴的同一素线上，以便于轴上键槽的加工。

按照以上所述方法，可设计轴的结构，并在图 5-3 或图 5-4 的基础上，初绘出减速器装配草图。图 5-9 所示为完成轴系设计后单级圆柱齿轮减速器的装配草图。图 5-10 所示为完成轴系设计后双级圆柱齿轮减速器的装配草图。

六、轴、轴承及键连接的校核计算

1. 确定轴上力作用点及支点跨距

根据初绘装配草图，可确定轴上传动件力作用点的位置和轴承支点间的距离（图 5-9 和图 5-10）。传动件的力作用点可取在轮缘宽度的中部，向心轴承的支点可取轴承宽度的中点位置，角接触轴承支点与轴承端面间的距离可查轴承标准（见表 15-2 和表 15-3）。

确定出传动件的力作用点及轴承支点距离后，便可绘制轴的受力简图，进行轴和轴承的校核计算。

2. 轴的强度校核计算

在绘出轴的计算简图后，即可参照机械设计教材中轴的校核计算方法校核轴的强度。若校核后强度不够，应对轴

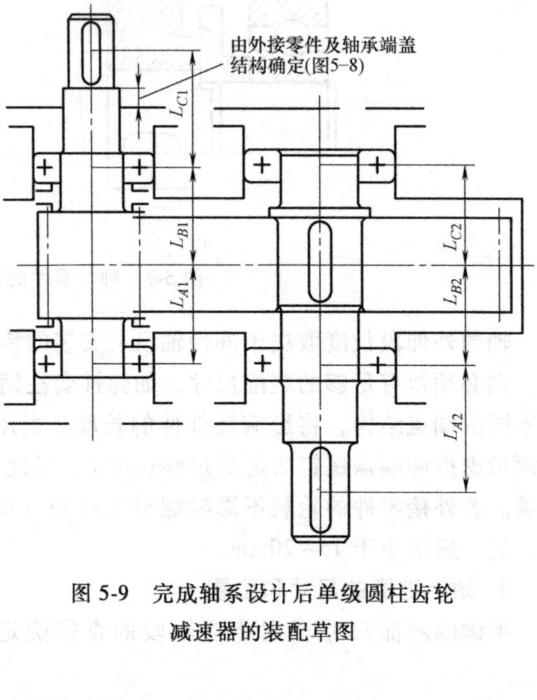

图 5-9　完成轴系设计后单级圆柱齿轮减速器的装配草图

的设计进行修改。可通过增大轴的直径、修改轴的结构和改变轴的材料等方法提高轴的强度。当轴的强度有富余时，若与许用值相差不大，一般以结构设计时确定的尺寸为准，不再修改；对于强度富余量过多的情况，应待轴承寿命及键连接强度校核后，综合考虑刚度、结构等各方面要求再决定如何修改，以防顾此失彼。

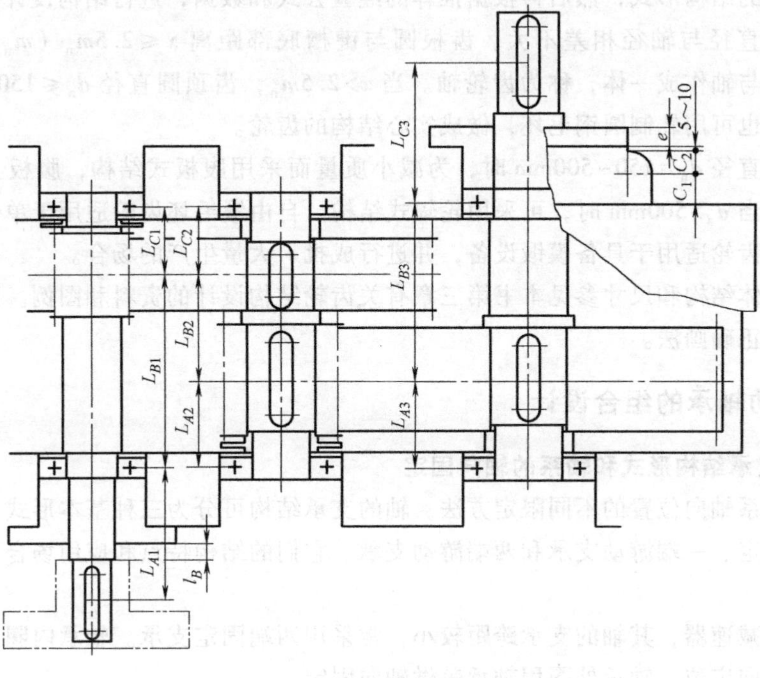

图 5-10　完成轴系设计后双级圆柱齿轮减速器的装配草图

3. 轴承寿命校核计算

滚动轴承的寿命可与减速器的寿命或减速器的大修期（2~3 年）大致相符。若计算出的寿命达不到要求，可以改用其他尺寸系列的轴承，必要时可改变轴承类型或轴承内径。但不要轻易改动轴承内径，否则轴及轴上零件尺寸都要改变。

4. 键连接强度校核计算

键连接的强度校核计算，主要是校核其挤压强度是否满足要求。许用挤压应力应按连接键、轴、轮毂三者中材料最弱的选取。若强度不够，可通过增加键长、改用双键或花键、加大轴径等措施来满足强度要求。

根据验算结果，必要时应对装配草图进行修改。上述过程常要反复多次，直至满意。

课程设计中至少要对一根轴及其上的轴承和键进行校核计算，具体要求由指导教师规定。

第三节　轴系部件的结构设计（第二阶段）

这一阶段的主要任务是对减速器的轴系部件进行结构细化设计，即设计传动零件、轴上其他零件及与轴承支点结构有关零件的具体结构。

一、齿轮的结构设计

齿轮的结构设计与齿轮的几何尺寸、毛坯、材料、加工方法、使用要求及经济性等因素有关。进行齿轮的结构设计时，必须综合考虑上述各方面的因素。通常是先按齿轮的直径大小，选取合适的结构形式，然后再根据推荐的经验公式和数据，进行结构设计。

当分度圆直径与轴径相差不大、齿根圆与键槽底部距离 $x \leq 2.5m_n$（m_n为法向模数）时，可将齿轮与轴作成一体，称为齿轮轴。当 $x>2.5m_n$，齿顶圆直径 $d_a \leq 150$mm 时，除用锻造毛坯外，也可用轧制圆钢毛坯，做成实心结构的齿轮。

当齿顶圆直径 $d_a = 150 \sim 500$mm 时，为减小质量而采用腹板式结构，腹板上加工孔是为了便于吊运；当 $d_a>500$mm 时，可采用轮辐式结构。自由锻毛坯齿轮适用于单件和小批量生产；模锻毛坯齿轮适用于具备模锻设备，并进行成批、大量生产的场合。

齿轮的具体结构和尺寸参见本书第三章有关齿轮结构设计的资料和图例。画图时要注意轮齿啮合区的正确画法。

二、滚动轴承的组合设计

1. 轴的支承结构形式和轴系的轴向固定

按照对轴系轴向位置的不同限定方法，轴的支承结构可分为三种基本形式，即两端固定支承，一端固定、一端游动支承和两端游动支承。它们的结构特点和应用场合可参阅机械设计基础教材。

普通齿轮减速器，其轴的支承跨距较小，常采用两端固定支承。轴承内圈在轴上可用轴肩或套筒做轴向定位，轴承外圈用轴承盖做轴向固定。

设计两端固定支承时，应留适当的轴向间隙，以补偿工作时轴的热伸长量。对于固定间隙轴承（如深沟球轴承），可在轴承盖与箱体轴承座端面之间（采用凸缘式轴承盖时，见图5-11a）或在轴承盖与轴承外圈之间（采用嵌入式轴承盖时，见图 5-13）设置调整垫片，在装配时通过修整垫片厚度来控制轴向间隙。对于可调间隙的轴承（如圆锥滚子轴承或角接触球轴承），则可利用垫片或调整螺钉来调整轴承游隙，以保证轴系的游动和轴承的正常运转，如图 5-11b 所示。

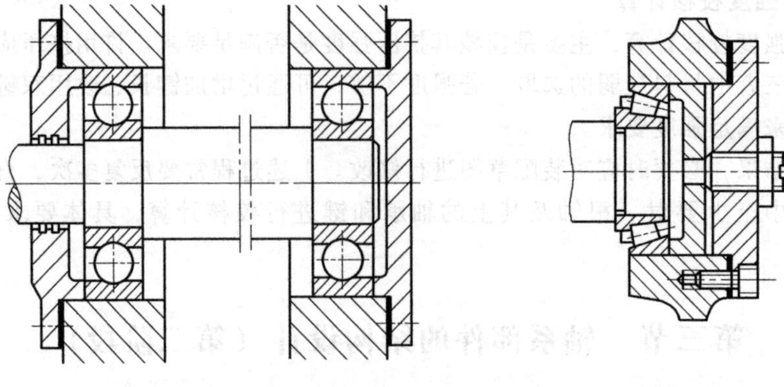

a)　　b)

图 5-11　两端固定支承

2. 轴承盖的结构设计

轴承盖用于固定轴承、承受轴向载荷、调整轴系位置和轴承间隙、密封轴承座孔等。其类型有凸缘式和嵌入式两种，每一种形式按是否有通孔，又可分为透盖和闷盖。

凸缘式轴承盖用螺钉固定在箱体上，调整轴系位置或轴承游隙方便（不需开箱盖），密封性能好，因此使用较多。这种端盖大多采用铸铁件，设计制造时要考虑铸造工艺性，尽量使整个端盖的厚度均匀。当端盖的宽度 L 较大时，为减少加工量，可对其端部进行加工，使其端部直径 $D'<D$，但端盖与箱体的配合段必须保留有足够的长度 l，否则拧紧螺钉时容易使端盖歪斜，一般取 $l=(0.1\sim0.15)D$，如图 5-12b 所示。凸缘式轴承盖的结构尺寸见表 4-14。

嵌入式轴承盖（图 5-13）无须用螺钉连接，其结构简单紧凑，但密封性能较差（一般需在端盖与机体间放置 O 形密封圈以改善密封效果，见图 5-14），调整轴承间隙不方便，故多用于不调整间隙的轴承处（如深沟球轴承）。若用于角接触轴承时，应增加调整垫片，用调整螺钉调整轴承间隙。嵌入式轴承盖多用于要求重量轻、结构紧凑的场合。嵌入式轴承盖的结构尺寸见表 4-15。

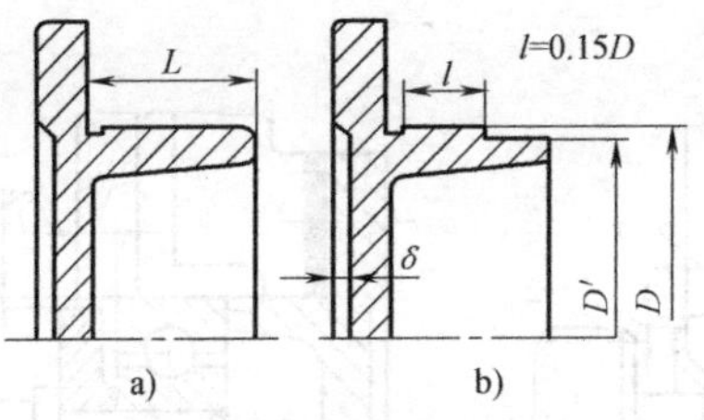

图 5-12　凸缘式轴承盖

图 5-13　嵌入式轴承盖

当轴承用箱体内的油润滑时，轴承盖的端部直径应略小些并在端部开槽，使箱体剖分面上输油沟内的油可经轴承盖上的槽流入轴承，如图 5-15 所示。

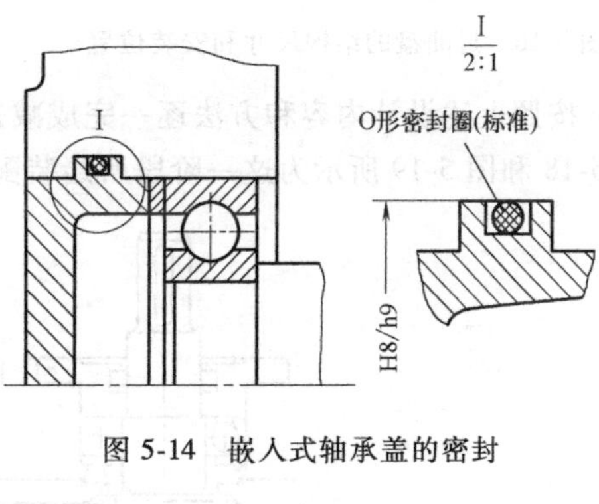

图 5-14　嵌入式轴承盖的密封

3. 滚动轴承的润滑

按第四章第四节所述选定减速器滚动轴承的润滑方式后，要相应地设计出合理的轴承组合结构，以保证可靠的润滑和密封。

当轴承用润滑脂润滑时，为了防止轴承中的润滑脂被箱内齿轮啮合时挤出的油冲刷、稀释而流失，通常在箱体轴承座内侧端面设置封油盘。其结构尺寸和安装位置如图 5-16 所示。

当轴承采用油润滑时，若轴承旁小齿轮的齿顶圆小于轴承的外径，为防止齿轮啮合时（特别是斜齿轮啮合时）所挤出的热油大量冲向轴承内部，增加轴承的阻力，常设置挡油盘。图 5-17a 所示挡油盘为冲压件，适用于成批生产，这种挡油盘的厚度为 2~3mm；图 5-17b所示挡油盘由车制而成，适用于单件或小批量生产，这种挡油盘的厚度一般为 3~5mm。

4. 轴外伸处的密封

在减速器输入轴和输出轴的外伸处，为防止润滑剂外漏及外界灰尘、水分和其他杂质渗入，造成轴承的磨损或腐蚀，应在轴承盖轴孔内设置密封件。

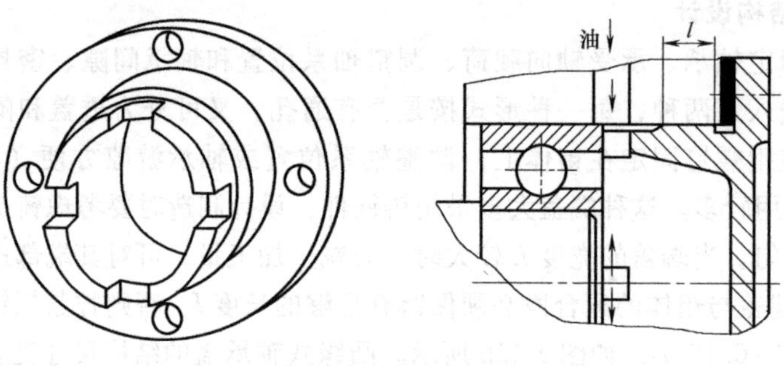

图 5-15 轴承用油润滑时的轴承盖结构

密封装置分为接触式和非接触式两类，并有多种形式，其密封效果也不同。为了提高密封效果，必要时可以采用两个或两个以上的密封件或不同类型的密封构成的组合式密封装置。

设计时可参阅机械设计教材和表 16-8 选择适当的密封形式，确定有关结构尺寸并绘出其结构。

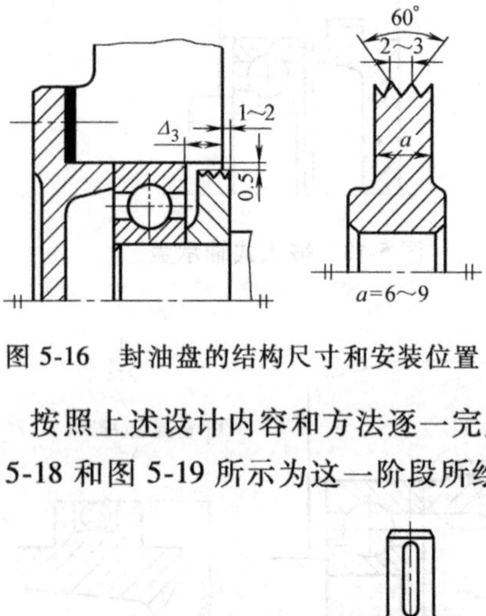

图 5-16 封油盘的结构尺寸和安装位置

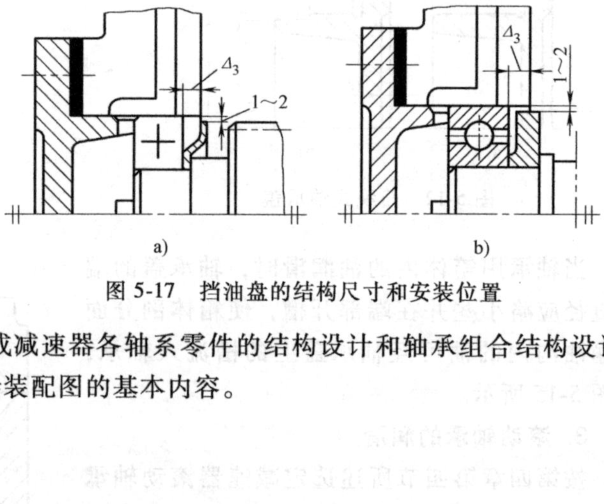

图 5-17 挡油盘的结构尺寸和安装位置

按照上述设计内容和方法逐一完成减速器各轴系零件的结构设计和轴承组合结构设计。图 5-18 和图 5-19 所示为这一阶段所绘装配图的基本内容。

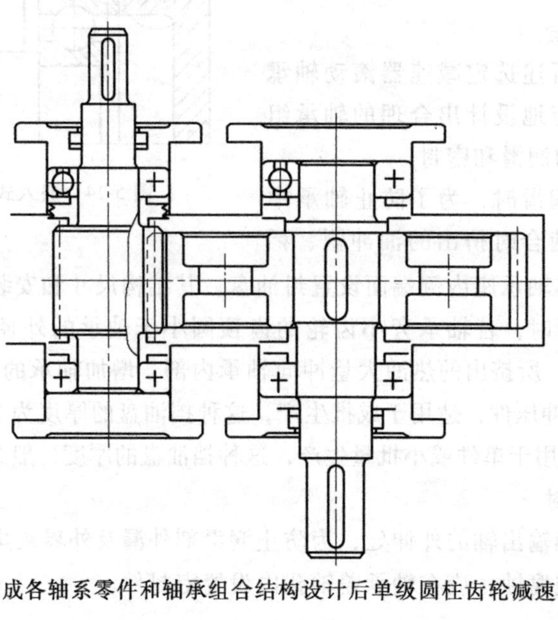

图 5-18 完成各轴系零件和轴承组合结构设计后单级圆柱齿轮减速器装配草图

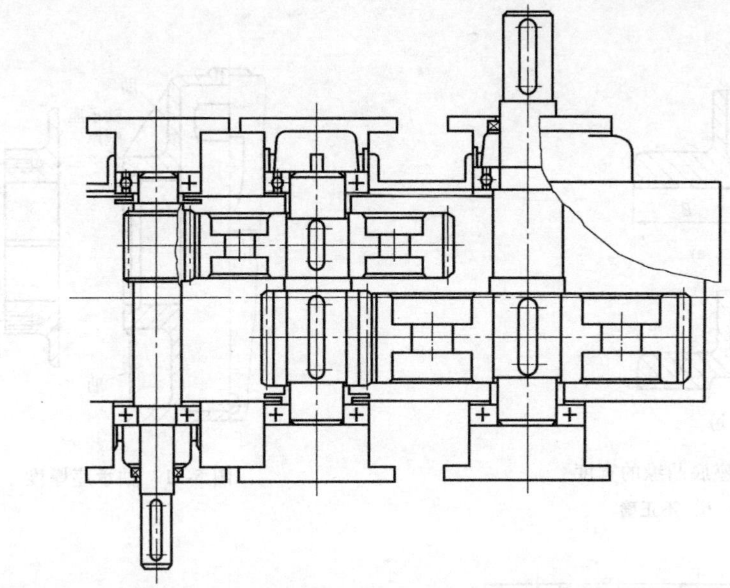

图 5-19 完成各轴系零件和轴承组合结构设计后双级圆柱齿轮减速器装配草图

第四节 减速器箱体和附件设计（第三阶段）

本阶段的设计绘图工作应在三个视图上同时进行，必要时可增加局部视图。绘图时应按照先箱体、后附件，先主体、后局部，先轮廓、后细节的结构设计顺序进行。

一、箱体的结构设计

减速器箱体是用来支承和固定轴承并保证传动零件正常啮合、良好润滑和密封的重要零件，其结构和受力都比较复杂。箱体结构设计是在保证刚度、强度要求的前提下进行的，同时应考虑密封可靠、结构紧凑、有良好的加工和装配工艺性等。

减速器箱体结构设计需注意以下几个方面的问题：

1. 箱体要有足够的刚度

（1）箱体壁厚及其结构尺寸的确定　为了保证箱体的刚度，箱体要有合理的壁厚。箱座壁厚、箱盖壁厚、箱体凸缘厚度可参照表 4-1 确定。箱座底凸缘的宽度 B 应超过箱体内壁位置，一般取 $B=C_1+C_2+2\delta$，如图 5-20 所示。需要注意的是，地脚螺栓孔间距不应过大，一般为 150~200mm，以保证其连接刚度，螺栓数目一般为 4、6、8 个。

（2）轴承座要有足够的刚度　为了保证轴承座的支承刚度，轴承座孔应有一定的壁厚。当轴承座孔采用凸缘式轴承盖时，根据安装轴承盖螺钉的需要，所确定的轴承座壁厚就可以满足刚度要求。使用嵌入式轴承盖的轴承座，一般也采用与凸缘式轴承盖时相同的壁厚，如图 5-21 所示。

为了提高轴承座刚度，一般减速器采用平壁式箱体加外肋结构，如图 5-22a 所示。大型减速器也可以采用凸壁式箱体结构，如图 5-22b 所示，其刚度大，外表整齐光滑，但箱体制造工艺复杂。肋板厚度可参照表 4-1 确定。

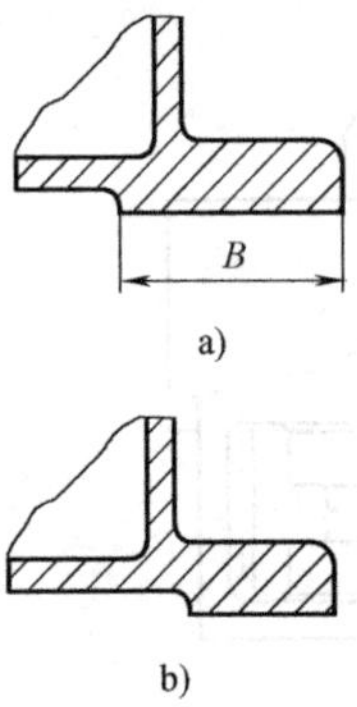

图 5-20　箱座底凸缘的宽度

a）正确　b）不正确

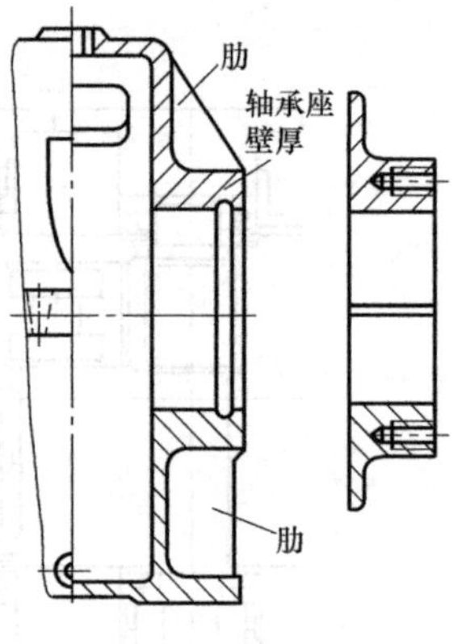

图 5-21　轴承座厚度

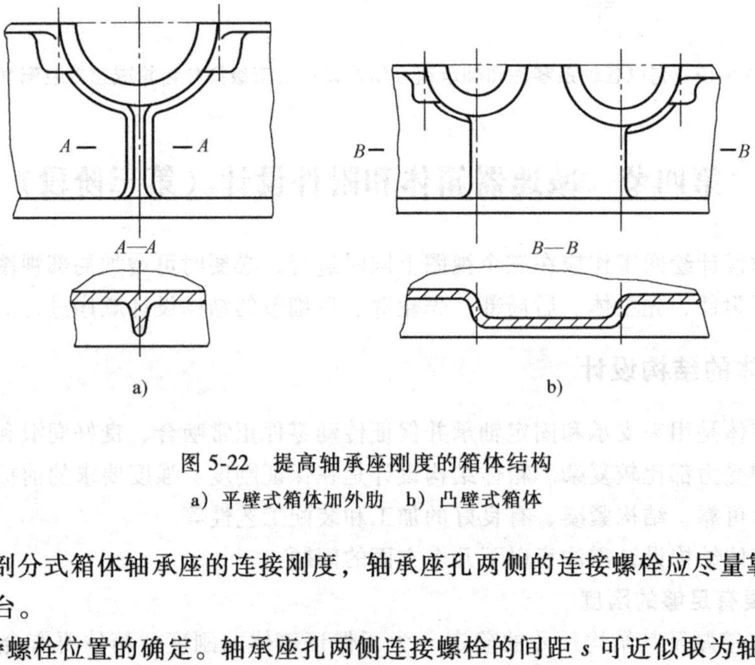

图 5-22　提高轴承座刚度的箱体结构

a）平壁式箱体加外肋　b）凸壁式箱体

为了提高剖分式箱体轴承座的连接刚度，轴承座孔两侧的连接螺栓应尽量靠近一些，并在两侧设置凸台。

1）轴承旁螺栓位置的确定。轴承座孔两侧连接螺栓的间距 s 可近似取为轴承盖外径 D_2（图 5-23a），但要注意不能与轴承盖螺孔及输油沟干涉（图 5-23b）。当两轴承座孔之间安装不下两个螺栓时，可在两个轴承座孔间距的中间安装一个螺栓。

2）凸台高度的确定。凸台高度由连接螺栓中心线位置和保证有足够的扳手操作空间 C_1、C_2来确定，C_1、C_2由表 4-1 按连接螺栓直径确定。根据 C_1用作图法先确定最大的轴承座孔的凸台高度尺寸，具体的确定方法如图 5-24 所示。用这种方法确定的凸台高度不一定为整数，可向大的方向圆整为整数。其余凸台高度与其尽量保持一致，以便于加工。考虑铸造起模的需要，凸台侧面的斜度一般取 1∶20。

2. 箱体要有良好的结构工艺性

箱体结构工艺性的好坏对于提高加工精度和装配质量，提高生产率以及便于检修维护等

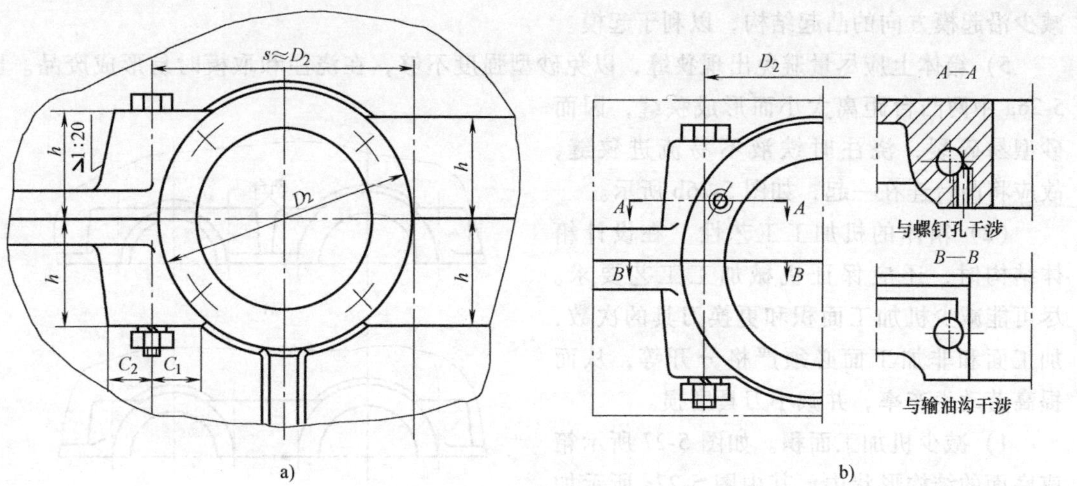

图 5-23　轴承座凸台结构

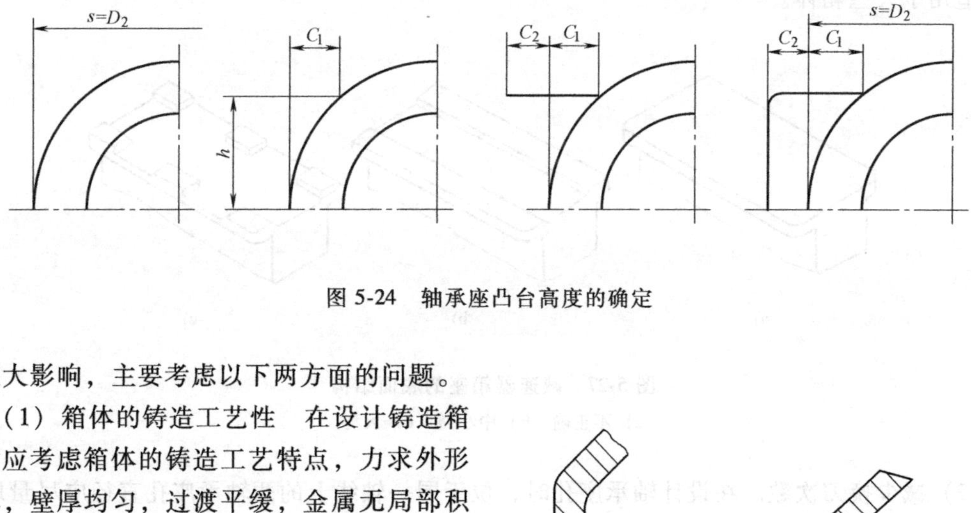

图 5-24　轴承座凸台高度的确定

有很大影响，主要考虑以下两方面的问题。

（1）箱体的铸造工艺性　在设计铸造箱体时应考虑箱体的铸造工艺特点，力求外形简单，壁厚均匀，过渡平缓，金属无局部积聚，起模容易等。

1）考虑液态金属流动的畅通性，铸件壁厚不宜太薄，以免浇注不足，最小壁厚要求见表 11-13。采用砂模铸造时，为便于液态金属的流动，箱体铸造圆角半径一般取$R \geqslant 5$mm。

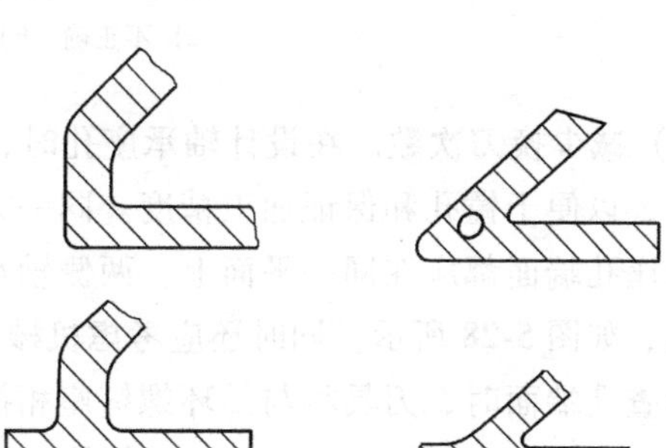

图 5-25　两壁连接
a）正确　b）不正确

2）为避免缩孔或应力裂纹，薄、厚壁之间应采用平缓的过渡结构，尺寸见表 11-17。

3）为避免金属积聚，两壁间不宜采用锐角连接，如图 5-25 所示。

4）为了便于造型时取模，铸件表面沿起模方向应有 1∶10~1∶20 的起模斜度。应尽量减少沿起模方向的凸起结构，以利于起模。

5）箱体上应尽量避免出现狭缝，以免砂型强度不够，在浇注和取模时易形成废品。图 5-26a 中两凸台距离太小而形成狭缝，因而砂型易碎裂，浇注时铁液不易流进狭缝，故应将凸台连在一起，如图 5-26b 所示。

（2）箱体的机加工工艺性　在设计箱体结构时，还应保证机械加工工艺要求。尽可能减少机加工面积和更换刀具的次数，加工面和非加工面必须严格分开等，从而提高劳动生产率，并减小刀具磨损。

1）减少机加工面积。如图 5-27 所示箱座底面的结构形状中，其中图 5-27a 所示加工面积太大，难以保证装配精度；图 5-27b、c 所示结构较好。其中图 5-27b 所示结构适用于中小型箱体，图 5-27c 所示结构适用于大型箱体。

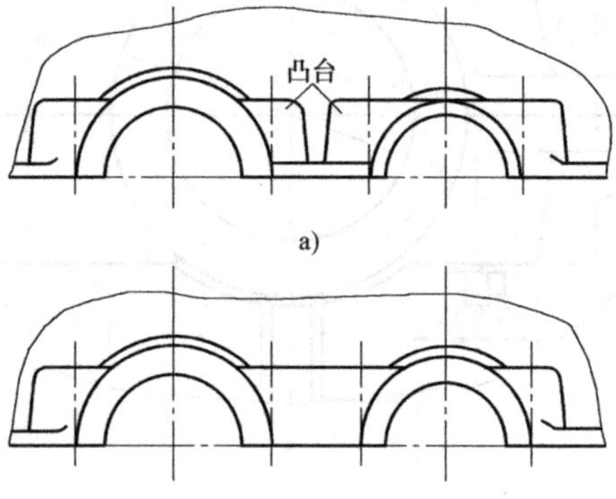

图 5-26　避免有狭缝的铸件结构
a）不正确　b）正确

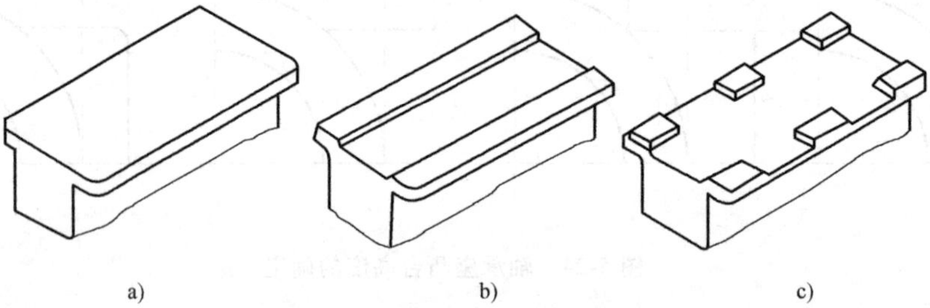

图 5-27　减速器箱座的底面结构
a）不正确　b）中小型　c）大型

2）减少换刀次数。在设计轴承座孔时，位于同一轴线上的两轴承座孔直径应尽量取同一尺寸，以便于镗孔和保证加工精度。同一方向的平面，应尽量一次调整、加工完成，因此各轴承座孔端面都应在同一平面上，两侧轴承座孔端面应与箱体中心平面对称，以便于加工和检验，如图 5-28 所示。同时还应考虑机械加工时走刀不要互相干涉，如图 5-28a 所示，在加工检查孔端面时，刀具将与吊环螺钉座相撞，故应改为图 5-28b 所示结构。

3）加工面与非加工面应分开。箱体任何一处加工面与非加工面必须严格分开，并且不应在同一平面内。例如箱体轴承座孔端面需要加工，因而一般应凸出 5~10mm，如图 5-29 所示。另外，窥视孔盖、通气器、油标和油塞等的接合面处，与螺栓头部或螺母接触处都应做出凸台，凸起高度为 3~5mm。也可将与螺栓头部或螺母的接触处锪出沉头座坑，一般取下凹深度以锪平为准，或取 2~3mm。图 5-30 所示为凸台、沉头座坑的铣平及锪平加工方法。

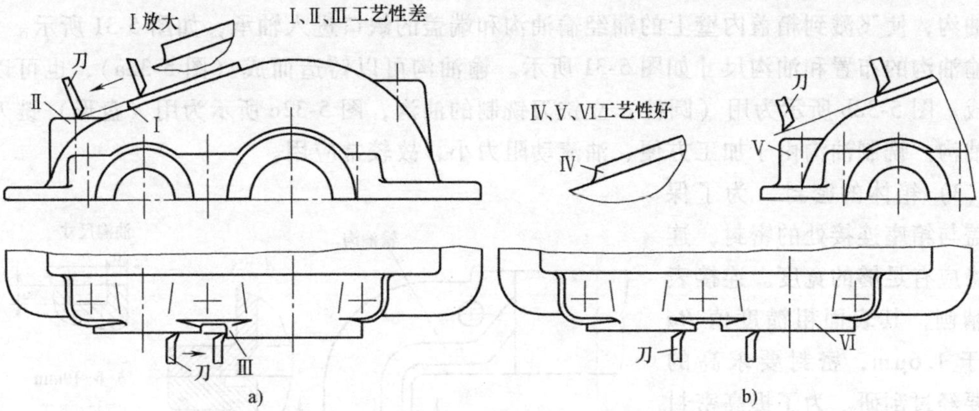

图 5-28　同一方向上的平面位置

3. 箱体应便于机体内零件的润滑、密封及散热

(1) 箱座高度　对于传动零件采用浸油润滑的减速器，箱座高度除了应满足齿顶圆到油池底面的距离不小于 30~50mm 外，还应使箱体能容纳一定量的润滑油，以保证润滑和散热。

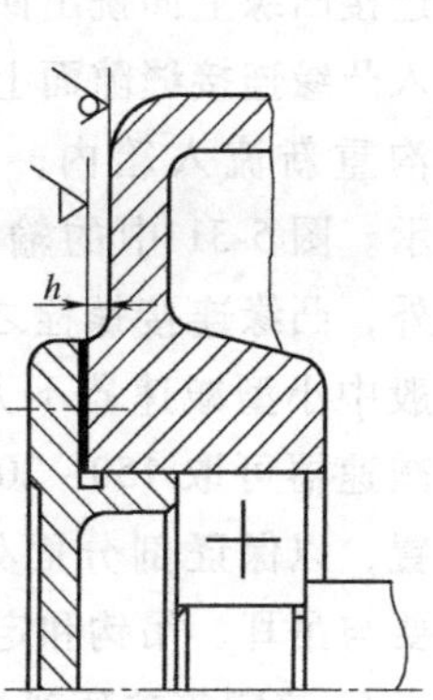

图 5-29　加工表面与非加工表面应分开

对于单级减速器，每传递 1kW 功率所需油量为 350~700cm^3（小值用于低黏度油，大值用于高黏度油）。多级减速器的需油量按级数成比例地增加。

设计时，在离开大齿轮齿顶圆为 30~50mm 处，画出箱体油池底面线，并初步确定箱座高度为

$$H \geqslant \frac{d_{a2}}{2} + (30 \sim 50)\,\text{mm} + \Delta_7$$

式中　d_{a2}——大齿轮齿顶圆直径；

Δ_7——箱座底面至箱座油池底面的距离（见表 5-2）。

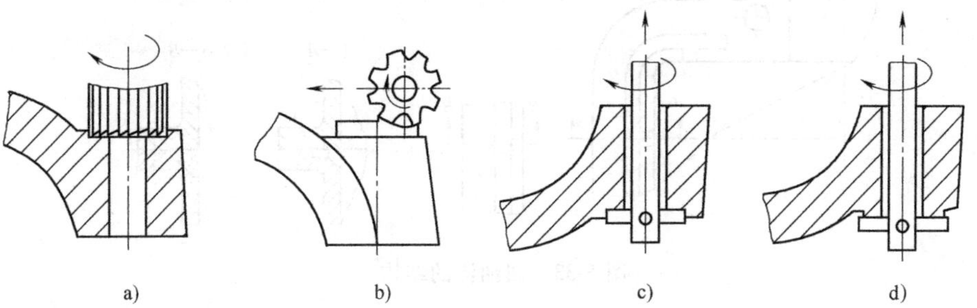

图 5-30　凸台、沉头座坑的铣平及锪平加工方法

再根据传动零件的浸油深度确定油面高度，即可计算出箱体的储油量。若储油量不能满足要求，应适当将箱底面下移，增加箱座高度。

当减速器输入轴与电动机轴用联轴器直接相连时，减速器中心高最好与电动机中心高相等，以利于机座的制造与安装。

(2) 输油沟的形式和尺寸　当轴承利用箱体内的油润滑时，通常在箱座的凸缘面上开设输油沟，使飞溅到箱盖内壁上的油经输油沟和端盖的缺口进入轴承，如图 5-31 所示。

输油沟的布置和油沟尺寸如图 5-31 所示。输油沟可以铸造而成（图 5-32a），也可以铣制而成。图 5-32b 所示为用（圆柱）立铣刀铣制的油沟，图 5-32c 所示为用（盘形）铣刀铣制的油沟。铣制油沟由于加工方便、油流动阻力小，故较常应用。

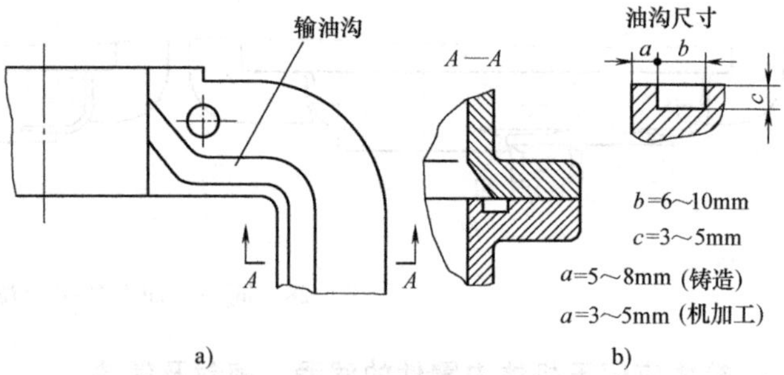

图 5-31　输油沟的布置和油沟尺寸

(3) 箱体的密封　为了保证箱盖与箱座连接处的密封，连接凸缘应有足够的宽度。连接表面应精刨，其表面粗糙度值 *Ra* 应小于 1.6μm，密封要求高的表面要经过刮研。为了提高密封性，确保分箱面不漏油，可在箱座连接凸缘上面铣出回油沟，使渗入凸缘连接缝隙面上的油沿回油沟重新流入箱内，如图 5-33 所示。图 5-31 中的输油沟尺寸可供参考。此外，凸缘连接螺栓之间的距离不宜太大，一般中小型减速器不大于 100～150mm，大型减速器可取 150～200mm。尽量采用对称布置，以保证剖分面处的密封性，并注意不要与吊耳、吊钩和定位销等发生干涉。

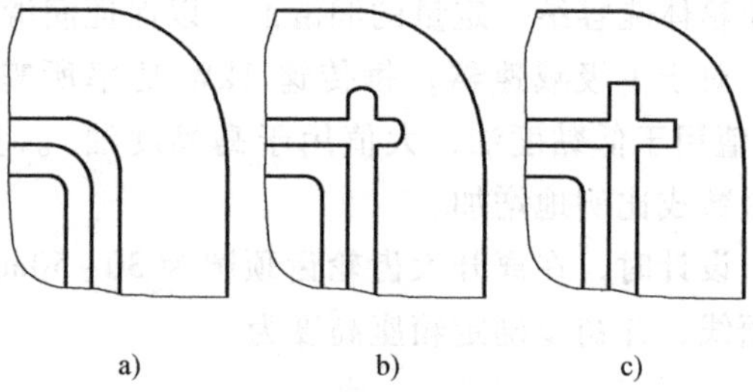

图 5-32　输油沟的形状

4. 确定箱盖顶部外表面轮廓

对于铸造箱体，箱盖顶部外轮廓常以圆弧和直线组成。在大齿轮一侧，可以轴心为圆心，以 $R=r_{a2}+\Delta_1+\delta_1$（单级）或 $R=r_{a4}+\Delta_1+\delta_1$（双级）为半径画出圆弧作为箱盖顶部外表面的部分轮廓。在一般情况下，大齿轮轴承座旁螺栓凸台均在此圆弧之内。而在小齿轮一侧，用上述方法画出的圆弧往往会使小齿轮轴承座旁螺栓凸台超出圆弧，一般最好使小齿轮轴承座螺栓凸台在圆弧以内，如图 5-34a所示，这时应使圆弧半径 $R \geq R'+10\text{mm}$（R'为小齿轮轴心到凸台处的距离），以 R 为半径画出小齿轮处箱盖的部分轮廓。当然，也有使小齿轮轴承座螺栓凸台在圆弧以外的结

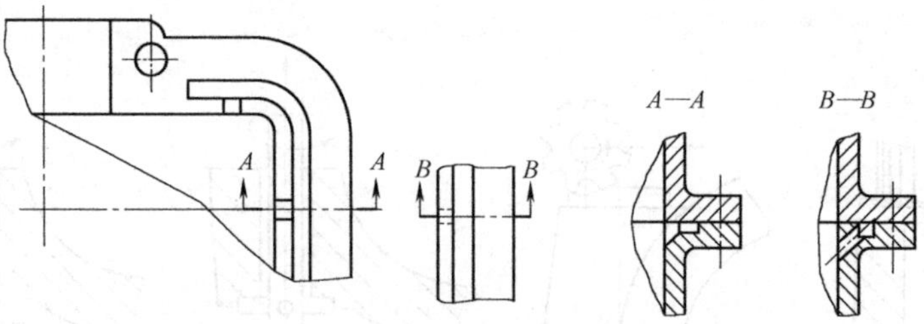

图 5-33　回油沟的结构

构，如图 5-34b 所示，这时 $R<R'$。

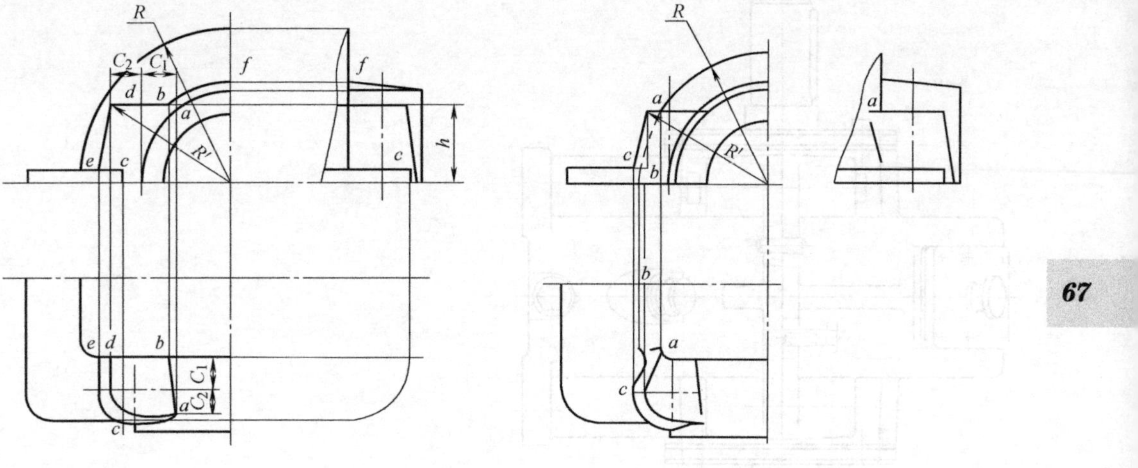

图 5-34　小齿轮一侧箱盖圆弧的确定和凸台三视图

在初绘装配草图时，在长度方向小齿轮一侧的内壁线还未确定，这时根据主视图上的内圆弧投影，可画出小齿轮一侧的内壁线。

画出小齿轮、大齿轮两侧圆弧后，可作两圆弧切线。这样，箱盖顶部轮廓便完全确定了。

二、减速器附件设计

减速器各附件的作用在前面已经做了介绍，设计时应选择和确定这些附件的结构，并将其设置在箱体的合适位置。具体结构和尺寸参见第四章第三节。

箱体及其附件的设计完成后，可画出如图 5-35 和图 5-36 所示单级、双级圆柱齿轮减速器的装配草图。

减速器装配草图完成后，不要急于描粗加深，应仔细进行以下检查：

（1）总体布置方面　检查装配草图布置与传动装置方案简图是否一致。轴伸端的方位是否符合要求，轴伸端的结构尺寸是否符合设计要求，箱外零件是否符合传动方案的要求。

（2）计算方面　检查传动零件、轴、轴承及箱体等主要零件是否满足强度、刚度等要求，计算结果（如齿轮中心距、传动零件与轴的尺寸、轴承型号与跨距等）是否与草图一致。

（3）轴系结构方面　检查传动零件、轴、轴承和轴上其他零件的结构是否合理，定位、固定、调整、装拆、润滑和密封是否合理。

（4）箱体和附件结构方面　箱体的结构和加工工艺性是否合理，附件的布置是否恰当，结构是否正确。

（5）绘图规范方面　视图选择是否恰当，投影是否正确，是否符合机械制图国家标准的规定。

通过检查，对装配草图认真进行修改，使之完善到能作为装配工作底图的程度。

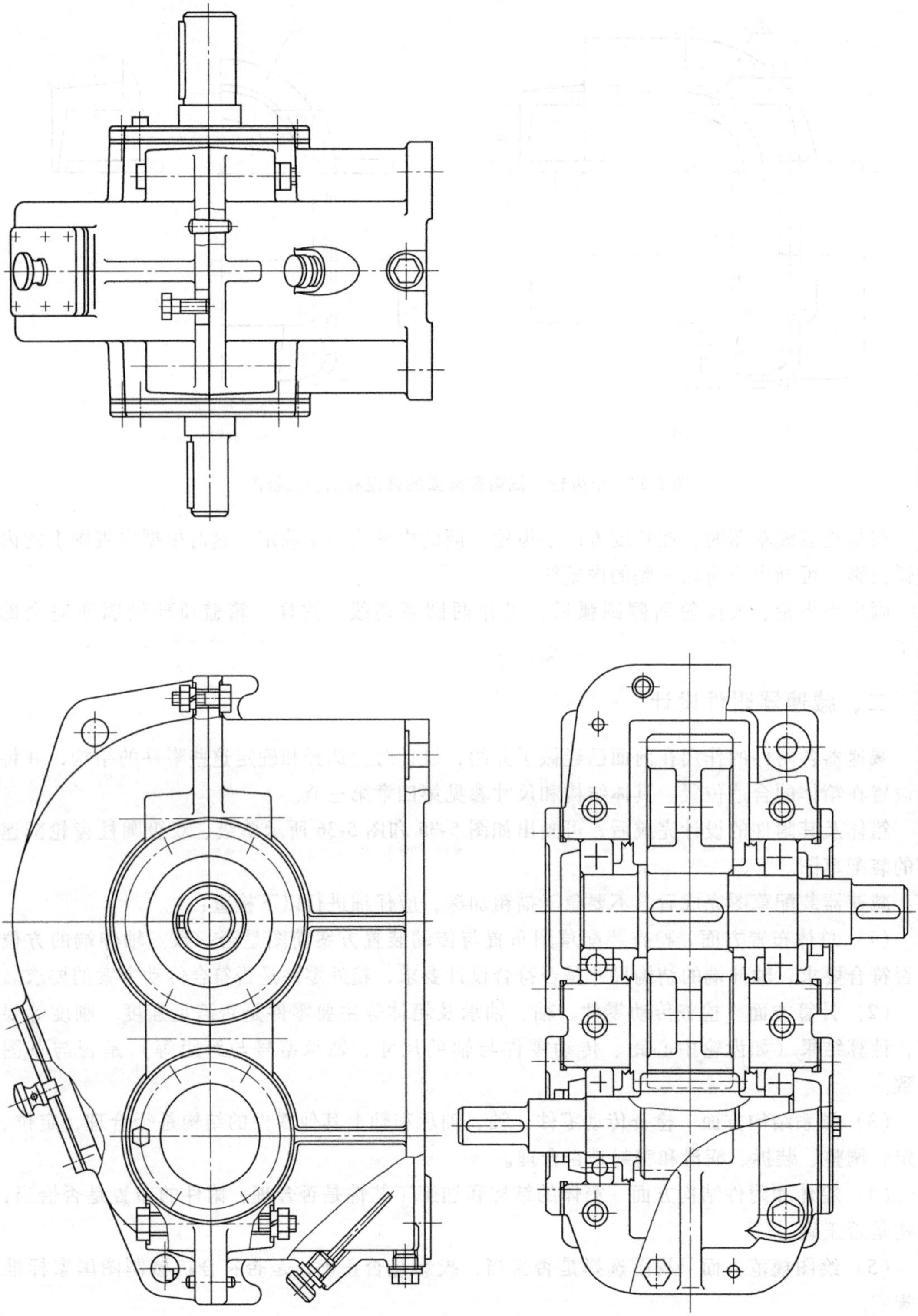

图 5-35 完成箱体和附件设计后单级圆柱齿轮减速器装配草图

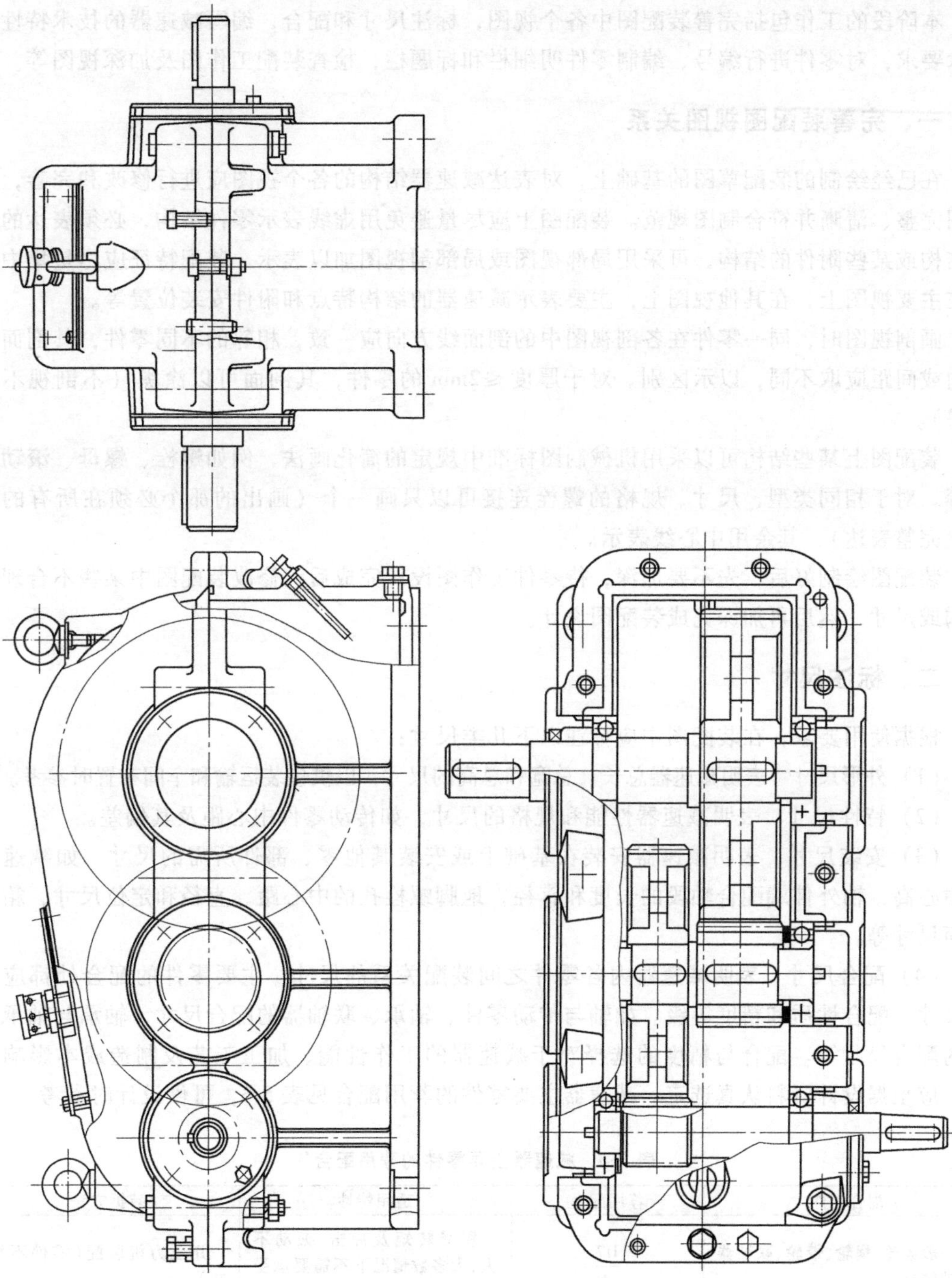

图 5-36　完成箱体和附件设计后双级圆柱齿轮减速器装配草图

第五节　完成减速器装配图（第四阶段）

本阶段的工作包括完善装配图中各个视图，标注尺寸和配合，编写减速器的技术特性和技术要求，对零件进行编号、编制零件明细栏和标题栏，检查装配工作图及加深视图等。

一、完善装配图视图关系

在已经绘制的装配草图的基础上，对表达减速器结构的各个视图应进行修改和完善，使视图完整、清晰并符合制图规范。装配图上应尽量避免用虚线表示零件结构，必须表达的内部结构或某些附件的结构，可采用局部视图或局部剖视图加以表示。装配特征应尽量集中表示在主要视图上，在其他视图上，主要表示减速器的结构特点和附件安装位置等。

画剖视图时，同一零件在各剖视图中的剖面线方向应一致，相邻的不同零件，其剖面线方向或间距应取不同，以示区别。对于厚度≤2mm 的零件，其剖面可以涂黑（不剖视不应涂黑）。

装配图上某些结构可以采用机械制图标准中规定的简化画法，例如螺栓、螺母、滚动轴承等。对于相同类型、尺寸、规格的螺栓连接可以只画一个（画出的那个必须在所有的视图上完整表达），其余用中心线表示。

装配图绘制好后，先不要加深，待零件工作图设计完成后，修改装配图中某些不合理的结构或尺寸，然后再加深完成装配图设计。

二、标注尺寸

根据使用要求，在装配图中应标注以下几类尺寸：

（1）外形尺寸　表明减速器总长、总宽和总高的尺寸，以供包装运输和车间布置时参考。

（2）特性尺寸　表明减速器性能和规格的尺寸，如传动零件中心距及其偏差。

（3）安装尺寸　表明减速器安装在基础上或安装其他零、部件所需的尺寸，如减速器的中心高，轴外伸端配合轴段的长度和直径，地脚螺栓孔的中心距、直径和定位尺寸，箱座底面尺寸等。

（4）配合尺寸　表明减速器内各零件之间装配关系的尺寸。主要零件的配合处都应标出尺寸、配合性质和精度等级。如轴与传动零件、轴承、联轴器的配合尺寸，轴承与轴承座孔的配合尺寸等。配合与精度的选择对于减速器的工作性能、加工工艺及制造成本影响很大，应根据设计资料认真选定。减速器主要零件的荐用配合见表 5-3，可供设计时参考。

表 5-3　减速器主要零件的荐用配合

配合零件	荐用配合	适用特性	装拆方法
一般齿轮、蜗轮、带轮、联轴器与轴的配合	$\frac{H7}{r6}$	所受转矩及冲击、振动不大，大多数情况下不需要承受轴向载荷的附加装置	用压力机装配（零件不加热）
大、中型减速器内的低速级齿轮（蜗轮）与轴的配合，并附加键连接；轮缘与轮芯的配合	$\frac{H7}{s6}$、$\frac{H7}{r6}$	受重载、冲击载荷及大的轴向力，使用期间需保持配合零件的相对位置	不论零件加热与否，都用压力机装配

（续）

配合零件	荐用配合	适用特性	装拆方法
要求对中良好的齿（蜗）轮传动，并附加键连接	$\frac{H7}{n6}$	受冲压、振动时能保证精确地对中；很少装拆相配的零件	用压力机或木槌装配
小锥齿轮与轴，或较常装拆的齿轮、联轴器与轴的配合，并附加键连接	$\frac{H7}{m6}$、$\frac{H7}{k6}$	较常拆卸相配的零件	
轴套、挡油环、溅油轮等与轴的配合	$\frac{D11}{k6}$、$\frac{F9}{k6}$、$\frac{F9}{m6}$、$\frac{F8}{h7}$	较常拆卸相配的零件，且工具难以达到	用木槌或徒手装配
滚动轴承内圈与轴的配合	轻载荷 js6、k6 正常载荷 k5、m5、m6	不常拆卸相配的零件	用压力机装配
滚动轴承外圈与箱体孔的配合	H7、J7、G7、	较常拆卸相配的零件	用木槌或徒手装配
轴承套杯与箱体孔的配合	$\frac{H7}{h6}$、$\frac{H7}{js6}$	较常拆卸相配的零件	
轴承盖与箱体孔（或套杯孔）的配合	$\frac{H7}{h8}$、$\frac{H7}{f6}$	较常拆卸相配的零件	
嵌入式轴承盖与箱体孔槽的配合	$\frac{H11}{h11}$	配合较松	

现结合图 5-37 说明在减速器装配图中，通常应标注的一些配合尺寸如下：

1）齿轮、蜗轮、带轮、链轮、联轴器与轴的配合。在较少装拆的情况下选用小过盈配合，如图中 $\phi52\frac{H7}{r6}$、$\phi40\frac{H7}{r6}$等；在经常装拆的情况下，选用过渡配合，如 $\phi42\frac{H7}{k6}$等。

2）轴承与轴、轴承座的配合。滚动轴承是标准件，与相关零件配合时，其内孔与外径不必标注公差带。与轴承内孔配合的轴颈直径及与轴承外径配合的座孔直径，应分别按基孔制和基轴制选择公差带，分别查取相应的表格。转速越高，载荷越大，则应采用较紧的配合；经常拆卸的轴承和游动套圈，则应采用较松的配合。

3）套筒、封油盘、挡油盘等与轴的配合为间隙配合。但这些零件往往与滚动轴承装在同一轴段上，该段轴的直径及公差已按滚动轴承的要求选定，故装套筒、封油盘、挡油盘等处轴的公差带最好与滚动轴承处轴的公差带一致，而孔的公差带另行给定，如图中 $\phi50\frac{D11}{k6}$等。

4）轴承盖与轴承座孔或套杯孔的配合应选用间隙配合。由于轴承座孔已按滚动轴承要求选定，此时它与轴承盖的配合也是由不同公差等级组成的，如 $\phi90\frac{H7}{d11}$、$\phi80\frac{H7}{f9}$等。

5）套杯与轴承座孔选用过渡配合，以便于装拆和保证对中，如 $\phi95\frac{H7}{js6}$等。

标注尺寸时，应使尺寸线的布置整齐、清晰、规范，尺寸应尽量标注在视图外面，并尽可能集中标注在反应主要结构关系的视图上，齿轮减速器为俯视图，蜗杆减速器为主视图。

三、注明减速器的技术特性

减速器的技术特性常写在减速器装配图上的适当位置（参考图 5-1），可采用表格形式，其内容见表 5-4。

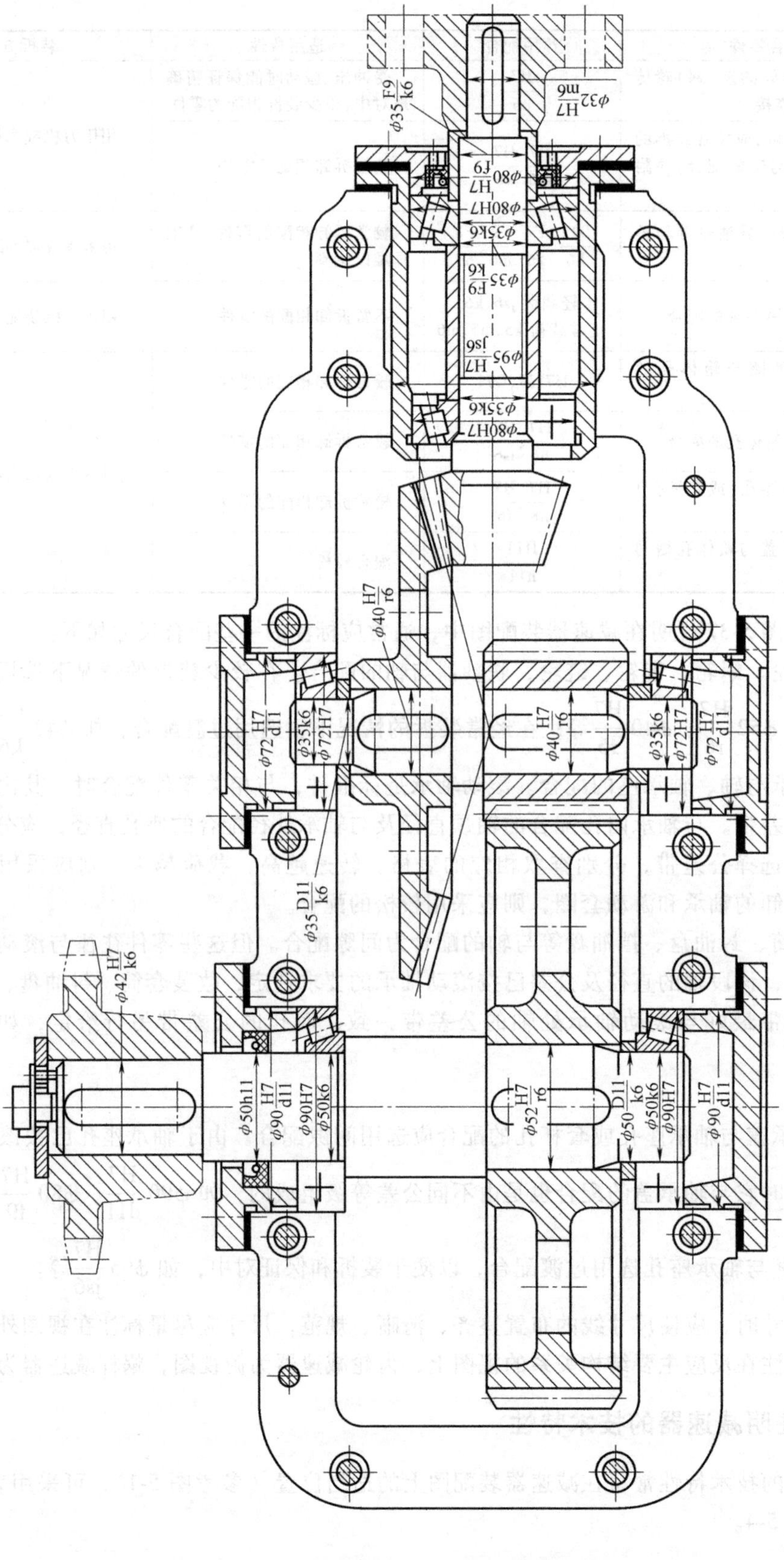

图 5-37 减速器装配图配合选择示例

表 5-4　减速器的技术特性

输入功率/kW	输入转速/(r/min)	效率 η	总传动比 i	传动特性							
				高速级				低速级			
				m_n	z_2/z_1	β	精度等级	m_n	z_4/z_3	β	精度等级

四、编写技术要求

装配图上应写明在视图上无法表示的有关装配、调整、润滑、密封、检验、维护等方面的技术要求。一般减速器的技术要求，通常包括以下几个方面的内容。

1. 对零件的要求

装配前所有零件均应清除切屑，并用煤油或汽油清洗干净。箱体内应清理干净，不许有任何杂物存在，箱体内壁应涂上防侵蚀的涂料。

2. 对润滑剂的要求

技术要求中应写明传动件及轴承所用润滑剂的牌号、用量、补充及更换时间等。选择传动零件的润滑剂时，应考虑传动特点、载荷性质、载荷大小及运转速度。对于多级传动，应按高速级和低速级对润滑剂黏度要求的平均值来选择润滑剂。

传动件和轴承所用润滑剂的选择方法参见第十六章。换油时间取决于油中杂质的多少及被氧化、污染的程度，一般为半年左右。

3. 对滚动轴承轴向间隙及其调整的要求

对可调游隙的轴承（如角接触球轴承和圆锥滚子轴承），其轴向游隙值可查机械设计手册，并应在技术要求中注明。对不可调游隙的轴承（如深沟球轴承），在两端固定的轴承结构中，可在端盖与轴承外圈端面间留有适当的轴向间隙 Δ，以允许轴的热伸长，一般取 $\Delta=0.25\sim0.4\text{mm}$。跨度尺寸越大，该间隙取值应越大，反之应取较小值。

4. 对传动侧隙和接触斑点的要求

传动侧隙和接触斑点的要求是根据传动零件的精度等级确定的，查出后标注在技术要求中，供装配时检查用。对于多级传动，当各级传动的侧隙和接触斑点要求不同时，应分别在技术要求中注明。

检查传动侧隙的方法可用塞尺测量，或用铅丝放进传动零件啮合的间隙中，转动齿轮将铅丝压扁，然后测量铅丝变形后的厚度即为侧隙大小。

检查接触斑点的方法是在主动轮齿面上涂色，使其转动，观察从动轮齿面上的着色情况，由此分析接触区的位置及接触面积的大小是否符合精度要求。

当传动侧隙及接触斑点不符合要求时，可对齿面进行刮研、磨合或调整传动件的啮合位置等来解决。圆柱齿轮、锥齿轮和蜗轮接触斑点部位及调整方法见表 5-5。

表 5-5　接触斑点部位及调整方法

接触部分	原因分析	调整、改进方法
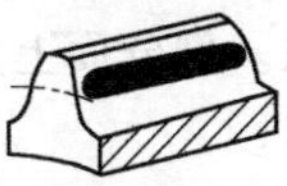	—	正常接触
	中心距偏大	对机体进行返修

（续）

接触部分	原因分析	调整、改进方法
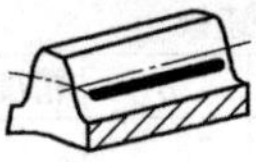	中心距偏小	对机体进行返修
	两齿轮轴线歪斜等	对机体进行返修等
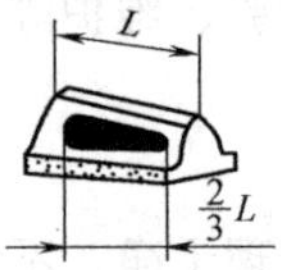	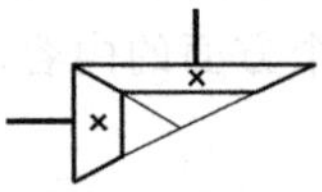 两齿轮锥顶正常接触	—
a轮 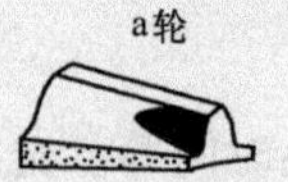	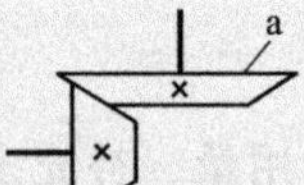 两齿轮锥顶不重合，a轮小端接触	调整大小齿轮位置使锥顶重合
a轮 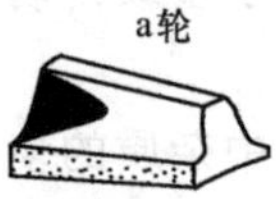	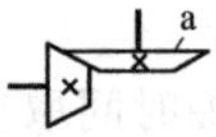 两齿轮锥顶不重合，a轮大端接触	同上
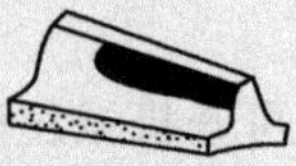	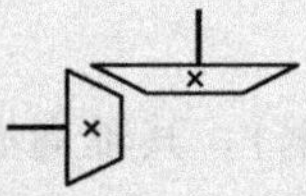 两齿轮过分分开，侧隙大	同上
	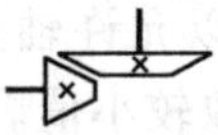 两齿轮过分靠近，侧隙小	同上
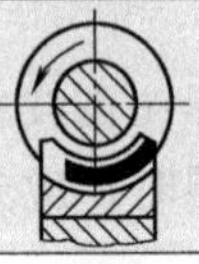	正常蜗轮中心面与蜗杆中间平面重合（接触斑点偏向啮合出口端）	—
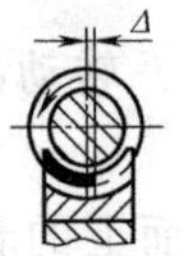	蜗轮中间平面与蜗杆中心面不重合	调整蜗轮位置，使蜗轮中间平面与蜗杆中心面重合

5. 减速器的密封

减速器箱体的剖分面、各接触面及密封处均不允许出现漏油和渗油现象。剖分面上允许涂密封胶或水玻璃，不允许使用任何垫片或填料；轴伸处密封应涂上润滑脂。

6. 对试验的要求

减速器装配好后应做空载试验，在额定转速下，正反转各 1h，要求运转平稳、噪声小，连接固定处不得松动。然后做负载试验，在额定转速和额定功率下运转，油池温升不得超过

35℃，轴承温升不得超过 40℃。

7. 对外观、包装和运输的要求

箱体未加工面应涂漆，外伸轴及其他零件需涂油并包装严密。减速器在包装箱内应固定牢靠，运输和装卸时不可倒置。

在减速器装配图上写出的技术要求条目和内容可参考第十章减速器设计参考图例。

五、零件编号

在装配图上应对所有零件进行编号，不能遗漏，也不能重复，图中完全相同的零件只能有一个编号。零件编号时可不区分标准件和非标准件而统一编号，也可以分别编号。

对零件编号时，可按顺时针或逆时针顺序依次排列引出指引线，各指引线不应相交，并尽量不与剖面线平行。对装配关系清楚的零件组（如螺栓、螺母及垫圈）可用一条公共的指引线分别编号，如图 5-38 所示。对各独立的部件（如滚动轴承、通气器、油标等）可作为一个零件编号。编号的数字高度应比图中所标注尺寸数字的高度大一号。

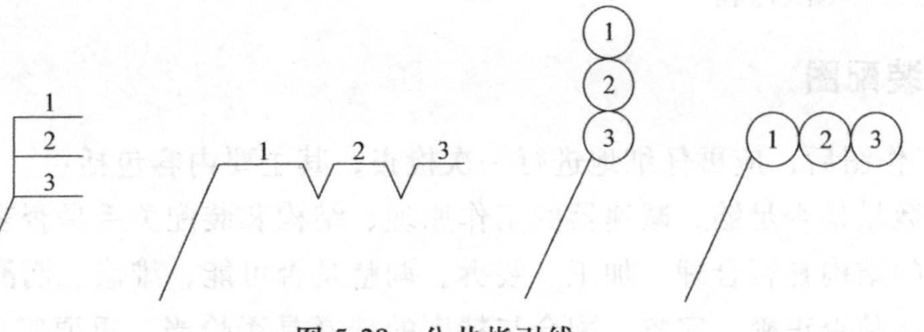

图 5-38　公共指引线

六、编写零件明细栏和标题栏

减速器装配图的所有零件均应列入明细栏中。对于每个编号的零件，在明细栏上都要按序号列出其名称、数量、材料及规格，对于标准件，还应注明其标准代号。对齿轮应注明模数 m、齿数 z、螺旋角 β 等主要参数。

标题栏应布置在图纸的右下角，用来注明减速器的名称、比例、图号、数量、质量、设计者姓名等。

装配图所用的标题栏和明细栏可采用国家标准规定的格式，也可采用课程设计推荐的格式，如图 5-39 和图 5-40 所示。

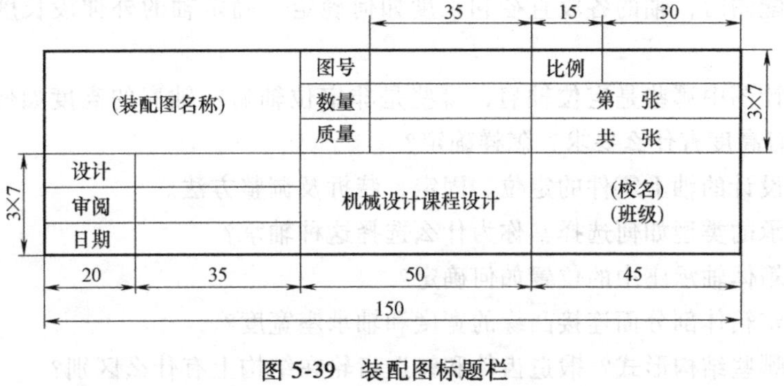

图 5-39　装配图标题栏

150

10	45	10	25	35	25
04	滚动轴承6209	2		GB/T 276—2013	外购
03	螺栓M12×120	6		GB/T 5782—2016	
02	齿轮m=3，z=77	1	45		
01	箱座	1	HT200		
序号	名称	数量	材料	标准	备注
装配图标题栏					

序号数×7

7

图 5-40 装配图明细栏

完成以上工作后即可得到完整的装配工作图。图 10-1 和图 10-5 分别为单级和双级圆柱齿轮减速器装配工作图示例。

七、检查装配图

完成装配工作图后，应再仔细地进行一次检查，其主要内容包括：

1）视图的数量是否足够，减速器的工作原理、结构和装配关系是否表达清楚。

2）各零件的结构是否合理，加工、装拆、调整是否可能，维修、润滑是否方便。

3）尺寸标注是否正确、完整，配合与精度的选择是否恰当，重要零件的位置及尺寸是否符合设计计算要求，是否与零件图一致，相关零件的尺寸是否协调。

4）技术要求和技术特性是否正确、完善，有无遗漏。

5）零件编号是否齐全，有无遗漏或重复。

6）明细栏所列项目是否正确，标题栏格式及内容是否符合要求。

图样经检查及修改后，待画完零件工作图再加深描粗，应注意保持图面整洁。

思　考　题

1. 减速器装配图设计之前应确定哪些参数和结构？

2. 减速器装配图设计时，箱内传动零件距离箱体内壁为何要留有一定距离？如何确定？

3. 设计装配图时，轴的各段直径和长度如何确定？确定轴的外伸段长度时要考虑哪些问题？

4. 你的设计图中哪些是定位轴肩，哪些是非定位轴肩？轴肩的高度如何确定？给滚动轴承定位的轴肩高度有什么要求？怎样确定？

5. 试述你设计的轴上零件的定位、固定、装拆及调整方法。

6. 滚动轴承的类型如何选择？你为什么选择这种轴承？

7. 轴承在箱体轴承座中的位置如何确定？

8. 如何确定箱体剖分面连接凸缘的宽度和轴承座宽度？

9. 齿轮有哪些结构形式？锻造齿轮和铸造齿轮在结构上有什么区别？

10. 当利用箱体油池中的油润滑轴承时，润滑油可以通过哪些方式进入轴承？

11. 减速器传动零件的润滑有哪些方式？采用浸油润滑时，传动零件的浸油深度如何确定？

12. 封油盘和挡油盘的作用是什么？你用哪种？为什么？

13. 轴的支承结构基本形式有哪些？两端固定支承结构和一端固定、一端游动支承结构各有何特点？

14. 如何确定减速器箱座的高度？它与保证良好的润滑及散热有何关系？

15. 在设计箱体结构时，可采用哪些措施来提高箱体刚度？

16. 为什么箱盖、箱座的接合面上不能加垫片？

17. 减速器装配图上应标注哪些尺寸？需要写出的技术要求通常有哪些？

18. 明细栏的作用是什么？明细栏中应填写哪些内容？

第六章

锥齿轮减速器及蜗杆减速器装配图设计

第一节　锥齿轮减速器装配图设计的特点

锥齿轮减速器装配图设计的内容和步骤，与圆柱齿轮减速器大致相同。与圆柱齿轮减速器相比，锥齿轮减速器设计的特性内容主要是小锥齿轮轴系部件设计，其次还有传动零件与箱壁位置的确定以及大锥齿轮的结构设计等。因此，在设计锥齿轮-圆柱齿轮减速器时，涉及的共性问题应仔细参阅圆柱齿轮减速器设计的有关内容。

在结构视图表达方面，锥齿轮-圆柱齿轮减速器要以最能反映轴系部件特征的俯视图为主，兼顾其他视图。锥齿轮减速器有关箱体结构尺寸见表 4-1。

减速器结构设计与减速器的润滑方式有关。开始画装配图前，应按第四章第四节减速器润滑所述内容，先确定出传动零件及轴承的润滑方式。

下面以常见的锥齿轮-圆柱齿轮减速器装配图设计为例，着重介绍这类减速器设计的特性内容。

一、确定齿轮、箱体内壁和轴承座外端面位置

1. 确定传动零件中心线位置

根据计算所得锥距和中心距数值，估计所设计减速器的长、宽、高外形尺寸（参见表 5-1)，并考虑标题栏、明细栏、技术特性、技术要求以及编号、尺寸标注等所占幅面，确定出三个视图的位置，画出各视图中传动零件的中心线，其中交点 O_1 为两分度圆锥顶点的重合点（图 6-1)。

2. 按大锥齿轮确定箱体两侧内壁位置

按所确定的中心线位置，首先画出锥齿轮的轮廓尺寸，如图 6-1 所示。估取大锥齿轮轮毂长度为 $B_2=(1.1\sim1.2)b$，b 为锥齿轮齿宽。当轴径 d 确定后，必要时再对 B_2 值做调整。然后按表 5-2 推荐的 Δ_2 值，画出大锥齿轮一侧箱体的内壁线。

当大锥齿轮一侧的箱体内壁确定后，在俯视图中以小锥齿轮中心线作为箱体宽度方向的中线，便可确定箱体另一侧内壁的位置。箱体采用对称结构，可以使中间轴及低速轴调头安装，以便根据工作需要改变输出轴的位置。

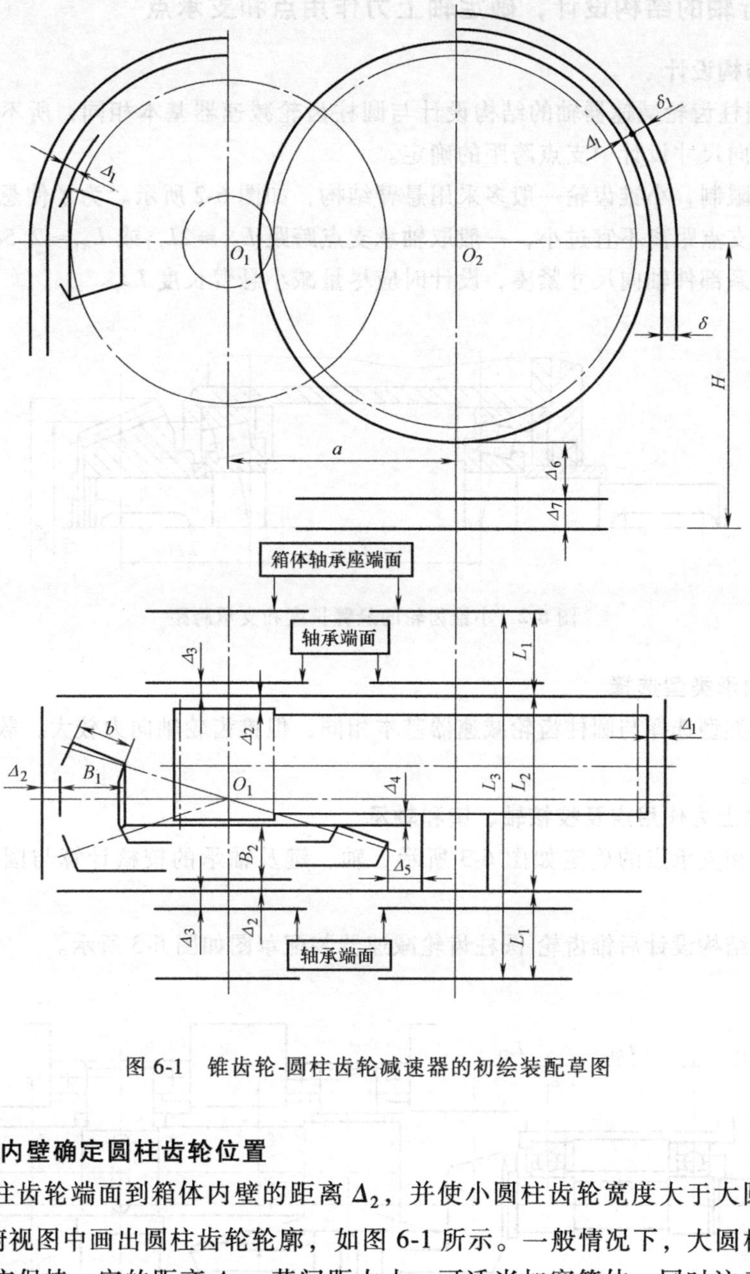

图 6-1　锥齿轮-圆柱齿轮减速器的初绘装配草图

3. 按箱体内壁确定圆柱齿轮位置

根据小圆柱齿轮端面到箱体内壁的距离 Δ_2，并使小圆柱齿轮宽度大于大圆柱齿轮宽度 5~10mm，在俯视图中画出圆柱齿轮轮廓，如图 6-1 所示。一般情况下，大圆柱齿轮端面与大锥齿轮之间应保持一定的距离 Δ_4，若间距太小，可适当加宽箱体。同时注意大锥齿轮与低速轴之间应保持一定距离 Δ_5。Δ_4、Δ_5的取值见表 5-2。

4. 按小锥齿轮确定输入端箱体内壁位置

根据小锥齿轮背锥面距箱体内壁的距离 Δ_2，画出箱体内壁的位置。小锥齿轮轴承座外端面位置暂不考虑，待设计小锥齿轮轴系部件结构时再确定。

5. 确定其余箱壁位置

根据大圆柱齿轮齿顶圆距箱体内壁的距离 Δ_1，画出大圆柱齿轮一端箱盖及箱座的箱壁位置。箱体轴承座外端面位置及轴承内端面位置，可参照表 4-1 和表 5-2 确定。

二、进行轴的结构设计，确定轴上力作用点和支承点

1. 轴的结构设计

锥齿轮-圆柱齿轮减速器轴的结构设计与圆柱齿轮减速器基本相同，所不同的主要是小锥齿轮轴的轴向尺寸设计中支点跨距的确定。

因受空间限制，小锥齿轮一般多采用悬臂结构，如图 6-2 所示。为了使悬臂轴系有较大的刚度，轴承支点距离不宜过小，一般取轴承支点跨距 $L_{B1}\approx 2L_{C1}$ 或 $L_{B1}\approx 2.5d$，d 为轴承处轴径。为使轴系部件轴向尺寸紧凑，设计时应尽量减小悬臂长度 L_{C1}。

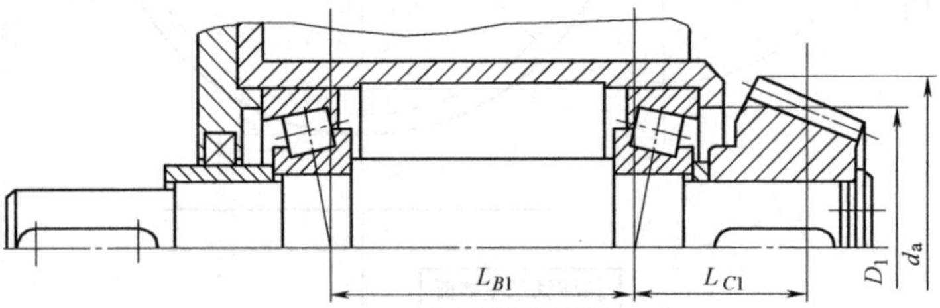

图 6-2 小锥齿轮的悬臂长度和支承跨距

2. 滚动轴承类型选择

滚动轴承类型选择与圆柱齿轮减速器基本相同，但锥齿轮轴向力较大，载荷大时多采用圆锥滚子轴承。

3. 确定轴上力作用点及校核轴、键和轴承

力作用点和支承点的确定如图 6-3 所示，轴、键及轴承的校核计算与圆柱齿轮减速器相同。

完成轴系结构设计后锥齿轮-圆柱齿轮减速器装配草图如图 6-3 所示。

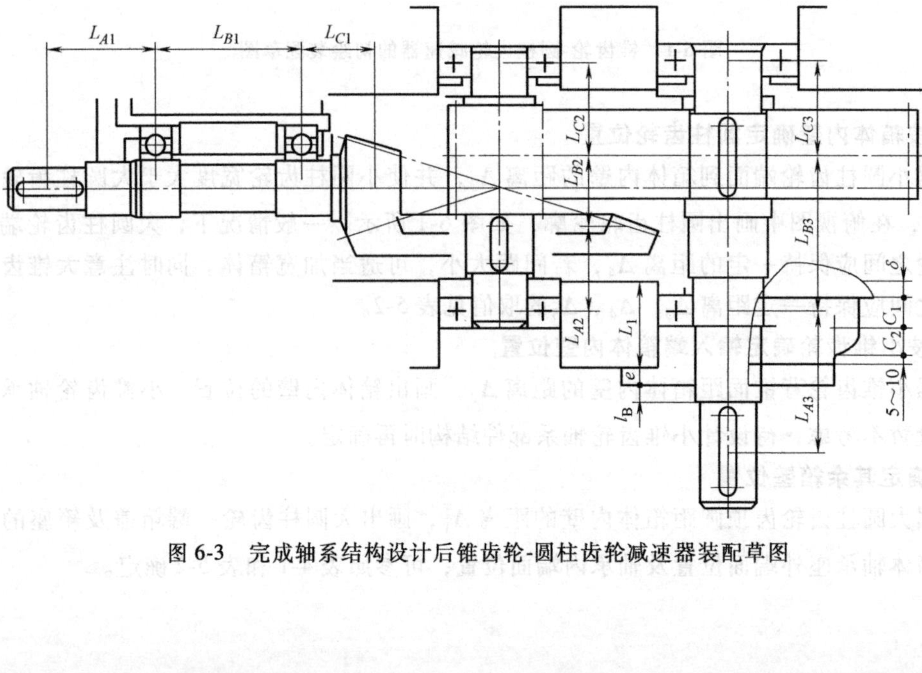

图 6-3 完成轴系结构设计后锥齿轮-圆柱齿轮减速器装配草图

三、小锥齿轮轴系部件设计

锥齿轮-圆柱齿轮减速器各轴系结构设计方法与圆柱齿轮减速器基本相同。这里仅就小锥齿轮轴系设计的一些问题介绍如下。

1. 轴的支承结构

小锥齿轮轴较短，常采用两端固定式支承结构。对于圆锥滚子轴承或角接触球轴承，轴承有两种不同的布置方案。

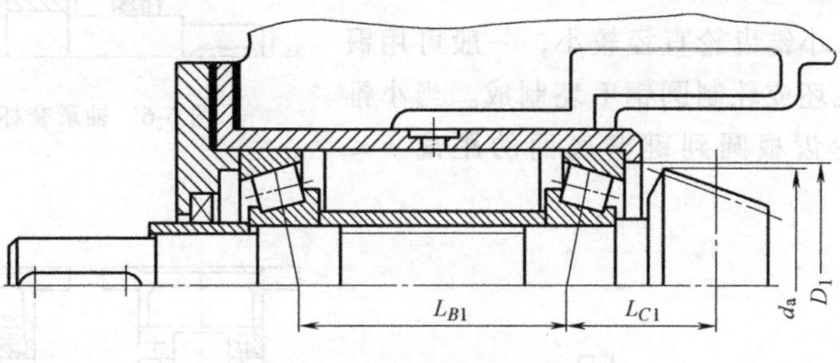

图 6-4　轴承的正装支承结构

图 6-2 和图 6-4 所示为两轴承外圈窄面相对安装，常称为正装。图 6-2 所示为齿轮与轴分开时的结构，当小锥齿轮齿顶圆直径大于套杯凸肩孔径时，采用齿轮与轴分开的结构装拆方便。图 6-4 所示为齿轮与轴制成齿轮轴时的结构，适用于小锥齿轮齿顶圆直径小于套杯凸肩孔径的场合。这两种结构便于轴承在套杯外进行安装，轴承游隙用轴承盖与套杯间的垫片来调整。

图 6-5 所示为两轴承外圈宽面相对安装，常称为反装。这种结构装拆不方便；轴承游隙靠圆螺母来调整，也比较麻烦。

轴承的正装结构和反装结构对轴系的工作情况有不同的影响。当空间尺寸相同时，采用反装结构可使轴承支点跨距 L_{B1} 增大，而齿轮的悬臂长度 L_{C1} 减小。因此反装结构能提高悬臂轴系的刚性。但反装结构将使受径向载荷大的轴承承受锥齿轮的轴向力。

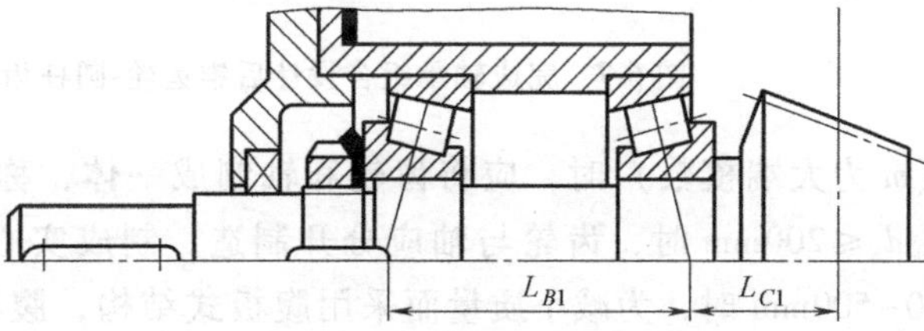

图 6-5　轴承的反装支承结构

2. 轴承套杯

为满足锥齿轮传动的啮合精度要求，装配时需要调整两个锥齿轮的轴向位置，使两轮锥顶重合。因此通常将小锥齿轮轴和轴承放在套杯内，利用套杯凸缘与箱体轴承座端面之间的垫片来调整小锥齿轮的轴向位置。同时，采用套杯结构也便于设置用来固定轴承的凸肩，并可使小锥齿轮轴系部件成为一个独立的装配单元。图 6-6 所示是将套杯与箱体的一部分制成一体，成为独立部件，可以简化箱体结构。采用这种结构时，必须注意保证刚度。取其壁厚 $\geqslant 1.5\delta$，δ 为箱体壁厚，同时增设加强肋。

套杯常用铸铁制造，其结构尺寸可参考表 4-16 确定。

3. 轴承的润滑

小锥齿轮轴的轴承采用脂润滑时，应设置封油盘。采用油润滑时，要在箱座剖分面上制出导油沟，并将套杯适当部位的直径车小和设置数个进油孔，以便将油导入套杯内润滑轴承，如图 6-4 所示。

完成轴承组合设计后锥齿轮-圆柱齿轮减速器装配草图如图 6-7 所示。

四、锥齿轮结构设计

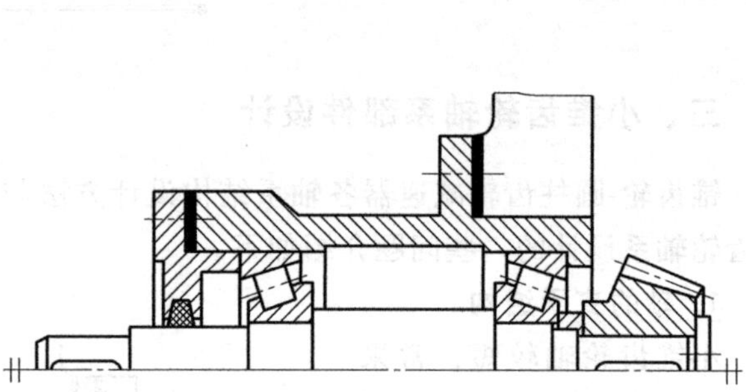

图 6-6 轴承套杯与箱体的一部分制成一体

小锥齿轮直径较小，一般可用锻造毛坯或轧制圆钢毛坯制成。当小锥齿轮齿根圆到键槽底面的距离 $x\leqslant$

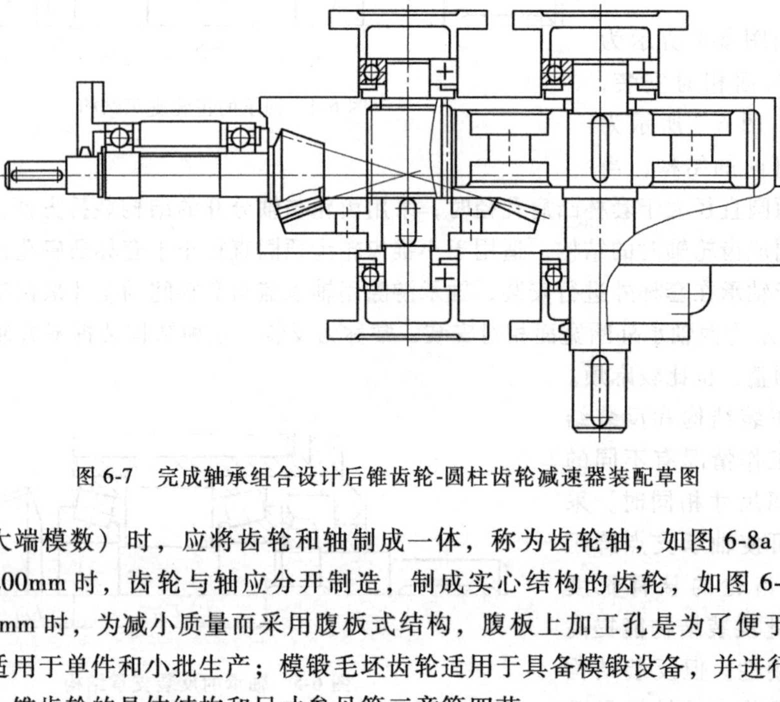

图 6-7 完成轴承组合设计后锥齿轮-圆柱齿轮减速器装配草图

1.6m（m 为大端模数）时，应将齿轮和轴制成一体，称为齿轮轴，如图 6-8a 所示。当 $x>$ 1.6m、$d_a\leqslant$200mm 时，齿轮与轴应分开制造，制成实心结构的齿轮，如图 6-8b 所示。当 d_a = 200~500mm 时，为减小质量而采用腹板式结构，腹板上加工孔是为了便于吊运。自由锻毛坯齿轮适用于单件和小批生产；模锻毛坯齿轮适用于具备模锻设备，并进行成批、大量生产的场合。锥齿轮的具体结构和尺寸参见第三章第四节。

五、箱座高度的确定

箱座高度可按与圆柱齿轮减速器相似的方法确定。在确定油面高度时，对于单级锥齿轮减速器按大锥齿轮的浸油深度（见表 4-17）；对于锥齿轮-圆柱齿轮减速器，则要综合考虑大锥齿轮和低速级大圆柱齿轮两者的浸油深度。可按大锥齿轮必要的浸油深度确定油面位置，然后检查是否符合低速级大圆柱齿轮的浸油深度要求。

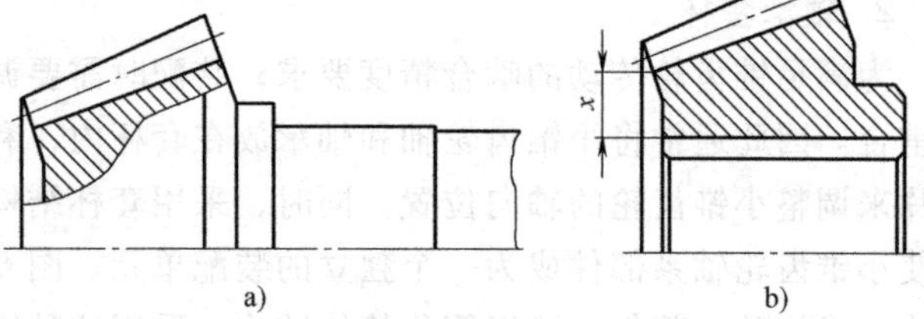

图 6-8 小锥齿轮结构

锥齿轮-圆柱齿轮减速器箱体及附件的结构设计与圆柱齿轮减速器基本相同。图 6-9 所示为完成箱体和附件设计后锥齿轮-圆柱齿轮减速器装配草图。

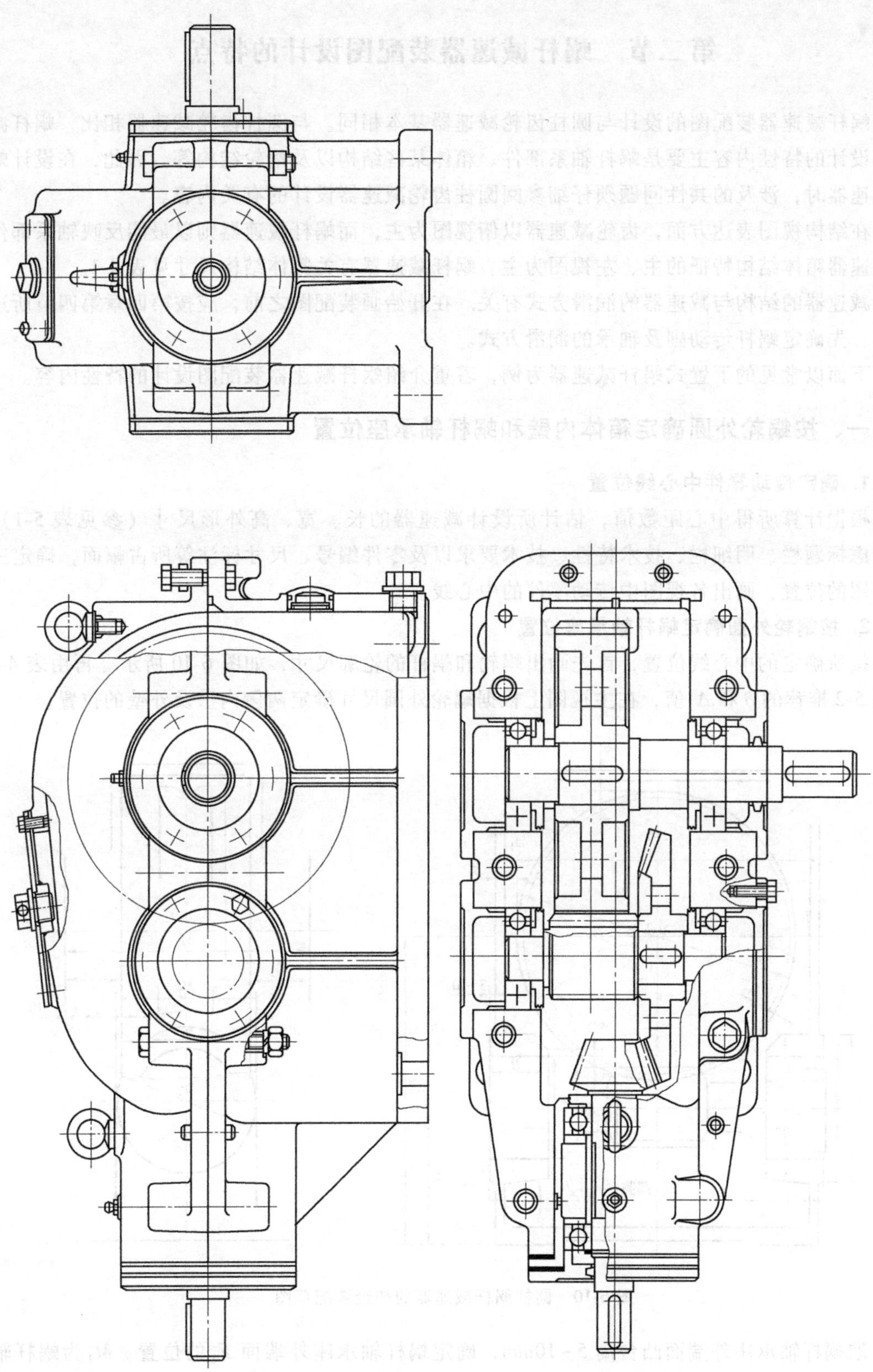

图 6-9　完成箱体和附件设计后锥齿轮-圆柱齿轮减速器装配草图

第二节　蜗杆减速器装配图设计的特点

蜗杆减速器装配图的设计与圆柱齿轮减速器基本相同。与圆柱齿轮减速器相比，蜗杆减速器设计的特性内容主要是蜗杆轴系部件、箱体某些结构以及蜗轮结构等。因此，在设计蜗杆减速器时，涉及的共性问题须仔细参阅圆柱齿轮减速器设计的有关内容。

在结构视图表达方面，齿轮减速器以俯视图为主，而蜗杆减速器则以最能反映轴系部件及减速器箱体结构特征的主、左视图为主。蜗杆减速器有关箱体结构尺寸见表 4-1。

减速器的结构与减速器的润滑方式有关。在开始画装配图之前，应按第四章第四节所述内容，先确定蜗杆传动副及轴承的润滑方式。

下面以常见的下置式蜗杆减速器为例，着重介绍蜗杆减速器装配图设计的特性内容。

一、按蜗轮外圆确定箱体内壁和蜗杆轴承座位置

1. 确定传动零件中心线位置

根据计算所得中心距数值，估计所设计减速器的长、宽、高外形尺寸（参见表 5-1），并考虑标题栏、明细栏、技术特性、技术要求以及零件编号、尺寸标注等所占幅面，确定三个视图的位置，画出各视图中传动零件的中心线。

2. 按蜗轮外圆确定蜗杆轴承座位置

按所确定的中心线位置，首先画出蜗轮和蜗杆的轮廓尺寸，如图 6-10 所示。再由表 4-1 和表 5-2 推荐的 δ 和 Δ_1 值，在主视图上根据蜗轮外圆尺寸确定两侧内壁及外壁的位置。

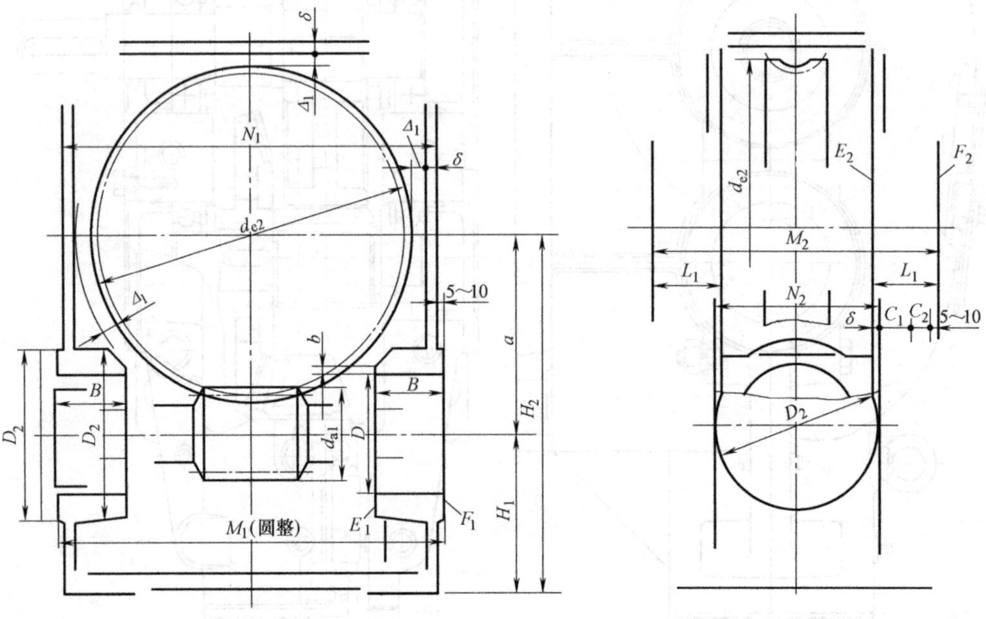

图 6-10　圆柱蜗杆减速器的初绘装配草图

取蜗杆轴承座外端面凸台高 5～10mm，确定蜗杆轴承座外端面 F_1 的位置。M_1 为蜗杆轴承座两外端面间距离。为了提高蜗杆轴的刚度，其支承距离应尽量减小，为此蜗杆轴承座需

伸到箱体内。内伸部分长度与蜗轮外径及蜗杆轴承外径或套杯外径有关，内伸轴承座的外径一般与轴承盖外径 D_2相同。为使轴承座尽量内伸，可将圆柱形轴承座上部靠近蜗轮部分铸出一个斜面（图 6-10、图 6-11），使其与蜗轮外圆间的距离为 Δ_1，再取 $b=0.2(D_2-D)$，从而确定轴承座内端面 E_1的位置。

二、按蜗杆轴承座尺寸确定箱体宽度及蜗轮轴承座位置

通常取箱体宽度等于蜗杆轴承盖外径（等于蜗杆轴承座外径），即 $N_2=D_2$，如图 6-10 中左视图所示。由箱体外表面宽度可确定内壁 E_2的位置，即蜗轮轴承座内端面位置。按表 5-2 取蜗轮轴承座宽度 L_1，可确定蜗轮轴承座外端面位置 F_2。上箱壁的位置可按 Δ_1确定。

三、进行轴的结构设计，确定轴上力的作用点和支承点

1. 轴的结构设计

蜗杆减速器轴的结构设计与圆柱齿轮减速器基本相同。

2. 滚动轴承类型选择

蜗轮轴轴承类型选择的考虑与圆柱齿轮减速器相同，这里只介绍蜗杆轴承类型的选择。蜗杆轴承支点与齿轮轴承支点受力情况不同。蜗杆轴承承受的轴向力较大，因此不宜选用深沟球轴承承受蜗杆的轴向力，一般可选用能承受较大轴向力的角接触球轴承或圆锥滚子轴承，其中角接触球轴承比相同直径系列的圆锥滚子轴承的极限转速高。当轴向力很大而且转速又不高时，可选用双向推力球轴承承受轴向力，同时选用向心轴承承受径向力。因蜗杆轴轴向力大、转速较高，一般可初选中窄（03）系列。

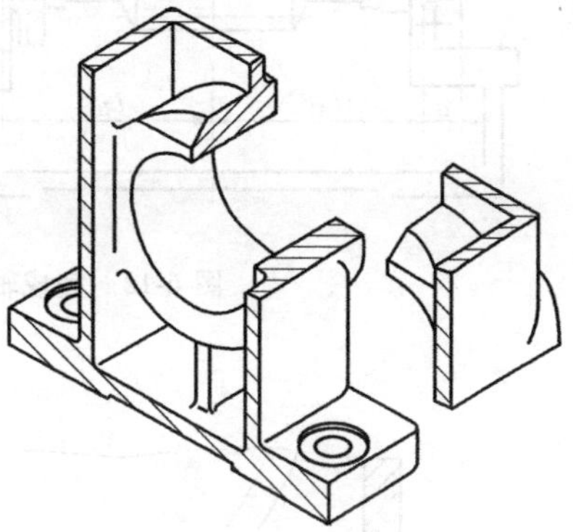

图 6-11　蜗杆轴承座

3. 确定轴上力作用点及校核轴、键和轴承

力作用点和支承点的确定如图 6-12 所示，轴、键和轴承的校核计算与圆柱齿轮减速器相同。

四、蜗杆轴系部件设计

1. 轴的支承结构

当蜗杆轴较短（支点跨距小于 300mm）且温升又不很高时，或虽然蜗杆轴较长，但间歇工作且温升较小时，常采用圆锥滚子轴承正装的两端固定式结构，如图 6-12 和图 6-13 所示。

当蜗杆轴较长且温升又较大时，热膨胀伸长量大。如果采用两端固定式结构，则轴承间隙减小甚至消失，轴承将承受很大的附加轴向力而加速破坏。这时宜采用一端固定、一端游动式的结构，如图 6-14a 所示。固定端常采用两个圆锥滚子轴承正装的支承形式，外圈用套杯凸肩和轴承盖双向固定，内圈用轴肩和圆螺母双向固定。游动端可采用深沟球轴承，内圈用轴肩和弹性挡圈双向固定，外圈在座孔中轴向游动；或者采用圆柱滚子轴承（图 6-14b），内外圈双向固定，滚子在外圈内表面做轴向游动。

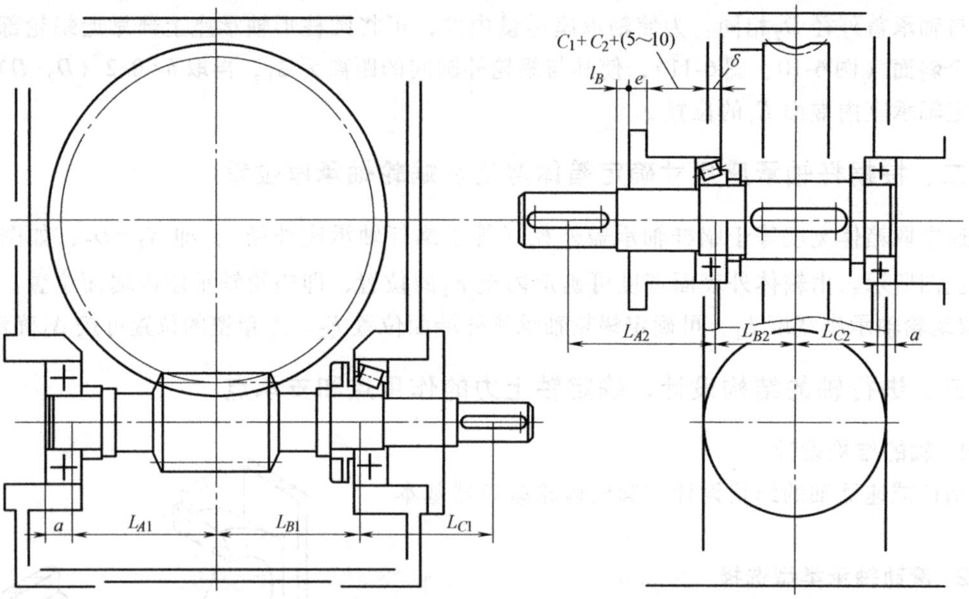

图 6-12　完成轴系设计后圆柱蜗杆减速器的装配草图

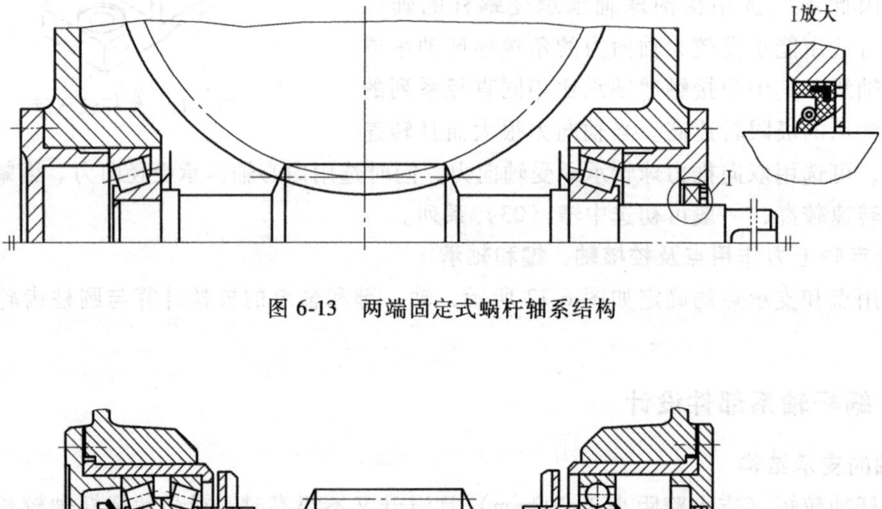

图 6-13　两端固定式蜗杆轴系结构

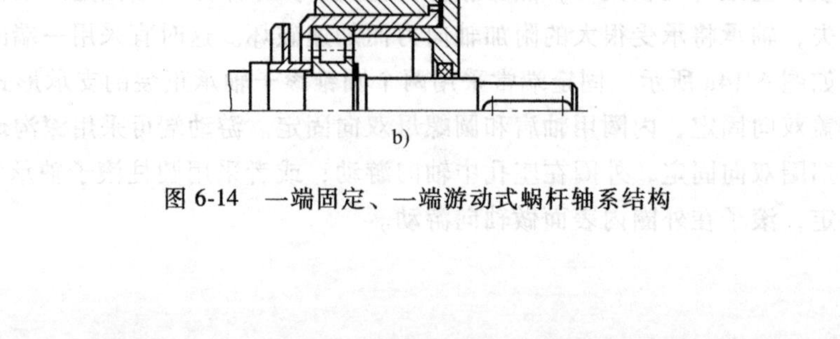

图 6-14　一端固定、一端游动式蜗杆轴系结构

当用圆螺母固定正装的圆锥滚子轴承时，如图6-15所示，在圆螺母与轴承内圈之间，必须加一个隔离环，否则圆螺母将与保持架干涉，环的外径和宽度见圆锥滚子轴承标准中的安装尺寸。

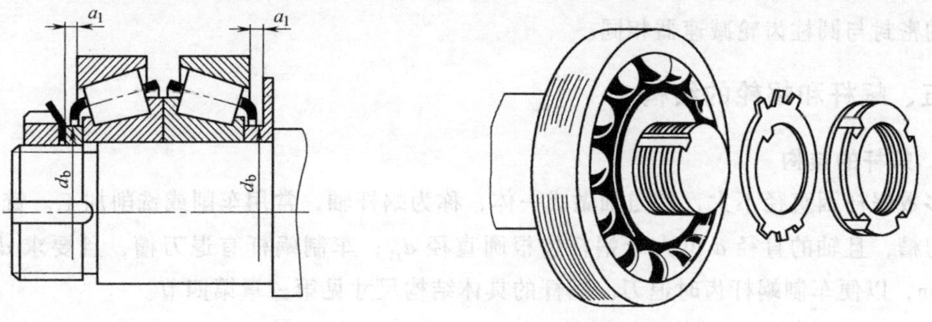

图6-15　圆螺母固定圆锥滚子轴承的结构

在设计蜗杆轴承座孔时，应使座孔直径大于蜗杆外径以便蜗杆装入。为便于加工，常使箱体两轴承座孔直径相同。

2. 轴承套杯

蜗杆轴系中的套杯，主要用于固定端轴承外圈的轴向固定，也便于使两轴承座孔直径取得一致。套杯的结构尺寸见表4-16。由于蜗杆轴的轴向位置不需要调整，因此，可以采用图6-14所示的径向结构尺寸较紧凑的小凸缘式套杯。

3. 润滑与密封

（1）润滑　下置式蜗杆及轴承一般采用浸油润滑。蜗杆的浸油深度大于或等于1个蜗杆齿高；为避免轴承搅油功率损耗过大，最高油面 $h_{0\max}$ 不能超过轴承最低滚动体的中心，如图6-16所示；最低油面 $h_{0\min}$ 应保证最下面的滚动体在工作中能少许浸油。当油面高度同时满足轴承和蜗杆浸油深度要求时，则两者均采用浸油润滑，如图6-16a所示。为防止浸入油中蜗杆螺旋齿的排油作用，迫使过量的润滑油冲入轴承，需在蜗杆轴上装挡油盘，如图6-16a所示。挡油盘与箱座孔间留有一定的间隙，既能阻挡冲来的润滑油，又能使适量的油进入轴承。

在油面高度满足轴承浸油深度的条件下，蜗杆齿尚未浸入油中（图6-16b）或浸油深度不足（图6-16c），则应在蜗杆两侧装溅油盘（图6-16b），使传动零件在飞溅润滑条件下工作。这时滚动轴承的浸油深度可适当降低，以减少轴承搅油损耗。

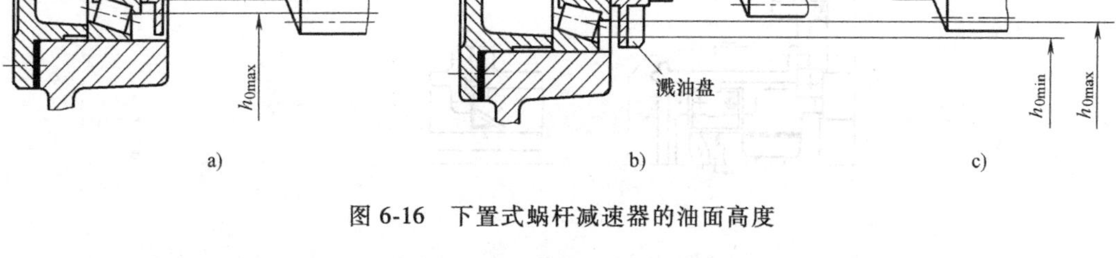

图6-16　下置式蜗杆减速器的油面高度

蜗轮轴承转速较低，一般采用脂润滑或用刮板润滑。

上置式蜗杆靠蜗轮浸油润滑（浸油深度见表 4-17），其轴承则采用脂润滑，或采用刮板润滑（见表 4-18）。

（2）密封　下置蜗杆应采用较可靠的密封形式，如采用橡胶唇形密封圈密封。蜗轮轴轴承的密封与圆柱齿轮减速器相同。

五、蜗杆和蜗轮的结构

1. 蜗杆的结构

多数蜗杆因直径不大，常与轴做成一体，称为蜗杆轴，常用车削或铣削加工。铣制蜗杆无退刀槽，且轴的直径 d 可大于蜗杆齿根圆直径 d_{f1}；车制蜗杆有退刀槽，且要求 $d_{f1}-d\geq$ 2~4mm，以便车制蜗杆齿时退刀。蜗杆的具体结构尺寸见第三章第四节。

2. 蜗轮的结构

蜗轮结构分整体式和装配式两种。为节约有色金属，除铸铁蜗轮或直径<100mm 的青铜蜗轮外，大多数蜗轮采用装配式结构，其轮缘用青铜等材料制造，轮芯用铸铁制造。蜗轮的具体结构尺寸见第三章第四节。

图 6-17 所示为完成轴承组合设计后圆柱蜗杆减速器装配草图。

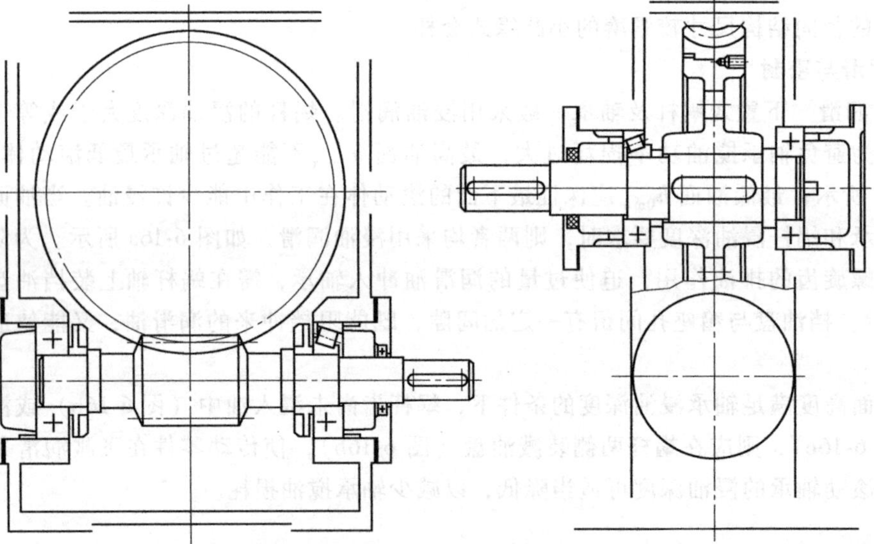

图 6-17　完成轴承组合设计后圆柱蜗杆减速器装配草图

六、箱体高度

蜗杆减速器工作时发热量较大，为了保证散热，对于下置式蜗杆减速器，常取蜗轮轴中心高 $H_2 \approx (1.8 \sim 2)a$，$a$ 为蜗杆传动中心距。此时蜗杆轴中心高 H_1 还需满足传动件润滑要求，中心高 H_1、H_2 均需要圆整。

七、整体式箱体

剖分式蜗杆减速器箱体结构设计，除前面所述蜗杆、蜗轮轴承座确定方法之外，其他结构与齿轮减速器设计相似，其附件结构设计也与圆柱齿轮减速器相似。

整体式箱体结构简单，重量轻，外形也较整齐，但轴系的装拆及调整不如剖分式箱体方便，常用于小型蜗杆减速器。整体式箱体一般在其两侧设置两个大端盖孔（图 6-18），该孔径要稍大于蜗轮外圆的直径，以便于蜗轮轴系的装入。为保证传动啮合的质量，大端盖与箱体间的配合采用 H7/js6 或 H7/g6。为保证蜗轮轴承座的刚度，大端盖内侧可设加强肋。

设计时应使箱体顶部内壁与蜗轮外圆之间留有适当的间距 S（$S>2m+\dfrac{D_{e2}-d_{a2}}{2}$，$m$ 为模数），以使蜗轮能跨过蜗杆进行装拆。

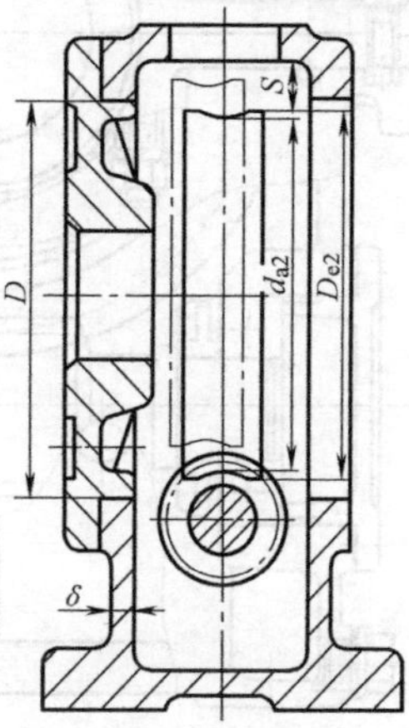

图 6-18　整体式蜗杆减速器箱体结构

八、蜗杆减速器的散热

当箱体长、宽、高尺寸确定后，对于连续工作的蜗杆减速器，应进行热平衡计算。如散热能力不足，需采取增强散热的措施。通常可适当增大箱体尺寸（增加中心高）和在箱体上增设散热片。如仍不能满足要求，还可考虑采取在蜗杆轴端设置风扇、在油池中增设冷却水管等强迫冷却措施。散热片一般垂直于箱体外壁布置。当蜗杆轴端安装风扇时，应注意使散热片布置与风扇气流方向一致。散热片的结构尺寸如图 6-19 所示。

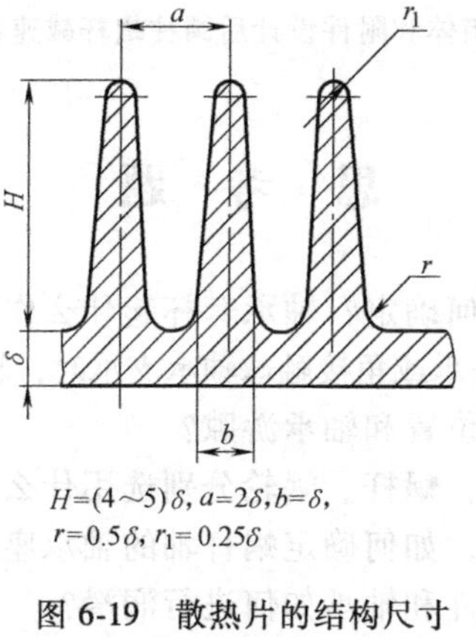

$H=(4\sim5)\delta$, $a=2\delta$, $b=\delta$,
$r=0.5\delta$, $r_1=0.25\delta$

图 6-19　散热片的结构尺寸

图 6-20 所示为完成箱体和附件设计后圆柱蜗杆减速器的装配草图。

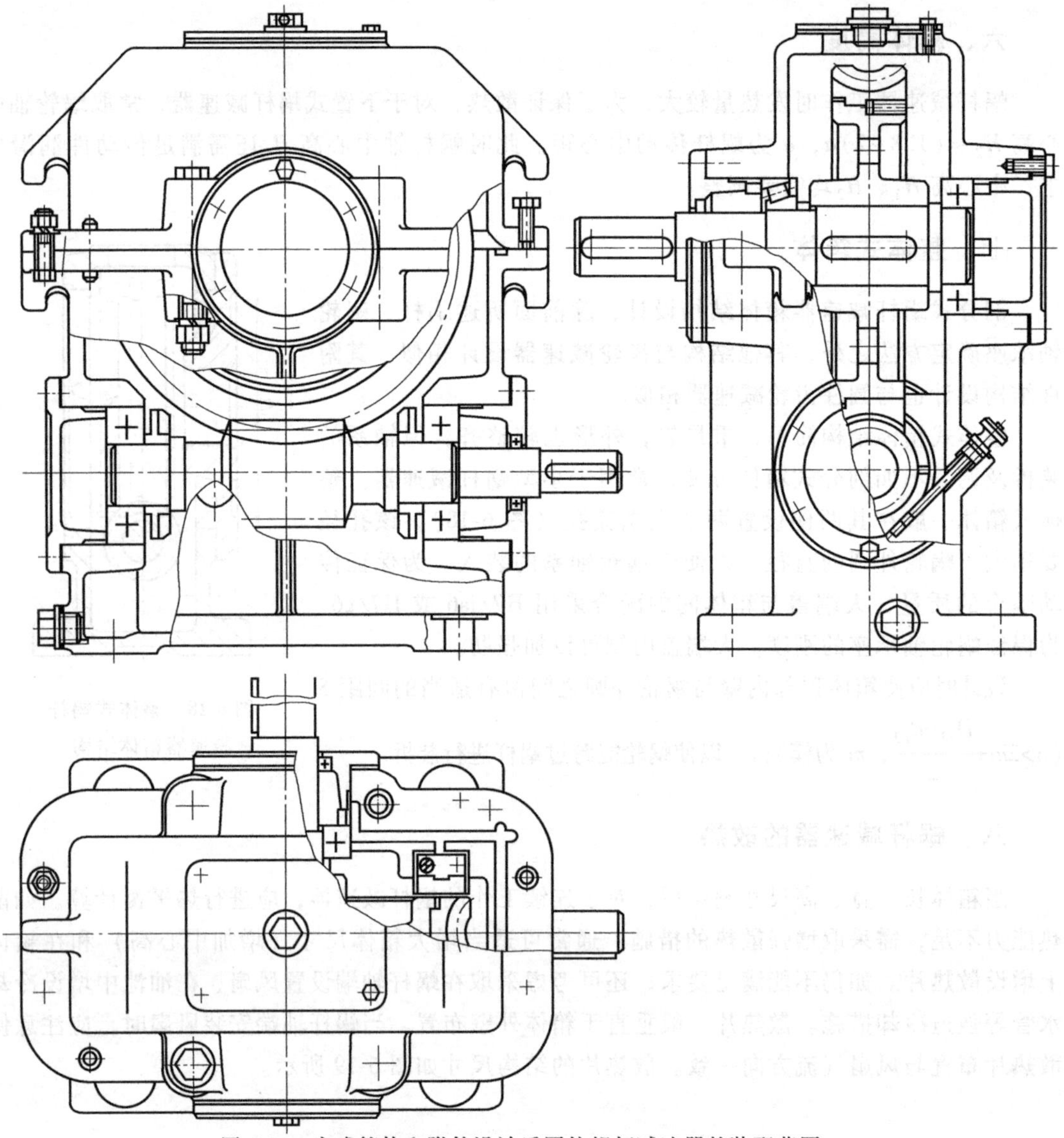

图 6-20　完成箱体和附件设计后圆柱蜗杆减速器的装配草图

思　考　题

1. 小锥齿轮轴的支承跨距如何确定？轴承套杯起什么作用？
2. 小锥齿轮轴采用圆锥滚子轴承或角接触球轴承支承时，轴承正装和反装结构有何区别？
3. 如何调节小锥齿轮轴系的位置和轴承游隙？
4. 你所设计的蜗杆减速器中，蜗杆、蜗轮分别选用什么材料？采用什么结构？
5. 蜗杆减速器装配图设计时，如何确定蜗杆轴的轴承座位置和蜗轮轴的轴承座位置？
6. 下置式蜗杆减速器传动零件和轴承如何进行润滑？
7. 整体式蜗杆减速器箱体有何特点？设计时应注意哪些问题？
8. 蜗杆减速器箱体需要加设散热片时，如何合理布置散热片？

第七章

减速器零件工作图设计

零件工作图（简称零件图）是零件制造、检验和制订工艺规程的基本技术文件，它既要反映出设计意图，又要考虑制造的可能性和合理性。正确设计零件图，可以起到减少废品、降低生产成本、提高生产效率和机械使用性能的作用。因此，一张完整的零件图应包括制造和检验零件所需要的全部内容，如零件的结构图形、尺寸及其偏差、几何公差和表面粗糙度，对材料和热处理的说明及其他技术要求等。零件图表达的结构和尺寸应与装配图一致，如必须更改，应对装配图做相应修改。

对零件工作图的具体要求如下：

1）零件图应单独绘制在一个标准图幅中，视图布局合理，并尽量采用 1∶1 的比例。选择恰当的视图把零件各部分结构形状及尺寸表达清楚，对细小结构可用局部放大图表示。

2）尺寸标注及尺寸偏差标注应符合相关标准的规定，不要重复或漏标尺寸。标注尺寸应选好基准面，大部分尺寸应集中标注在最能反映零件特征的视图上。对所有倒角、圆角都应标注或在技术要求中说明。

3）零件图上要标注必要的几何公差，其具体数值及标注方法见国家标准的规定。

4）零件的所有表面都要标注表面粗糙度，如果许多表面具有相同的粗糙度参数值要求，则可集中标注在图样的右下角。表面粗糙度的选择可参看有关手册，在不影响正常工作的条件下，尽量选择较低的等级，以利于加工和降低加工费用，标注方法见国家标准的规定。

5）在零件图上提出必要的技术要求，例如热处理方法及硬度等。

6）对于齿轮、蜗轮和蜗杆等传动零件，还应列出其主要几何参数、精度等级和检验项目及其偏差等。

7）在图样右下角应画出标题栏，并填写清楚。标题栏的格式与尺寸参见图 7-1。

图 7-1　零件图的标题栏

下面分别介绍轴类、齿轮类和减速器箱体等零件工作图的设计内容。

第一节　轴类零件工作图

一、视图的安排

轴类零件工作图一般只需画出一个主视图，视图按轴线水平位置布置，在键槽和孔处加画辅助的断面图。对于轴上不易表达清楚的结构，如螺纹退刀槽、砂轮越程槽、中心孔等，必要时画出局部放大图。

二、尺寸的标注

轴类零件的几何尺寸主要有各轴段的径向尺寸和轴向尺寸，键槽尺寸和位置，其他细部结构尺寸（如退刀槽、砂轮越程槽、倒角、圆角）等。

标注径向尺寸时，可直接标注在相应各段的直径处，必要时可标注在引出线上。凡有配合要求处的轴径，都应标出尺寸及极限偏差值。极限偏差值按装配图中选定的配合性质从公差配合表中查取。同一尺寸的各段直径应分别标出，不得省略。

标注轴向尺寸时，应根据设计及工艺要求选好尺寸基准，采用合理的标注形式，尽可能使标注的尺寸反映加工工艺及测量要求，不允许出现封闭的尺寸链。轴向尺寸精度要求较高的轴段应直接标注，取加工误差不影响装配要求的轴段作为封闭环，其长度尺寸不标注。在普通减速器设计中，轴的轴向尺寸按自由公差处理，一般不必标注尺寸公差。

键槽除了要标注长度尺寸以外，还要标注轴向位置尺寸。键槽的剖面尺寸及公差按GB/T 1095—2003《平键　键槽的剖面尺寸》的规定标注。对所有倒角、圆角、槽等，都应标注或在技术要求中说明。

图 7-2 所示为一轴类零件图的尺寸标注示例，其主要加工过程见表 7-1。基准面①是齿轮与轴的定位面，为主要基准面，轴段长度 59mm、108mm、10mm 都以基准面①作为基准标注。ϕ45mm 轴段长度 59mm 与保证齿轮轴向定位的可靠性有关，ϕ50mm 轴段的长度 10mm 与

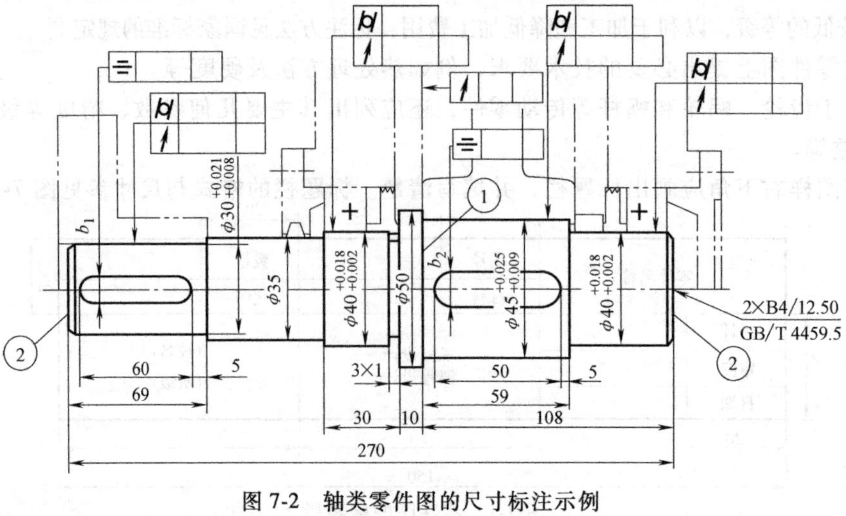

图 7-2　轴类零件图的尺寸标注示例

控制轴承安装位置有关，基准面②作为辅助基准面，ϕ30mm 轴段长度 69mm 为联轴器安装要求所确定。ϕ35mm 轴段长度的加工误差不影响装配精度，因而取为封闭环，加工误差可积累在该轴段上，以保证主要尺寸的加工精度。

表 7-1 轴类零件的主要工序示例

序号	工序名称	工序草图	加工尺寸/mm	
			轴向	径向
1	下料、车外圆、车端面、钻中心孔	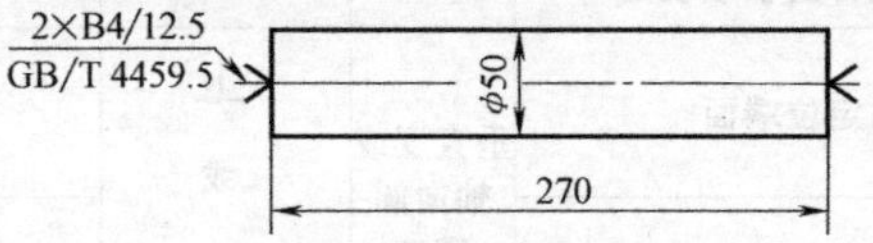	270	ϕ50
2	中心孔定位夹住一头，车 ϕ45mm	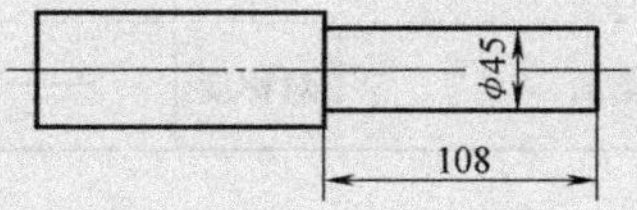	108	ϕ45
3	车 ϕ40mm	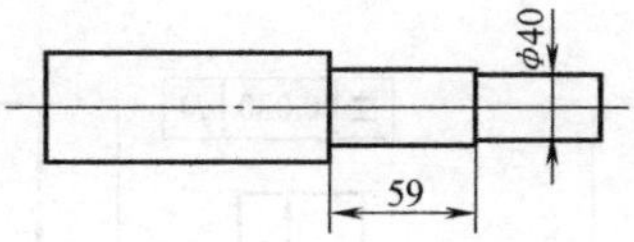	59	ϕ40
4	调头，车 ϕ40mm	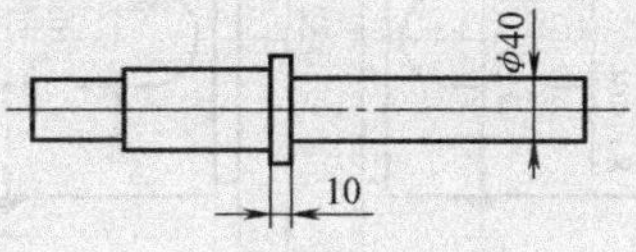	10	ϕ40
5	车 ϕ35mm	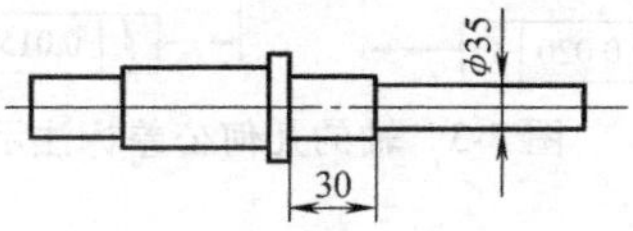	30	ϕ35
6	车 ϕ30mm	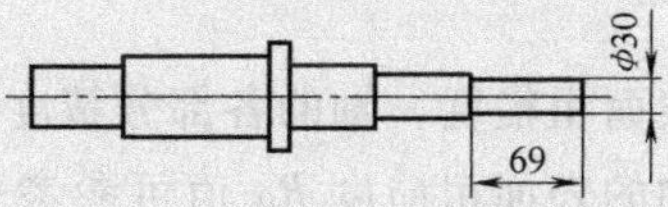	69	ϕ30
7	铣键槽 b_1、b_2	按零件图尺寸要求	$L_{b1}=60$ $L_{b2}=50$	$h_1=4.0$ $h_2=5.5$
8	磨 ϕ40mm 两处	按零件图尺寸要求	≥28	ϕ40
9	修整	按图样及技术要求	—	—

三、几何公差的标注

轴类零件图上应标出必要的几何公差，以保证加工精度和装配质量。表 7-2 列出了在轴上应标注的几何公差项目，供设计时参考。

表 7-2 轴的几何公差推荐项目

<table>
<tr><th>公差类别</th><th colspan="2">标注项目</th><th>符号</th><th>精度等级</th><th>对工作性能的影响</th></tr>
<tr><td rowspan="2">形状公差</td><td>与传动零件相配合的圆柱表面</td><td rowspan="2">圆柱度</td><td rowspan="2">⌭</td><td>7~8</td><td rowspan="2">影响传动零件及滚动轴承与轴配合的松紧，对中性及几何回转精度</td></tr>
<tr><td>与滚动轴承相配合的轴颈表面</td><td>6</td></tr>
<tr><td rowspan="5">方向公差、位置公差、跳动公差</td><td>与传动零件相配合的圆柱表面</td><td rowspan="2">径向圆跳动</td><td rowspan="2">↗</td><td>6~8</td><td rowspan="2">影响传动零件及滚动轴承的回转同心度</td></tr>
<tr><td>与滚动轴承相配合的轴颈表面</td><td>5~6</td></tr>
<tr><td>滚动轴承的定位端面</td><td rowspan="2">垂直度或轴向圆跳动</td><td rowspan="2">⊥
或
↗</td><td>6</td><td rowspan="2">影响传动零件及轴承的定位及受载均匀性</td></tr>
<tr><td>齿轮和联轴器等零件的定位端面</td><td>6~8</td></tr>
<tr><td>平键键槽两侧面</td><td>对称度</td><td>⌯</td><td>7~9</td><td>影响键的受载均匀性及装拆难易程度</td></tr>
</table>

轴的几何公差标注方法及公差值可参考设计手册，标注示例如图 7-3 所示。

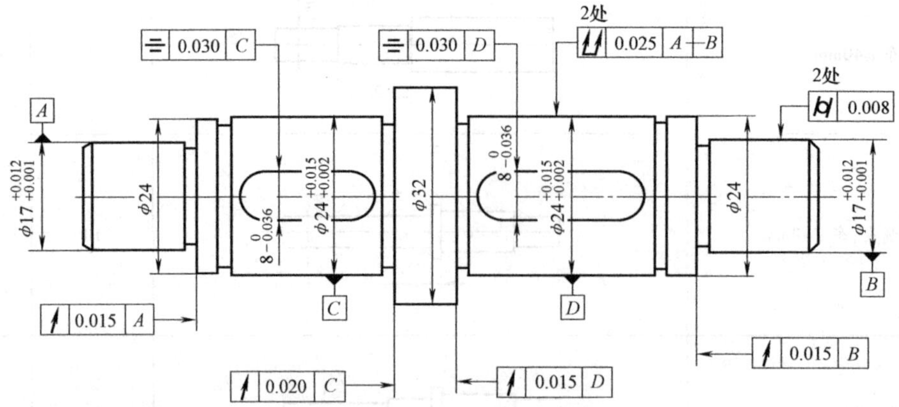

图 7-3 轴的几何公差标注示例

四、表面粗糙度的标注

轴的所有表面都应注明表面粗糙度，轴的各部分精度要求不同，加工方法则不同，故其表面粗糙度也不应该相同。轴的表面粗糙度 *Ra* 值可参考表 7-3 选择。在满足设计要求的前提下，应取较大值。

表 7-3 轴的表面粗糙度 *Ra* 推荐值

<table>
<tr><th>加工表面</th><th colspan="4">Ra/μm</th></tr>
<tr><td>与传动零件、联轴器配合的表面</td><td colspan="4">3.2~0.8</td></tr>
<tr><td>传动零件及联轴器的定位端面</td><td colspan="4">6.3~1.6</td></tr>
<tr><td>与普通精度滚动轴承配合的表面</td><td colspan="2">1.0(轴承内径≤80mm)</td><td colspan="2">1.6(轴承内径>80mm)</td></tr>
<tr><td>普通精度滚动轴承的定位端面</td><td colspan="2">2.0(轴承内径≤80mm)</td><td colspan="2">2.5(轴承内径>80mm)</td></tr>
<tr><td>平键键槽</td><td colspan="2">3.2(键槽侧面)</td><td colspan="2">6.3(键槽底面)</td></tr>
<tr><td rowspan="4">密封处表面</td><td>毡圈</td><td colspan="2">橡胶密封圈</td><td rowspan="2">迷宫式</td></tr>
<tr><td colspan="3">密封处圆周速度/(m/s)</td></tr>
<tr><td>≤3</td><td>>3~5</td><td>>5~10</td><td rowspan="2">3.2~1.6</td></tr>
<tr><td>1.6~0.8</td><td>0.8~0.4</td><td>0.4~0.2</td></tr>
</table>

五、技术要求

轴类零件图上提出的技术要求一般有以下几项内容：

1）对材料的力学性能和化学成分的要求，允许的代用材料等。

2）材料的热处理方法、热处理后的硬度、渗碳层深度等要求。

3）对图上未注明倒角和圆角的说明。

4）对未注公差尺寸的公差等级要求。

5）其他必要的说明，例如是否要保留中心孔，若要保留中心孔，应在零件图上画出或按国家标准加以说明。

轴的零件工作图示例见第十章。

第二节　齿轮类零件工作图

齿轮类零件包括齿轮、蜗轮和蜗杆。此类零件工作图除了对轴类零件图的上述要求外，还应有供加工和检验用的啮合特性表。

一、视图的安排

齿轮类零件一般用两个视图表示，轴线水平布置。主视图通常采用通过齿轮轴线的全剖或局部剖视图表达孔、轮毂、轮辐和轮缘的结构。左视图可以全部画出，也可采用局部视图表达毂孔、键槽的形状和尺寸。若齿轮是轮辐结构，则应详细画出左视图，并附加必要的局部视图，如轮辐的横断面图。

对于组装的蜗轮，应分别画出齿圈、轮芯的零件工作图及蜗轮的组装图，也可以只画出组装图。

齿轮轴、蜗杆轴可按轴类零件工作图绘制方法绘出。

二、尺寸、公差和表面粗糙度的标注

齿轮类零件的各径向尺寸以齿轮轴线为基准标注，齿宽方向的尺寸以端面为基准标注。标注尺寸时要注意：齿轮的分度圆虽然不能直接测量，但它是设计的基本尺寸，必须在图上标注。齿根圆是按齿轮参数切齿后形成的，按规定在图上不标注。另外，还应标注键槽尺寸。

锥齿轮的锥角和锥距是保证啮合的重要参数，必须精确标注。标注时，对锥角应精确到秒，对锥距应精确到 0.01mm。同时还应标注基准面到锥顶的距离。

轴孔是加工、测量和装配的重要基准，尺寸精度要求高，要标出尺寸偏差。圆柱齿轮常以齿顶圆作为齿面加工时定位找正的工艺基准或作为检验齿厚的测量基准，应标注齿轮齿顶圆尺寸公差和几何公差。齿轮的几何公差推荐项目可参考表 7-4。

表 7-4　齿轮的几何公差推荐项目

内容	项目	符号	精度等级	对工作性能的影响
形状公差	与轴配合的孔的圆柱度	⌭	7~8	影响传动零件与轴配合的松紧及对中性

（续）

内容	项目	符号	精度等级	对工作性能的影响
跳动公差、位置公差	圆柱齿轮以顶圆为工艺基准时，齿顶圆的径向圆跳动	↗	按齿轮、蜗杆、蜗轮和锥齿轮的精度等级确定	影响齿厚的测量精度，并在切齿时产生相应的齿圈径向跳动误差，使零件加工中心位置与设计位置不一致，引起分齿不均，同时会引起齿向误差
	锥齿轮顶锥的径向圆跳动			
	蜗轮齿顶圆的径向圆跳动			
	蜗杆齿顶圆的径向圆跳动			
	基准端面对轴线的轴向圆跳动			影响齿面载荷分布及齿轮副间隙的均匀性
	键槽对孔轴线的对称度	⌯	8~9	影响键与键槽受载的均匀性及其装拆时的松紧

在齿轮类零件工作图上还应标注各加工表面的表面粗糙度，标注时可参考表 7-5。

表 7-5 齿轮（蜗轮）加工表面粗糙度 *Ra* 推荐值 （单位：μm）

加工表面		精度等级			
		6	7	8	9
轮齿工作面		<0.8	1.6~0.8	3.2~1.6	6.3~3.2
齿顶圆	是测量基面	1.6	1.6~0.8	3.2~1.6	6.3~3.2
	非测量基面	3.2	6.3~3.2	6.3	12.5~6.3
轮圈与轮心配合面		1.6~0.8		3.2~1.6	6.3~3.2
轴孔配合面		3.2~0.8		3.2~1.6	6.3~3.2
与轴肩配合的端面		3.2~0.8		3.2~1.6	6.3~3.2
其他加工面		6.3~1.6		6.3~3.2	12.5~6.3

注：原则上尺寸数值较大时选取大一些的 *Ra* 数值。

三、啮合特性表

在齿轮零件工作图右上角应编有啮合特性表，其位置和尺寸如图 7-4 所示。啮合特性表的内容由两部分组成：一部分是齿轮的基本参数和精度等级；另一部分是齿轮和传动检验项目及其偏差值或公差值。检验项目可以根据需要增减，按功能要求从标准中选取。精度等级、检验项目及具体数值见第十九章，啮合特性表的格式见第十章图 10-11。

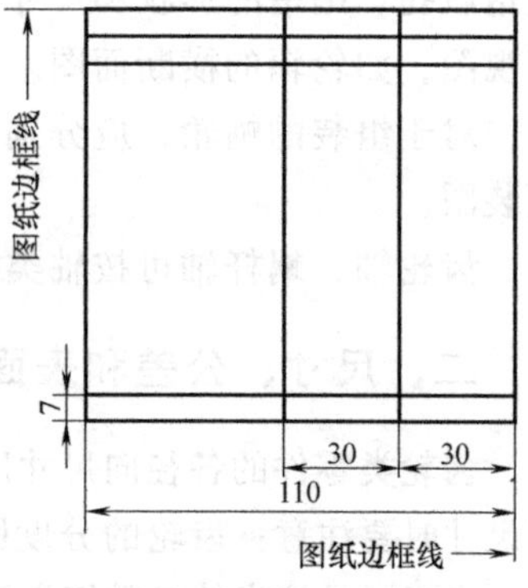

图 7-4 啮合特性表的位置和尺寸

四、技术要求

技术要求的内容主要包括对材料、热处理、加工、齿轮毛坯等方面的要求，具体如下：

1）对铸件、锻件及其他类型毛坯件的要求，如铸件不允许有缺陷，锻件毛坯不允许有氧化皮及毛刺等。

2）对材料力学性能和化学成分的要求及允许代用的材料。

3）对热处理方法，热处理后的硬度，渗碳深度及淬火深度的要求等。

4）未注明的圆角半径、倒角的说明及铸造或锻造斜度要求等。

5）对未注公差尺寸的公差等级要求。

6）对大型齿轮或高速齿轮的平衡试验要求。

齿轮的零件工作图示例见第十章。

第三节　箱体零件工作图

一、视图的安排

箱体（箱盖和箱座）零件的结构比较复杂，一般需要三个视图来表示。为了把它的内部和外部结构表达清楚，还需增加一些局部视图、局部剖视图和局部放大图等。主视图的选择可与箱体实际放置位置一致。

二、尺寸的标注

箱体零件的尺寸标注远比轴类零件和齿轮类零件复杂，形状多样，尺寸繁多。标注尺寸时，既要考虑铸造、加工及测量的要求，又要清晰正确、多而不乱。为此，需要注意以下几点：

1）箱体尺寸可分为形状尺寸和定位尺寸。形状尺寸是箱体各部分形状大小的尺寸，如箱体的长、宽、高及壁厚，各种孔径及其深度，槽的宽度和深度，加强肋的厚度和高度等。这类尺寸应直接标出，而不应含有任何的运算。

箱体的定位尺寸是确定箱体各部位相对于基准的位置尺寸，如各部位曲线的中心、孔的中心线位置及其他有关部位的平面与基准的距离。定位尺寸都应从基准（或辅助基准）直接标注。这类尺寸最易遗漏，应特别注意。

2）要选好基准。最好采用加工基准作为标注尺寸的基准，以便于加工和测量。如箱座或箱盖高度方向的尺寸最好以剖分面（加工基准面）为基准标注；箱体宽度方向的尺寸可以采用宽度的对称中心线为基准标注，如图 7-5 所示。对箱体长度方向的尺寸可取轴承孔中心线为主要基准进行标注，如图 7-6 所示。

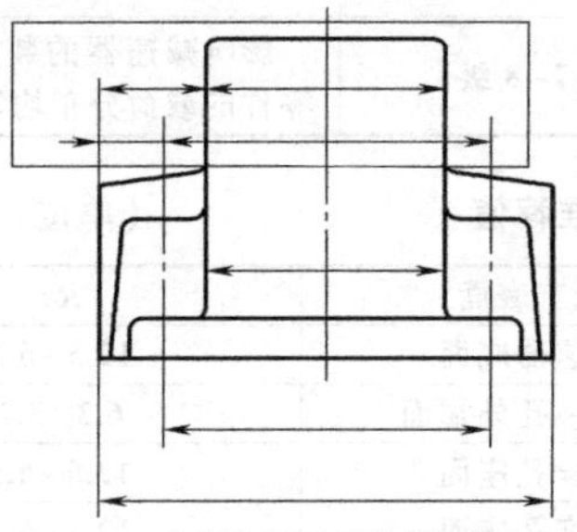

方框内为不正确的标注

图 7-5　箱体宽度尺寸的标注

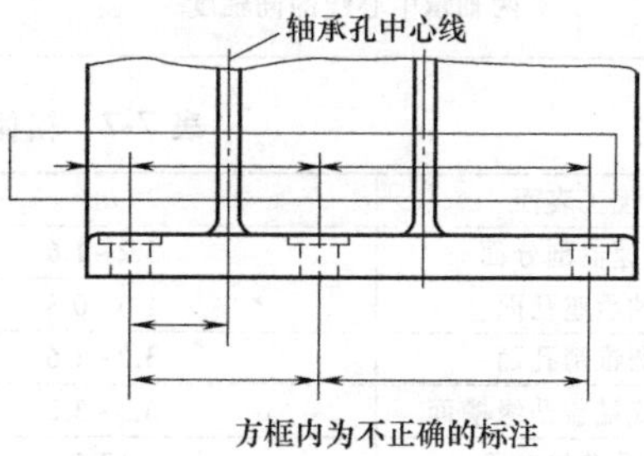

方框内为不正确的标注

图 7-6　箱体长度尺寸的标注

3）对于影响机器工作性能的尺寸应直接标出，以保证加工的准确性。如箱体孔的中心距及其偏差按齿轮中心距极限偏差$\pm f_a$注出。

4）标注尺寸要考虑铸造工艺特点。箱体一般为铸件，因此标注尺寸要便于木模制作。木模常由许多基本形体拼接而成，在基本形体的定位尺寸标出后，其形状尺寸则以自己的基准标注，如图 7-7 所示窥视孔的尺寸标注。其他油标孔、放油孔等与此类似。

5）各配合段的配合尺寸均应标注出尺寸偏差。

6）所有圆角、倒角和起模斜度等都必须标注或在技术要求中说明。

7）在标注尺寸时应避免遗漏和重复，不能出现封闭尺寸链。

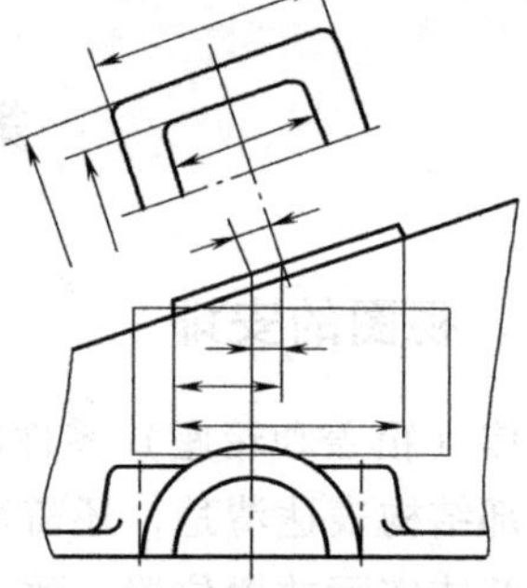

方框内为不正确的标注

图 7-7 窥视孔的尺寸标注

三、几何公差和表面粗糙度的标注

箱体的几何公差推荐项目可参照表 7-6 选择标注。箱体主要加工表面的表面粗糙度 *Ra* 值可参照表 7-7 标注。

表 7-6 箱体的几何公差推荐项目

内容	项目	符号	精度等级	对工作性能的影响
形状公差	轴承座孔圆柱度	⌭	P0 级轴承选 6~7 级	影响箱体与轴承的配合性及对中性
	箱体剖分面的平面度	▱	7~8 级	
方向公差、位置公差	轴承座孔的中心线对其端面的垂直度	⊥	P0 级轴承选 7 级	影响轴承固定及轴向受载的均匀性
	轴承座孔中心线对箱体剖分面的垂直平面上的位置度	⌖	公差值≤0.3mm	影响镗孔精度和轴系装配。影响传动件的传动平稳性及载荷分布的均匀性
	轴承座孔中心线相互间的平行度	//	以轴承支点跨距代替齿轮宽度，根据轴线平行度公差及齿向公差值查出	影响传动件的传动平稳性及载荷分布的均匀性
	锥齿轮减速器及蜗杆减速器的轴承孔中心线相互间的垂直度	⊥	根据齿轮和蜗轮精度确定	
	两轴承中心线的同轴度	◎	7~8 级	影响减速器的装配及传动零件的载荷分布均匀性

表 7-7 箱体的表面粗糙度 *Ra* 推荐值 （单位：μm）

加工表面	*Ra*	加工表面	*Ra*
减速器剖分面	3.2~1.6	减速器底面	12.5~6.3
轴承座孔面	1.6~0.8	轴承座孔外端面	6.3~3.2
圆锥销孔面	3.2~1.6	螺栓孔座面	12.5~6.3
嵌入式端盖凸缘槽面	6.3~3.2	油塞孔座面	12.5~6.3
视孔盖接触面	12.5	其他表面	>12.5

四、技术要求

箱体零件图的技术要求一般包括以下内容：

1）对铸件质量的要求，如不允许有缩孔、砂眼和渗漏现象等。

2）铸造后应清砂，进行时效处理。

3）箱体内表面需用煤油清洗，并涂防锈漆。

4）未注明的倒角、圆角和铸造斜度的说明。

5）组装后分箱面处不许有渗漏现象，必要时可涂密封胶等说明。

6）剖分面定位销孔应在箱盖与箱座用螺栓连接后配钻、配铰。

7）箱盖与箱座的轴承孔应在螺栓连接并装入定位销后镗孔。

8）其他必要的说明，如轴承座孔中心线的平行度或垂直度在图中未标注时，可在技术要求中说明。

箱体的零件工作图示例见第十章。

第四节　零件工作图的一些常见错误

在设计和绘制减速器零件图时，要认真参考有关图例以及机械制图和机械设计等课程相关的教材，减少图中的错误。下面通过几个图例来说明零件工作图中的一些常见错误。

1）在图 7-8a 中，轴伸与联轴器配合，查表可知：轴伸直径尺寸中没有 ϕ46mm，可改正为 ϕ45mm；轴伸长度尺寸中没有 80mm，可改正为 82mm。查表可知键槽尺寸长度系列中没有 72mm，可改正为 70mm。定位轴肩处的圆角半径为 $R1.6$mm，定位轴肩高度一般取为（2~3）R，直径尺寸 ϕ50mm 偏小，可适当增大。此轴段的基准为轴心线，因此基准符号应当对准直径尺寸线。径向圆跳动公差和圆柱度公差都是表面几何公差，指引线箭头不能对准直径尺寸线。与联轴器配合的轴段对圆柱度公差和轴向圆跳动公差要求不高，故可略去这两项几何公差。改正后如图 7-8b 所示。

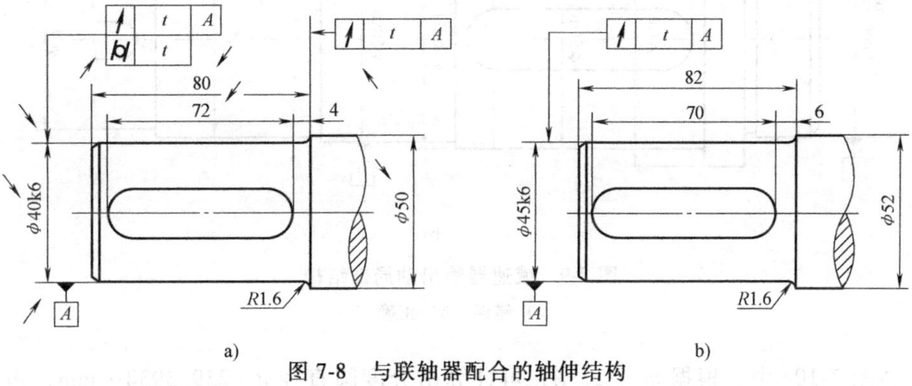

图 7-8　与联轴器配合的轴伸结构

a）错误　b）正确

2）在图 7-9a 中，唇形油封与轴为接触密封，查表可知：轴径尺寸系列中没有 ϕ44mm，可改正为 ϕ45mm；与齿轮配合的直径尺寸 ϕ55mm 不合适，因为在设计机械零件时，有配合要求的尺寸都比较重要，应当优先选择标准尺寸，查表可知直径尺寸 ϕ55mm 不是标准尺寸，可改正为 ϕ56mm。直径尺寸 ϕ60mm 处的轴肩尺寸偏小，不能保证齿轮的可靠定位，应适当增大。装齿轮的轴段采用 r6 的过盈配合，为了便于齿轮装配，该轴段上应当设计引导锥或采用不同的尺寸公差。滚动轴承轴段的径向圆跳动公差值和圆柱度公差值比该轴段的尺寸公差值大，不能对该轴段的位置偏差和形状偏差起到约束作用，应当使三者满足：尺寸公差值>位置、跳动公差值>形状公差值。滚动轴承轴段要进行磨削，表面粗糙度 Ra 值不应大于 0.8μm；一般要求的齿轮轴段采用精车加工，表面粗糙度 Ra 值取为 1.6μm 比较合适。唇形油封有弹性，对轴段的尺寸精度要求较低，但为了保证唇形油封的使用寿命，这一轴段应当进行抛光处理，表面粗糙度 *Ra* 值为 0.4μm 比较合适。改正后如图 7-9b 所示。

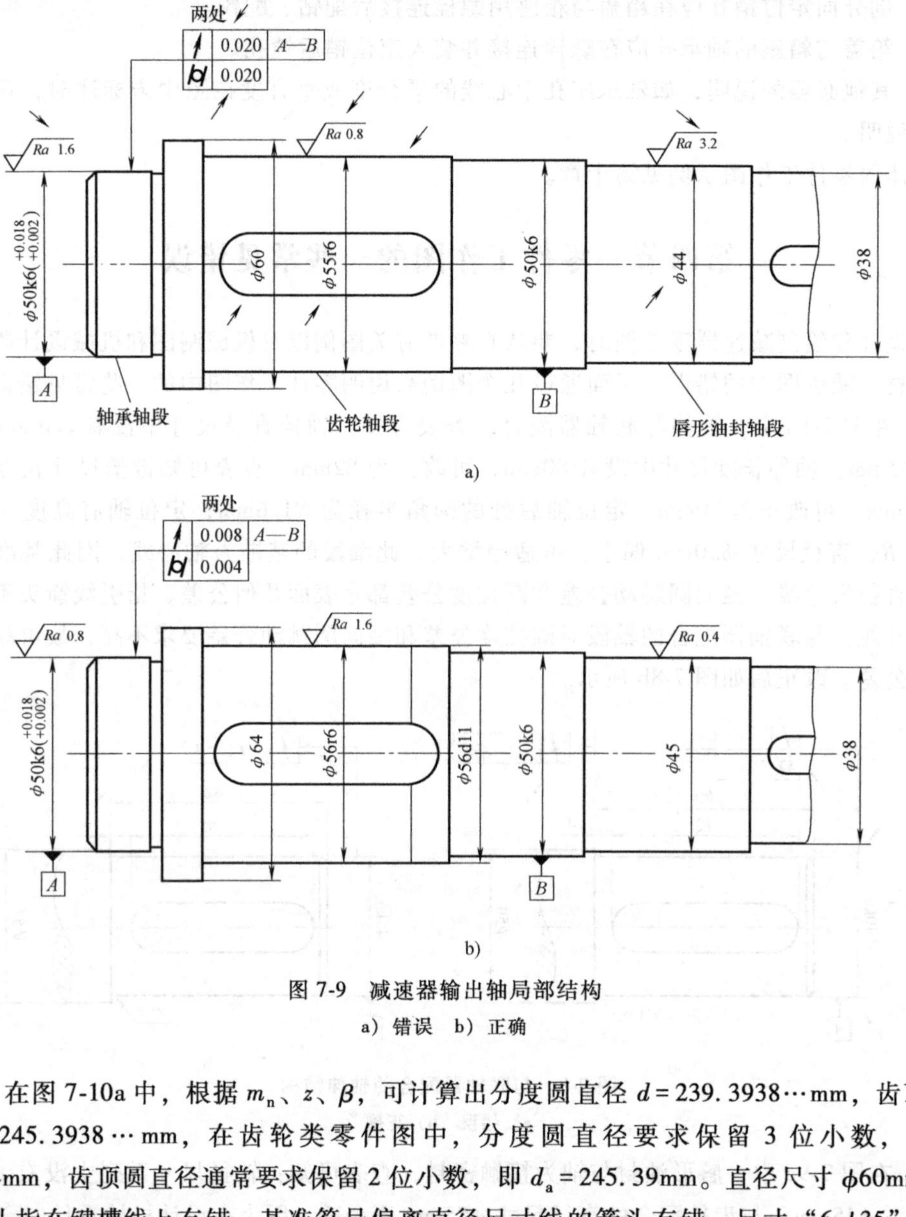

图 7-9　减速器输出轴局部结构

a）错误　b）正确

3）在图 7-10a 中，根据 m_n、z、β，可计算出分度圆直径 d = 239.3938…mm，齿顶圆直径 d_a = 245.3938…mm，在齿轮类零件图中，分度圆直径要求保留 3 位小数，即 d = 239.394mm，齿顶圆直径通常要求保留 2 位小数，即 d_a = 245.39mm。直径尺寸 φ60mm 的尺寸线箭头指在键槽线上有错。基准符号偏离直径尺寸线的箭头有错。尺寸“6-φ35”有错，应改正为“6×φ35”。“均布”应当改为“EQS”。尺寸 64.4mm 处缺少尺寸公差。键槽宽度的对称度公差值为 0.040mm 不合适，通常应将键槽宽度的对称度公差值取为键槽宽度尺寸公差值的 50%左右。改正后如图 7-10b 所示。

4）在图 7-11a 中，根据 m、z_1、z_2 可计算出锥齿轮齿顶圆直径 d_a = 165.8529…mm，通常要求保留 2 位小数，即 d_a = 165.85mm。尺寸 20mm 和尺寸 138.78mm 缺少尺寸公差。锥齿轮的分度圆锥角应当写成××°××′××″的形式，而且应当精确到秒（″）。锥齿轮的顶锥角缺少尺寸公差，查表可知，顶锥角的尺寸公差精度为分（′），因此顶锥角不应当精确到秒（″）。

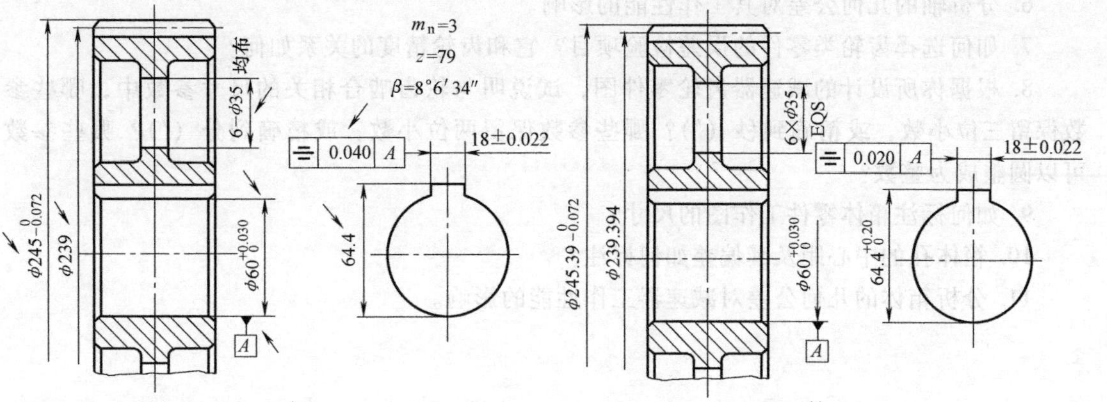

a)　　　　b)

图 7-10　圆柱齿轮局部结构

a）错误　b）正确

由于锥齿轮的角度都已给定，因此尺寸 60mm、20mm、48mm 一起构成封闭尺寸链，应当删去 60mm，或者给 60mm 加括号，使其成为参考尺寸。圆跳动公差的指引线方向有误，应当垂直于顶锥母线。改正后如图 7-11b 所示。

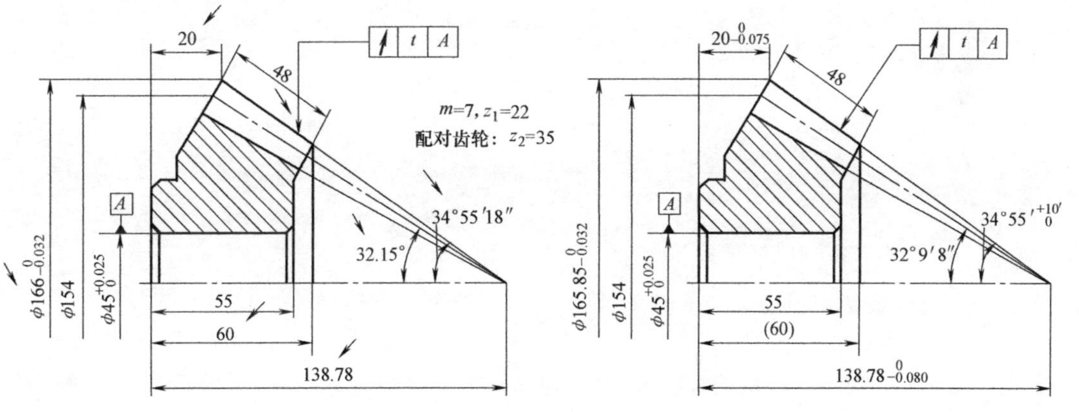

a)　　　　b)

图 7-11　锥齿轮局部结构

a）错误　b）正确

思　考　题

1. 零件工作图设计包括哪些内容？
2. 在零件图上标注尺寸时，应如何选取基准？
3. 轴的尺寸标注如何考虑轴的加工工艺？
4. 为什么尺寸链不能封闭？

5. 与轴配合的各零件，它们的配合如何选择？轴的各段表面粗糙度如何确定？

6. 分析轴的几何公差对其工作性能的影响。

7. 如何选择齿轮类零件的误差检验项目？它和齿轮精度的关系如何？

8. 根据你所设计的减速器齿轮零件图，试说明与轮齿啮合相关的尺寸参数中，哪些参数保留三位小数，或精确到秒（″）？哪些参数保留两位小数，或精确到分（′）？哪些参数可以圆整成为整数？

9. 如何标注箱体零件工作图的尺寸？

10. 箱体孔的中心距及其偏差如何标注？

11. 分析箱体的几何公差对减速器工作性能的影响。

第八章

编写设计计算说明书和准备答辩

第一节　编写设计计算说明书

设计计算说明书是对整个设计过程的整理和总结，是图样设计的理论依据，同时也是审核设计合理与否的重要技术文件。通过编写设计计算说明书，可以培养学生表达、归纳和总结的能力，为以后的毕业设计和实际工作打下良好的基础。因此，编写设计计算说明书是设计工作的一个重要环节。

一、设计计算说明书的内容

对于以减速器为主的机械传动装置设计，其设计计算说明书主要包括以下内容：

1）目录（标题及页码）。

2）设计任务书（设计题目）。

3）传动方案的拟定及说明（若传动方案已给定，则应对其进行分析和论证）。

4）电动机的选择及传动装置各级传动比的分配。

5）计算传动装置的运动参数和动力参数（计算各轴的转速、功率和转矩）。

6）传动零件的设计计算（确定传动件的主要参数和尺寸）。

7）轴的设计计算及校核（初估轴径、结构设计和强度校核）。

8）滚动轴承的选择及计算。

9）键连接的选择及校核计算。

10）联轴器的选择。

11）减速器附件的选择及箱体的设计。

12）润滑方法和密封形式的选择，润滑油牌号的选择。

13）设计小结（简要说明课程设计的体会，本设计的优缺点及改进意见等）。

14）参考资料目录（资料编号、作者名、书名、版本、出版地、出版单位、出版年）。

设计计算说明书中还可以包含一些其他技术说明，例如装配和拆卸过程中的注意事项，维护保养的要求等。

二、编写设计计算说明书的基本要求

设计计算说明书应在全部计算及全部图样完成后进行编写，编写时要注意以下基本

要求：

1）设计计算说明书应按照设计过程进行编写，要求论述层次清楚，文字简练通顺，计算正确完整，书写整齐清晰，插图简明扼要。

2）设计计算说明书采用黑色墨水笔按规定的纸张格式及合理的顺序书写，采用统一格式的封面，编好目录，标出页码，最后装订成册。设计计算说明书的封面格式和书写格式可参照图 8-1 进行。

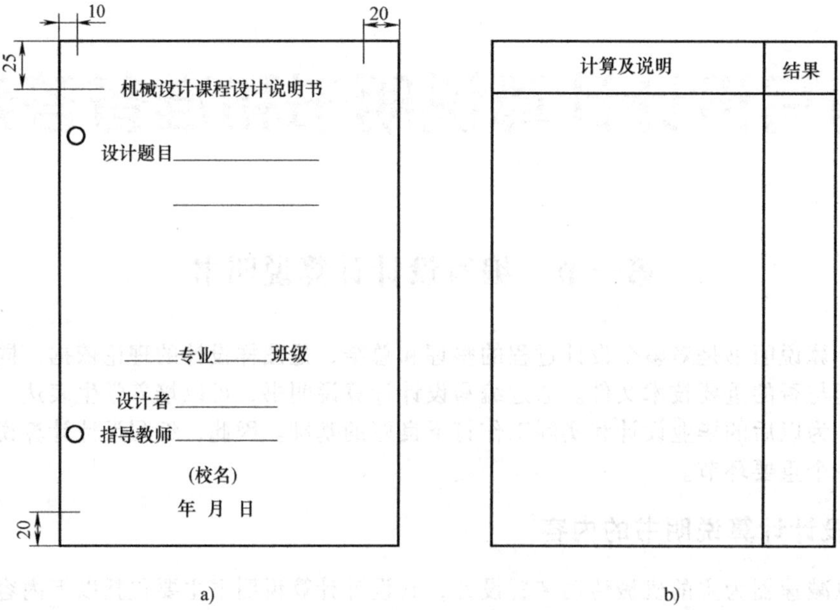

图 8-1　设计计算说明书封面格式和书写格式

a）封面格式　b）书写格式

3）计算过程应层次分明。一般可列出计算内容，写出计算公式，然后代入有关数据，略去具体演算过程，直接得出计算结果，并写上结论性用语，如“合格”“安全”或“强度足够”等。对计算出的数据，需要标准化的应符合标准，需圆整的应予圆整，属于精确计算的不得随意圆整。

4）为了清楚地说明计算内容，说明书中每一自成单元的内容，应有大小标题，使书写结构醒目突出，便于查阅；同时说明书中应附有必要的插图，如传动方案简图、轴的结构简图、受力图、弯矩和扭矩图以及轴承组合形式简图等。在简图中应对主要零件进行统一编号，以便在设计中称呼或作为脚注使用。

5）计算中所引用的公式和数据应注明其来源，即参考资料的编号、页码，公式号或图表号等。对所选主要参数、尺寸、规格及计算结果等，可写在每页右侧的“主要结果”一栏内，使其醒目突出。

6）全部计算中所使用的参量符号和脚标，必须前后一致，不得混乱；各参量的数值应标明单位，且单位统一，写法前后一致。编写完成后，应检查设计计算说明书中所包含的内容是否完整。

三、设计计算说明书书写示例

设计计算说明书书写示例见表 8-1。

表 8-1　设计计算说明书书写示例

计算及说明	结果
四、齿轮传动计算 1. 高速级齿轮传动的核验计算 (1)齿轮的主要参数和几何尺寸 模数 $m=2\text{mm}$，齿数 $z_1=29$，$z_2=101$ …………………… …………………… ……………………	齿轮计算公式和有关数据皆引自[×] ××~××项 主要参数： $m=2\text{mm}$ $z_1=29$ $z_2=101$
中心距 $a=\dfrac{m(z_1+z_2)}{2}=\dfrac{2\times(29+101)}{2}\text{mm}=130\text{mm}$ 齿宽 $b_1=40\text{mm}$；$b_2=35\text{mm}$ 齿数比 $i=3.48$ …………………… …………………… ……………………	………… ………… ………… $a=130\text{mm}$ $b_1=40\text{mm}$ $b_2=35\text{mm}$ $i=3.48$
(2)齿轮的材料和硬度 …………………… …………………… (3)许用应力 …………………… …………………… (4)小齿轮转矩 T_1 …………………… …………………… (5)载荷系数 K …………………… ……………………	
(6)齿面接触疲劳强度计算接触应力 $\sigma_H=\cdots$ $=\cdots$ $=\cdots<[\sigma_H]$	公式引自[×] $\sigma_H<[\sigma_H]$
(7)齿根弯曲疲劳强度计算弯曲应力 $\sigma_F=\cdots$ $=\cdots$ $=\cdots<<[\sigma_F]$	公式引自[×] $\sigma_F<<[\sigma_F]$
检验结果：轮齿弯曲强度裕度较大，但因模数不宜再取小，故齿轮的参数和尺寸维持原结果不变。 …………………… …………………… ……………………	
六、轴的计算 …………………… …………………… …………………… 2. 中间轴的计算 轴的跨度、齿轮在轴上的位置及轴的受力如图 x 中图 a 所示。 …………………… …………………… …………………… (3)轴的弯矩 xAy 平面：	轴的计算公式和有关数据皆引自[×]××~××页

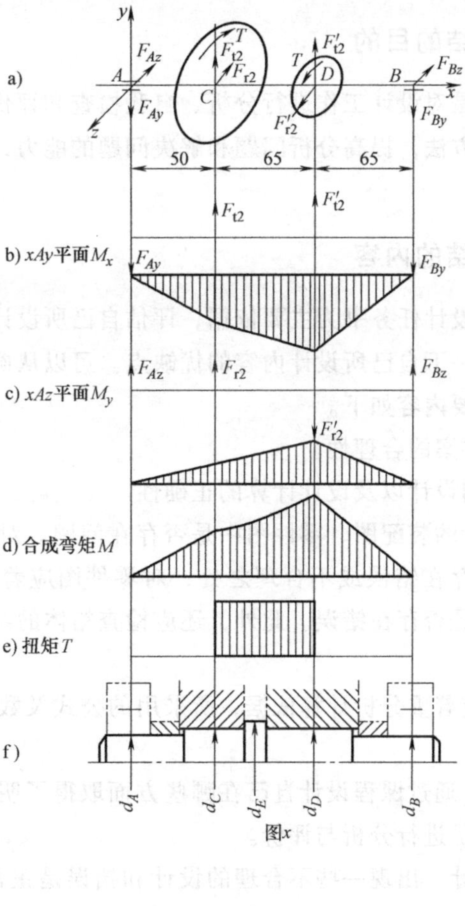

图x

(续)

计算及说明	结果
C 断面 $M_{Cr}=F_{Ay}\times50\text{mm}=1490\times50\text{N}\cdot\text{mm}=74.5\times10^3\text{N}\cdot\text{mm}$	
D 断面 $M_{Dr}=F_{By}\times65\text{mm}=1740\times65\text{N}\cdot\text{mm}=113\times10^3\text{N}\cdot\text{mm}$	
xAz 平面：	
C 断面 $M_{Cy}=F_{Az}\times50\text{mm}=76\times50\text{N}\cdot\text{mm}=3.8\times10^3\text{N}\cdot\text{mm}$	
D 断面 $M_{Dy}=F_{Bz}\times65\text{mm}=460\times50\text{N}\cdot\text{mm}=29\times10^3\text{N}\cdot\text{mm}$	
合成弯矩：	
C 断面 $M_C=\sqrt{M_{Cz}^2+M_{Cy}^2}=\sqrt{(74.5\times10^3)^2+(3.8\times10^3)^2}\text{N}\cdot\text{mm}=74.6\times10^3\text{N}\cdot\text{mm}$	$M_C=74.6\times10^3\text{N}\cdot\text{mm}$
D 断面 $M_D=\sqrt{M_{Dz}^2+M_{Dy}^2}=\sqrt{(113\times10^3)^2+(29\times10^3)^2}\text{N}\cdot\text{mm}=116\times10^3\text{N}\cdot\text{mm}$	$M_D=116\times10^3\text{N}\cdot\text{mm}$

第二节 课程设计的总结

在完成全部图样的设计和设计计算说明书的编写之后，应对课程设计进行一次系统的总结，并准备参加课程设计的答辩，对设计做一次全面的考核与评价。

一、课程设计总结的目的

课程设计总结主要是对设计工作进行分析、自我检查和评价，以帮助设计者进一步熟悉和掌握机械设计的一般方法，提高分析问题和解决问题的能力，达到进一步把问题弄懂、弄透的目的。

二、课程设计总结的内容

课程设计总结应以设计任务书为主要依据，评估自己所设计的结果是否满足设计任务书中的要求，客观地分析一下自己所设计内容的优缺点。可以从确定方案直至结构设计各个方面的具体问题入手，主要内容如下。

1）分析总体设计方案的合理性。

2）分析零部件结构设计以及设计计算的正确性。

3）认真检查所设计的装配图、零件图中是否存在问题。对装配图要着重检查和分析轴系部件结构设计中是否存在错误或不合理之处；对零件图应着重检查和分析尺寸及公差标注、表面粗糙度标注等是否存在错误。此外，还应检查箱体的结构设计、附件的选择和布置是否合理。

4）对计算部分，应着重分析计算依据，所采用的公式及数据来源是否可靠，计算结果是否正确等。

5）认真总结一下，通过课程设计自己在哪些方面取得了明显的提高。还可以对自己的设计所具有的特点和不足进行分析与评价。

由于是初次进行设计，出现一些不合理的设计和错误是正常的。但是，在设计总结中，应该对不合理的设计和错误做进一步的分析，并提出改进性的设想，从而使自己的机械设计能力得到提高。

第三节　课程设计的答辩

一、课程设计答辩的目的

答辩是课程设计的最后一个重要环节。它不仅是为了考核和评估设计者的设计能力、设计质量与设计水平，而且通过总结与答辩，使设计者对自己的设计工作和设计结果进行一次全面系统的回顾、分析与总结，从而能够系统地分析课程设计的优缺点，发现计算和图样中存在的问题，提高解决工程实际问题的能力，最终达到课程设计的目的与要求。学生完成设计后，应及时做好答辩前的准备工作。

二、答辩前的准备工作

1）答辩前必须完成规定的全部设计工作量。

2）必须整理好全部设计图样及设计说明书。图样必须按要求折叠整齐，说明书必须装订成册，然后与图样一起装袋，由本人呈交给指导教师审阅。图样的折叠方法如图 8-2 所示。

3）档案袋封面上应写出设计者的姓名、班级、学号、设计题目名称，袋内所装材料的清单及设计的完成时间等。

4）答辩前参考本书各章的思考题，结合设计工作，认真地进行思考、回顾和总结。弄懂设计中的计算、结构和工艺等问题，巩固和提高设计收获。

答辩结束后，指导教师将根据学生的设计图样、设计说明书的质量、答辩中回答问题的情况以及学生平时在课程设计各个阶段的表现情况，进行综合评估并确定学生的课程设计成绩。最终的设计成绩采用优、良、中、及格、不及格五级分制进行评分。

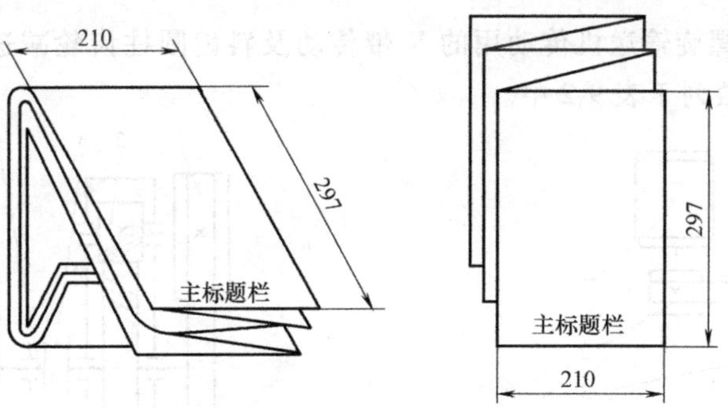

图 8-2　图样的折叠方法

第九章

机械设计课程设计选题

第一节　单级圆柱齿轮、锥齿轮及蜗杆减速器

第 1 题　设计一带式输送机传动用的 V 带传动及斜齿圆柱齿轮减速器，其传动简图如图 9-1 所示，设计参数列于表 9-1 中。

表 9-1　带式输送机的设计参数

参数 \ 题号	1	2	3	4
输送带牵引力 F/kN	2	1.25	1.5	1.8
输送带速度 v/(m/s)	1.3	1.8	1.7	1.5
输送带鼓轮的直径/mm	180	250	260	220

工作条件：带式输送机主要用于运送散粒物料，如谷物、型砂、煤等；工作时输送机运转方向不变，工作载荷稳定；输送带鼓轮的传动效率为 0.97；工作寿命 15 年，每年 300 个工作日，每日工作 16h。

第 2 题　设计一螺旋输送机传动用的 V 带传动及斜齿圆柱齿轮减速器，其传动简图如图 9-2 所示，设计参数列于表 9-2 中。

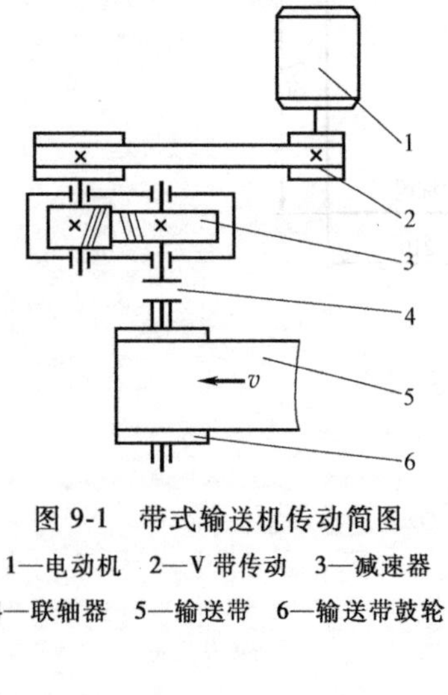

图 9-1　带式输送机传动简图

1—电动机　2—V 带传动　3—减速器

4—联轴器　5—输送带　6—输送带鼓轮

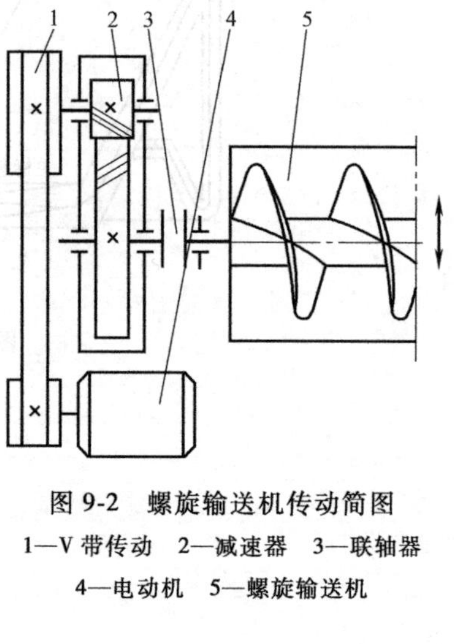

图 9-2　螺旋输送机传动简图

1—V 带传动　2—减速器　3—联轴器

4—电动机　5—螺旋输送机

表 9-2 螺旋输送机的设计参数

参数 \ 题号	1	2	3	4
减速器输出轴转矩 T/N · m	80	95	100	150
减速器输出轴转速 n/(r/min)	180	150	170	115

工作条件：螺旋输送机主要用于运送粉状或碎粒物料，如面粉、灰、砂、糖、谷物等；工作时运转方向不变，工作载荷稳定；工作寿命 8 年，每年 300 个工作日，每日工作 8h。

第 3 题　设计带式输送机传动装置，其传动简图如图 9-3 所示，设计参数列于表 9-3 中。

表 9-3 带式输送机的设计参数

参数 \ 题号	1	2	3	4	5	6	7	8	9	10
输送带工作拉力 F/N	1100	1150	1200	1250	1300	1350	1400	1450	1500	1600
输送带工作速度 v/(m/s)	1.50	1.60	1.70	1.50	1.55	1.60	1.55	1.60	1.70	1.80
卷筒直径 D/mm	250	260	270	240	250	260	250	260	280	300

工作条件：连续单向运转，载荷平稳，空载起动；使用期 8 年，小批量生产，每日两班制工作，输送带速度允许误差为±5%。

第 4 题　设计一混料机传动用的 V 带传动及直齿锥齿轮减速器，其传动简图如图 9-4 所示，设计参数列于表 9-4 中。

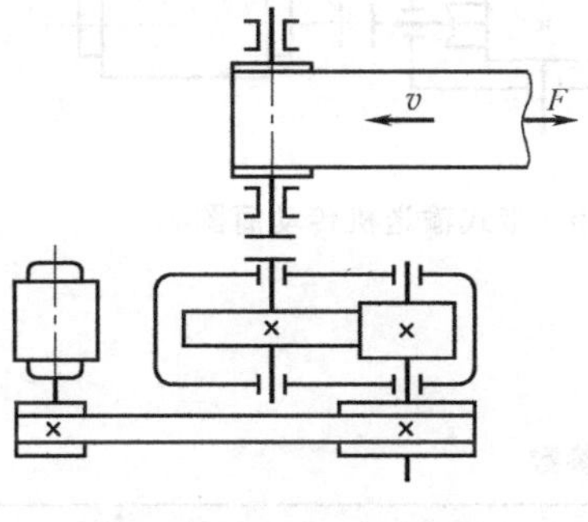

图 9-3　带式输送机传动简图

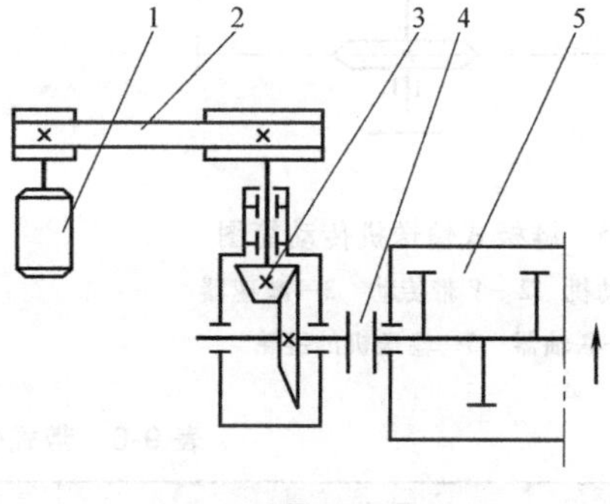

图 9-4　混料机传动简图

1—电动机　2—V 带传动　3—减速器　4—联轴器　5—混料机

表 9-4 混料机的设计参数

参数 \ 题号	1	2	3	4
减速器输出轴转矩 T/N · m	37	52	70	80
减速器输出轴转速 n/(r/min)	240	160	153	140

工作条件：混料机工作时运转方向不变，工作载荷稳定；工作寿命 20 年，每年 300 个工作日，每日工作 8h。

第 5 题　设计一链板式输送机传动用的 V 带传动及直齿锥齿轮减速器，其传动简图如图 9-5 所示，设计参数列于表 9-5 中。

工作条件：链板式输送机主要用在仓库、行李房或装配车间运送成件物品；工作时运转方向不变，工作载荷稳定；工作寿命 15 年，每年 300 个工作日，每日工作 16h。

表 9-5　链板式输送机的设计参数

参数＼题号	1	2	3	4
输送链的牵引力 F/kN	1	1.2	1.4	1.5
输送链的速度 v/(m/s)	0.9	0.75	0.8	0.7
输送链链轮的分度圆直径 d/mm	105	92	115	100

第 6 题　设计带式输送机传动装置中的一级蜗杆减速器，其传动简图如图 9-6 所示，设计参数列于表 9-6 中。

工作条件：单向运转，连续工作，空载起动，载荷平稳，每天三班制工作，减速器工作寿命不低于 10 年，每年 300 个工作日，输送带速度允许误差为±5%。

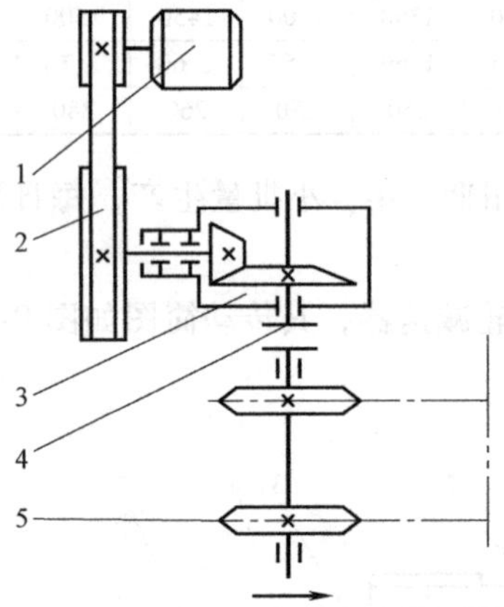

图 9-5　链板式输送机传动简图

1—电动机　2—V 带传动　3—减速器

4—联轴器　5—输送机的链轮

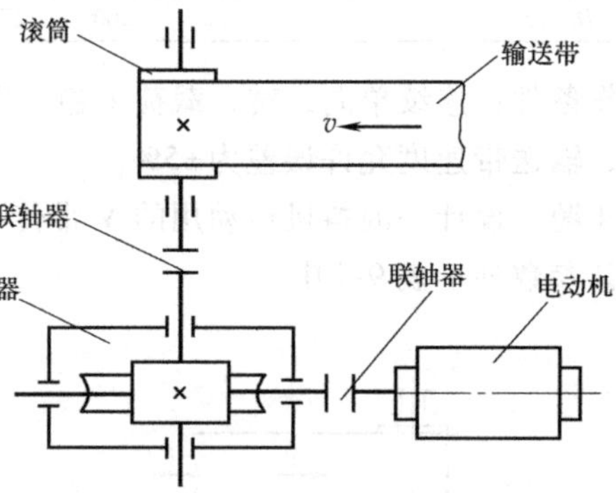

图 9-6　带式输送机传动简图

表 9-6　带式输送机的设计参数

参数＼题号	1	2	3	4	5
输送带拉力 F/N	2000	2200	2500	3000	4100
输送带速度 v/(m/s)	0.8	0.9	1.0	1.1	0.85
滚筒直径 D/mm	350	320	300	275	380

第二节　双级圆柱齿轮减速器、锥齿轮-圆柱齿轮减速器

第 7 题　设计一带式输送机传动用的双级圆柱齿轮展开式减速器，其传动简图如图 9-7 所示，设计参数列于表 9-7 中。

工作条件：带式输送机主要用于运送谷物、型砂、碎矿石、煤等；工作时输送机运转方向不变，工作载荷稳定；输送鼓轮的传动效率取为 0.97；工作寿命 15 年，每年 300 个工作日，每日工作 16h。

第 8 题　设计一链板式输送机用的锥齿轮-圆柱齿轮减速器，其传动简图如图 9-8 所示，设计参数列于表 9-8 中。

表 9-7 带式输送机的设计参数

参数 \ 题号	1	2	3	4
输送带的牵引力 F/kN	2.1	2.2	2.4	2.7
输送带的速度 v/(m/s)	1.4	1.3	1.6	1.1
输送带鼓轮的直径 D/mm	450	390	480	370

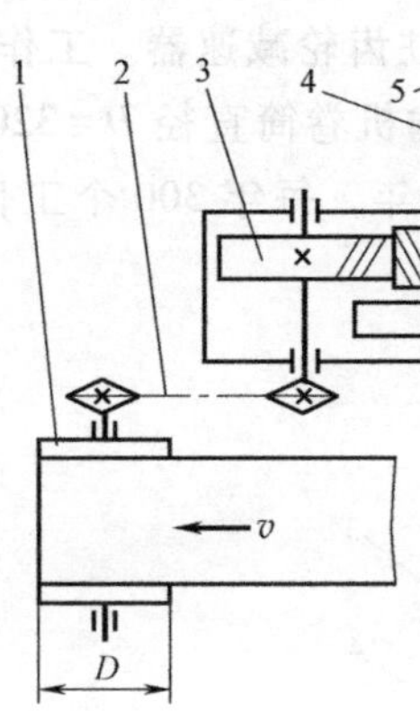

图 9-7 带式输送机传动简图

1—输送带鼓轮 2—链传动 3—减速器 4—联轴器 5—电动机

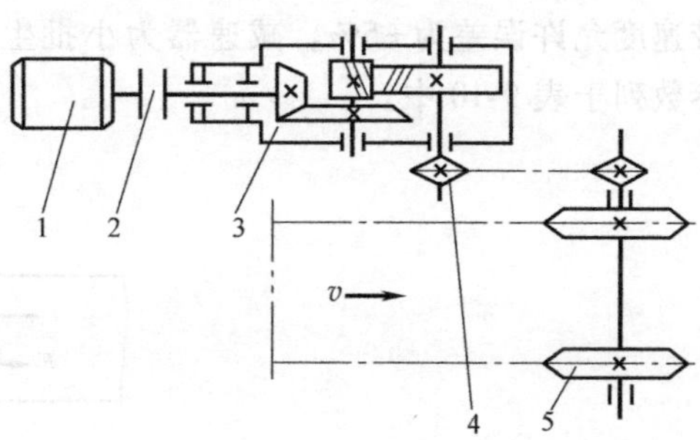

图 9-8 链板式输送机传动简图

1—电动机 2—联轴器 3—减速器 4—链传动 5—输送机的链轮

表 9-8 链板式输送机的设计参数

参数 \ 题号	1	2	3	4
输送链的牵引力 F/kN	5	6	7	8
输送链的速度 v/(m/s)	0.6	0.5	0.4	0.37
输送链链轮的分度圆直径 d/mm	399	399	383	351

工作条件：链板式输送机主要用在仓库或装配车间运送成件物品；工作时运转方向不变，工作载荷稳定；工作寿命 15 年，每年 300 个工作日，每日工作 16h。

第 9 题 设计图 9-9 所示的用于带式输送机上的两级圆柱齿轮减速器。工作时有轻微振

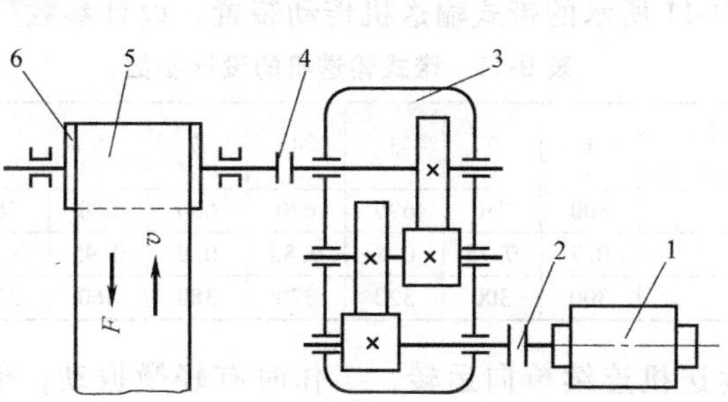

图 9-9 带式输送机传动简图

1—电动机 2、4—联轴器 3—圆柱齿轮减速器 5—带式输送机 6—卷筒

动，空载起动，连续单向运转，单班制工作。输送带速度允许误差为±5%。减速器小批量生产，使用期限为 8 年，每年 300 个工作日。设计参数列于表 9-9 中。

表 9-9 带式输送机设计参数

参数＼题号	1	2	3	4	5	6	7	8	9	10
输送带工作拉力 F/N	2000	1800	1800	2200	2400	2500	2600	1900	2300	2000
输送带工作速度 v/(m/s)	2.3	2.35	2.5	2.4	1.8	1.8	1.8	2.45	2.1	2.4
卷筒直径 D/mm	330	340	360	350	260	250	280	360	310	360

第 10 题 设计如图 9-10 所示用于带式输送机上的锥齿轮-圆柱齿轮减速器。工作经常满载，空载起动，工作时有轻微振动，不反转，单班制工作。运输机卷筒直径 $D=320$mm，输送带速度允许误差为±5%。减速器为小批生产，使用期限为 10 年，每年 300 个工作日。设计参数列于表 9-10 中。

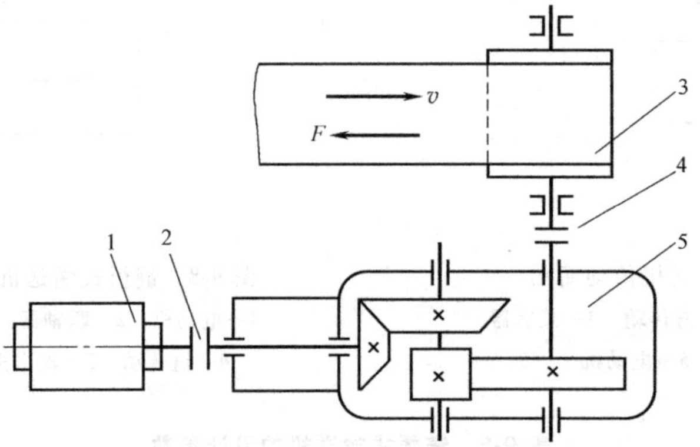

图 9-10 带式输送机传动简图

1—电动机 2、4—联轴器 3—带式输送机 5—锥齿轮-圆柱齿轮减速器

表 9-10 带式输送机设计参数

参数＼题号	1	2	3	4	5	6
输送带工作拉力 F/N	2000	2100	2200	2300	2400	2500
输送带工作速度 v/(m/s)	1.2	1.3	1.4	1.5	1.55	1.6

第 11 题 设计图 9-11 所示的带式输送机传动装置，设计参数列于表 9-11 中。

表 9-11 带式输送机的设计参数

参数＼题号	1	2	3	4	5	6	7	8	9	10
输送机工作轴转矩 T/N·m	800	750	690	670	630	600	760	700	650	620
输送带工作速度 v/(m/s)	0.7	0.75	0.8	0.85	0.9	0.95	0.75	0.8	0.85	0.9
卷筒直径 D/mm	300	300	320	320	380	360	320	360	370	360

工作条件：带式输送机连续单向运转，工作时有轻微振动；使用期限为 10 年，每年 300 个工作日，小批量生产，单班制工作；输送带速度允许误差为±5%。

第 12 题 设计图 9-12 所示的带式输送机传动装置，设计参数列于表 9-12 中。

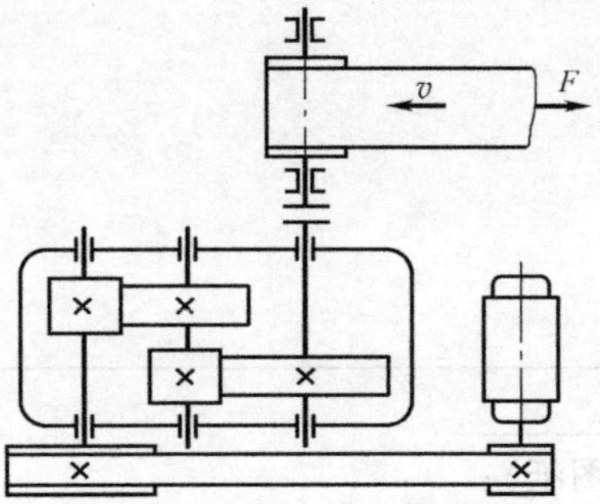

图 9-11　带式输送机传动简图

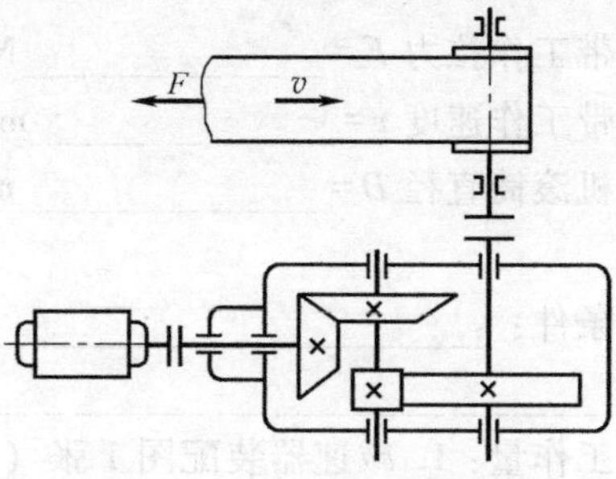

图 9-12　带式输送机传动简图

表 9-12　带式输送机的设计参数

题号 参数	1	2	3	4	5	6	7	8	9	10
输送带工作拉力 F/N	2500	2400	2300	2200	2100	2100	2800	2700	2600	2500
输送带工作速度 v/(m/s)	1.4	1.5	1.6	1.7	1.8	1.9	1.3	1.4	1.5	1.6
卷筒直径 D/mm	250	260	270	280	290	300	250	260	270	280

工作条件：带式输送机连续单向运转，工作时有轻微振动；使用期限为 10 年，每年 300 个工作日，小批量生产，单班制工作；输送带速度允许误差为±5%。

第三节　机械设计课程设计任务书参考格式

课程设计的题目应以设计任务书的形式下达给学生，设计任务书主要包括设计题目、原始数据、工作条件和设计工作量等。其格式一般如下：

机械设计课程设计任务书

班级____________姓名_____________学号_____________

设计题目：设计________级_______________减速器

（用于自动送料的带式输送机的传动装置）

传动简图：

（绘制传动简图）

原始数据：（参考）

输送带工作拉力 F=______________N
输送带工作速度 v=______________m/s
输送机滚筒直径 D=______________mm

工作条件：____

设计工作量：1. 减速器装配图 1 张（A0 或 A1 图纸）；
2. 零件工作图 1 张或 2 张（A3 图纸）；
3. 设计说明书 1 份。

开始日期__________年__________月__________日

完成日期__________年__________月__________日

（本设计任务书编入说明书内首页）

第十章

减速器设计参考图例

第一节　减速器装配图示例

一、单级圆柱齿轮减速器之一（图 10-1）

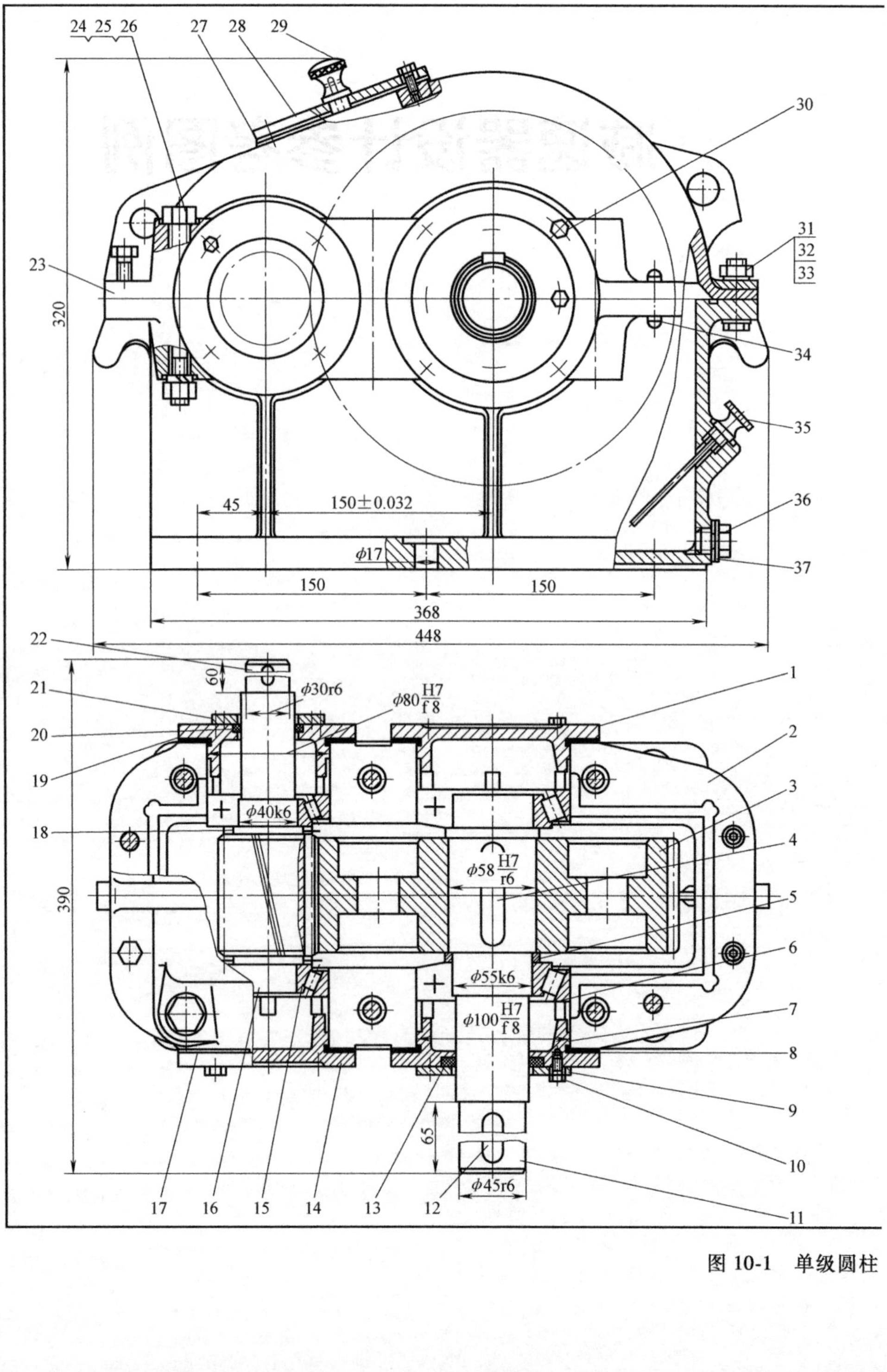

图 10-1　单级圆柱

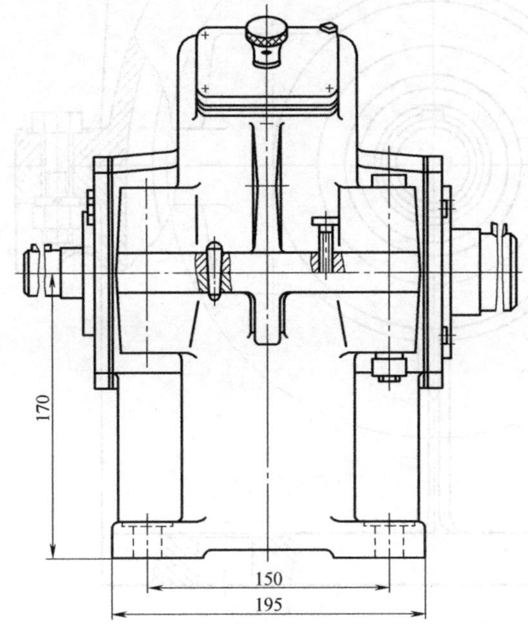

技术特性

输入功率/kW	高速轴转速/(r/min)	效率 η	传动比 i
4	572	92%	3.95

技术要求

1.啮合侧隙大小用铅丝检验，保证侧隙不小于0.16mm。铅丝直径不得大于最小侧隙的两倍。

2.用涂色法检验轮齿接触斑点，要求齿高接触斑点不少于40%，齿宽接触斑点不少于50%。

3.应调整轴承的轴向间隙，ϕ40mm为0.05～0.1mm，ϕ55mm为0.08～0.15mm。

4.箱内装全损耗系统用油L-AN68至规定高度。

5.箱座、箱盖及其他零件未加工的内表面，齿轮的未加工表面涂底漆并涂红色耐油油漆。箱盖、箱座及其他零件未加工的外表面涂底漆并涂浅灰色油漆。

6.运转过程中应平稳、无冲击、无异常振动和噪声。

7.各密封处、接合处均不得渗油、漏油。剖分面允许涂密封胶或水玻璃。

序号	名称	数量	材料	标准	备注
37	垫片	1	衬垫石棉板		
36	螺塞	1	Q235A	JB1130—1970	
35	油标尺	1			组合件
34	销A8×30	2		GB/T 117—2000	
33	垫圈10	2		GB/T 93—1987	
32	螺母M10	2		GB/T 41—2016	
31	螺栓M10×40	3		GB/T 5780—2016	
30	螺钉M8×25	16		GB/T 5780—2016	
29	通气器	1			
28	窥视孔盖	1	Q215		
27	垫片	1	衬垫石棉板		
26	垫圈12	6		GB/T 93—1987	
25	螺母M12	6		GB/T 41—2016	
24	螺栓M12×120	6		GB/T 5780—2016	
23	箱盖	1	HT200		
22	键8×7×50	1		GB/T 1096—2003	
21	密封盖	1	Q235		
20	毡圈	1	细毛毡		
19	轴承端盖	1	HT150		
18	挡油环	2	Q215		
17	调整垫片	2组	08		
16	齿轮轴	1	45		
15	滚动轴承30208	2		GB/T 297—2015	
14	轴承端盖	1	HT150		
13	毡圈	1	细毛毡		
12	键14×9×50	1		GB/T 1096—2003	
11	轴	1	45		
10	螺钉M6×16	12		GB/T 5782—2016	
9	密封盖	1	Q235		
8	调整垫片	2组	08		
7	轴承端盖	1	HT150		
6	滚动轴承30211	2		GB/T 297—2015	
5	套筒	1	Q235		
4	键16×10×63	1		GB/T 1096—2003	
3	齿轮	1	40		
2	箱座	1	HT200		
1	轴承端盖	1	HT150		

单级圆柱齿轮减速器	图号		比例	
	质量		共　张	
	数量		第　张	
设计		机械设计课程设计		
审图				
日期				

齿轮减速器之一

二、单级圆柱齿轮减速器之二（图 10-2）

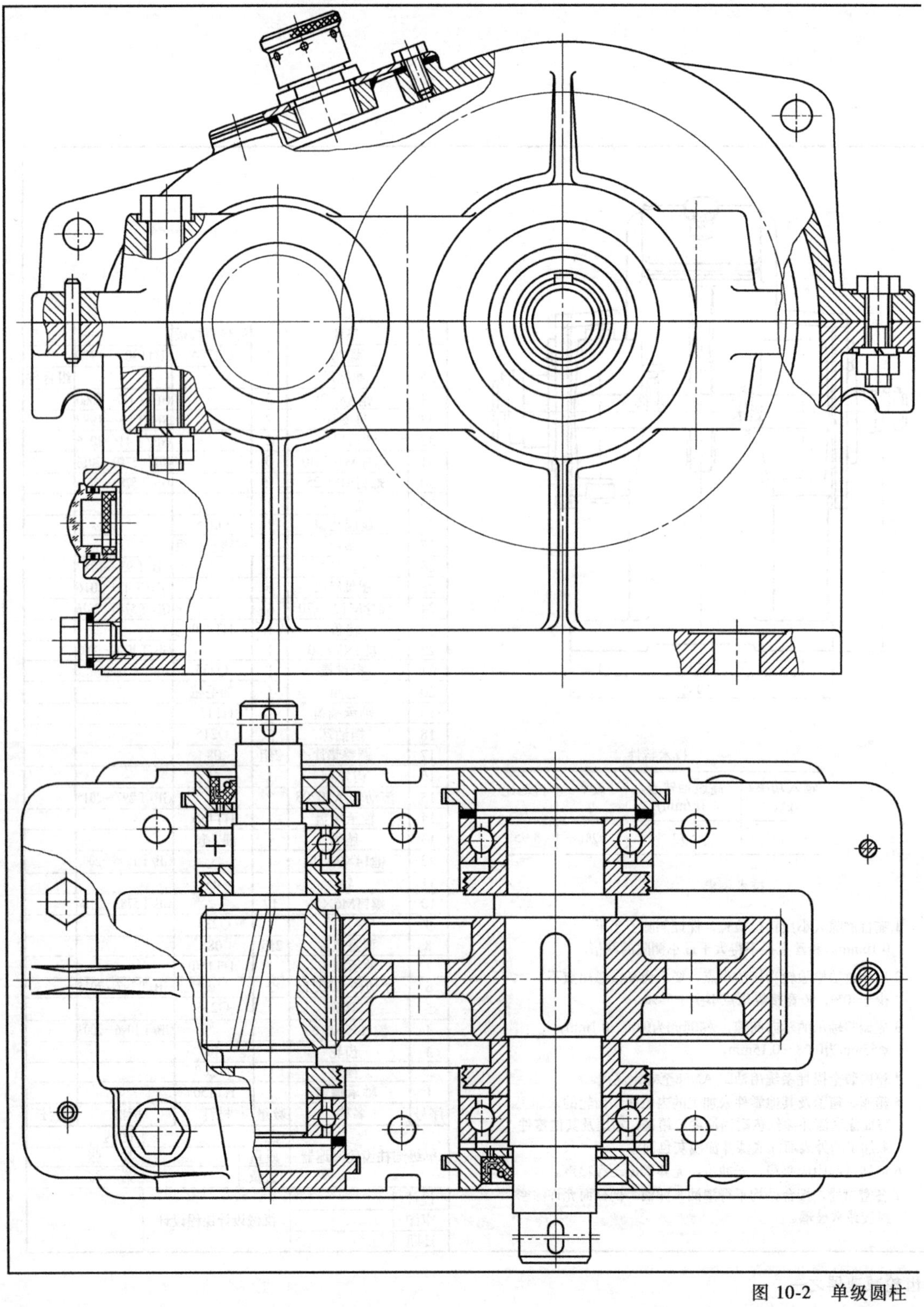

图 10-2 单级圆柱

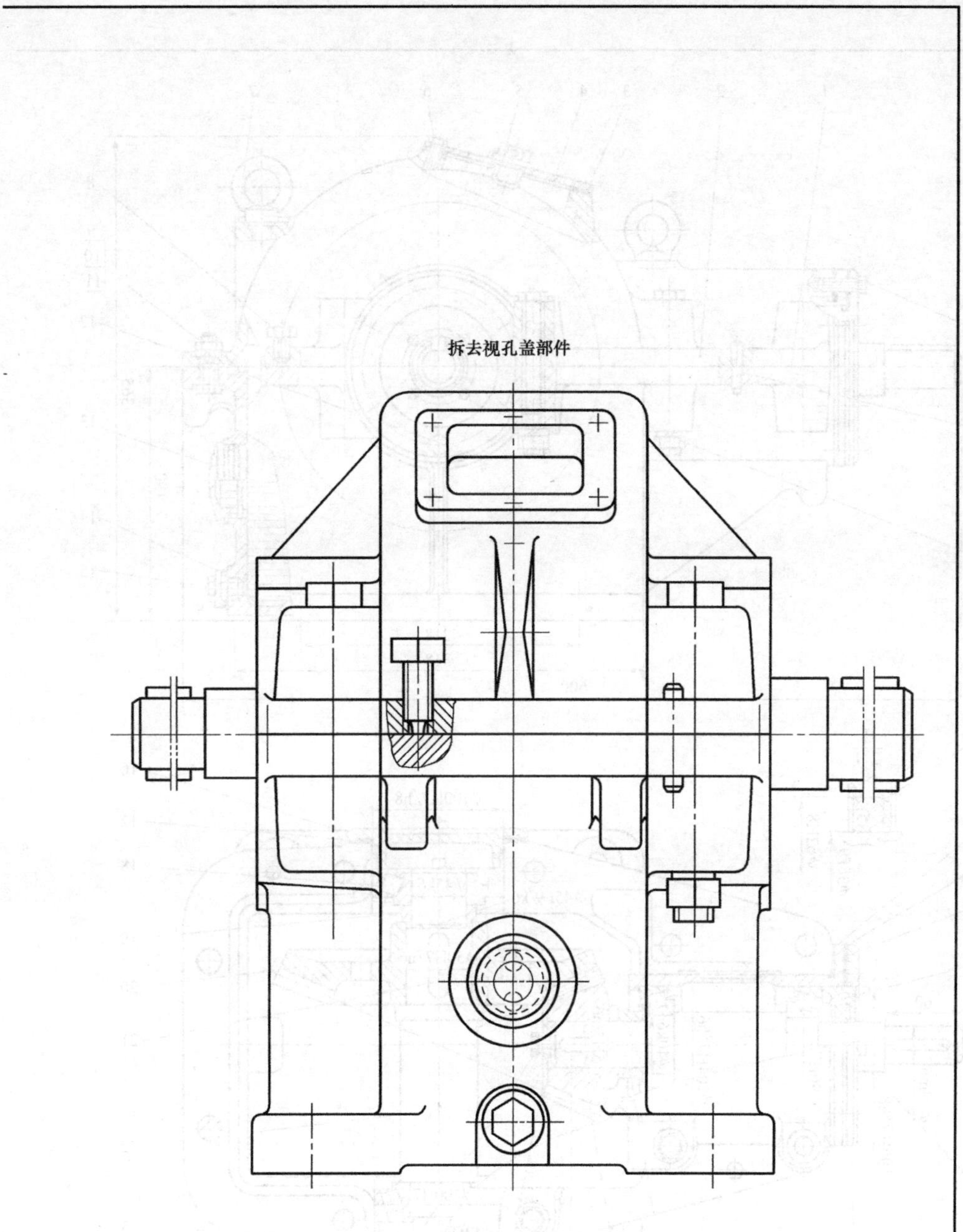

齿轮减速器之二

三、单级锥齿轮减速器（图 10-3）

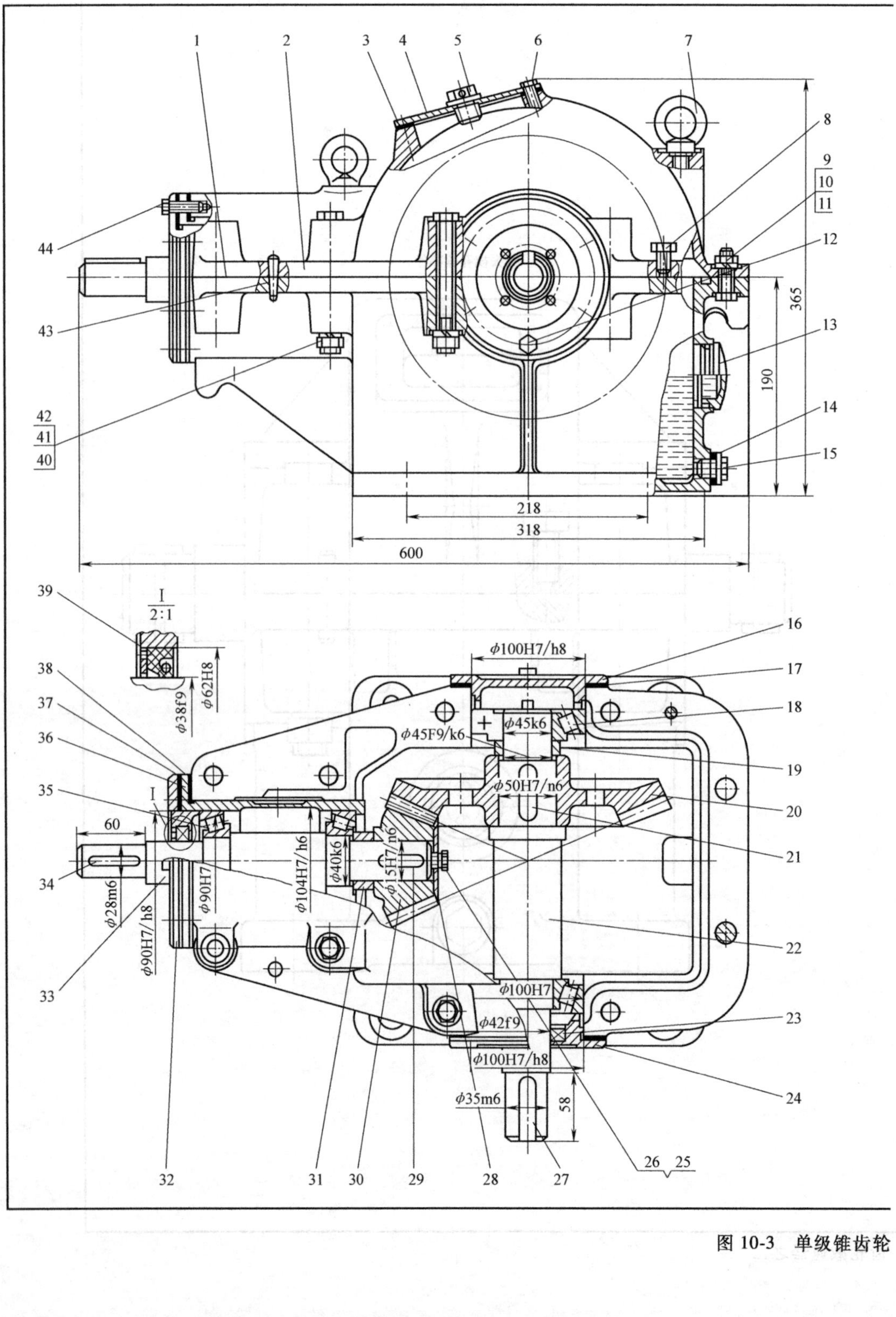

图 10-3　单级锥齿轮

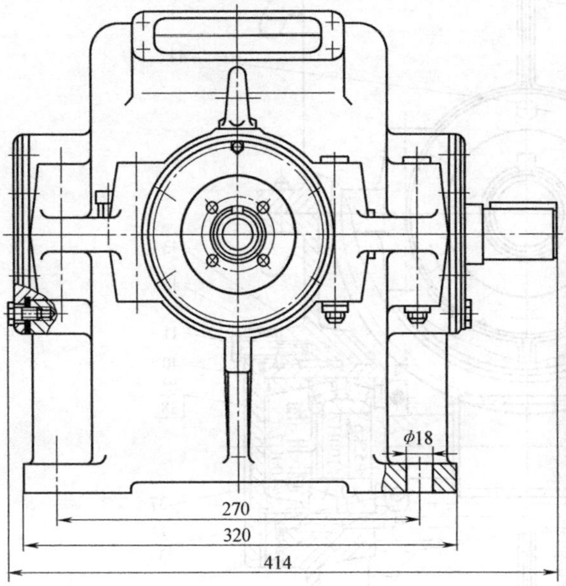

技术特性

输入功率/kW	输入转速/(r/min)	传动比 i	效率 η	传动特性			
				m	齿数		精度等级
4.0	480	2.38	0.93	5	z_1	21	8c GB/T 11365—1989
					z_2	52	8c GB/T 11365—1989

技术要求

1. 装配前，所有零件需进行清洗，箱体内壁涂耐油油漆，减速器外表面涂灰色油漆。
2. 齿轮啮合侧隙不得小于0.1mm，用铅丝检查时其直径不得大于最小侧隙的两倍。
3. 齿面接触斑点沿齿面高度不得小于50%，沿齿长不得小于50%。
4. 齿轮副安装误差检验：齿圈轴向位移极限偏差 $\pm f_{AM}$ 为0.1mm，轴间距极限偏差 $\pm f_a$ 为0.036mm，轴交角极限偏差 $\pm E_{\Sigma}$ 为0.045mm。
5. 圆锥滚子轴承的轴向调整游隙为0.05～0.10mm。
6. 箱盖与箱座接触面之间禁止使用任何垫片，允许涂密封胶和水玻璃，各密封处不允许漏油。
7. 减速器内装CKC150工业齿轮油至规定的油面高度。
8. 按减速器试验规程进行试验。

序号	名　称	材 料	数量	标准	备注
44	螺栓 M8×30	Q235A	6	GB/T 5783—2016	
43	锥销 B8×30	35	2	GB/T 117—2000	
42	螺栓 M12×120	Q235A	8	GB/T 5782—2016	
41	弹簧垫圈 12	65Mn	8	GB/T 93—1987	
40	螺母 M12	35	8	GB/T 6170—2016	
39	唇形密封圈		1	GB/T 13871.1—2007	
38	调整垫片	08	1组		
37	调整垫片	08	1组		
36	套环	HT200	1		
35	圆锥滚子轴承30308		2	GB/T 297—2015	
34	键 8×7×50	45	1	GB/T 1096—2003	
33	轴	45	1		
32	轴承盖	HT200	1		
31	套筒	45	1		
30	小锥齿轮	45	1		
29	键 10×8×40	45	1	GB/T 1096—2003	
28	挡圈 B45	Q235A	1	GB/T 892—1986	
27	键 C10×8×56	45	1	GB/T 1096—2003	
26	螺栓 M6×20	Q235A	1	GB/T 5783—2016	
25	弹簧垫圈	65Mn	1	GB/T 93—1987	
24	轴承盖	HT200	1		
23	唇形密封圈		1	GB/T 9877—2008	
22	轴	45	1		
21	键 14×9×50	45	1	GB/T 1096—2003	
20	小锥齿轮	45	1		
19	套筒	45	1		
18	圆锥滚子轴承30309		2	GB/T 297—2015	
17	调整垫圈	08	2组		
16	轴承盖	HT200	1		
15	油塞 M16×1.5	Q235A	1		
14	封油圈	工业用革	1		
13	油标 A32		1	JB/T 7941.1—1995	组件
12	螺栓 M8×20	Q235A	6	GB/T 5783—2016	
11	螺母 M10	35	3	GB/T 6170—2016	
10	弹簧垫圈 16	65Mn	2	GB/T 93—1987	
9	螺栓 M10×40	Q235A	2	GB/T 5782—2016	
8	起盖螺钉M10×25	Q235A	1	GB/T 5783—2016	
7	吊环螺钉M10	20	2	GB/T 825—1988	
6	螺栓 M6×16	Q235A	4	GB/T 5783—2016	
5	通气器	Q235A	1		
4	视孔盖	Q235A	1		
3	垫片	石棉橡胶纸	1		
2	箱盖	HT200	1		
1	箱座	HT200	1		

单级锥齿轮减速器		比例	图号	质量	共 张 第 张
设计		年 月	机械设计 课程设计	(校名) (班名)	
绘图					
审核					

减速器

四、单级蜗杆减速器（蜗杆下置式）（图 10-4）

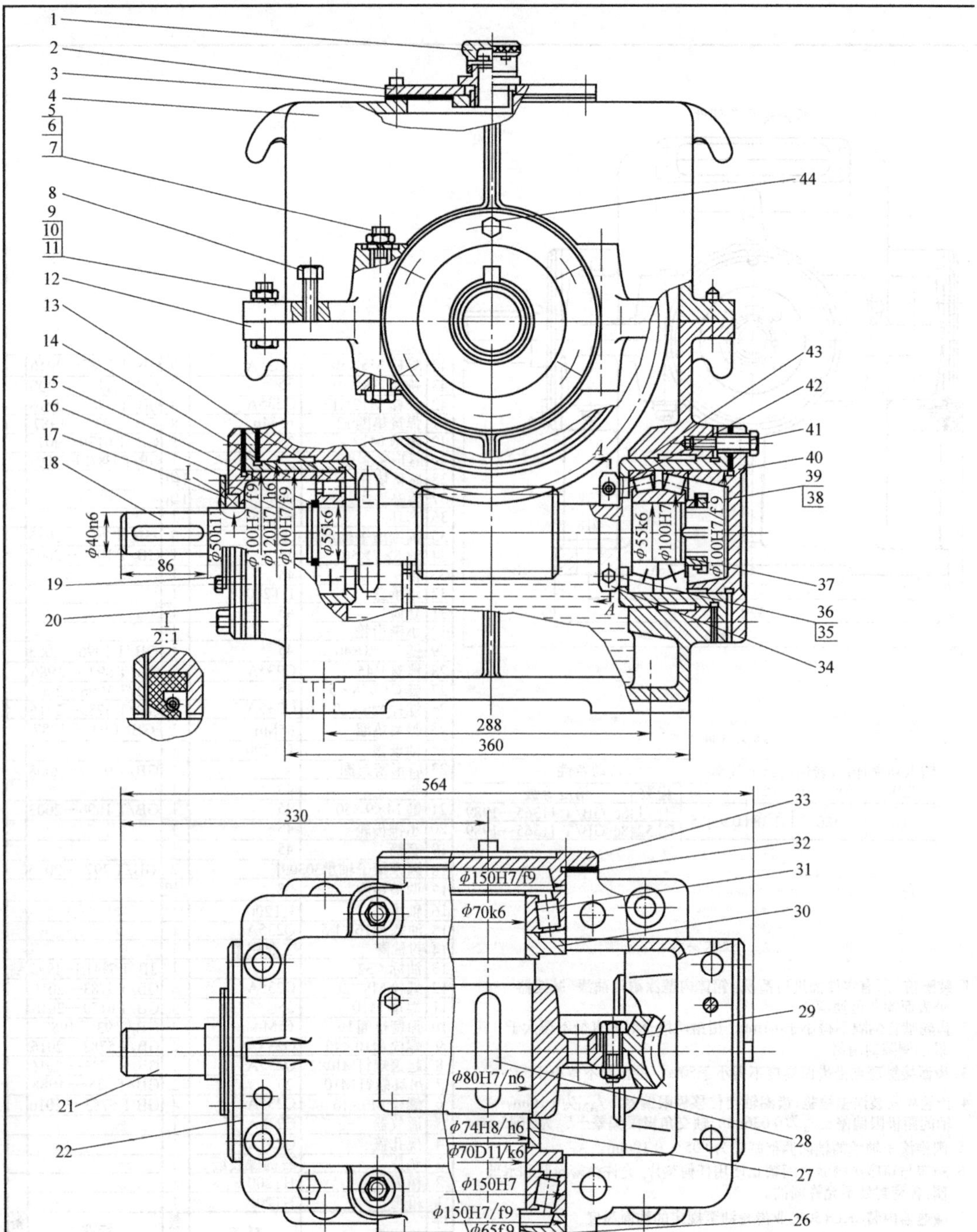

图 10-4 单级蜗杆

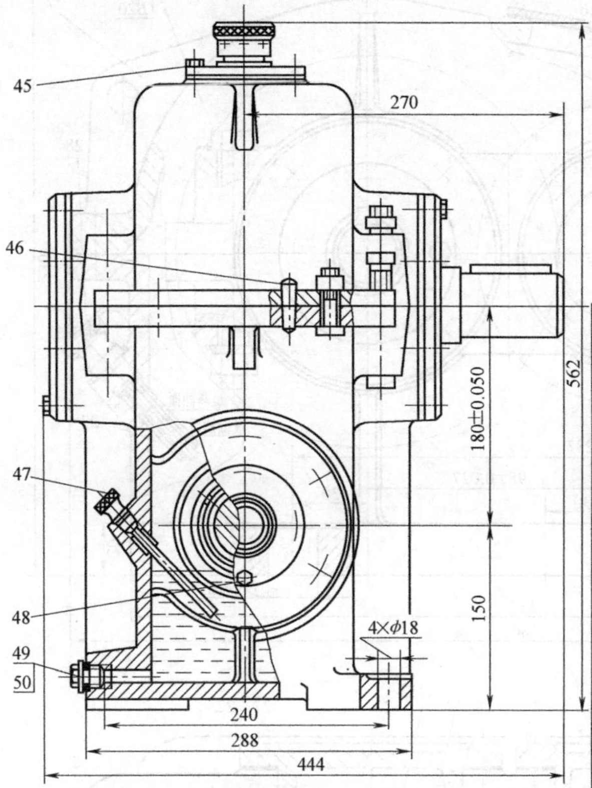

技术特性

输入功率 /kW	输入转速 /(r/min)	传动比 i	效率 η	传动特性				
				γ	m	头数齿数		精度等级
6.5	970	19.5	0.81	14°2′10″	8	z_1	2	传动8c GB/T10089—1988
						z_2	39	

技术要求

1.装配之前，所有零件均用煤油清洗，滚动轴承用汽油清洗，未加工表面涂灰色油漆，内表面涂红色耐油油漆。

2.啮合侧隙用铅丝检查，侧隙值不得小于0.1mm。

3.用涂色法检查齿面接触斑点，按齿高不得小于55%，按齿长不得小于50%。

4.30211轴承的轴向游隙为0.05～0.10mm，30314轴承的轴向游隙为0.08～0.15mm。

5.箱盖与箱座的接触面涂密封胶或水玻璃，不允许使用任何填料。

6.箱座内装CKE320蜗轮蜗杆油至规定高度。

7.装配后进行空载试验时，高速轴转速为100r/min，正、反各运转1h，运转平稳，无撞击声，不漏油。负载试验时，油池温升不超过60℃。

序号	名称	数量	材料	标准	备注
50	封油垫30×20	1	工业用革	ZB 70—1962	
49	油塞M20×1.5	1	Q235A		
48	螺栓M6×16	4	Q235A	GB/T 5782—2016	
47	油尺	1	Q235A		
46	圆锥销 B8×40	2	35	GB/T 117—2000	
45	螺栓M6×20	6	Q235A	GB/T 5782—2016	
44	螺栓 M8×25	12	Q235A	GB/T 5782—2016	
43	套杯	2	HT150		
42	圆锥滚子轴承 30211	2		GB/T 297—2015	
41	螺栓M8×35	12	Q235A	GB/T 5782—2016	
40	轴承端盖	1	HT200		
39	止动垫圈50	1	Q235A	GB/T 858—2000	
38	圆螺母M50×1.5	1	Q235A	GB/T 812—1988	
37	挡圈	1	Q235A		
36	螺母M6	4	Q235A	GB/T 6170—2016	
35	螺栓M6×20	4	Q235A	GB/T 5782—2016	
34	甩油板	4	Q235A		
33	轴承端盖	1	HT200		
32	调整垫片	2组	08		
31	圆锥滚子轴承30314	2		GB/T 297—2015	
30	挡油盘	2	HT150		
29	蜗轮	1			组合件
28	键22×14×100	1	45	GB/T 1096—2003	
27	套筒	1	Q235A		
26	毡圈65	1	半粗羊毛毡	JB/ZQ 4606—1997	
25	轴承端盖	1	HT200		
24	轴	1	45		
23	键16×10×80	1	45	GB/T 1096—2003	
22	轴承端盖	1	HT200		
21	键12×8×70	1	45	GB/T 1096—2003	
20	调整垫片	2组	08		
19	调整垫片	2组	08		
18	蜗杆轴	1	45		
17	J形油封50×75×12	1	橡胶1-1	HG4-338—1966	
16	密封盖	1	Q235A		
15	弹性挡圈55	1	65Mn	GB/T 894.1—1986	
14	套筒	1	Q235A		
13	圆柱滚子轴承N211E	1		GB/T 283—2007	
12	箱座	1	HT200		
11	弹簧垫圈12	4	65Mn	GB/T 93—1987	
10	螺母M12	4	Q235A	GB/T 6170—2016	
9	螺栓M12×45	4	Q235A	GB/T 5782—2016	
8	起盖螺钉M12×30	1	Q235A	GB/T 5782—2016	
7	弹簧垫圈M16	4	65Mn	GB/T 6170—2016	
6	螺母M16	4	Q235A	GB/T 6170—2016	
5	螺栓M16×120	4	Q235A	GB/T 5782—2016	
4	箱盖	1	HT200		
3	垫片	1	软钢纸板		
2	视孔盖	1	Q235A		
1	通气器	1			组合件

蜗杆减速器			比例	图号	质量	共 张
						第 张
设计		年 月	机械设计 课程设计		(校名) (班名)	
绘图						
审核						

减速器（蜗杆下置式）

五、双级圆柱齿轮减速器（展开式）（图 10-5）

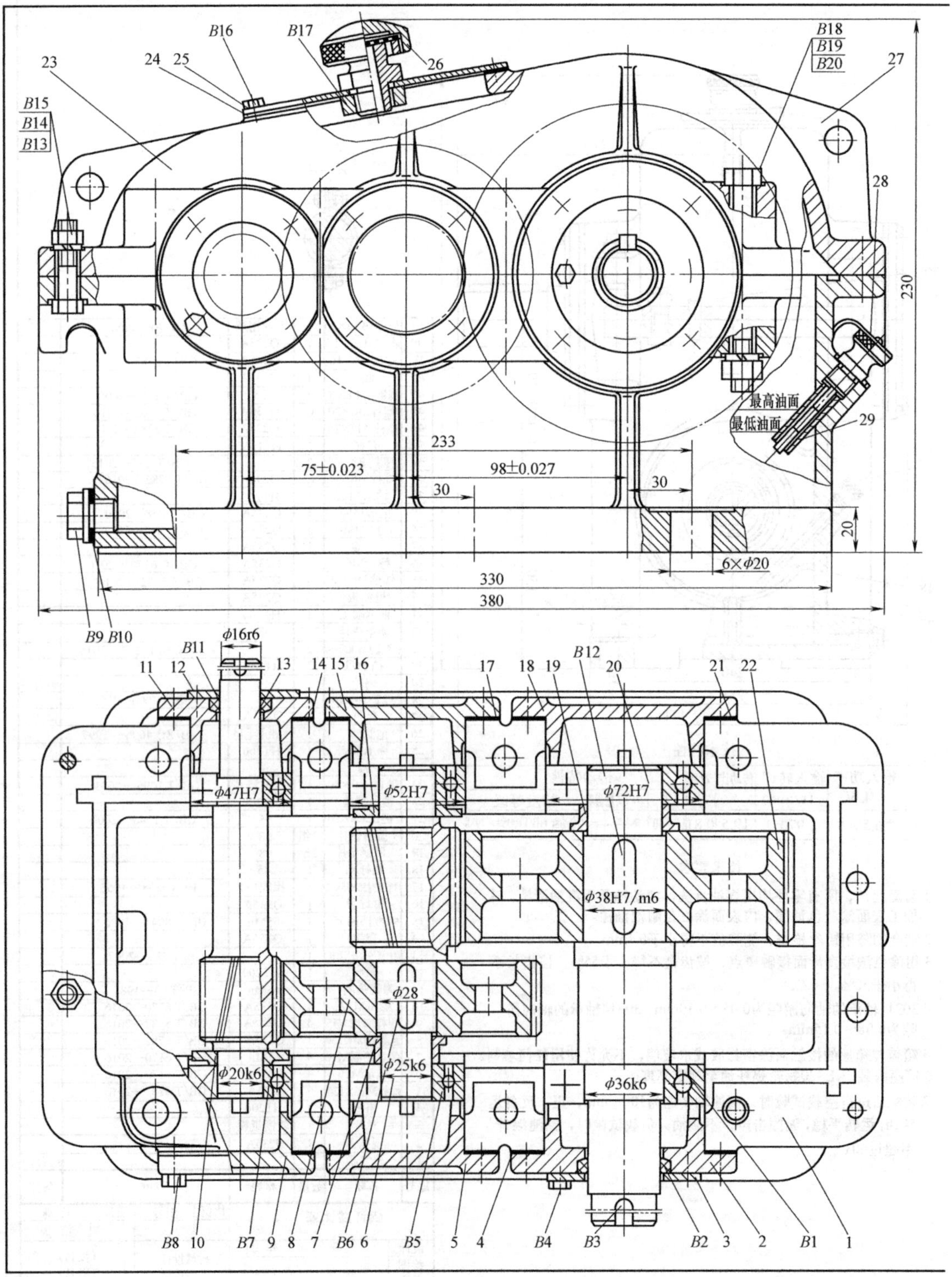

图 10-5　双级圆柱齿

拆去视孔盖部件

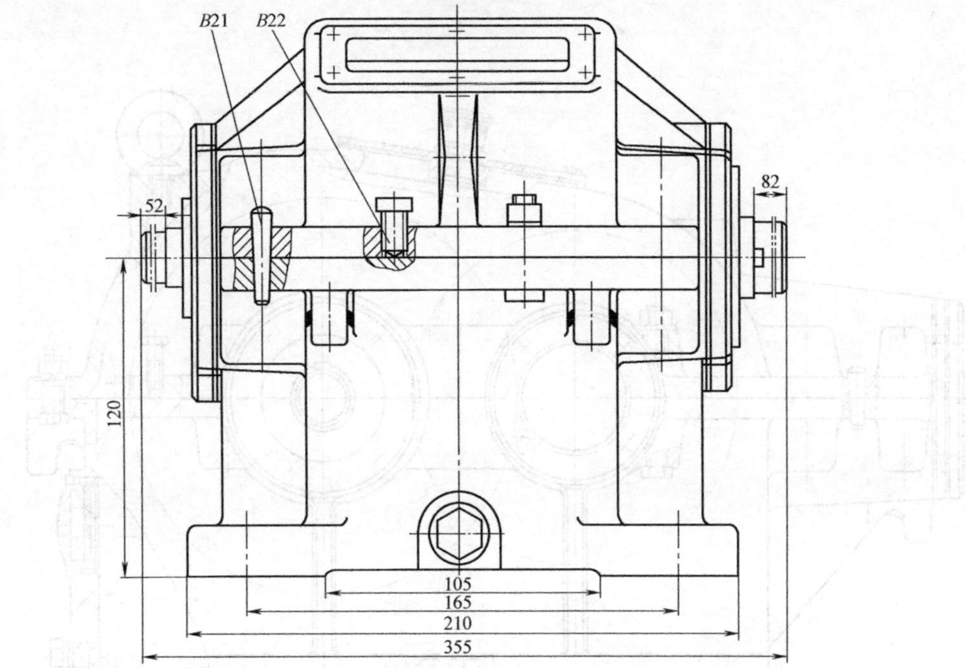

技术特性

输入功率/kW	输入轴转速/(r/min)	效率 η	总传动比 i	传动特性			
				第一级		第二级	
				m_n	β	m_n	β
4	1440	0.93	11.99	2	13°43′48″	2.5	11°2′38″

技术要求

1. 装配前箱体与其他铸件不加工面应清理干净，除去毛边毛刺，并浸涂防锈漆。
2. 零件在装配前用煤油清洗，轴承用汽油清洗干净，晾干后表面应涂油。
3. 齿轮装配后应用涂色法检查接触斑点，圆柱齿轮沿齿高不小于40%，沿齿长不小于50%。
4. 调整、固定轴承时应留有轴向间隙0.2～0.5mm。
5. 减速器内装N220工业齿轮油，油量达到规定深度。
6. 箱体内壁涂耐油油漆，减速器外表面涂灰色油漆。
7. 减速器剖分面、各接触面及密封处均不允许漏油，箱体剖分面应涂以密封胶或水玻璃，不允许使用其他任何填充料。
8. 按试验规程进行试验。

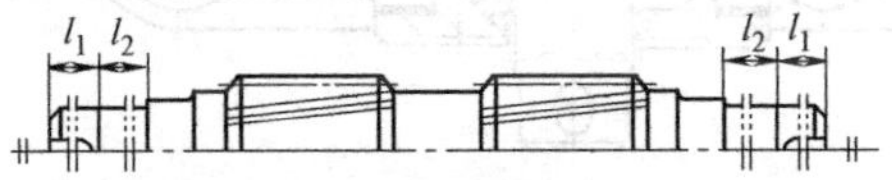

高速轴方案

高速轴采用两端全对称结构，当一端齿轮损坏时，便于调头继续使用。

序号	零件名称	数量	材料	标准	备注
⋮					
*B*13	螺栓M10×35	1	Q235	GB/T 5782—2016	
*B*12	键8×7×40	1	45	GB/T 1096—2003	
*B*11	毡圈30	1	半粗羊毛毡	FJ145—1979	
*B*10	封油圈	1	软钢纸板		
*B*9	油塞	1	Q235		
*B*8	螺钉M8×12	24	Q235	GB/T 5783—2016	
*B*7	角接触球轴承36204	2		GB/T 292—2007	
*B*6	键8×7×28	1	45	GB/T 1096—2003	
*B*5	角接触球轴承36205	2		GB/T 292—2007	
*B*4	螺钉M5×10	4	Q235	GB/T 5782—2016	
*B*3	键C8×7×52	1	45	GB/T 1096—2003	
*B*2	毡圈30	1	半粗羊毛毡	FJ145—1979	
*B*1	角接触球轴承36207	2		GB/T 292—2007	
⋮					
12	密封盖	1	Q235		
11	轴承盖	1	HT200		
10	挡油盘	1	Q235		
9	轴承盖	1	HT200		
8	大齿轮	1	45		
7	套筒	1	Q235		
6	轴	1	45		
5	轴承盖	1	HT200		
4	调整垫片	2组	08		
3	密封盖	1	Q235		
2	轴承盖	1	HT200		
1	箱座	2	HT200		

两级圆柱齿轮减速器		比例		图号	
		数量		质量	
设计	年 月	机械设计课程设计		(校名)	
审核				(班名)	

轮减速器（展开式）

六、锥齿轮-圆柱齿轮减速器（图 10-6）

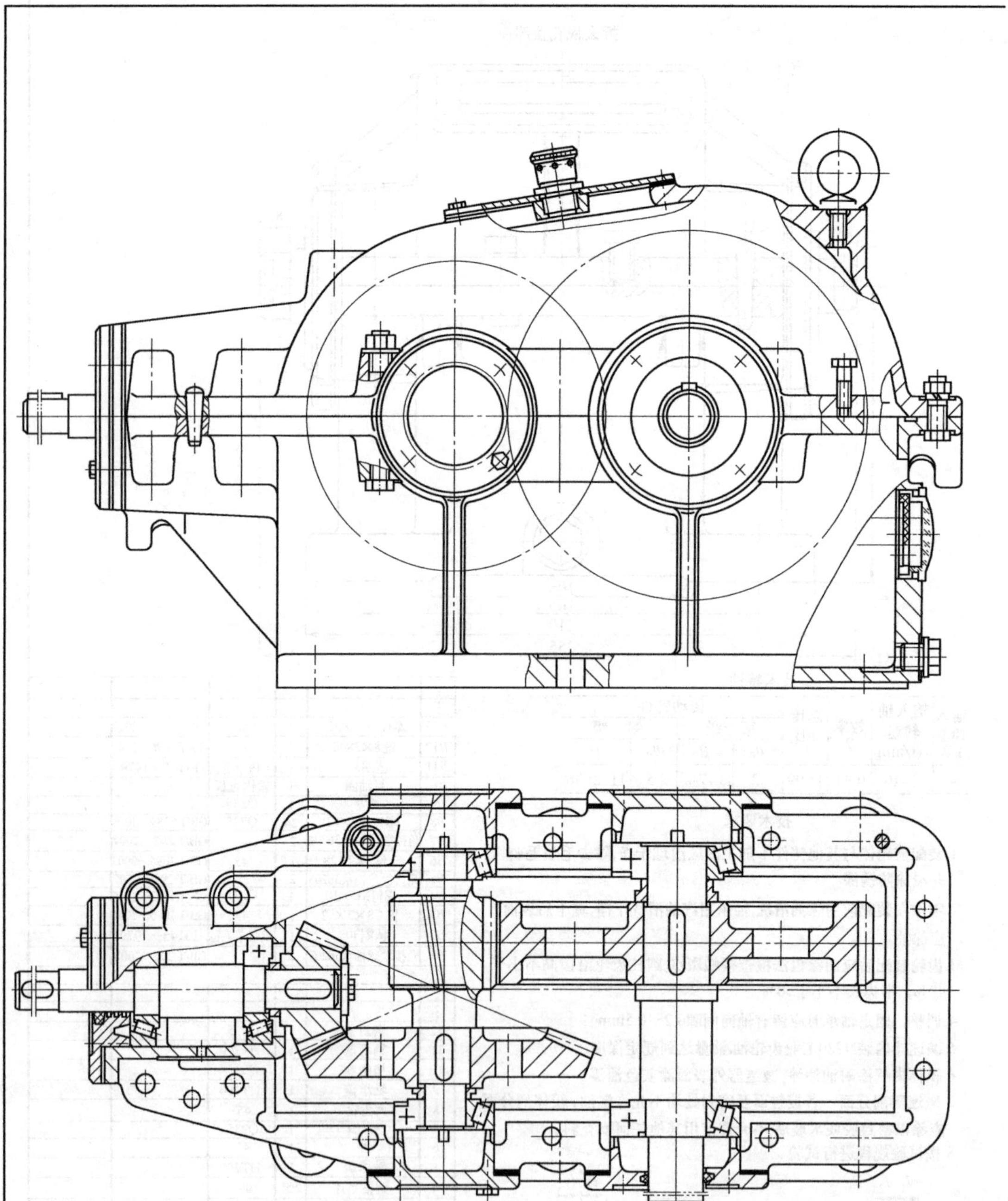

图 10-6 锥齿轮-圆柱

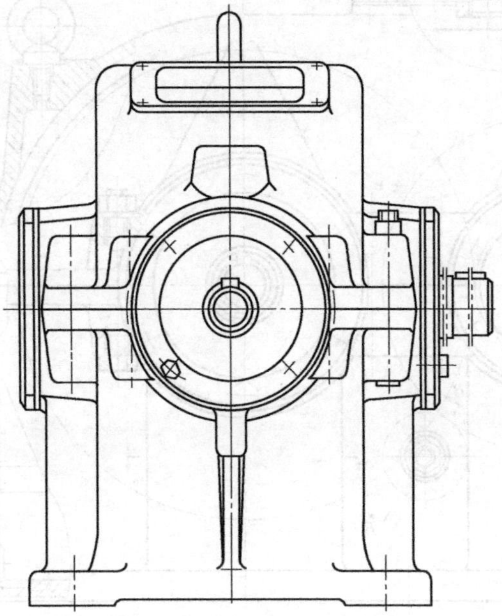

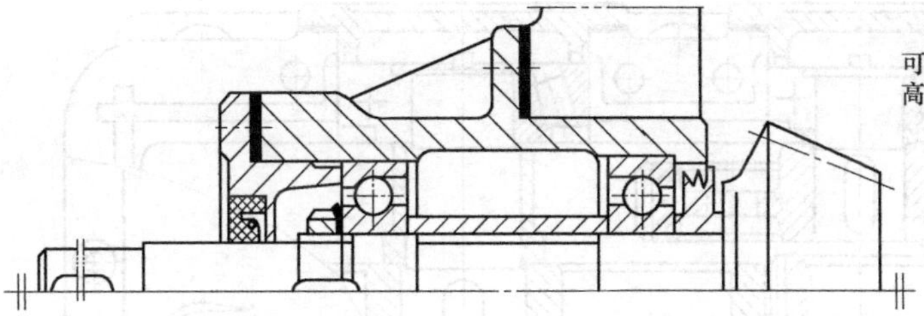

高速轴为一个独立部件，刚度较好，并可简化箱体结构，但拆装较困难，适用于高速和载荷不太大的场合。

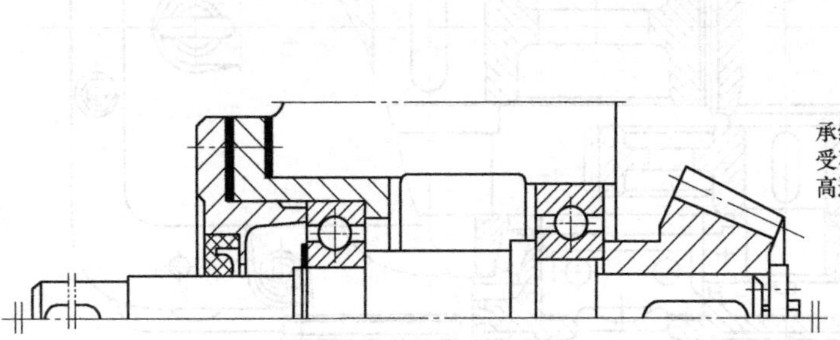

这是一种短套杯式结构，采用深沟球轴承组成固定(左端)-游动(右端)式支承，可承受不大的轴向力，拆装比较方便。适用于高速、载荷不大但温升较高的场合。

七、双级圆柱齿轮减速器（分流式）（图 10-7）

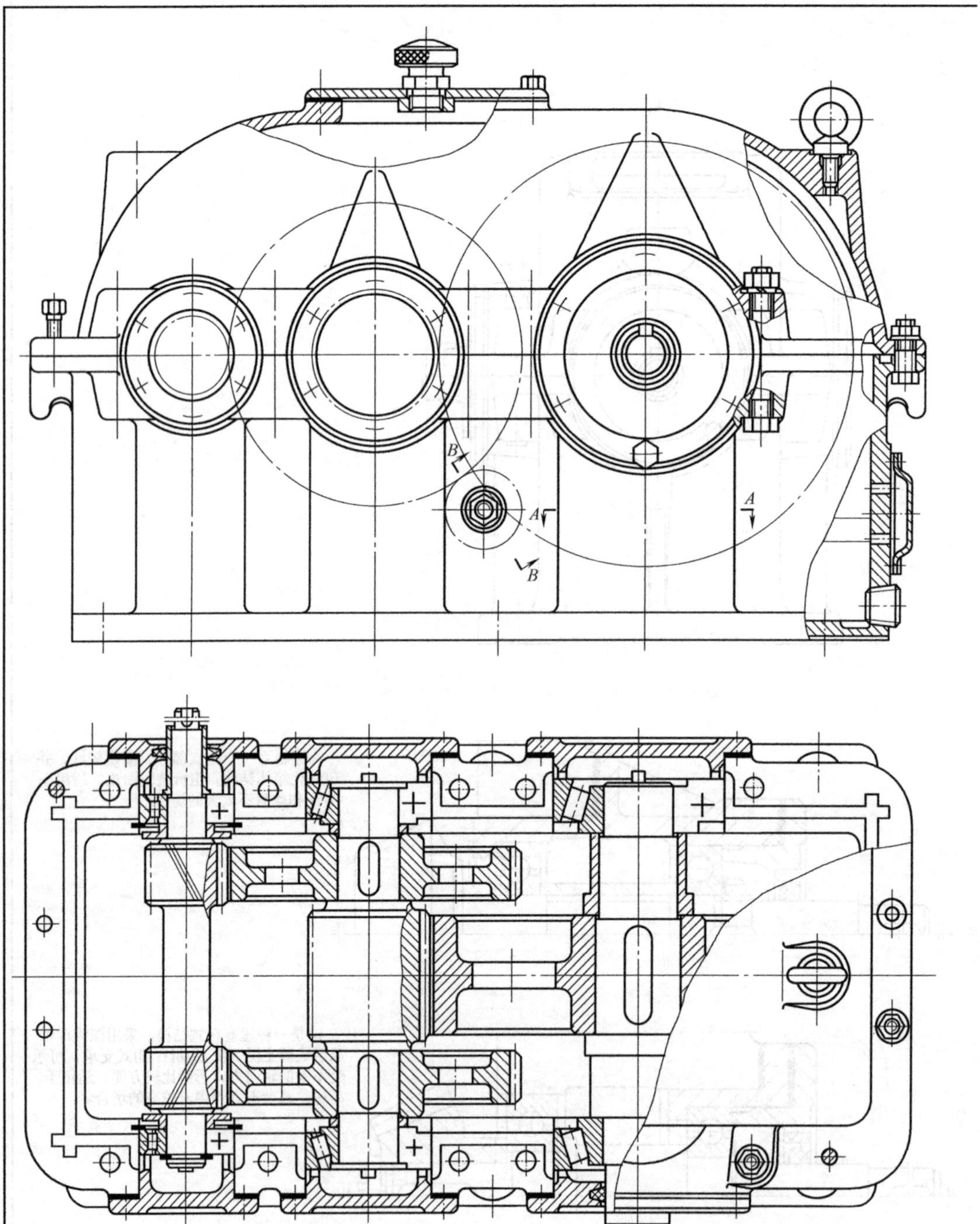

图 10-7 双级圆柱

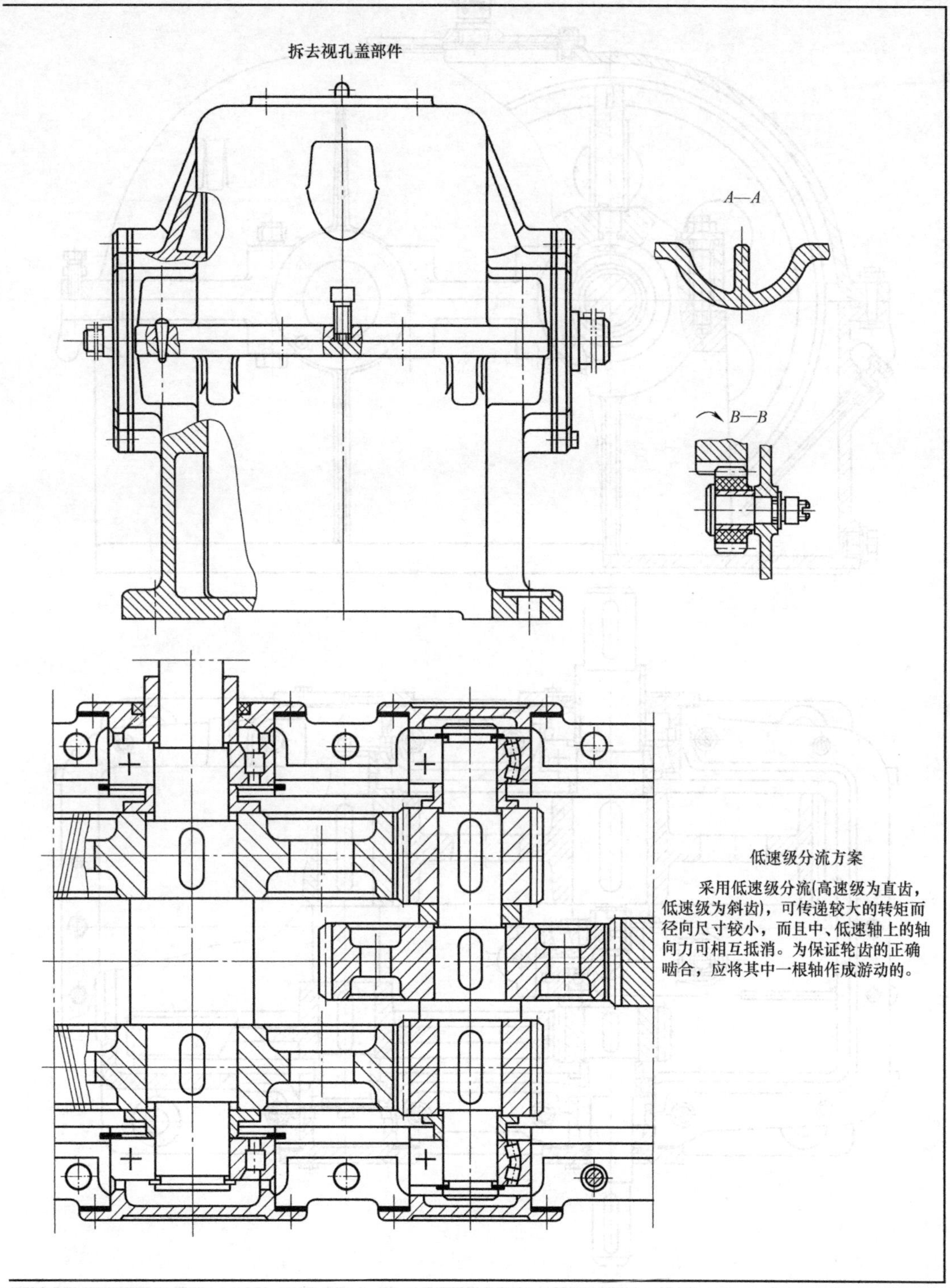

低速级分流方案

采用低速级分流(高速级为直齿，低速级为斜齿)，可传递较大的转矩而径向尺寸较小，而且中、低速轴上的轴向力可相互抵消。为保证轮齿的正确啮合，应将其中一根轴作成游动的。

齿轮减速器（分流式）

八、双级圆柱齿轮减速器（同轴式）（图 10-8）

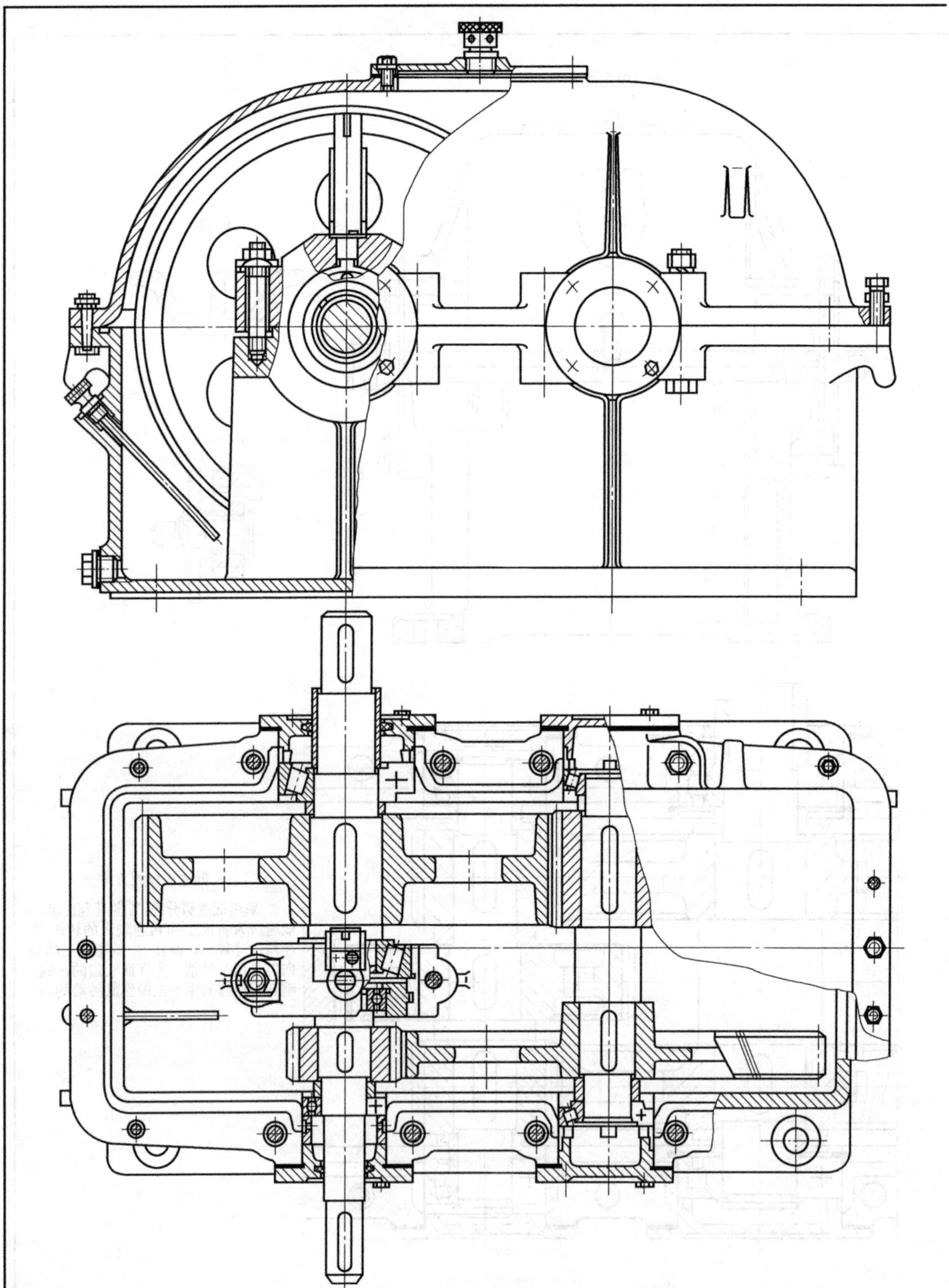

图 10-8 双级圆柱

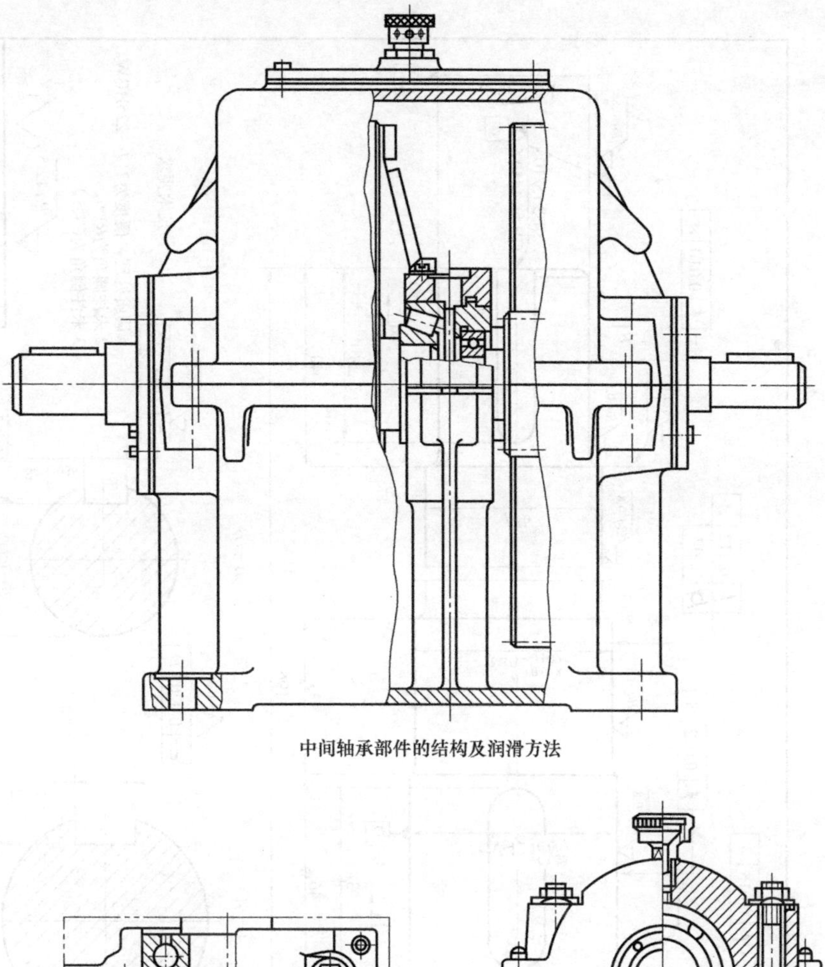

中间轴承部件的结构及润滑方法

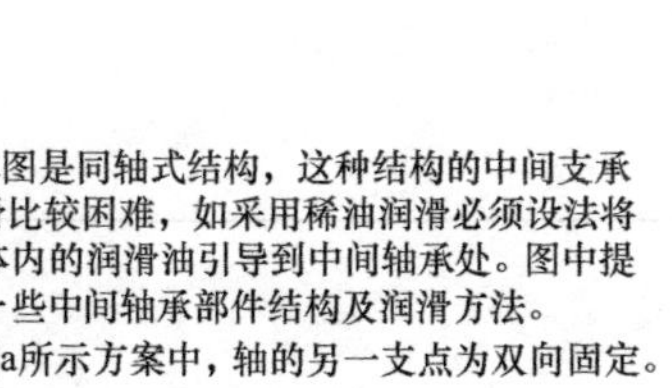

a)

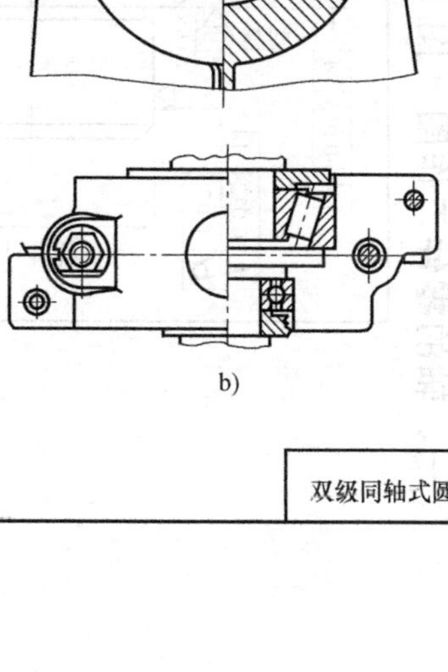

b)

注:1.本图是同轴式结构，这种结构的中间支承润滑比较困难，如采用稀油润滑必须设法将机体内的润滑油引导到中间轴承处。图中提供一些中间轴承部件结构及润滑方法。

2.图a所示方案中，轴的另一支点为双向固定。

双级同轴式圆柱齿轮减速器

第二节 零件工作图示例

一、轴的零件工作图（图 10-9）

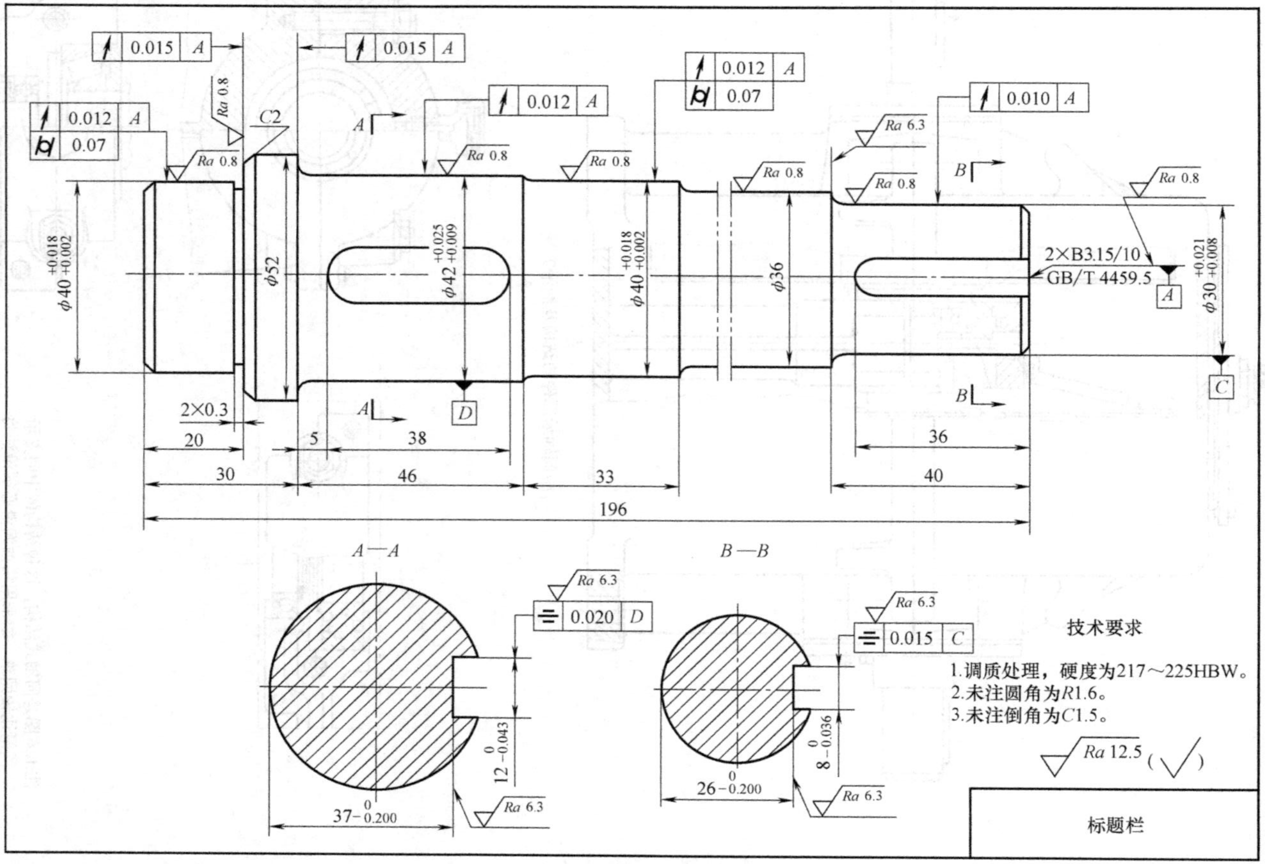

图 10-9 轴的零件工作图

二、圆柱齿轮轴的零件工作图（图 10-10）

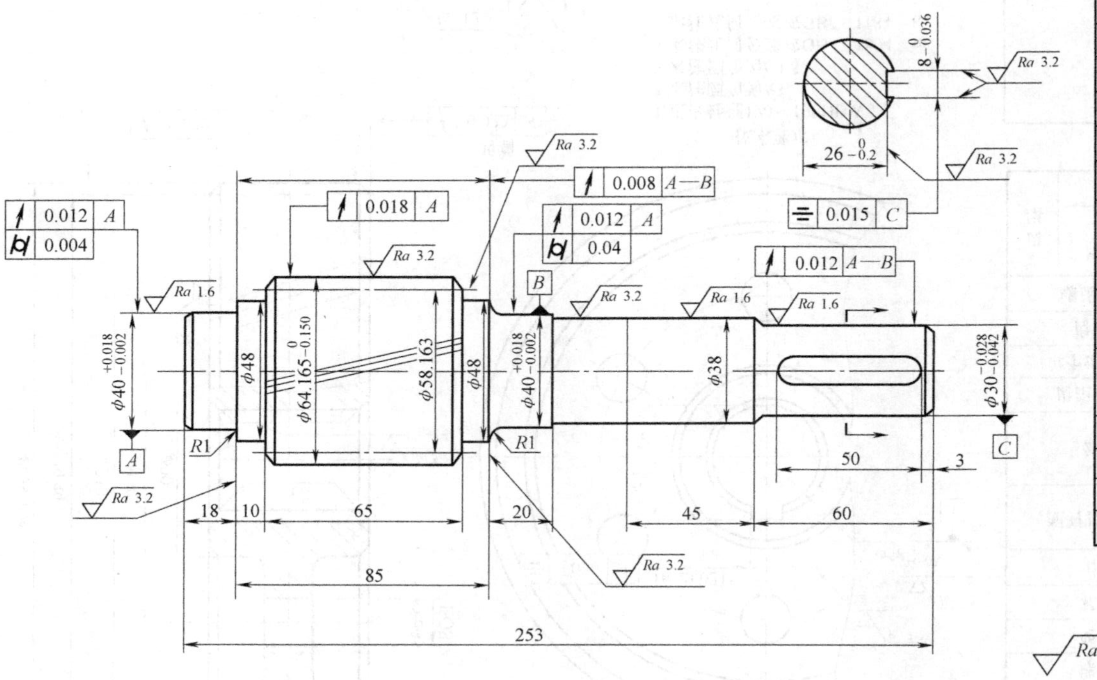

法向模数	m_n	3
齿数	z	19
压力角	α	20°
齿顶高系数	h_a^*	1
螺旋角	β	11°28′42″
螺旋方向	右旋	
径向变位系数	x	0
齿厚	$4.712_{-0.140}^{-0.084}$	
精度等级	8 GB/T 10095.1—2008	
齿轮副中心距及其极限偏差	$a \pm f_a$	150±0.032
配对齿轮	图号	
	齿数	79
齿轮径向跳动偏差	F_r	0.056
齿距累积总偏差	F_p	0.07
齿廓总偏差	F_α	0.025
螺旋线总偏差	F_β	0.029

技术要求

1.调质处理表面硬度为220～250HBW。
2.两端中心孔为B3.15/10，表面粗糙度Ra值为3.2μm。
3.其余圆角半径为$R2$。
4.全部倒角为$C1.5$。
5.未注尺寸公差按GB/T 1804−m。

标题栏

图 10-10　圆柱齿轮轴的零件工作图

三、斜齿圆柱齿轮的零件工作图（图 10-11）

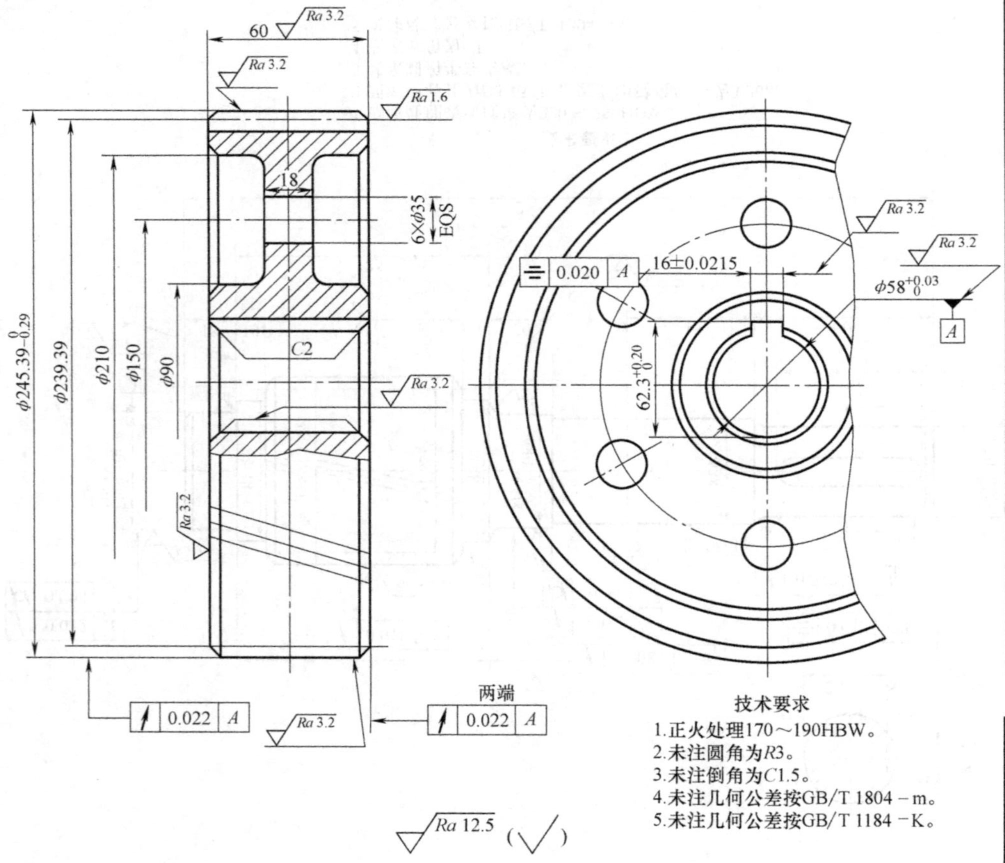

法向模数		m_n	3
齿数		z_2	79
压力角		α	20°
齿顶高系数		h_a^*	1.0
螺旋角		β	8°6′34″
螺旋方向		右	
变位系数		x	0
精度等级		8 GB/T 10095.1—2008	
中心距		$a \pm f_a$	150±0.0315
配对齿轮	图号		
	齿数	z_1	20
公差项目		项目符号	公差值
齿距积累总偏差		F_p	0.070
单个齿距极限偏差		$\pm f_{pt}$	±0.018
齿廓总偏差		F_α	0.025
螺旋线总偏差		F_β	0.029
齿厚	公法线长度及其上、下偏差	$87.552^{-0.107}_{-0.213}$	
	跨齿数	k	10

标题栏

图 10-11　斜齿圆柱齿轮的零件工作图

四、锥齿轮轴的零件工作图（图 10-12）

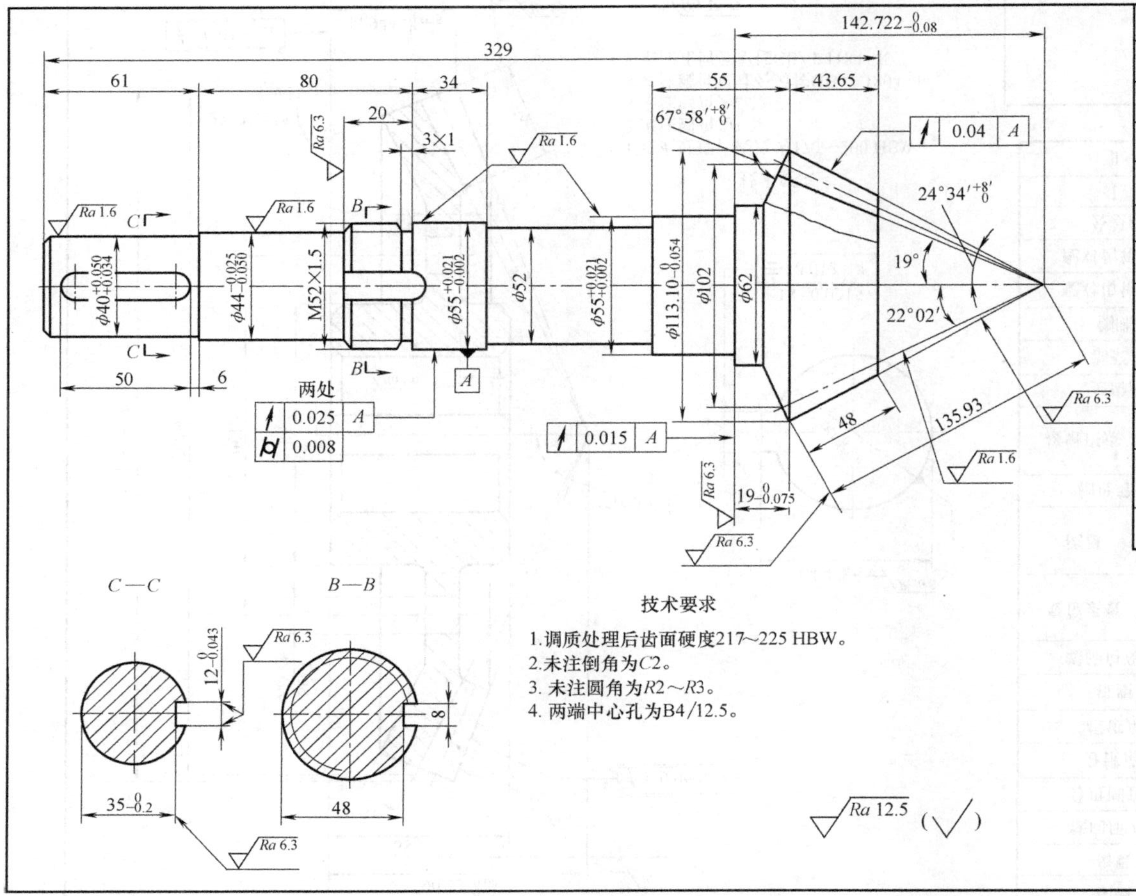

模数		m	6
齿数		z_1	17
压力角		α	20°
齿顶高系数		h_a^*	1
径向间隙系数		c^*	0.2
变位系数		x	0
精度等级			8b GB/T 11365—1989
配对齿轮	图号		
	齿数	z_2	42
齿距累积偏差		F_p	0.063
单个齿距偏差		f_{pt}	±0.025
分度圆弦齿厚及其偏差		$\bar{s}$	$9.413_{-0.19}^{-0.09}$
分度圆弦齿高		$\bar{h}_s$	6.205

技术要求

1. 调质处理后齿面硬度217~225 HBW。
2. 未注倒角为$C2$。
3. 未注圆角为$R2$~$R3$。
4. 两端中心孔为B4/12.5。

标题栏

图 10-12　锥齿轮轴的零件工作图

五、大锥齿轮的零件工作图（图 10-13）

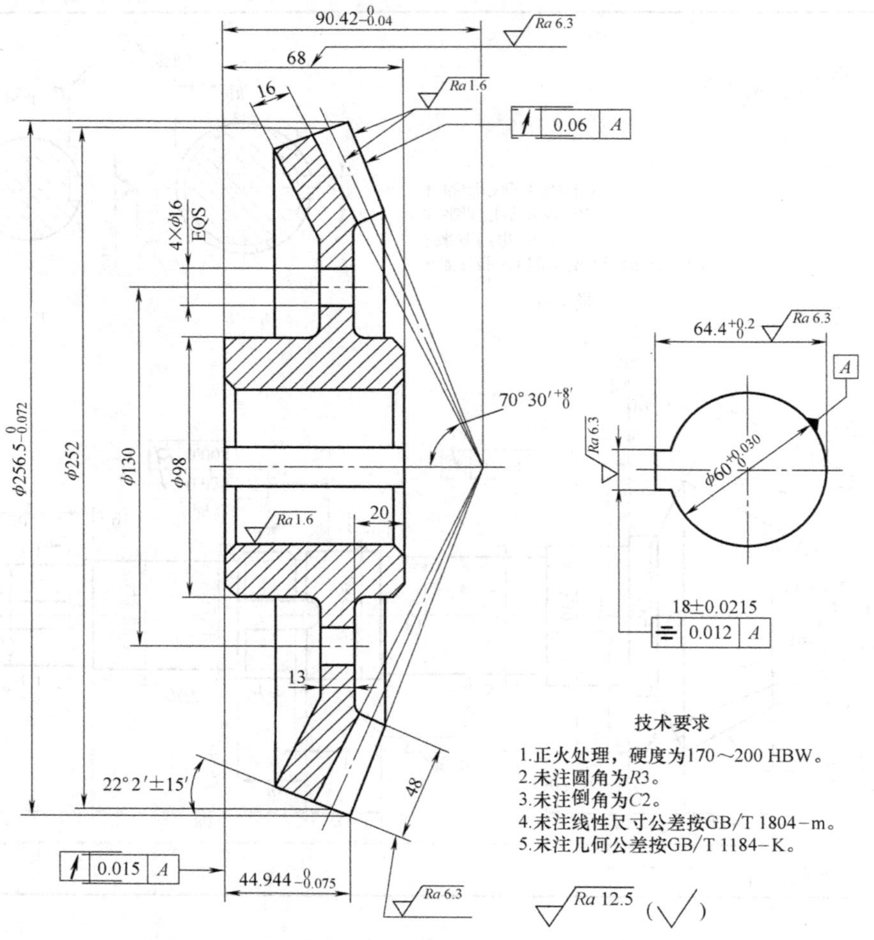

模数		m	6
齿数		z	42
法向压力角		α_n	20°
分度圆直径		d	252
分锥角		δ	67° 58′
根锥角		δ_1	64° 56′
锥距		R	135.93
螺旋角及方向		β	直齿
变位系数	高度	x	0
	切向		0
测量	齿厚	$\bar{s}$	$9.424^{-0.090}_{-0.200}$
	齿高	$\bar{h}_a$	6.033
精度等级		8c GB/T 11365—1989	
接触斑点	齿高		≥55%
	齿长		≥50%
全齿高		h	13.2
轴交角		Σ	90°
侧隙		j_{nmin}	0.087
配对齿轮齿数		z_m	
配对齿轮图号			
公差组		项目代号	公差组
Ⅰ		F_r	0.071
Ⅱ		$\pm f_{pt}$	±0.028

标 题 栏

图 10-13 大锥齿轮的零件工作图

六、蜗杆的零件工作图（图 10-14）

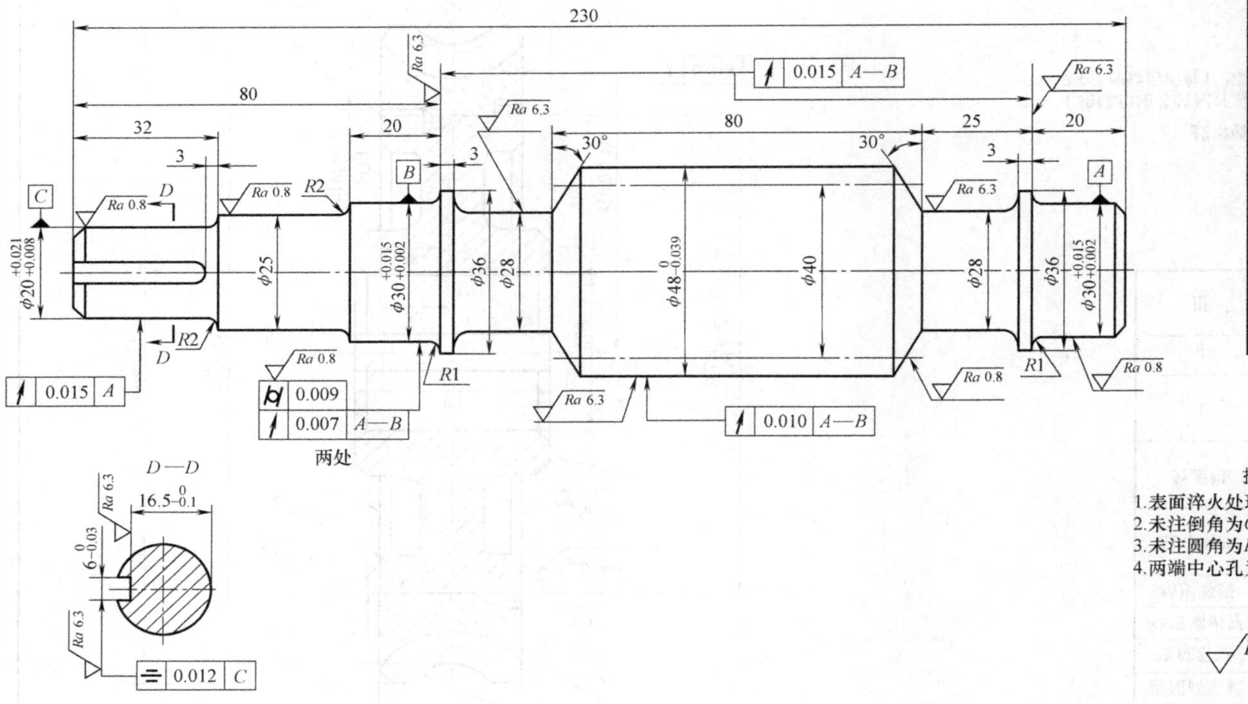

蜗杆类型		阿基米德
模数	m	4
齿数	z_1	2
压力角	α	20°
齿顶高系数	h^*_{a1}	1
导程		
导程角	γ	11°18′36″
螺旋方向		右旋
法向齿厚	s_1	$6.16^{-0.154}_{-0.225}$
精度等级	8c GB/T 10089—1988	
配对蜗轮	图号	
	齿数	
公差组	检验项目	公差(或极限偏差)值
Ⅰ	f_{px}	±0.020
	f_{pxL}	0.034
Ⅱ	f_{f1}	0.032

技术要求

1.表面淬火处理，硬度为45～50HRC。
2.未注倒角为$C1.5$。
3.未注圆角为$R3$。
4.两端中心孔为B3.15/10。

$\sqrt{Ra\ 12.5}$ ($\sqrt{}$)

标题栏

图 10-14　蜗杆的零件工作图

七、蜗轮的零件工作图（图 10-15）

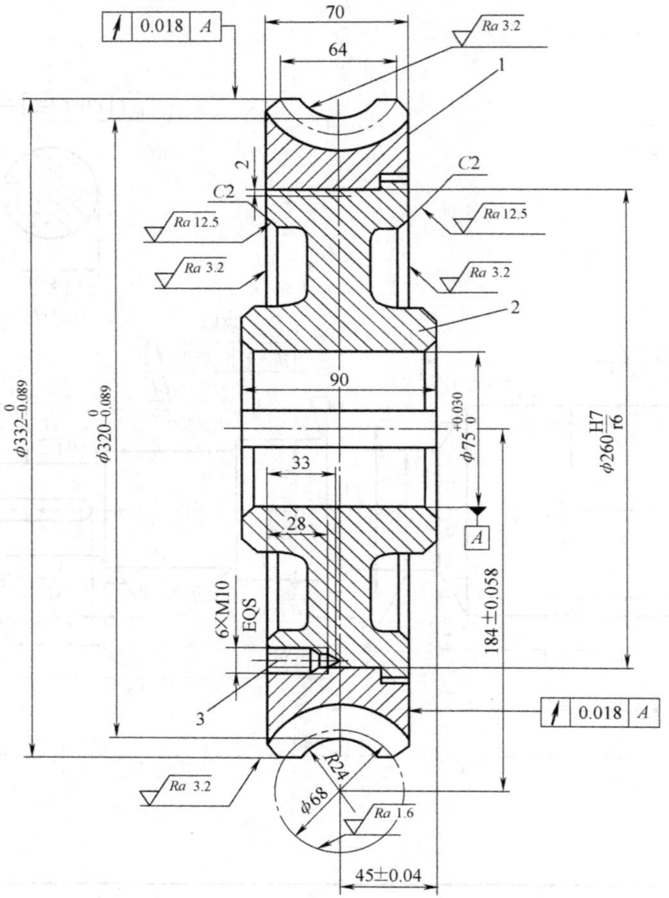

模　数	m	8
齿　数	z_2	38
分度圆直径	d_2	304
齿顶高系数	h_{a2}^*	1
变位系数	x_2	0
分度圆齿厚	s_2	$12.566_{-0.160}^{0}$
精度等级	8c GB/T 10089—1988	
配对蜗杆	图号	
	齿数	
公差组	检验项目	公差(或极限偏差)值
Ⅰ	F_{pk}	0.125
	F_r	0.080
Ⅱ	f_{pt}	±0.032
Ⅲ	f_{f2}	0.028
	f_Σ	±0.024

技术要求

1.轮缘和轮芯装配好后再精车和切制轮齿。
2.件3拧紧后沿件1、2端面锯平。

$\sqrt{}$ ($\sqrt{}$)

标题栏

图 10-15　蜗轮的零件工作图

八、蜗轮轮芯、轮缘的零件工作图（图 10-16）

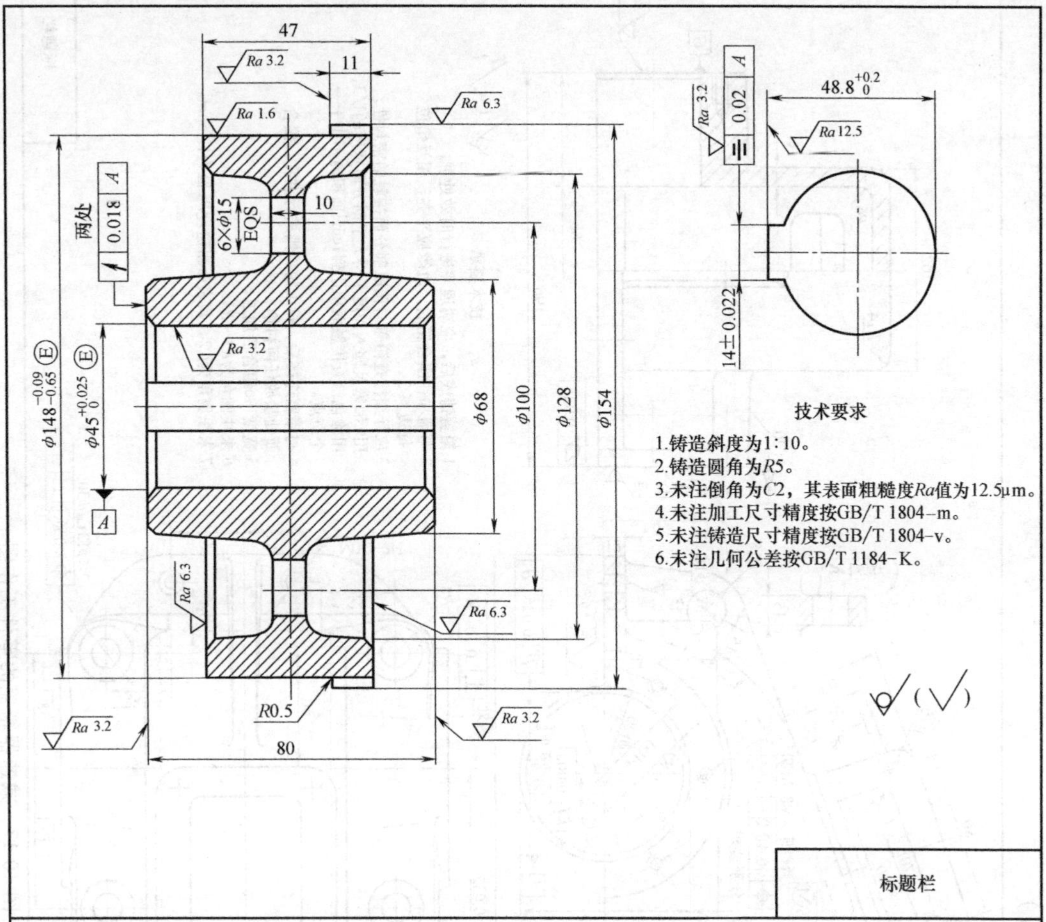

技术要求

1.铸造斜度为1∶10。
2.铸造圆角为$R5$。
3.未注倒角为$C2$，其表面粗糙度Ra值为12.5μm。
4.未注加工尺寸精度按GB/T 1804–m。
5.未注铸造尺寸精度按GB/T 1804–v。
6.未注几何公差按GB/T 1184–K。

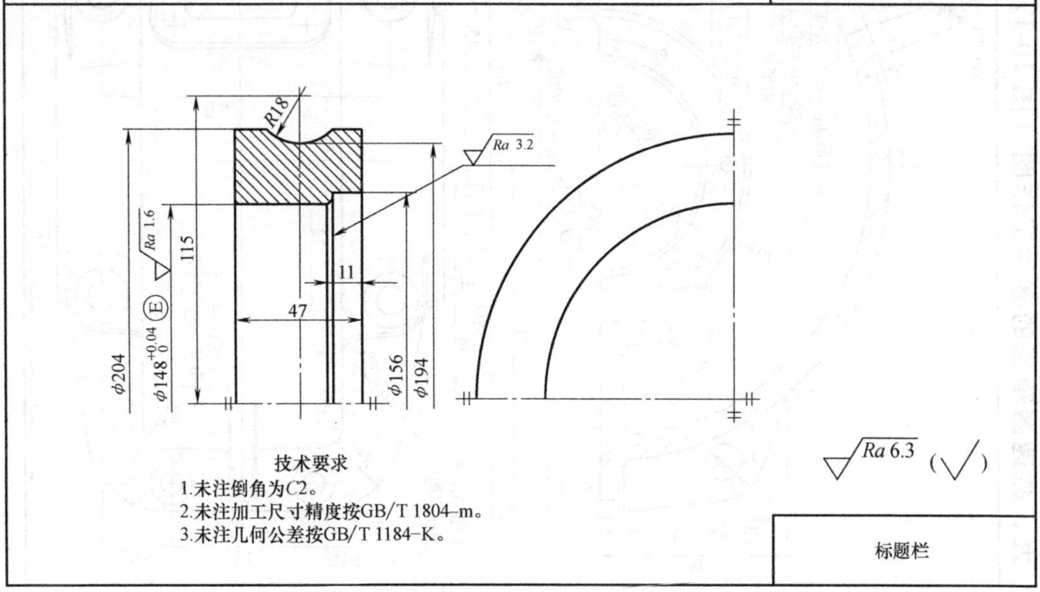

技术要求

1.未注倒角为$C2$。
2.未注加工尺寸精度按GB/T 1804–m。
3.未注几何公差按GB/T 1184–K。

图 10-16 蜗轮轮芯、轮缘的零件工作图

九、减速器箱盖的零件工作图（图 10-17）

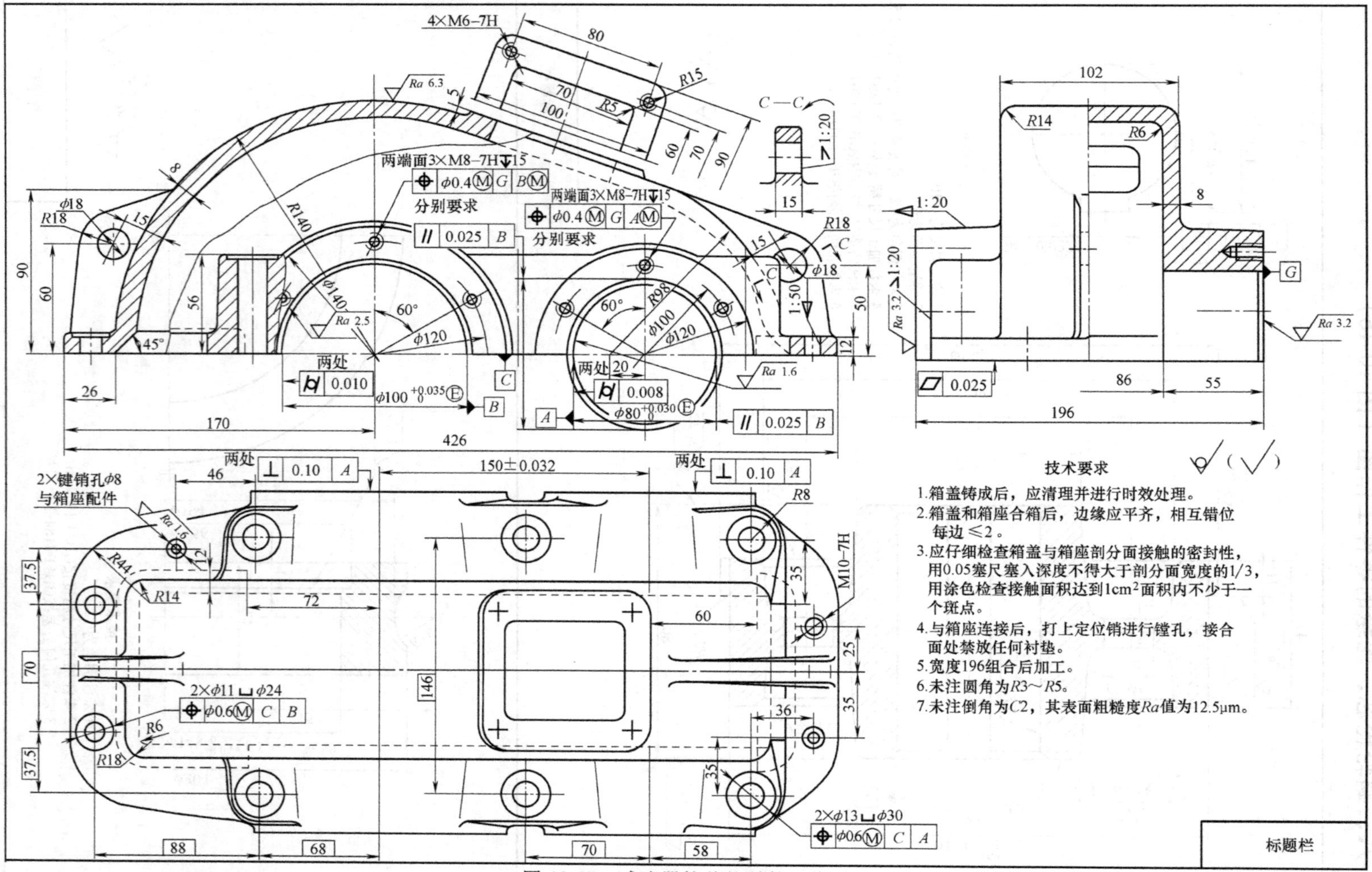

技术要求

1.箱盖铸成后，应清理并进行时效处理。
2.箱盖和箱座合箱后，边缘应平齐，相互错位每边 ≤2 。
3.应仔细检查箱盖与箱座剖分面接触的密封性，用0.05塞尺塞入深度不得大于剖分面宽度的1/3，用涂色检查接触面积达到$1cm^2$面积内不少于一个斑点。
4.与箱座连接后，打上定位销进行镗孔，接合面处禁放任何衬垫。
5.宽度196组合后加工。
6.未注圆角为$R3\sim R5$。
7.未注倒角为C2，其表面粗糙度Ra值为12.5μm。

图 10-17　减速器箱盖的零件工作图

十、减速器箱座的零件工作图（图 10-18）

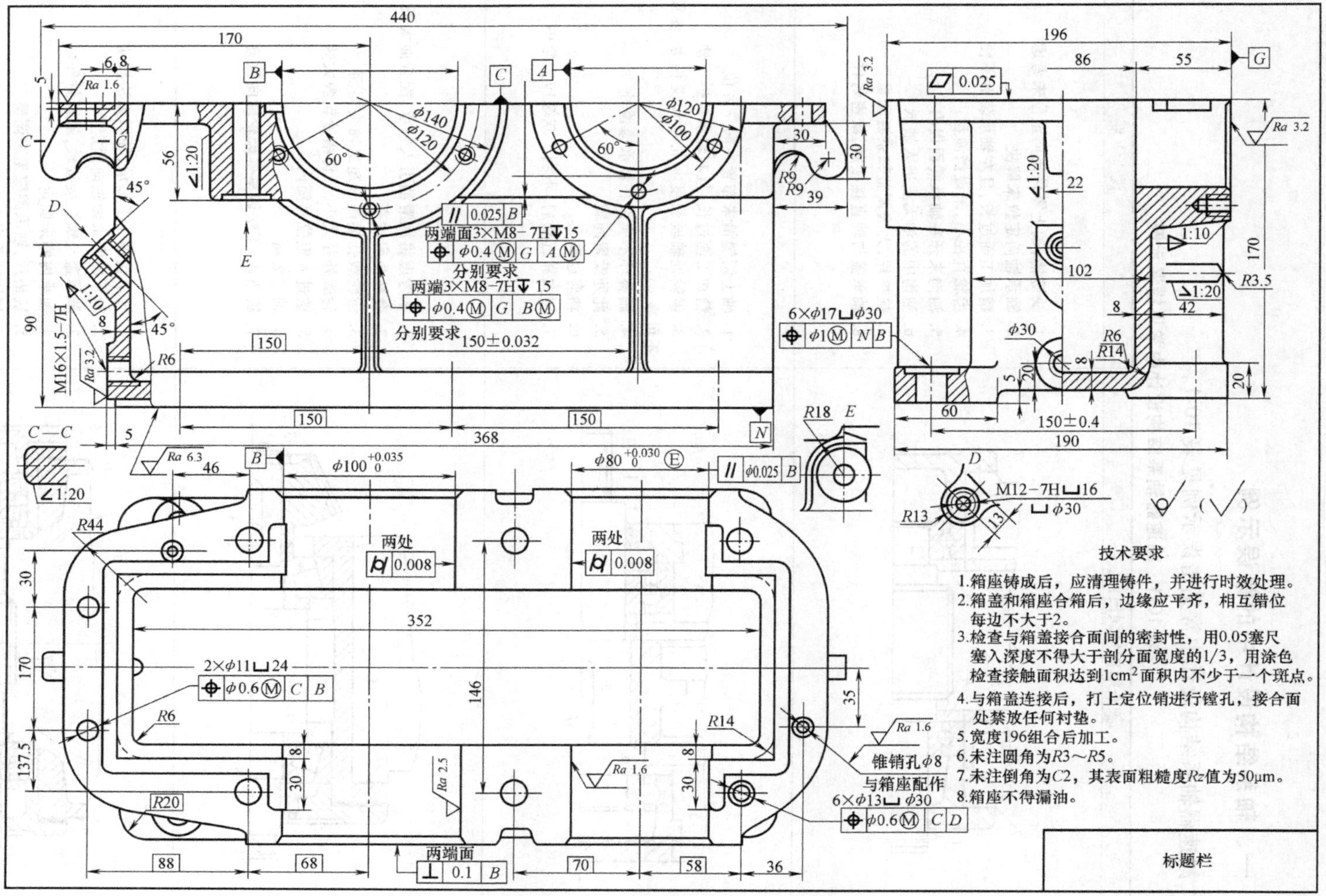

图 10-18　减速器箱座的零件工作图

第三节　减速器装配图常见错误示例

一、轴系结构设计中的错误示例

减速器轴系结构设计中常见错误示例见表 10-1。

表 10-1　减速器轴系结构设计中常见错误示例

轴系结构错误图例	说　　明
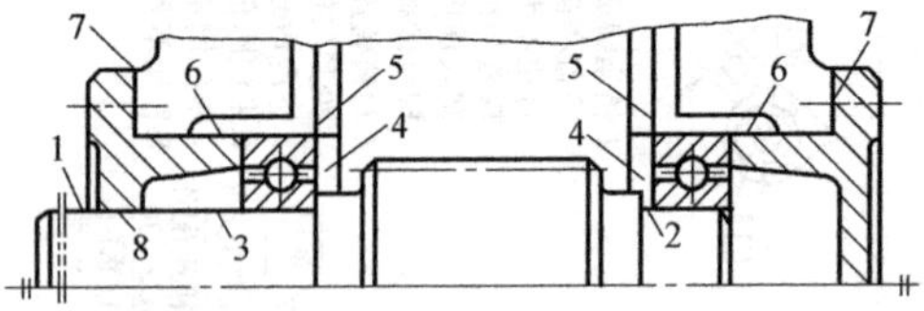	1. 缺键槽；轴上零件周向定位未考虑 2. 轴承轴向定位未解决 3. 精加工面过长，且左轴承装拆不便 4. 齿轮直径小；未设挡油盘 5. 油沟未开在轴承端面以内 6. 油沟中的油无法进入轴承 7. 缺垫片，无法调整轴系游动量 8. 轴承盖与轴直接接触，缺密封件
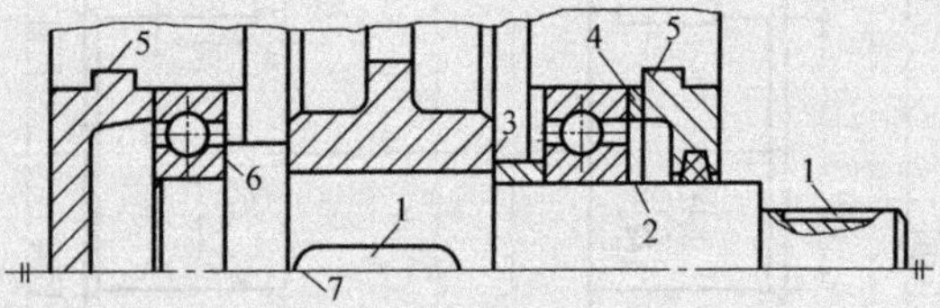	1. 轴上两键槽未布置在同一方位 2. 精加工面过长，且右轴承装拆不便 3. 齿轮处轴段长度与轮毂长度相等，套筒紧固不可靠 4. 调整环不应设在轴承透盖处 5. 此处没留间隙 6. 轴肩过高 7. 键太靠近轴肩，不利于减缓应力集中
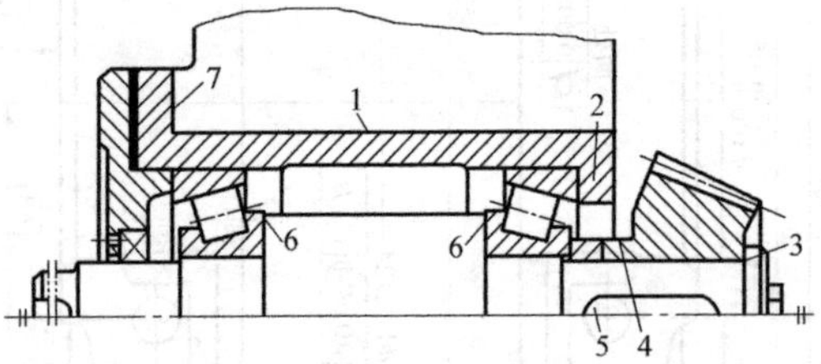	1. 未考虑将润滑油引入轴承；配合面太长 2. 套杯凸肩过高 3. 齿轮毂孔端面未超出轴头端面 4. 轮毂外径太小，开键槽处轮毂太薄 5. 键进入定位套筒内 6. 轴肩太高 7. 缺垫片，无法调整锥齿轮轴向位置
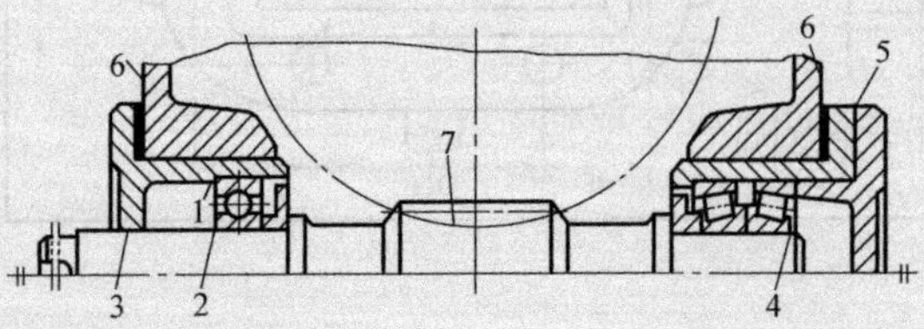	1. 轴承盖顶住了轴承，轴承无法游动 2. 轴承内圈未做轴向固定 3. 轴承盖与轴直接接触，缺密封件 4. 轴承内圈未固定 5. 缺垫片，轴承游隙无法调整 6. 箱体轴承座未设凸台 7. 蜗轮分度圆应与蜗杆节线相切

二、箱体和附件设计中的错误示例

减速器箱体和附件设计中常见错误示例见表 10-2。

表 10-2　减速器箱体和附件设计中常见错误示例

错误图例	错误图例
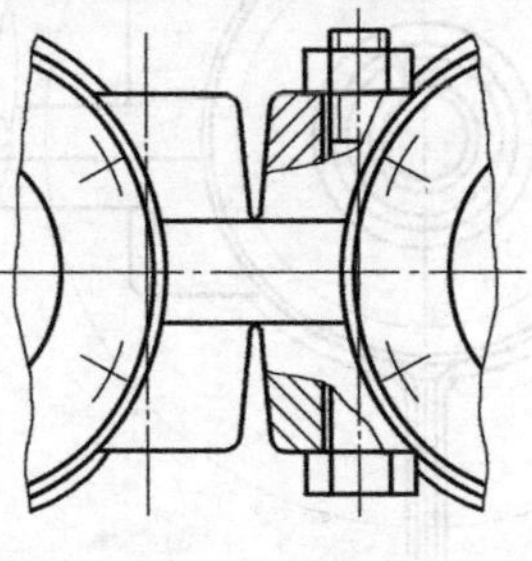 两凸台间成狭缝，不便造型，应连成一体；螺栓孔中心线不应进入轴承座（盖）范围内；螺栓孔两端应锪沉孔；螺母下未设弹簧垫圈	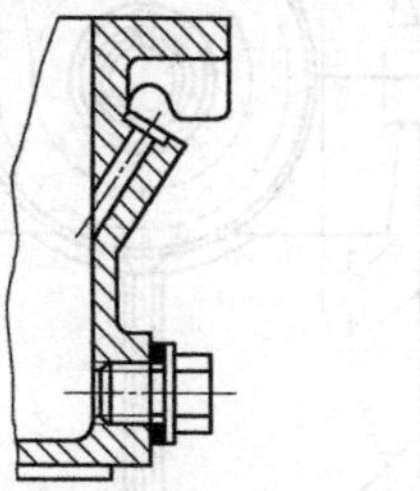 油标尺座偏高且角度不妥，油标尺孔难以加工；放油孔位置偏高，箱内污油放不干净
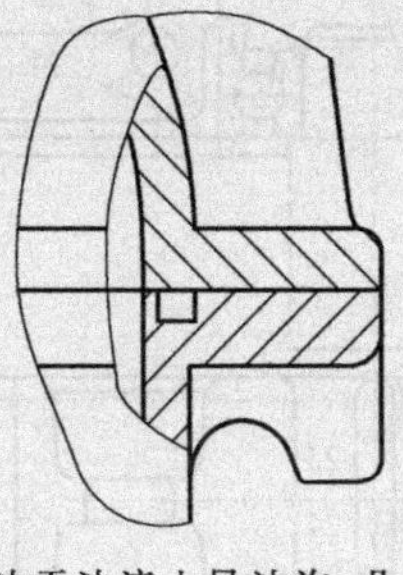 飞溅到箱盖的油无法流入导油沟；凸缘处应有铸造圆角；吊钩内凹处图形错	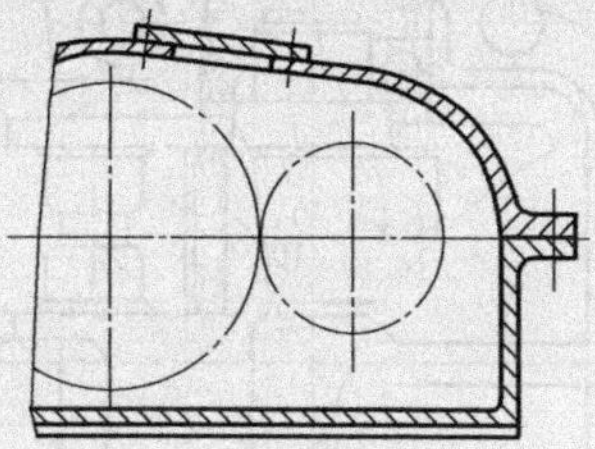 观察孔太偏左，不利于观察啮合区的情况；大齿轮离箱底太近
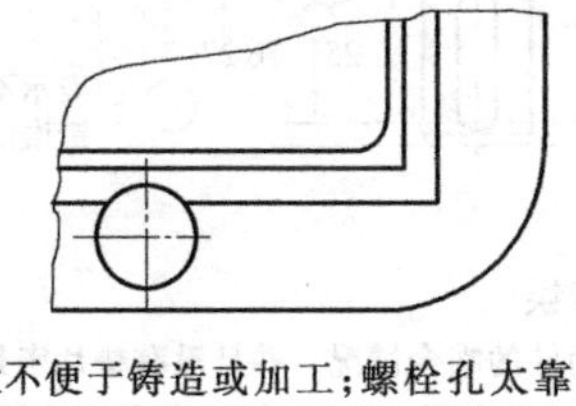 油沟形状不便于铸造或加工；螺栓孔太靠近箱壁，且与输油沟相通	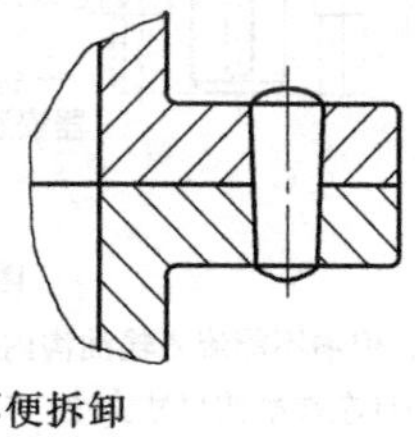 定位销太短，不便拆卸

三、减速器装配图常见错误示例

减速器装配图常见错误如图 10-19 所示，说明如下：

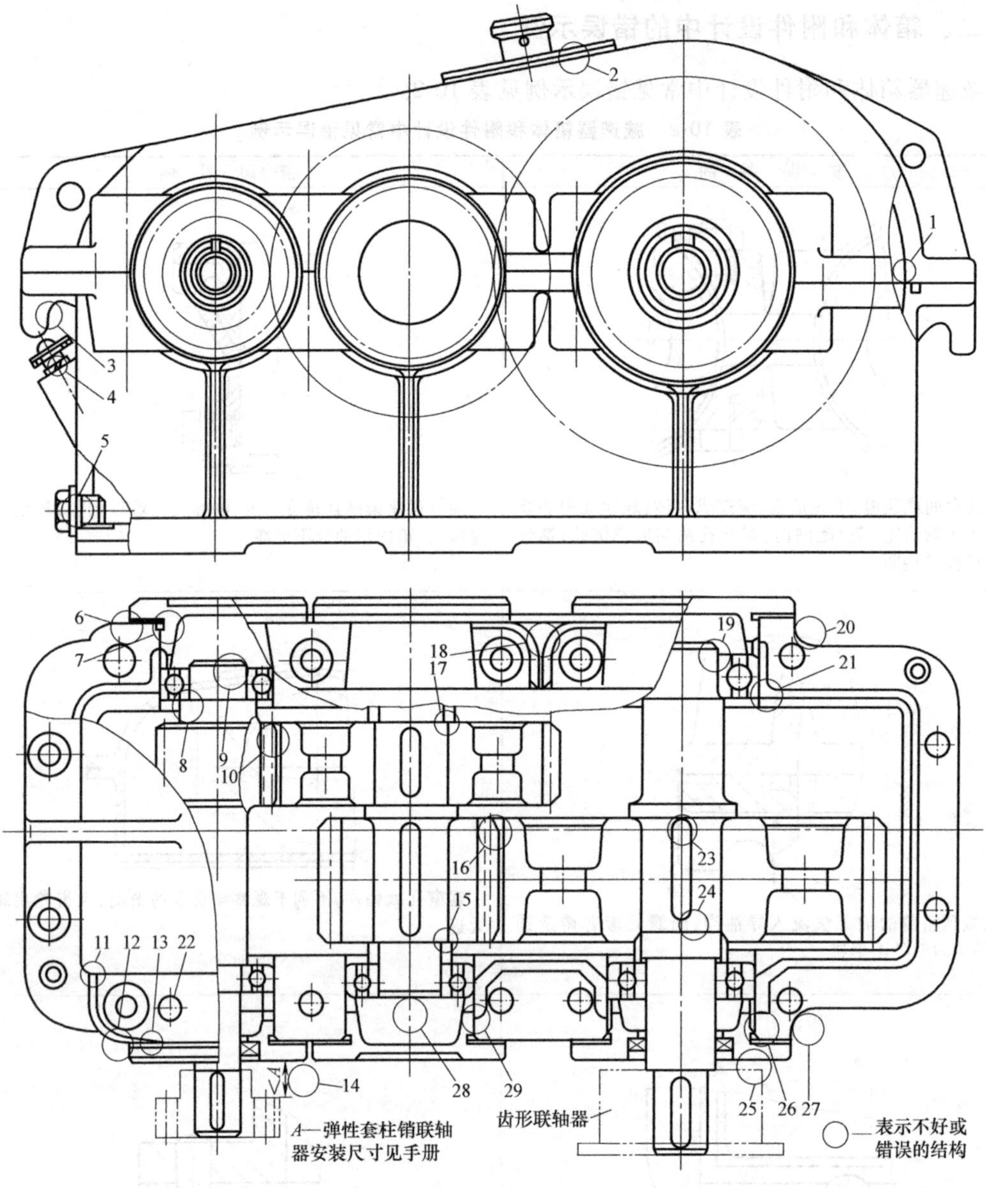

图 10-19 减速器装配图常见错误

1—轴承采用油润滑，但油不能流入输油沟内 2—窥视孔太小，不便于检查传动件的啮合情况，并且没有垫片密封 3—两端吊钩的尺寸不同，并且左端吊钩尺寸太小 4—油尺座孔不够倾斜，无法进行加工和装拆 5—放油螺塞孔端处的箱体没有凸起，螺塞与箱体之间也没有封油圈，并且螺纹孔长度太短，很容易漏油 6、12—箱体两侧的轴承孔端面没有凸起的加工面 7—垫片孔径太小，端盖不能装入 8—轴肩过高，不能通过轴承的内圈来拆卸轴承 9、19—轴段太长，有弊无益 10、16—大、小齿轮同宽，很难调整两齿轮在全齿宽上啮合，并且大齿轮没有倒角 11、13—投影交线不对 14—间距太短，不便拆卸弹性柱销 15、17—轴与齿轮轮毂的配合段同长，轴套不能固定齿轮 18—箱体两凸台相距太近，铸造工艺性不好，造型时出现尖砂 20、27—箱体凸缘太窄，无法加工凸台的沉头座，连接螺栓头部也不能全坐在凸台上；相对应的主视图投影也不对 21—输油沟的油容易直接流回箱座内而不能润滑轴承 22—没有此孔，此处缺少凸台与轴承座的相贯线 23—键的位置紧贴轴肩，加大了轴肩处的应力集中 24—齿轮轮毂上的键槽，在装配时不易对准轴上的键 25—联轴器与轴承盖相距太近，不便于拆卸轴承盖螺钉 26—轴承盖与箱座孔的配合面太短 28—所有轴承盖上应当开缺口，使润滑油在较低油面就能进入轴承以加强密封 29—轴承盖开缺口部分的直径应当缩小，也应与其他轴承盖一致 30—图中有若干圆缺中心线（未圈出）

第二篇

▸▸▸机械设计课程设计常用标准和规范

第十一章 常用数据和标准

第一节　一般标准和数据

表 11-1　国内部分标准代号

代号	标准名称	代号	标准名称	代号	标准名称
GB	国家强制性标准	JB	机械行业强制性标准	FZ	纺织行业标准
GB/T	国家推荐性标准	JB/T	机械行业推荐性标准	HB	航空行业标准
GB/Z	国家指导性标准	JB/ZQ	机械行业重型矿山标准	SH	石油化工行业标准
GJB	国家军用标准	JB/GQ	机械行业机床工具标准		
GBn	国家内部标准	GJ	航天行业标准		

表 11-2　图纸幅面和图样比例（GB/T 14689—2008，GB/T 14690—1993）

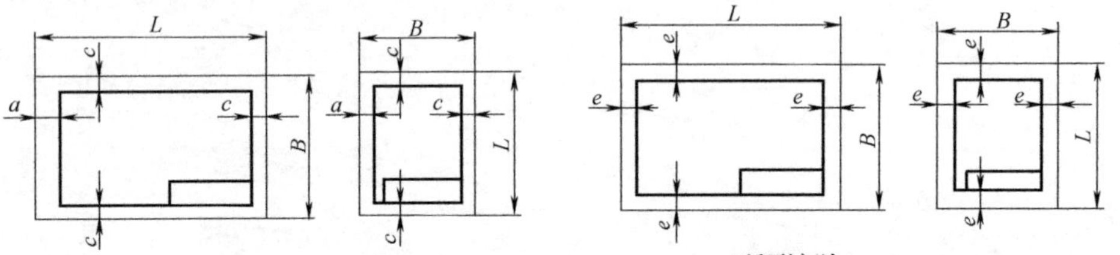

留装订边　　不留装订边

<table>
<tr><td colspan="7">图纸幅面(摘自 GB/T 14689—2008)(单位:mm)</td><td colspan="3">图样比例(摘自 GB/T 14690—1993)</td></tr>
<tr><td colspan="5">基本幅面(第一选择)</td><td colspan="2">加长幅面(第二选择)</td><td>原值比例</td><td>缩小比例</td><td>放大比例</td></tr>
<tr><td>幅面代号</td><td>$B\times L$</td><td>a</td><td>c</td><td>e</td><td>幅面代号</td><td>$B\times L$</td><td rowspan="2">1:1</td><td rowspan="2">1:2　$1:2\times10^n$
1:5　$1:5\times10^n$
1:10　$1:10\times10^n$</td><td rowspan="2">5:1　$5\times10^n:1$
2:1　$2\times10^n:1$
$1\times10^n:1$</td></tr>
<tr><td>A0</td><td>841×1189</td><td rowspan="5">25</td><td rowspan="3">10</td><td rowspan="2">20</td><td>A3×3</td><td>420×891</td></tr>
<tr><td>A1</td><td>594×841</td><td>A3×4</td><td>420×1189</td><td rowspan="4"></td><td rowspan="4">必要时允许选取
1:1.5　$1:1.5\times10^n$
1:2.5　$1:2.5\times10^n$
1:3　$1:3\times10^n$
1:4　$1:4\times10^n$
1:6　$1:6\times10^n$</td><td rowspan="4">必要时允许选取
4:1　$4\times10^n:1$
2.5:1　$2.5\times10^n:1$</td></tr>
<tr><td>A2</td><td>420×594</td><td rowspan="3">10</td><td>A4×3</td><td>297×630</td></tr>
<tr><td>A3</td><td>297×420</td><td rowspan="2">5</td><td>A4×4</td><td>297×841</td></tr>
<tr><td>A4</td><td>210×297</td><td>A4×5</td><td>297×1051</td></tr>
</table>

注：1. 加长幅面的图框尺寸按所选用的基本幅面大一号的图框尺寸确定。

2. n 为正整数。

表 11-3 常用标准尺寸（GB/T 2822—2005） （单位：mm）

R10	R20	R10	R20	R40	R10	R20	R40	R10	R20	R40	R10	R20	R40
1.25	1.25	12.5	12.5	12.5	40.0	40.0	40.0	125	125	125	400	400	400
	1.40			13.2			42.5			132			425
1.60	1.60		14.0	14.0		45.0	45.0		140	140		450	450
	1.80			15.0			47.5			150			475
2.00	2.00	16.0	16.0	16.0	50.0	50.0	50.0	160	160	160	500	500	500
	2.24			17.0			53.0			170			530
2.50	2.50		18.0	18.0		56.0	56.0		180	180		560	560
	2.80			19.0			60.0			190			600
3.15	3.15	20.0	20.0	20.0	63.0	63.0	63.0	200	200	200	630	630	630
	3.55			21.2			67.0			212			670
4.00	4.00		22.4	22.4		71.0	71.0		224	224		710	710
	4.50			23.6			75.0			236			750
5.00	5.00	25.0	25.0	25.0	80.0	80.0	80.0	250	250	250	800	800	800
	5.60			26.5			85.0			265			850
6.30	6.30		28.0	28.0		90.0	90.0		280	280		900	900
	7.10			30.0			95.0			300			950
8.00	8.00	31.5	31.5	31.5	100	100	100	315	315	315	1000	1000	1000
	9.00			33.5			106			335			1060
10.0	10.0		35.5	35.5		112	112		355	355		1120	1120
	11.2			37.5			118			375			1180

注：1. 选用标准尺寸的顺序为 R10、R20、R40。

2. 本标准适用于机械制造业中有互换性或系列化要求的主要尺寸，其他结构尺寸也应尽量采用。对已有专用标准（如滚动轴承、联轴器等）规定的尺寸，按专用标准选用。

表 11-4 一般用途圆锥的锥度和锥角（GB/T 157—2001）

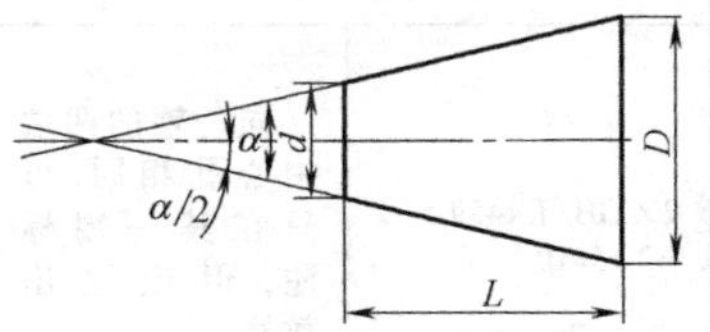

$$C=\frac{D-d}{L}$$

$$C=2\tan\frac{\alpha}{2}=1:\frac{1}{2}\cot\frac{\alpha}{2}$$

基本值	推算值		应用举例
	圆锥角 α	锥度 C	
120°	—	1 : 0.288675	螺纹孔内倒角、填料盒内填料的锥度
90°	—	1 : 0.500000	沉头螺钉头、螺纹倒角、轴的倒角
60°	—	1 : 0.866025	车床顶尖、中心孔
45°	—	1 : 1.207107	轻型螺旋管接口的锥形密合
30°	—	1 : 1.866025	摩擦离合器
1 : 3	18°55′28.7″	—	有极限转矩的摩擦圆锥离合器
1 : 5	11°25′16.3″	—	易拆机件的锥形连接、锥形摩擦离合器
1 : 10	5°43′29.3″	—	受轴向力及横向力的锥形零件的接合面、电动机及其他机械的锥形轴端
1 : 20	2°51′51.1″	—	机床主轴锥度、刀具尾柄、米制锥度铰刀、圆锥螺栓
1 : 30	1°54′34.9″	—	装柄的铰刀及扩孔钻
1 : 50	1°8′45.2″	—	圆锥销、定位销、圆锥销孔的铰刀
1 : 100	0°34′22.6″	—	承受陡振及静变载荷的不需拆开的连接机件
1 : 200	0°17′11.3″	—	承受陡振及冲击变载荷的需拆开的连接零件、圆锥螺栓

表 11-5 60°中心孔尺寸（GB/T 145—2001） （单位：mm）

A型 不带护锥中心孔　B型 带护锥的中心孔　R型 弧形中心孔　C型 带螺纹的中心孔

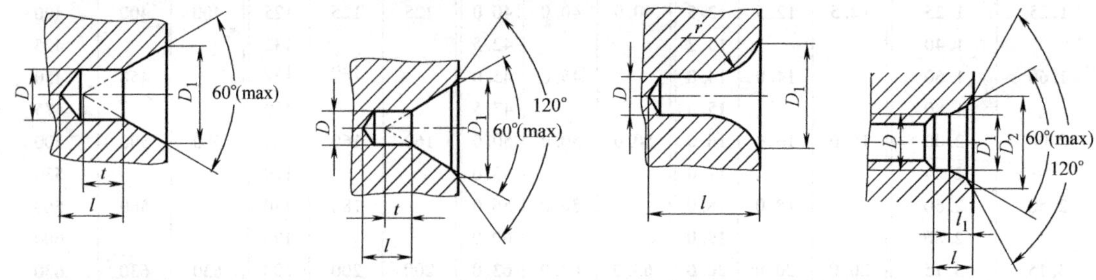

中心孔选择依据		D		D1			l(参考)			t(参考)	D2	l1(参考)	lmin	rmax	rmin
原料端部最小直径/mm	轴状原料直径范围/mm	A、B、R型	C型	A、R型	B型	C型	A型	B型	C型	A、B型	C型		R型		
8	8~18	2.00	—	4.25	6.30	—	1.95	2.54	—	1.80	10.5	—	4.4	6.3	5.0
10	18~30	2.50	—	5.30	8.00	—	2.42	3.2	—	2.20	13.2	—	5.5	8.0	6.3
12	30~50	3.15	M3	6.70	10.00	3.2	3.07	4.03	2.6	2.80	16.3	1.8	7.0	10.0	8.0
15	50~80	4.00	M4	8.50	12.50	4.3	3.90	5.05	3.2	3.50	19.8	2.1	8.9	12.5	10.0
20	80~120	(5.00)	M5	10.60	16.00	5.3	4.85	6.41	4.0	4.40	25.3	2.4	11.2	16.0	12.5
25	120~180	6.30	M6	13.20	18.00	6.4	5.98	7.36	5.0	5.50	31.3	2.8	14.0	20.0	16.0
30	180~220	(8.00)	M8	17.00	22.40	8.4	7.79	9.36	6.0	7.00	38	3.3	17.9	25.0	20.0
42	220~260	10.00	—	21.20	28.00	—	9.70	11.66	—	8.70	—	—	22.5	31.5	25.0

注：1. 括号内的尺寸尽量不用。
2. 不要求保留中心孔的零件采用 A 型，要求保留中心孔的零件采用 B 型。

表 11-6 中心孔的标注（GB/T 4459.5—1999）

标注示例	解释	标注示例	解释
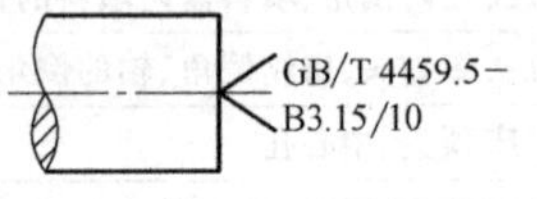	要求作出 B 型中心孔 D = 3.15mm，D_1 = 10mm 在完工的零件上允许保留中心孔	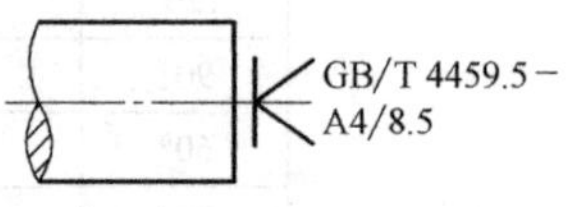	用 A 型中心孔 D = 4mm，D_1 = 8.5mm 在完工的零件上不允许保留中心孔
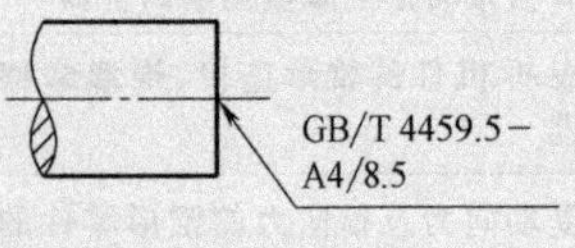	用 A 型中心孔 D = 4mm，D_1 = 8.5mm 在完工的零件上是否保留中心孔都可以	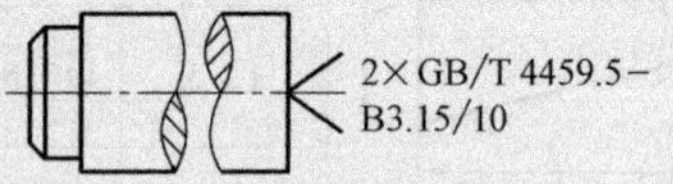	同一轴的两端中心孔相同，可只在其一端标注，但应注出数量

表 11-7 零件倒圆与倒角（GB/T 6403.4—2008） （单位：mm）

倒圆、倒角型式	倒圆、倒角(45°)的 4 种装配型式
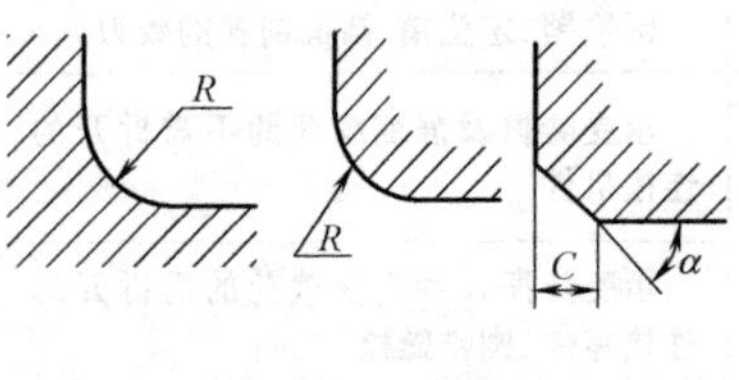	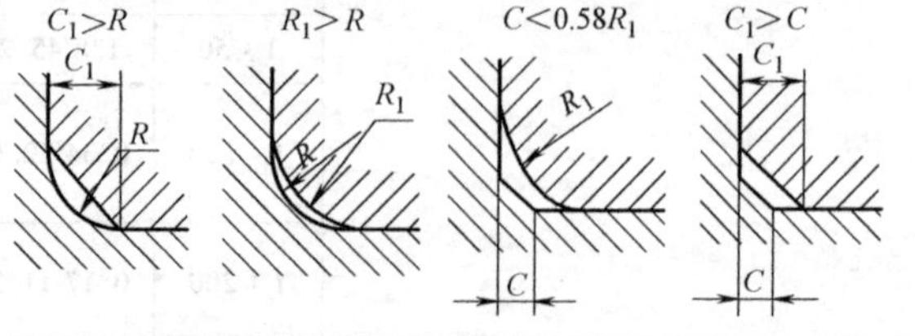

（续）

倒圆、倒角尺寸													
R 或 C	0.1	0.2	0.3	0.4	0.5	0.6	0.8	1.0	1.2	1.6	2.0	2.5	3.0
	4.0	5.0	6.0	8.0	10	12	16	20	25	32	40	50	—

与直径 ϕ 相应的倒角 C、倒圆 R 的推荐值															
ϕ	~3	>3~6	>6~10	>10~18	>18~30	>30~50	>50~80	>80~120	>120~180	>180~250	>250~320	>320~400	>400~500	>500~630	>630~800	>800~1000
C 或 R	0.2	0.4	0.6	0.8	1.0	1.6	2.0	2.5	3.0	4.0	5.0	6.0	8.0	10	12	16

内角倒角、外角倒圆时 C_{max} 与 R_1 的关系																						
R_1	0.1	0.2	0.3	0.4	0.5	0.6	0.8	1.0	1.2	1.6	2.0	2.5	3.0	4.0	5.0	6.0	8.0	10	12	16	20	25
C_{max}($C<0.58R_1$)	—	0.1		0.2		0.3	0.4	0.5	0.6	0.8	1.0	1.2	1.6	2.0	2.5	3.0	4.0	5.0	6.0	8.0	10	12

注：α 一般采用 45°，也可以采用 30°或 60°。

表 11-8　砂轮越程槽（GB/T 6403.5—2008）　（单位：mm）

回转面及端面砂轮越程槽的形式

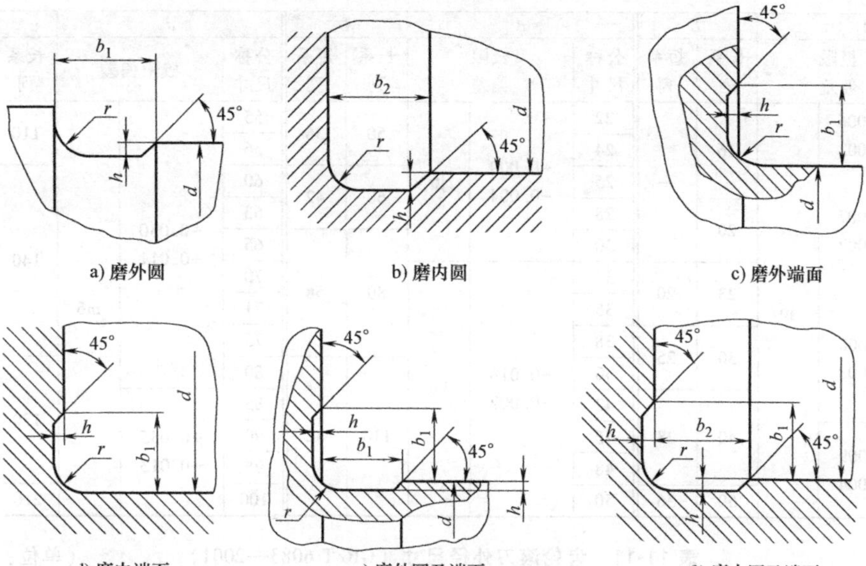

a) 磨外圆　b) 磨内圆　c) 磨外端面

d) 磨内端面　e) 磨外圆及端面　f) 磨内圆及端面

回转面及端面砂轮越程槽的尺寸									
b_1	0.6	1.0	1.6	2.0	3.0	4.0	5.0	8.0	10
b_2	2.0	3.0		4.0		5.0		8.0	10
h	0.1	0.2		0.3	0.4		0.6	0.8	1.2
r	0.2	0.5		0.8	1.0		1.6	2.0	3.0
d	~10			10~50		50~100		100	

注：1. 越程槽内与直线相交处，不允许产生尖角。

　　2. 越程槽深度 h 与圆弧半径 r，要满足 $r \leqslant 3h$。

表 11-9　圆形零件自由表面过渡圆角半径和过盈配合连接轴用倒角　（单位：mm）

圆角半径	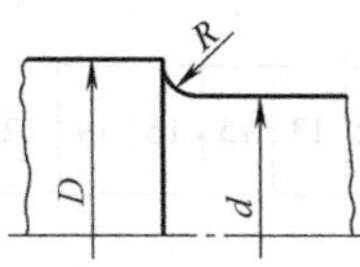	D−d	2	5	8	10	15	20	25	30	35	40	50	55	65	70	90
		R	1	2	3	4	5	8	10	12	12	16	16	20	20	25	25
		D−d	100	130	140	170	180	220	230	290	300	360	370	450	—	—	—
		R	30	30	40	40	50	50	60	60	80	80	100	100	—	—	—

（续）

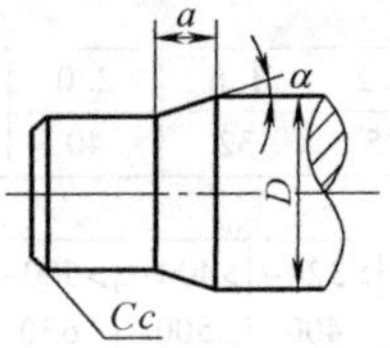

过盈配合连接轴用倒角	D	≤10	>10~18	>18~30	>30~50	>50~80	>80~120	>120~180	>180~260	>260~360	>360~500
	a	1	1.5	2	3	5	5	8	10	10	12
	α	30°				10°					

注：尺寸 $D-d$ 是表中数值的中间值时，则按较小尺寸来选取 R。例如，$D-d=98\text{mm}$，则按 90mm 来选取 $R=25\text{mm}$。

表 11-10　圆柱形轴伸（GB/T 1569—2005）　（单位：mm）

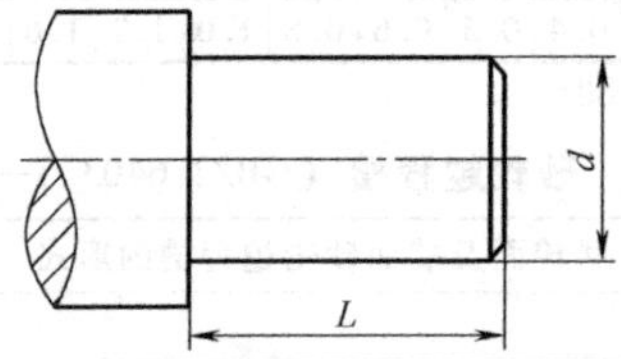

d			L		d			L		d			L	
公称尺寸	极限偏差		长系列	短系列	公称尺寸	极限偏差		长系列	短系列	公称尺寸	极限偏差		长系列	短系列
6	+0.006 -0.002	j6	16	—	22	+0.009 -0.004	j6	50	36	55	+0.030 +0.011	m6	110	82
					24					56				
7	+0.007 -0.002				25			60	42	60			140	105
8			20		28					63				
9					30					65				
10			23	20	32	+0.018 +0.002	k6	80	58	70				
11	+0.008 -0.003				35					71				
12			30	25	38					75				
14					40			110	82	80			170	130
16			40	28	42					85	+0.035 +0.013			
18	+0.009 -0.004				45					90				
19					48					95				
20			50	36	50					100			210	165

表 11-11　齿轮滚刀外径尺寸（GB/T 6083—2001）　（单位：mm）

模数 m		1, 1.25	1.5	2	2.5	3	4	5	6	7	8	9	10
滚刀外径 D	Ⅰ型	63	71	80	90	100	112	125	140	140	160	180	200
	Ⅱ型	50	63	71	71	80	90	100	112	118	125	140	150

注：Ⅰ型适用于技术条件按 JB/T 3227—2013 的高精度齿轮滚刀或按 GB/T 6084—2001 中 AA 级的齿轮滚刀，Ⅱ型适用于技术条件按 GB/T 6084—2001 的齿轮滚刀。

表 11-12　插齿空刀槽（JB/ZQ 4238—2006）　（单位：mm）

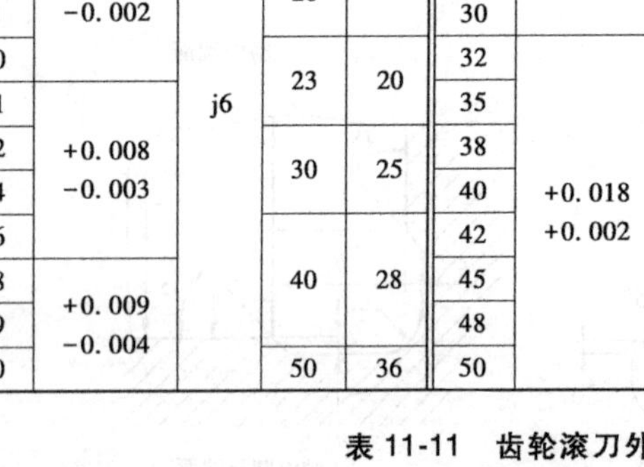

插齿空刀槽													
模数	2	2.5	3	4	5	6	7	8	9	10	12	14	16
h_{min}	5	6			7			8			9		
b_{min}	5	6	7.5	10.5	13	15	16	19	22	24	28	33	38
r	0.5		1.0										

第二节 铸件设计一般规范

表 11-13 铸件最小壁厚 （单位：mm）

铸造方法	铸件尺寸	铸钢	灰铸铁	球墨铸铁	可锻铸铁	铝合金	镁合金	铜合金
砂型	≤200×200	8	≤6	6	5	3	3	3~5
	>200×200~500×500	10~12	>6~10	12	8	4		6~8
	>500×500	15~20	15~20			6		
金属型	≤70×70	5	4		2.5~3.5	2~3	2.5	3
	>70×70~150×150		5			4		4~5
	>150×150	10	6			5		6~8

注：1. 一般铸造条件下，各种灰铸铁件的最小允许壁厚 δ：HT100、HT150：$\delta=4\sim6$mm；HT200：$\delta=6\sim8$mm；HT250：$\delta=8\sim15$mm；HT300、HT350：$\delta=15$mm；HT400，$\delta\geqslant20$mm。

2. 如有特殊需要，在改善铸造条件下，灰铸铁件的最小壁厚可达 3mm，可锻铸铁件的壁厚可小于 3mm。

表 11-14 铸造内圆角（JB/ZQ 4255—2006） （单位：mm）

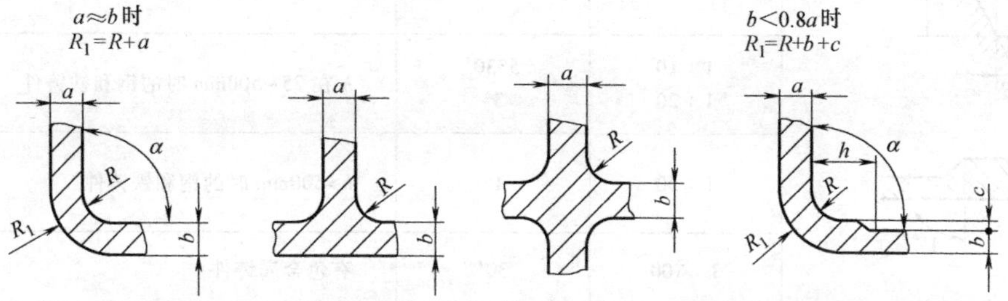

$\frac{a+b}{2}$	R（α）											
	≤50°		>50°~75°		>75°~105°		>105°~135°		>135°~165°		>165°	
	钢	铁	钢	铁	钢	铁	钢	铁	钢	铁	钢	铁
≤8	4	4	4	4	6	4	8	6	16	10	20	16
9~12	4	4	4	4	6	6	10	8	16	12	25	20
13~16	4	4	6	4	8	6	12	10	20	16	30	25
17~20	6	4	8	6	10	8	16	12	25	20	40	30
21~27	6	6	10	8	12	10	20	16	30	25	50	40
28~35	8	6	12	10	16	12	25	20	40	30	60	50

c 和 h

b/a		≤0.4	>0.4~0.65	>0.65~0.8	>0.8
c≈		0.7(a−b)	0.8(a−b)	a−b	—
h≈	钢	8c			
	铁	9c			

表 11-15 铸造外圆角（JB/ZQ 4256—2006） （单位：mm）

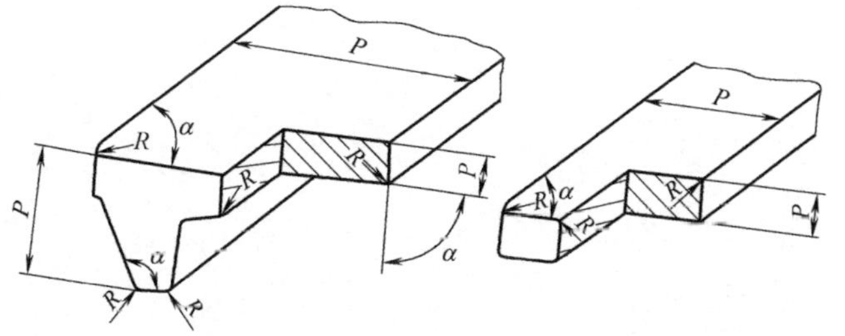

（续）

P	R					
	α					
	≤50°	>50°~75°	>75°~105°	>105°~135°	>135°~165°	>165°
≤25	2	2	2	4	6	8
>25~60	2	4	4	6	10	16
>60~160	4	4	6	8	16	25
>160~250	4	6	8	12	20	30
>250~400	6	8	10	16	25	40
>400~600	6	8	12	20	30	50

注：1. *P* 为表面的最小边尺寸。

2. 如一铸件按表可选出许多不同的圆角“*R*”时，应尽量减少或只取一适当的“*R*”值以求统一。

表 11-16 铸造斜度（JB/ZQ 4257—2006）

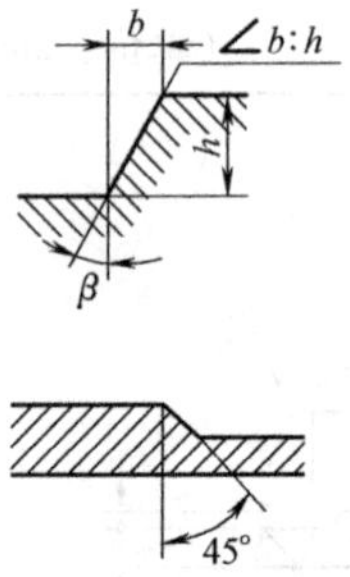

斜度 b : h	角度 β	使用范围
1 : 5	11°30′	h<25mm 的钢和铁铸件
1 : 10 1 : 20	5°30′ 3°	h 在 25~500mm 时的钢和铁铸件
1 : 50	1°	h>500mm 时的钢和铁铸件
1 : 100	30′	有色金属铸件

注：当设计不同壁厚的铸件时，在转折点处的斜角最大还可增大到 30°~45°。

表 11-17 铸造过渡斜度（JB/ZQ 4254—2006） （单位：mm）

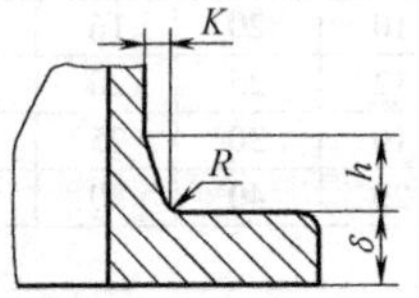

适用于减速器箱体、连接管、气缸及其他连接法兰

铸铁件和铸钢件的壁厚 δ	K	h	R
10~15	3	15	5
>15~20	4	20	5
>20~25	5	25	5
>25~30	6	30	8
>30~35	7	35	8
>35~40	8	40	10
>40~45	9	45	10
>45~50	10	50	10

第十二章

常用工程材料

第一节　黑色金属材料

表 12-1　钢的常用热处理方法及应用

名　称	说　明	应　用
退火	退火是将金属加热到临界温度以上 30~50℃,保温一段时间,然后再缓慢地冷却下来(一般用炉冷)	用来消除铸件、锻件、焊件的内应力,降低硬度,以易于切削加工,细化金属晶粒,改善组织,增加韧度
正火	正火是将钢件加热到临界温度以上 30~50℃,保温一段时间,然后在空气中冷却,冷却速度比退火快	用来处理低碳和中碳结构钢材及渗碳零件,使其组织细化,增加强度及韧度,减小内应力,改善可加工性
淬火	淬火是将钢件加热到临界点以上温度,保温一段时间,然后放入水、盐水或油中(个别材料在空气中)急剧冷却,使其得到高硬度	用来提高钢的硬度和强度。但淬火时会引起内应力使钢变脆,所以淬火后必须回火
回火	回火是将淬硬的钢件加热到临界点以下的某一温度,保温一段时间,然后在空气中或油中冷却下来	用来消除淬火后的脆性和内应力,提高钢的塑性和冲击韧度
调质	淬火后高温回火	使钢获得高的韧度和足够的强度,很多重要零件是经过调质处理的
表面淬火	仅对零件表层进行淬火,使零件表层有高的硬度和耐磨性,而心部保持原有的强度和韧度	常用来处理轮齿的表面
时效	将钢加热至 120~130℃,长时间保温后,随炉冷却或取出在空气中冷却	用来消除或减小淬火后的微观应力,防止变形和开裂,稳定工件形状及尺寸,以及消除机械加工的残余应力
渗碳	将钢件在渗碳介质中加热保温,使碳原子渗入表面,使表面增碳,渗碳层深度为 0.4~6mm 或>6mm,硬度为 56~65HRC	增加钢件的耐磨性、表面硬度、抗拉强度及疲劳极限,适用于低碳、中碳(w_C<0.40%)结构钢的中小型零件和大型的重载荷、受冲击、耐磨的零件
碳氮共渗	使表面增加碳与氮,扩散层深度较浅,为 0.02~3.0mm;硬度高,在共渗层为 0.02~0.04mm 时硬度为 66~70HRC	增加结构钢、工具钢制件的耐磨性、表面硬度和疲劳极限,提高刀具切削性能和使用寿命。适用于要求硬度高、耐磨的中、小型及薄片的零件和刀具等
渗氮	在一定温度下一定介质中使氮原子渗入工件表层,使表面增氮,渗氮层为 0.025~0.8mm,而渗氮时间需 40~50h,硬度很高(1200HV),渗氮变形较小	增加钢件的耐磨性、表面硬度、疲劳极限和耐蚀能力,适用于结构钢和铸铁件,如气缸套、气门座、机床主轴、丝杠等耐磨零件,以及在潮湿、碱水和燃烧气体介质的环境中工作的零件,如水泵轴、排气阀等零件

表 12-2 各种硬度值对照表

洛氏 HRC	肖氏 HS	维氏 HV	布氏 HBW	洛氏 HRC	肖氏 HS	维氏 HV	布氏 HBW	洛氏 HRC	肖氏 HS	维氏 HV	布氏 HBW
70	—	1037	—	51	67.7	525	501	32	44.5	304	298
69	—	997	—	50	66.3	509	488	31	43.5	296	291
68	96.6	959	—	49	65	493	474	30	42.5	289	283
67	94.6	923	—	48	63.7	478	461	29	41.6	281	276
66	92	889	—	47	62.3	468	449	28	40.6	274	269
65	90.5	856	—	46	61	449	430	27	39.7	268	263
64	88.4	825	—	45	59.7	436	424	26	38.8	261	257
63	86.5	795	—	44	58.4	423	413	25	37.9	255	251
62	84.8	766	—	43	57.1	411	401	24	37	249	245
61	83.1	739	—	42	55.9	399	391	23	36.3	243	240
60	81.4	713	—	41	54.7	388	380	22	35.5	237	234
59	79.7	688	—	40	53.6	377	370	21	34.7	231	229
58	78.1	664	—	39	52.3	367	360	20	34	226	225
57	76.5	642	—	38	51.1	357	350	19	33.2	221	220
56	74	620	—	37	50	347	341	18	32.6	216	216
55	73.5	599	—	36	48.8	338	332	17	31.9	211	211
54	71.9	579	—	35	47.8	329	320	—	—	—	—
53	70.5	561	—	34	46.6	320	314	—	—	—	—
52	69.1	543	—	33	45.6	312	306				

注：布氏硬度值试验载荷约为 300。

表 12-3 碳素结构钢（GB/T 700—2006）

牌号	等级	力学性能													冲击试验		应用举例
		屈服强度 R_{eH}/MPa						抗拉强度 R_m/MPa	断后伸长率 A(%)						温度/℃	V型缺口冲击吸收能量(纵向)/J	
		钢材厚度(直径)/mm							钢材厚度(直径)/mm								
		≤16	>16~40	>40~60	>60~100	>100~150	>150		≤40	>40~60	>60~100	>100~150	>150~200				
		不小于							不小于							不小于	
Q195	—	(195)	(185)	—	—	—	—	315~430	33	—	—	—	—		—	—	塑性好，常用其轧制薄板，拉制线材、制钉和焊接钢管
Q215	A	215	205	195	185	175	165	335~450	31	30	29	27	26		—	—	金属结构件、拉杆、套圈、铆钉、螺栓、短轴、心轴、凸轮（载荷不大的）、垫圈、渗碳零件及焊接件
	B														20	27	

（续）

牌号	等级	力学性能												冲击试验		应用举例
		屈服强度 σ_{eH}/MPa						抗拉强度 R_m /MPa	断后伸长率 A(%)					温度 /℃	V型缺口冲击吸收能量(纵向) /J	
		钢材厚度(直径)/mm							钢材厚度(直径)/mm							
		≤16	>16~40	>40~60	>60~100	>100~150	>150		≤40	>40~60	>60~100	>100~150	>150~200			
		不小于							不大于						不小于	
Q235	A	235	225	215	205	195	185	370~500	26	25	24	22	21	—	—	金属结构构件、心部强度要求不高的渗碳或碳氮共渗零件、吊钩、拉杆、套圈、气缸、齿轮、螺栓、螺母、连杆、轮轴、盖及焊接件
	B													20	27	
	C													0		
	D													-20		
Q275	A	275	265	255	245	235	225	410~540	22	21	20	18	17	—	—	轴、轴销、制动杆、螺母、螺栓、垫圈、连杆、齿轮以及其他强度较高的零件，焊接性尚可
	B													20	27	
	C													0		
	D													-20		

注：括号内的数值仅供参考，不作为交货条件。表中A、B、C、D为质量等级。

表12-4 优质碳素结构钢（GB/T 699—2015）

牌号	推荐热处理[①] /℃			试样毛坯尺寸[②] /mm	力学性能					钢材交货状态硬度 HBW		应用举例
					抗拉强度 R_m	下屈服强度 R_{eL}[③]	断后伸长率 A	断面收缩率 Z	冲击吸收能量 KU_2	不大于		
	正火	淬火	回火		MPa		(%)		J	未热处理钢	退火钢	
					不小于							
08	930	—	—	25	325	195	33	60	—	131	—	用于需塑性好的零件，如管子、垫片、垫圈；心部强度要求不高的渗碳和碳氮共渗零件，如套筒、短轴、挡块、支架、靠模、离合器盘
10	930	—	—	25	335	205	31	55	—	137	—	用于制造拉杆、卡头、钢管垫片、垫圈、铆钉。这种钢无回火脆性，焊接性好，用于制造焊接零件
15	920	—	—	25	375	225	27	55	—	143	—	用于受力不大、韧性要求较高的零件、渗碳零件、紧固件、冲模锻件及不需要热处理的低载荷零件，如螺栓、螺钉、拉条、法兰盘及化工贮器、蒸汽锅炉

（续）

牌号	推荐热处理①/℃			试样毛坯尺寸②/mm	力学性能					钢材交货状态硬度HBW		应用举例
	正火	淬火	回火		抗拉强度 R_m	下屈服强度 R_{eL}③	断后伸长率 A	断面收缩率 Z	冲击吸收能量 KU_2	不大于		
					MPa		(%)		J	未热处理钢	退火钢	
					不小于							
20	910	—	—	25	410	245	25	55	—	156	—	用于不经受很大应力而要求很大韧性的机械零件，如杠杆、轴套、螺钉、起重钩等。也用于制造压力<6MPa、温度<450℃、在非腐蚀介质中使用的零件，如管子、导管等。还可用于表面硬度高而心部强度要求不大的渗碳与碳氮共渗零件
25	900	870	600	25	450	275	23	50	71	170	—	用于制造焊接设备，以及经锻造、热冲压和机械加工的不承受高应力的零件，如轴、辊子、连接器、垫圈、螺栓、螺钉及螺母
35	870	850	600	25	530	315	20	45	55	197	—	用于制造曲轴、转轴、轴销、杠杆、连杆、横梁、链轮、圆盘、套筒钩环、垫圈、螺钉、螺母。这种钢多在正火和调质状态下使用，一般不作焊接
40	860	840	600	25	570	335	19	45	47	217	187	用于制造辊子、轴、曲柄销、活塞杆、圆盘
45	850	840	600	25	600	335	16	40	39	229	197	用于制造齿轮、齿条、链轮、轴、键、销、蒸汽透平机的叶轮、压缩机及泵的零件、轧辊等。可代替渗碳钢制造齿轮、轴、活塞销等，但要经高频或火焰表面淬火
50	830	830	600	25	630	375	14	40	31	241	207	用于制造齿轮、拉杆、轧辊、轴、圆盘
55	820	820	600	25	645	380	13	35	—	255	217	用于制造齿轮、连杆、轮缘、扁弹簧及轧辊等
60	810	—	—	25	675	400	12	35	—	255	229	用于制造轧辊、轴、轮箍、弹簧、弹簧垫圈、离合器、凸轮、钢绳等
20Mn	910	—	—	25	450	275	24	50	—	197	—	用于制造凸轮轴、齿轮、联轴器、铰链、拖杆等
30Mn	880	860	600	25	540	315	20	45	63	217	187	用于制造螺栓、螺母、螺钉、杠杆及制动踏板等
40Mn	860	840	600	25	590	355	17	45	47	229	207	用于制造承受疲劳载荷的零件，如轴、万向联轴器、曲轴、连杆及在高应力下工作的螺栓、螺母等
50Mn	830	830	600	25	645	390	13	40	31	255	217	用于制造耐磨性要求很高、在高载荷作用下的热处理零件，如齿轮、齿轮轴、摩擦盘、凸轮和截面直径在80mm以下的心轴等
60Mn	810	—	—	25	690	410	11	35	—	269	229	适于制造弹簧、弹簧垫圈、弹簧环和片以及冷拔钢丝（直径≤7mm）和发条

① 钢棒尺寸小于试样毛坯尺寸时，用原尺寸钢棒进行热处理。

② 热处理温度允许调整范围：正火+30℃，淬火+20℃，回火±50℃；推荐保温时间：正火不少于30min，空冷：淬火不少于30min，75、80和85钢油冷，其他钢棒水冷；600℃回火不少于1h。

③ 当屈服现象不明显时，可用规定塑性延伸强度 $R_{p0.2}$ 代替。

表 12-5 合金结构钢（GB/T 3077—2015）

牌号	热处理				试样毛坯尺寸/mm	力学性能					供货状态为退火或高温回火钢棒布氏硬度HBW	特性及应用举例
	淬火		回火			抗拉强度 R_m	下屈服强度 R_{eL}	断后伸长率 A	断面收缩率 Z	冲击吸收能量 KU_2		
	温度/℃	冷却剂	温度/℃	冷却剂		MPa		(%)		J		
						≥					≤	
20Mn2	850 880	水、油 水、油	200 440	水、空气 水、空气	15	785	590	10	40	47	187	截面较小时与20Cr相当，用于渗碳小齿轮、小轴、钢套、链板等，渗碳淬火后硬度56~62HRC
35Mn2	840	水	500	水	25	835	685	12	45	55	207	对于截面较小的零件可代替40Cr，用于直径≤15mm的重要用途的冷镦螺栓及小轴等，表面淬火后硬度40~50HRC
45Mn2	840	油	550	水、油	25	885	735	10	45	47	217	用于制造在较高应力与磨损条件下的零件。在直径≤60mm时，与40Cr相当，用于万向联轴器、齿轮、齿轮轴、蜗杆、曲轴、连杆、花键轴和摩擦盘等，表面淬火后硬度45~55HRC
35SiMn	900	水	570	水、油	25	885	735	15	45	47	229	除了要求低温(-20℃以下)及冲击韧性很高的情况外，可全面代替40Cr，用于调质钢，亦可部分代替40CrNi，用于中小型轴类、齿轮等零件以及在430℃以下工作的重要紧固件，表面淬火后硬度45~55HRC
42SiMn	880	水	590	水	25	885	735	15	40	47	229	与35SiMn钢同。可代替40Cr、35CrMo钢，用于大齿圈。适用于表面淬火件，表面淬火后硬度为45~55HRC
20MnV	880	水、油	200	水、空气	15	785	590	10	40	55	187	相当于20CrNi的渗碳钢、渗碳淬火后硬度56~62HRC
40MnB	850	油	500	水、油	25	980	785	10	45	47	207	可代替40Cr，用于重要调质件，如齿轮、轴、连杆、螺栓等
37SiMn2MoV	870	水、油	650	水、空气	25	980	835	12	50	63	269	可代替40CrNiMoA，用于高强度重载荷轴、曲轴、齿轮、蜗杆等零件，表面淬火后硬度50~55HRC
20CrMnTi	第一次880 第二次870	油	200	水、空气	15	1080	850	10	45	55	217	强度、韧度均高，是铬镍钢的代用品，用于承受高速、中等或重载荷以及冲击磨损等的重要零件，如渗碳齿轮、凸轮等，渗碳淬火后硬度56~62HRC

（续）

牌号	热处理				试样毛坯尺寸/mm	力学性能					供货状态为退火或高温回火钢棒布氏硬度HBW	特性及应用举例
	淬火		回火			抗拉强度 R_m	下屈服强度 R_{eL}	断后伸长率 A	断面收缩率 Z	冲击吸收能量 KU_2		
	温度/℃	冷却剂	温度/℃	冷却剂		MPa		(%)		J		
						≥					≤	
20CrMnMo	850	油	200	水、空气	15	1180	885	10	45	55	217	用于要求表面硬度高、耐磨、心部有较高强度、韧度的零件，如传动齿轮和曲轴等，渗碳淬火后硬度56~62HRC
38CrMoAl	940	水、油	640	水、油	30	980	835	14	50	71	229	用于要求高耐磨性、高疲劳强度和相当高的强度且热处理变形最小的零件，如镗杆、主轴、蜗杆、齿轮、套筒、套环等，渗氮后表面硬度1100HV
20Cr	第一次880 第二次780~820	水、油	200	水、空气	15	835	540	10	40	47	179	用于要求心部强度较高、承受磨损、尺寸较大的渗碳零件，如齿轮、齿轮轴、蜗杆、凸轮、活塞销等；也用于速度较大、受中等冲击的调质零件，渗碳淬火后硬度56~62HRC
40Cr	850	油	520	水、油	25	980	785	9	45	47	207	用于承受交变载荷、中等速度、中等载荷、强烈磨损而无很大冲击的重要零件，如重要的齿轮、轴、曲轴、连杆、螺栓、螺母等零件，并用于直径大于400mm、要求低温冲击韧度的轴与齿轮等，表面淬火后硬度48~55HRC
20CrNi	850	水、油	460	水、油	25	785	590	10	50	63	197	用于制造承受较高载荷的渗碳零件，如齿轮、轴、花键轴、活塞销等
40CrNi	820	油	500	水、油	25	980	785	10	45	55	241	用于制造要求强度、韧度高的零件，如齿轮、轴、链条、连杆等
40CrNiMo	850	油	600	水、油	25	980	835	12	55	78	269	用于特大截面的重要调质件，如机床主轴、传动轴、转子轴等

表 12-6　一般工程用铸造碳钢（GB/T 11352—2009）

牌号	抗拉强度 R_m	屈服强度 R_{eH} ($R_{p0.2}$)	断后伸长率 A_5	根据合同选择		硬度		应用举例
				断面收缩率 Z	冲击吸收能量（V型缺口）	正火回火 HBW	表面淬火 HRC	
	MPa		(%)		J			
	≥							
ZG 200-400	400	200	25	40	30	—	—	各种形状的零件，如机座、变速器箱壳等

（续）

牌号	抗拉强度 R_m	屈服强度 R_{eH} ($R_{p0.2}$)	伸长率 A_5	根据合同选择 断面收缩率 Z	根据合同选择 冲击吸收能量（V型缺口）	硬度 正火回火 HBW	硬度 表面淬火 HRC	应用举例
	MPa		(%)		J			
	≥							
ZG 230-450	450	230	22	32	25	≥131	—	铸造平坦的零件，如机座、机盖、箱体、铁砧台，工作温度在450℃以下的管路附件等。焊接性良好
ZG 270-500	500	270	18	25	22	≥143	40~45	各种形状的机件，如飞轮、机架、蒸汽锤、桩锤、联轴器、水压机工作缸、横梁等。焊接性尚可
ZG 310-570	570	310	15	21	15	≥153	40~50	各种形状的零件，如联轴器、气缸、齿轮、齿轮圈及重载荷机架等
ZG 340-640	640	340	10	18	10	169~229	45~55	起重运输机中的齿轮、联轴器及重要的零件等

注：1. 各牌号铸钢的性能，适用于厚度为100mm以下的铸件。当铸件厚度超过100mm时，表中规定的屈服强度 R_{eH}（$R_{p0.2}$）仅供设计使用。

2. 表中力学性能的试验环境温度为（20±10）℃。

3. 表中硬度值非GB/T 11352—2009中的内容，仅供参考。

表 12-7 灰铸铁（GB/T 9439—2010）

牌号	铸件壁厚/mm >	铸件壁厚/mm ≤	最小抗拉强度 R_m（单铸试棒）/MPa (min)	铸件本体预期抗拉强度 R_m/MPa (min)	布氏硬度 HBW	应用举例
HT100	5	40	100		≤170	盖、外罩、油盘、手轮、手把、支架等
HT150	5	10	150	155	125~205	端盖、汽轮泵体、轴承座、阀壳、管及管路附件、手轮、一般机床底座、床身及其他复杂零件、滑座、工作台等
	10	20		130		
	20	40		110		
HT200	5	10	200	205	150~230	气缸、齿轮、底架、箱体、飞轮、齿条、衬套、一般机床铸有导轨的床身及中等压力（8MPa以下）的液压缸、液压泵和阀的壳体等
	10	20		180		
	20	40		155		
HT225	5	10	225	230	170~240	
	10	20		200		
	20	40		170		
HT250	5	10	250	250	180~250	阀壳、液压缸、气缸、联轴器、箱体、齿轮、齿轮箱体、飞轮、衬套、凸轮、轴承座等
	10	20		225		
	20	40		195		
HT275	10	20	275	250	190~260	
	20	40		220		
HT300	10	20	300	270	200~275	齿轮、凸轮、车床卡盘、剪床及压力机的床身、导板、转塔自动车床及其他重载荷机床铸有导轨的床身、高压液压缸、液压泵和滑阀的壳体等
	20	40		240		
HT350	10	20	350	315	220~290	
	20	40		280		

表 12-8 球墨铸铁（GB/T 1348—2009）

牌号	抗拉强度 R_m/MPa(min)	屈服强度 $R_{p0.2}$/MPa(min)	断后伸长率 A (%)(min)	布氏硬度 HBW	用途
QT350-22	350	220	22	≤160	减速器箱体、管、阀体、阀座、压缩机气缸、拨叉、离合器壳体等
QT400-18	400	250	18	120~175	
QT400-15	400	250	15	120~180	

（续）

牌号	抗拉强度 R_m/MPa(min)	屈服强度 $R_{p0.2}$/MPa(min)	断后伸长率 A(%)(min)	布氏硬度 HBW	用途
QT450-10	450	310	10	160~210	液压泵齿轮、阀体、车辆轴瓦、凸轮、犁铧、减速器箱体、轴承座等
QT500-7	500	320	7	170~230	
QT550-5	550	350	5	180~250	
QT600-3	600	370	3	190~270	曲轴、凸轮轴、齿轮轴、机床主轴、缸体、缸套、连杆、矿车轮、农机零件等
QT700-2	700	420	2	225~305	
QT800-2	800	480	2	245~335	
QT900-2	900	600	2	280~360	曲轴、凸轮轴、连杆、拖拉机链轨板等

表 12-9 常用轧制钢板尺寸规格（GB/T 708—2006 和 GB/T 709—2006）

（单位：mm）

公称厚度	冷轧 GB/T 708—2006	0.20	0.25	0.30	0.35	0.40	0.45	0.55	0.60	0.65	0.70	0.75	0.80	0.90		
		1.0	1.1	1.2	1.3	1.4	1.5	1.6	1.7	1.8	2.0	2.2	2.5	2.8		
		3.0	3.2	3.5	3.8	3.9	4.0	4.2	4.5	4.8	5.0					
	热轧 GB/T 709—2006	0.50	0.55	0.60	0.65	0.70	0.75	0.80	0.90	1.0	1.2	1.3	1.4	1.5	1.6	1.8
		2.0	2.2	2.5	2.8	3.0	3.2	3.5	3.8	3.9	4.0	4.5	5	6	7	8
		9	10	11	12	13	14	15	16	17	18	19	20	21	22	25
		26	28	30	32	34	36	38	40	42	45	48	50	52	55	~110(5进位)
		120	125	130	140	150	160	165	170	180	185	190	195	200		

注：钢板宽度为 50mm 或 10mm 的倍数，但≥600mm。钢板长度为 100mm 或 50mm 的倍数，当厚度≤4mm 时，长度≥1.2m；当厚度>4mm 时，长度≥2m。

第二节 有色金属材料

表 12-10 铸造铜合金（GB/T 1176—2013）

合金牌号 / 合金名称	铸造方法	力学性能 抗拉强度 R_m/MPa ≥	屈服强度 $R_{p0.2}$/MPa ≥	断后伸长率 A(%) ≥	布氏硬度 HBW ≥	特性与应用
ZCuSn5Pb5Zn5 / 5-5-5 锡青铜	S、J、R	200	90	13	60*	耐磨性和耐蚀性均好，易加工，铸造性能和气密性较好，用于较高载荷、中等滑动速度下工作的耐磨、耐腐蚀零件，如轴瓦、衬套、缸套、油塞、离合器、蜗轮等
	Li、La	250	100	13	65*	
ZCuSn10P1 / 10-1 锡青铜	S、R	220	130	3	80*	硬度高，耐磨性极好，不易产生咬死现象，有较好的铸造性能和可加工性，在大气和淡水中有良好的耐蚀性 可用于高载荷（20MPa 以下）和高滑动速度（8m/s）下工作的耐磨零件，如连杆、衬套、轴瓦、齿轮、蜗轮等
	J	310	170	2	90*	
	Li	330	170	4	90*	
	La	360	170	6	90*	
ZCuSn10Zn2 / 10-2 锡青铜	S	240	120	12	70*	耐蚀性、耐磨性和可加工性好，铸造性能好，铸件致密性较高，气密性较好 用作在中等及较高载荷和小滑动速度下工作的重要管配件，以及阀、旋塞、泵体、齿轮、叶轮和蜗轮等
	J	245	140	6	80*	
	Li、La	270	140	7	80*	
ZCuAl8Mn13Fe3Ni2 / 8-13-3-2 铝青铜	S	645	280	20	160	力学性能好，耐蚀性、铸造性能好，可焊接、制造强度高、耐蚀的重要铸件，如船舶螺旋桨、高压阀体、泵体、耐压耐磨的蜗轮、齿轮、法兰、衬套等
	J	670	310	18	170	

（续）

合金牌号/合金名称	铸造方法	力学性能 抗拉强度 R_m/MPa	屈服强度 $R_{p0.2}$/MPa	断后伸长率 A(%)	布氏硬度	特性与应用
		≥				
ZCuAl9Mn2 9-2 铝青铜	S、R J	390 440	150 160	20 20	85 95	力学性能好，耐蚀性、耐磨性、铸造性能好，可焊接但不易钎焊，用以制造耐磨、结构简单的大型铸件，如衬套、齿轮、蜗轮及增压器内气封等
ZCuAl10Fe3 10-3 铝青铜	S J Li、La	490 540 540	180 200 200	13 15 15	100* 110* 110*	力学性能好，耐磨性、耐蚀性、抗氧化性好，可焊接、不易钎焊，大型铸件自 700℃空冷可防止变脆，制造强度高、耐磨、耐蚀的零件，如蜗轮、轴承、衬套、管嘴、耐热管配件
ZCuAl9Fe4Ni4Mn2 9-4-4-2 铝青铜	S	630	250	16	160	力学性能好，耐磨性好，400℃以下具有耐热性，铸造性能尚好的重要铸件如船舶螺旋桨、耐磨和 400℃以下工作的零件（如轴承、齿轮、蜗轮、螺母、法兰、阀体、导向套管）
ZCuZn25Al6Fe3Mn3 25-6-3-3 铝黄铜	S J Li、La	725 740 740	380 400 400	10 7 7	160* 170* 170*	有很好的力学性能，铸造性能良好，耐蚀性较好，有应力腐蚀开裂倾向，可以焊接 适用于高强耐磨零件，如桥梁支撑板、螺母、螺杆、耐磨板、滑块和蜗轮等
ZCuZn38Mn2Pb2 38-2-2 锰黄铜	S J	245 345		10 18	70 80	有较好的力学性能和耐蚀性，耐磨性较好，可加工性良好。用作一般用途的结构件、船舶仪表等的外形简单的铸件，如套筒、衬套、轴瓦、滑块等

注：1. 带 * 数值为参考值。
2. S—砂型铸造；J—金属型铸造；Li—离心铸造；La—连续铸造；R—熔模铸造。

表 12-11 铸造轴承合金（GB/T 1174—1992）

组别	牌号	主要化学成分（质量分数,%） Sb	Cu	Pb	Sn	Cd	As	HBW ≥	应用
锡基铸造轴承合金	ZSnSb11Cu6	10.0~12.0	5.5~6.5	0.35	余量	1.1~1.6	0.1	27	适用于 1500kW 以上的高速蒸汽机和 370kW 的涡轮机、透平压缩机、高速内燃机及 750kW 以上的电动机轴承等
	ZSnSb4Cu4	4.0~5.0	4.0~5.0	0.35	余量	1.1~1.6	0.1	20	耐蚀、耐热、耐磨，适用于涡轮机、内燃机、高速轴承
	ZSnSb8Cu4	7.0~8.0	3.0~4.0	0.35	余量	1.1~1.6	0.1	24	韧性与 ZSnSb4Cu4 相同，适用于一般大机器的轴承，载荷压力大
铅基铸造轴承合金	ZPbSb16Sn16Cu2	15.0~17.0	1.5~2.0	余量	15.0~17.0	1.75~2.25	0.3	30	用于浇注下列各种机器轴承的上半部，如 1000kW 以内的蒸汽涡轮机，功率为 250~750kW 的机车，500kW 以内的发电机，400kW 以内的压缩机，轧钢机用减速机及离心泵轴承等
	ZPbSb15Sn5Cu3Cd2	14.0~16.0	2.5~3.0	余量	5.0~6.0	1.75~2.25	0.6~1.0	32	用于浇注汽油发动机的轴承，各种功率压缩机的外伸轴承，功率为 100~250kW 的电动机、球磨机、小型轧钢机的齿轮箱及矿山泵轴承等

第三节 其他工程材料

表 12-12 工程塑料

品种		力学性能							热性能				应用举例
		抗拉强度/MPa	抗压强度/MPa	抗弯强度/MPa	伸长率(%)	冲击值/(kJ/m²)	弹性模量/×10³MPa	硬度HRC	熔点/℃	马丁耐热/℃	脆化温度/℃	线胀系数/(×10⁻⁵℃⁻¹)	
尼龙 6	干态	55	88.2	98	150	带缺口3	0.254	114	215~223	40~50	-20~-30	7.9~8.7	机械强度和耐磨性优良，广泛用作机械、化工及电气零件。如轴承、齿轮、凸轮、蜗轮、螺钉、螺母和垫圈等。尼龙粉喷涂于零件表面，可提高耐磨性和密封性
	含水	72~76.4	58.2	68.8	250	>53.4	0.813	85					
尼龙 66	干态	46	117	98~107.8	60	3.8	0.313~0.323	118	265	50~60	-25~-30	9.1~10	
	含水	81.3	88.2		200	13.5	0.137	100					
MC 尼龙(无填充)		90	105	156	20	无缺口0.520~0.624	3.6(拉伸)	21.3HBW		55		8.3	强度特高。用于制造大型齿轮、蜗轮、轴套、液动轴承保持架、导轨及大型阀门密封面等
聚甲醛(POM)		69(屈服)	125	96	15	带缺口0.0076	2.9(弯曲)	17.2HBW		60~64		8.1~10.0(当温度在0~40℃时)	有良好的摩擦、磨损性能，干摩擦性能更优。可制造轴承、齿轮、凸轮、滚轮、辊子、垫圈和垫片等
聚碳酸酯(PC)		65~69	82~86	104	100	带缺口0.064~0.075	2.2~2.5(拉伸)	9.7~10.4HBW	220~230	110~130	-100	6~7	有高的冲击韧度和优异的尺寸稳定性。可制作齿轮、蜗轮、蜗杆、齿条、凸轮、心轴、轴承、滑轮、铰链、传动链、螺栓、螺母、垫圈、铆钉和泵叶轮等

注：尼龙 6 和尼龙 66 由于吸水性很大，因此其各项性能上下差别很大。

表 12-13 工业用毛毡（FZ/T 25001—2012）

类型	品号	规格		密度/(g/cm³)	断裂强度/MPa	断后伸长率(%)≤	使用范围
		长×宽	厚度/mm				
细毛	T112-32-44 T112-26-31	长=1~5m 宽=0.5~1m	1.5,2,3,4,6,8,10,12,14,16,18,20,25	0.32~0.44 0.26~0.31	2~5	90~144	用于密封、防振缓冲衬垫
半粗毛	T122-30-38 T122-24-29			0.30~0.38 0.24~0.29	2~4	95~150	
粗毛	T132-32-36			0.24~0.29	2~3	110~156	

表 12-14 软钢纸板（QB/T 2200—1996）

纸板规格		技术性能		用途
长度×宽度 mm	厚度 mm	性能	指标	
920×650	0.5~0.8	密度/g·cm⁻³	1.1~1.4	用作连接处密封垫
650×490	0.9~1.0	单位横断面抗拉强度(横向)/MPa≥	29.4	
650×400	1.1~2.0			
400×300	2.1~3.0	水分(质量分数,%)	6~10	

第十三章

螺纹及紧固件

第一节　螺　　纹

表 13-1　普通螺纹的基本尺寸（GB/T 196—2003）　　（单位：mm）

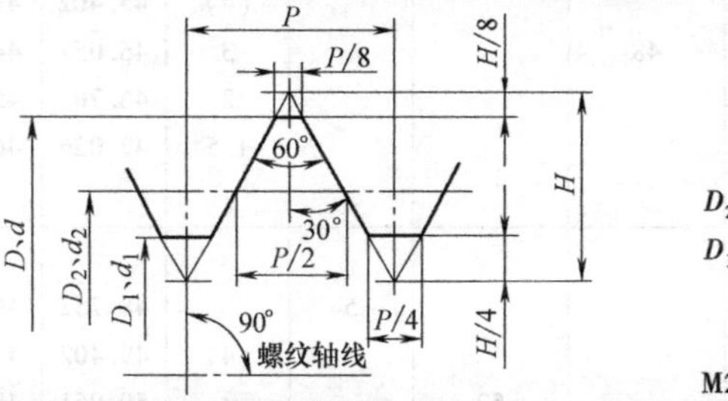

$H=0.866P$

$d_2=d-0.6495P$

$d_1=d-1.0825P$

D、d——内、外螺纹大径

D_2、d_2——内、外螺纹中径

D_1、d_1——内、外螺纹小径

P——螺距

标记示例：M24（粗牙普通螺纹，公称直径 24mm，螺距 3mm）

M24×1.5（细牙普通螺纹，公称直径 24mm，螺距 1.5mm）

公称直径 D、d		螺距 P		中径 D_2、d_2	小径 D_1、d_1
第一系列	第二系列	粗牙	细牙		
3		0.5		2.675	2.459
			0.35	2.773	2.621
	3.5	(0.6)		3.110	2.850
			0.35	3.273	3.121
4		0.7		3.545	3.242
			0.5	3.675	3.459
	4.5	(0.75)		4.013	3.688
			0.5	4.175	3.959
5		0.8		4.480	4.134
			0.5	4.675	4.459
6		1		5.350	4.917
			0.75	5.513	5.188
8		1.25		7.188	6.647
			1	7.350	6.917
			0.75	7.513	7.188
10		1.5		9.026	8.376
			1.25	9.188	8.647
			1	9.350	8.917
			0.75	9.513	9.188
12		1.75		10.863	10.106
			1.5	11.026	10.376
			1.25	11.188	10.647
			1	11.350	10.917
	14	2		12.701	11.835
			1.5	13.026	12.376
			(1.25)	13.188	12.647
			1	13.350	12.917
16		2		14.701	13.835
			1.5	15.026	14.376
			1	15.350	14.917
	18	2.5		16.376	15.294
			2	16.701	15.835
			1.5	17.026	16.376
			1	17.350	16.917
20		2.5		18.376	17.294
			2	18.701	17.835
			1.5	19.026	18.376
			1	19.350	18.917

（续）

公称直径 D、d		螺距 P		中径	小径
第一系列	第二系列	粗牙	细牙	D_2、d_2	D_1、d_1
	22	2.5		20.376	19.294
			2	20.701	19.835
			1.5	21.026	20.376
			1	21.350	20.917
24		3		22.051	20.752
			2	22.701	21.835
			1.5	23.026	22.376
			1	23.350	22.917
	27	3		25.051	23.752
			2	25.701	24.835
			1.5	26.026	25.376
			1	26.350	25.917
30		3.5		27.727	26.211
			(3)	28.051	26.752
			2	28.701	27.835
			1.5	29.026	28.376
			1	29.350	28.917
	33	3.5		30.727	29.211
			(3)	31.051	29.752
			2	31.701	30.835
			1.5	32.026	31.376
36		4		33.402	31.670
			3	34.051	32.752
			2	34.701	33.835
			1.5	35.026	34.376
	39	4		36.402	34.670
			3	37.051	35.752
			2	37.701	36.835
			1.5	38.026	37.376
42		4.5		39.077	37.129
			(4)	39.402	37.670
			3	40.051	38.752
			2	40.701	39.835
			1.5	41.026	40.376
	45	4.5		42.077	40.129
			(4)	42.402	40.670
			3	43.051	41.752
			2	43.701	42.835
			1.5	44.026	43.376
48		5		44.752	42.587
			(4)	45.402	43.670
			3	46.051	44.752
			2	46.701	45.835
			1.5	47.026	46.376
	52	5		48.752	46.587
			(4)	49.402	47.670
			3	50.051	48.752
			2	50.701	49.835
			1.5	51.026	50.376
56		5.5		52.428	50.046
			4	53.402	51.670
			3	54.051	52.752
			2	54.701	53.835
			1.5	55.026	54.376
	60	(5.5)		56.428	54.046
			4	57.402	55.670
			3	58.051	56.752
			2	58.701	57.835
			1.5	59.026	58.376

注：1. 优先选用第一系列直径，其次是第二系列直径，最后选择第三系列直径（表中未列出）。
2. M14×1.25 仅用于发动机的火花塞。
3. 尽可能地避免选用括号内的螺距。

表 13-2　梯形螺纹的最大实体牙型尺寸（GB/T 5796.1—2005）　　（单位：mm）

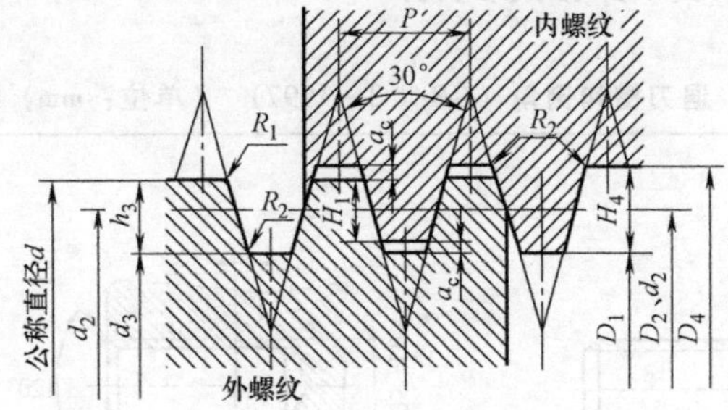

$D_1 = d-2H_1 = d-P$　　$H_1 = 0.5P$

$d_3 = d-2h_3 = d-2(0.5P+a_c)$　　$D_4 = d+2a_c$

$h_3 = H_4 = H_1+a_c = 0.5P+a_c$

$d_2 = D_2 = d-2z = d-0.5P$

螺距 P	牙顶间隙 a_c	$H_4=h_3$	R_1 最大	R_2 最大
2	0.25	1.25	0.125	0.25
3		1.75		
4		2.25		
5		2.75		
6	0.5	3.5	0.25	0.5
7		4		
8		4.5		
9		5		
10		5.5		
12		6.5		
14	1	8	0.5	1

标记示例：

公称直径 40mm、螺距 7mm，中径公差带为 7H 的右旋梯形内螺纹的标记 Tr40×7-7H

同规格公差带为 7e 的梯形外螺纹的标记 Tr40×7-7e

上述梯形螺旋副的标记 Tr40×7-7H/7e

左旋应在螺距后加注 LH；加长组在最后加注 L

表 13-3　梯形螺纹的基本尺寸（GB/T 5796.3—2005）　　（单位：mm）

公称直径 d 第一系列	公称直径 d 第二系列	螺距 P	中径 $d_2=D_2$	大径 D_4	小径 d_3	小径 D_1
16		2	15	16.5	13.5	14
		4	14	16.5	11.5	12
	18	2	17	18.5	15.5	16
		4	16	18.5	13.5	14
20		2	19	20.5	17.5	18
		4	18	20.5	15.5	16
	22	3	20.5	22.5	18.5	19
		5	19.5	22.5	16.5	17
		8	18	23	13	14
24		3	22.5	24.5	20.5	21
		5	21.5	24.5	18.5	19
		8	20	25	15	16
	26	3	24.5	26.5	22.5	23
		5	23.5	26.5	20.5	21
		8	22	27	17	18
28		3	26.5	28.5	24.5	25
		5	25.5	28.5	22.5	23
		8	24	29	19	20
	30	3	28.5	30.5	26.5	27
		6	27	31	23	24
		10	25	31	19	20
32		3	30.5	32.5	28.5	29
		6	29	33	25	26
		10	27	33	21	22
	34	3	32.5	34.5	30.5	31
		6	31	35	27	28
		10	29	35	23	24
36		3	34.5	36.5	32.5	33
		6	33	37	29	30
		10	31	37	25	26

公称直径 d 第一系列	公称直径 d 第二系列	螺距 P	中径 $d_2=D_2$	大径 D_4	小径 d_3	小径 D_1
	38	3	36.5	38.5	34.5	35
		7	34.5	39	30	31
		10	33	39	27	28
40		3	38.5	40.5	36.5	37
		7	36.5	41	32	33
		10	35	41	29	30
	42	3	40.5	42.5	38.5	39
		7	38.5	43	34	35
		10	37	43	31	32
44		3	42.5	44.5	40.5	41
		7	40.5	45	36	37
		12	38	45	31	32
	46	3	44.5	46.5	42.5	43
		8	42	47	37	38
		12	40	47	33	34
48		3	46.5	48.5	44.5	45
		8	44	49	39	40
		12	42	49	35	36
	50	3	48.5	50.5	46.5	47
		8	46	51	41	42
		12	44	51	37	38
52		3	50.5	52.5	48.5	49
		8	48	53	43	44
		12	46	53	39	40
	55	3	53.5	55.5	51.5	52
		9	50.5	56	45	46
		14	48	57	39	41
60		3	58.5	60.5	56.5	57
		9	55.5	61	50	51
		14	53	62	44	46

第二节 螺纹零件的结构要素

表 13-4 普通螺纹的收尾、肩距、退刀槽和倒角（GB/T 3—1997） （单位：mm）

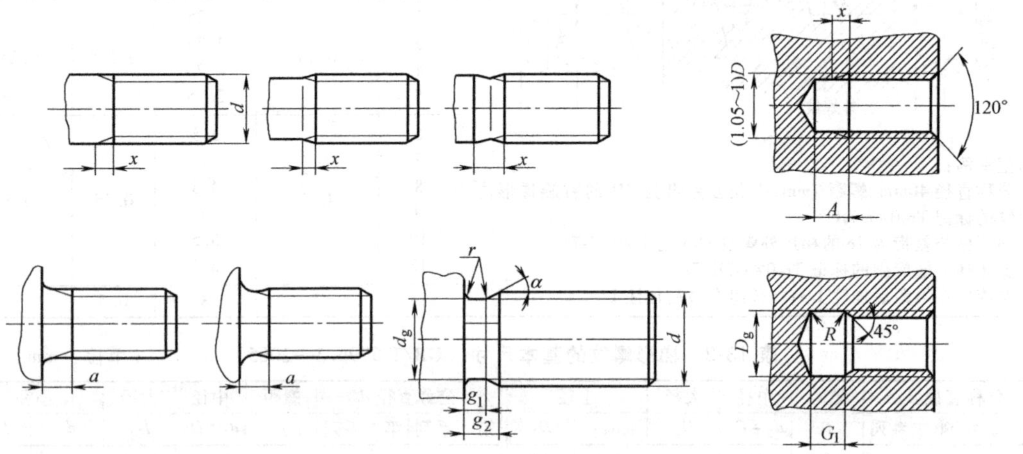

螺距 P	外螺纹 收尾 x max 一般	短的	肩距 a max 一般	长的	短的	退刀槽 g_2 max	g_1 min	r	d_g	内螺纹 收尾 x max 一般	短的	肩距 A max 一般	长的	退刀槽 G_1 一般	短的	R ≈	D_g
0.5	1.25	0.7	1.5	2	1	1.5	0.8	0.2	d−0.8	2	1	3	4	2	1	0.2	D+0.3
0.6	1.5	0.75	1.8	2.4	1.2	1.8	0.9	0.4	d−1	2.4	1.2	3.2	4.8	2.4	1.2	0.3	
0.7	1.75	0.9	2.1	2.8	1.4	2.1	1.1		d−1.1	2.8	1.4	3.5	5.6	2.8	1.4	0.4	
0.75	1.9	1	2.25	3	1.5	2.25	1.2		d−1.2	3	1.5	3.8	6	3	1.5	0.4	
0.8	2	1	2.4	3.2	1.6	2.4	1.3		d−1.3	3.2	1.6	4	6.4	3.2	1.6	0.4	
1	2.5	1.25	3	4	2	3	1.6	0.6	d−1.6	4	2	5	8	4	2	0.5	D+0.5
1.25	3.2	1.6	4	5	2.5	3.75	2		d−2	5	2.5	6	10	5	2.5	0.6	
1.5	3.8	1.9	4.5	6	3	4.5	2.5	0.8	d−2.3	6	3	7	12	6	3	0.8	
1.75	4.3	2.2	5.3	7	3.5	5.25	3	1	d−2.6	7	3.5	9	14	7	3.5	0.9	
2	5	2.5	6	8	4	6	3.4		d−3	8	4	10	16	8	4	1	
2.5	6.3	3.2	7.5	10	5	7.5	4.4	1.2	d−3.6	10	5	12	18	10	5	1.2	
3	7.5	3.8	9	12	6	9	5.2	1.6	d−4.4	12	6	14	22	12	6	1.5	
3.5	9	4.5	10.5	14	7	10.5	6.2		d−5	14	7	16	24	14	7	1.8	
4	10	5	12	16	8	12	7	2	d−5.7	16	8	18	26	16	8	2	
4.5	11	5.5	13.5	18	9	13.5	8	2.5	d−6.4	18	9	21	29	18	9	2.2	
5	12.5	6.3	15	20	10	15	9		d−7	20	10	23	32	20	10	2.5	
5.5	14	7	16.5	22	11	17.5	11	3.2	d−7.7	22	11	25	35	22	11	2.8	
6	15	7.5	18	24	12	18	11		d−8.3	24	12	28	38	24	12	3	

注：1. 外螺纹倒角一般为 45°，也可采用 60°或 30°倒角；倒角深度应大于或等于牙型高度，过渡角 α 应不小于 30°。内螺纹入口端面的倒角一般为 120°，也可采用 90°倒角。端面倒角直径为（1.05~1）D（D 为螺纹公称直径）。

2. 应优先选用“一般”长度的收尾和肩距。

3. d_g 公差为 h_{13}（$d>3$mm）或 h_{12}（$d\leqslant 3$mm），D_g 公差为 H13。

表 13-5　单线梯形外螺纹与内螺纹的退刀槽　（单位：mm）

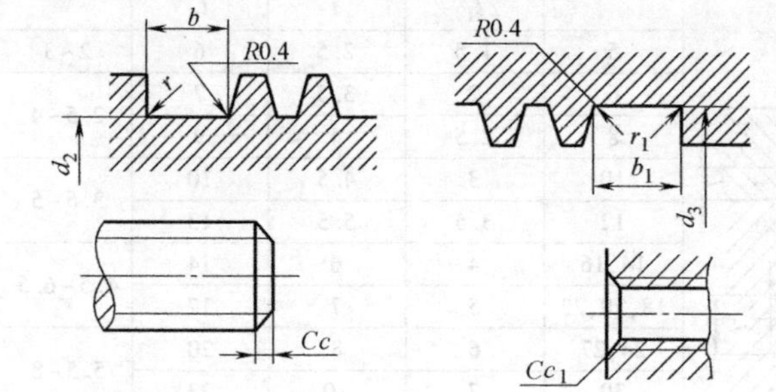

P	$b=b_1$	d_2	d_3	$r=r_1$	$c=c_1$
2	2.5	$d-3$	$d+1$	1	1.5
3	4	$d-4$			2
4	5	$d-5.1$	$d+1.1$	1.5	2.5
5	6.5	$d-6.6$	$d+1.6$		3
6	7.5	$d-7.8$	$d+1.8$	2	3.5
8	10	$d-9.8$		2.5	4.5
10	12.5	$d-12$	$d+2$	3	5.5
12	15	$d-14$			6.5
16	20	$d-19.2$	$d+3.2$	4	9
20	24	$d-23.5$	$d+3.5$	5	11
24	30	$d-27.5$	$d+3.5$	5	13
32	40	$d-36$	$d+4$	5.5	17

表 13-6　螺栓、螺钉通孔及沉孔尺寸　（单位；mm）

螺纹规格	螺栓和螺钉通孔（GB/T 5277—1985）			沉头螺钉及半沉头螺钉用沉孔（GB/T 152.2—2014）				内六角圆柱头螺钉的圆柱头用沉孔（GB/T 152.3—1988）				六角头螺栓和六角螺母用沉孔（GB/T 152.4—1988）			
	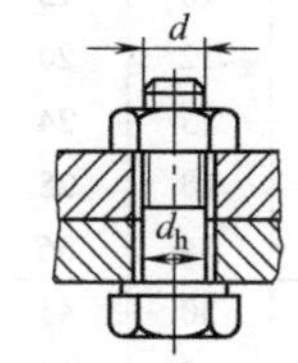			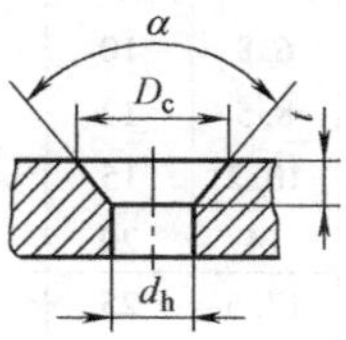				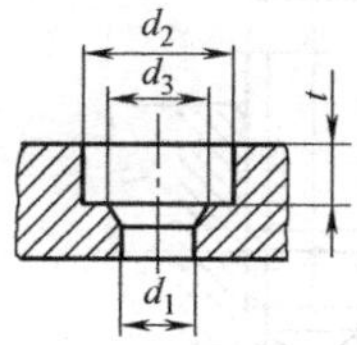				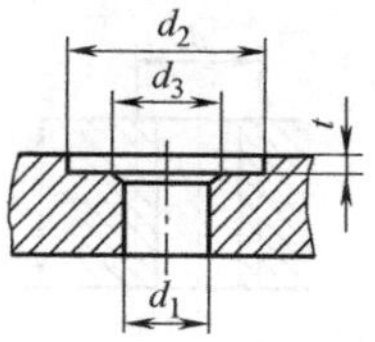			
d	d_h 精装配	d_h 中等装配	d_h 粗装配	D_c min	$t\approx$	d_h min	α	d_2	t	d_3	d_1	d_2	d_3	d_1	t
M3	3.2	3.4	3.6	6.3	1.6	3.4	90°±1°	6.0	3.4	—	3.4	9	—	3.4	只要能制出与通孔轴线垂直的圆平面即可
M4	4.3	4.5	4.8	9.4	2.6	4.5		8.0	4.6		4.5	10		4.5	
M5	5.3	5.5	5.8	10.4	2.6	5.5		10.0	5.7		5.5	11		5.5	
M6	6.4	6.6	7	12.6	3.3	6.6		11.0	6.8		6.6	13		6.6	
M8	8.4	9	10	17.3	4.6	9		15.0	9.0		9.0	18		9.0	
M10	10.5	11	12	20.0	5.0	11		18.0	11.0		11.0	22		11.0	
M12	13	13.5	14.5	—	—	—		20.0	13.0	16	13.5	26	16	13.5	
M14	15	15.5	16.5					24.0	15.0	18	15.5	30	18	13.5	
M16	17	17.5	18.5					26.0	17.5	20	17.5	33	20	17.5	
M18	19	20	21					—	—	—	—	36	22	20.0	
M20	21	22	24					33.0	21.5	24	22.0	40	24	22.0	
M22	23	24	26					—	—	—	—	43	26	24	
M24	25	26	28					40.0	25.5	28	26.0	48	28	26	
M27	28	30	32					—	—	—	—	53	33	30	
M30	31	33	35					48.0	32.0	36	33.0	61	36	33	
M36	37	39	42					57.0	38.0	42	39.0	71	42	39	

表 13-7　粗牙普通螺纹的余留长度及钻孔余留深度（JB/ZQ 4247—2006）

（单位：mm）

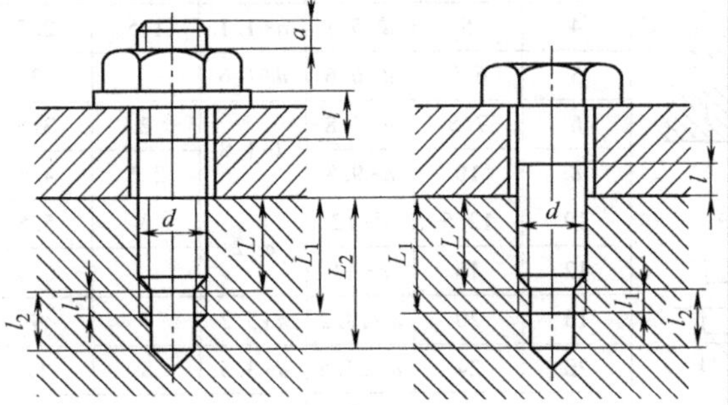

拧入深度L由设计者决定；钻孔深度　$L_2=L+l_2$；

螺孔深度　$L_1=L+l_1$

螺纹直径 d	余留长度 内螺纹 l_1	余留长度 外螺纹 l	余留长度 钻孔 l_2	末端长度 α
5	1.5	2.5	6	2~3
6	2	3.5	7	2.5~4
8	2.5	4	9	
10	3	4.5	10	3.5~5
12	3.5	5.5	13	
14,16	4	6	14	4.5~6.5
18,20,22	5	7	17	
24,27	6	8	20	5.5~8
30	7	10	23	
36	8	11	26	7~11
42	9	12	30	
48	10	13	33	10~15
56	11	16	36	

表 13-8　粗牙普通螺栓、螺钉的拧入深度和螺纹孔尺寸

（单位：mm）

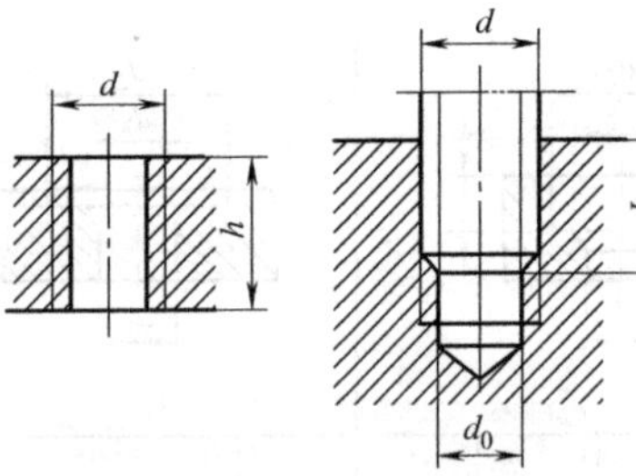

d	d_0	用于钢或青铜 h	用于钢或青铜 L	用于铸铁 h	用于铸铁 L	用于铝 h	用于铝 L
6	5	8	6	12	10	15	12
8	6.8	10	8	15	12	20	16
10	8.5	12	10	18	15	24	20
12	10.2	15	12	22	18	28	24
16	14	20	16	28	24	36	32
20	17.5	25	20	35	30	45	40
24	21	30	24	42	35	55	48
30	26.5	36	30	50	45	70	60
36	32	45	36	65	55	80	72
42	37.5	50	42	75	65	95	85

表 13-9　扳手空间（JB/ZQ 4005—2006）

（单位：mm）

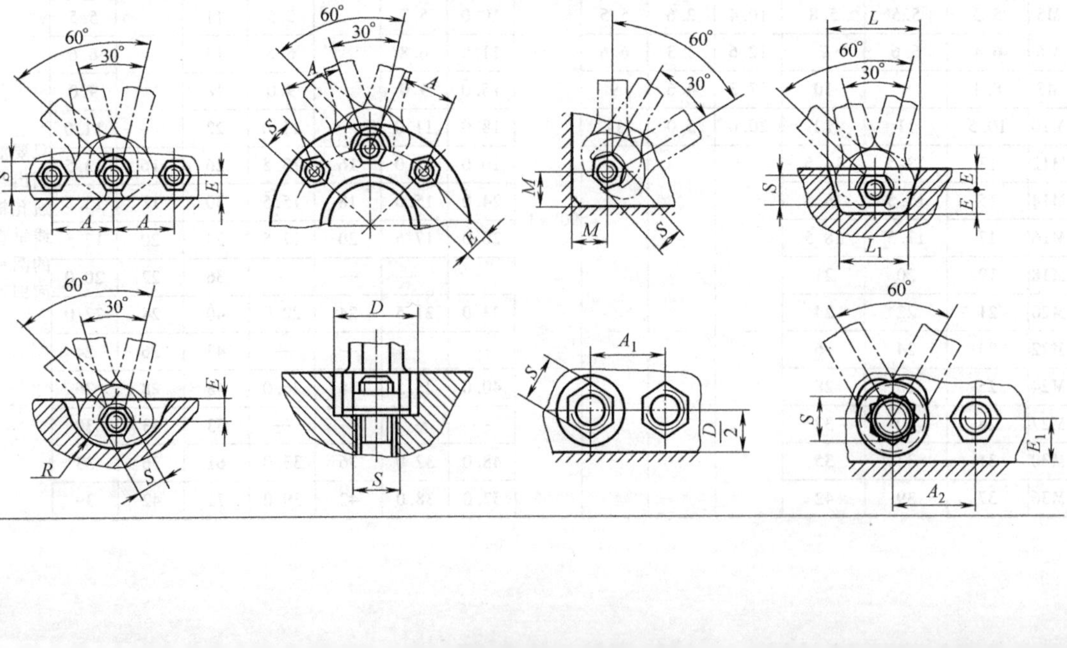

（续）

螺纹直径 d	S	A	A_1	A_2	E	E_1	M	L	L_1	R	D
3	5.5	18	12	12	5	7	11	30	24	15	14
4	7	20	16	14	6	7	12	34	28	16	16
5	8	22	16	15	7	10	13	36	30	18	20
6	10	26	18	18	8	12	15	46	38	20	24
8	13	32	24	22	11	14	18	55	44	25	28
10	16	38	28	26	13	16	22	62	50	30	30
12	18	42	—	30	14	18	24	70	55	32	—
14	21	48	36	34	15	20	26	80	65	36	40
16	24	55	38	38	16	24	30	85	70	42	45
18	27	62	45	42	19	25	32	95	75	46	52
20	30	68	48	46	20	28	35	105	85	50	56
22	34	76	55	52	24	32	40	120	95	58	60
24	36	80	58	55	24	34	42	125	100	60	70
27	41	90	65	62	26	36	46	135	110	65	76
30	46	100	72	70	30	40	50	155	125	75	82
33	50	108	76	75	32	44	55	165	130	80	88
36	55	118	85	82	36	48	60	180	145	88	95
39	60	125	90	88	38	52	65	190	155	92	100
42	65	135	96	96	42	55	70	205	165	100	106
45	70	145	105	102	45	60	75	220	175	105	112
48	75	160	115	112	48	65	80	235	185	115	126
52	80	170	120	120	48	70	84	245	195	125	132
56	85	180	126	—	52	—	90	260	205	130	138
60	90	185	134	—	58	—	95	275	215	135	145
64	95	195	140	—	58	—	100	285	225	140	152
68	100	205	145	—	65	—	105	300	235	150	158
72	105	215	155	—	68	—	110	320	250	160	168
76	110	225	—	—	70	—	115	335	265	165	—
80	115	235	165	—	72	—	120	345	275	170	178
85	120	245	175	—	75	—	125	360	285	180	188
90	130	260	190	—	80	—	135	390	310	190	208
95	135	270	—	—	85	—	140	405	320	200	—
100	145	290	215	—	95	—	150	435	340	215	238
105	150	300	—	—	98	—	155	450	350	220	—
110	155	310	—	—	100	—	160	460	360	225	—
115	165	330	—	—	108	—	170	495	385	245	—
120	170	340	—	—	108	—	175	505	400	250	—
125	180	360	—	—	115	—	185	535	420	270	—
130	185	370	—	—	115	—	190	545	430	275	—
140	200	385	—	—	120	—	205	585	465	295	—
150	210	420	310	—	130	—	215	625	495	310	350

第三节 螺 栓

表 13-10 六角头螺栓 A 和 B 级（GB/T 5782—2016）和
六角头螺栓 全螺纹 A 和 B 级（GB/T 5783—2016） （单位：mm）

六角头螺栓—A和B级(GB/T 5782—2016)

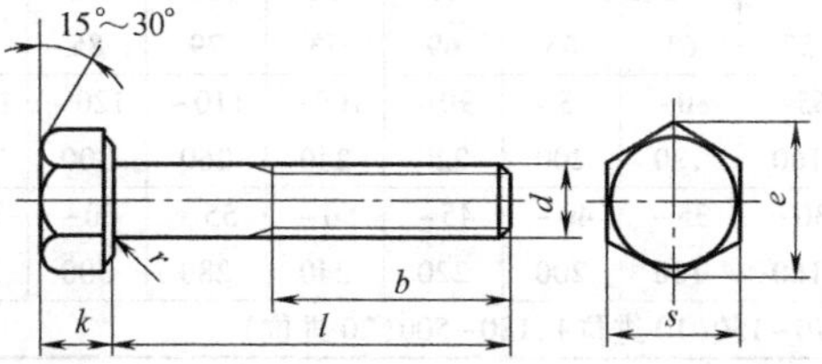

六角头螺栓—全螺纹—A和B级(GB/T 5783—2016)

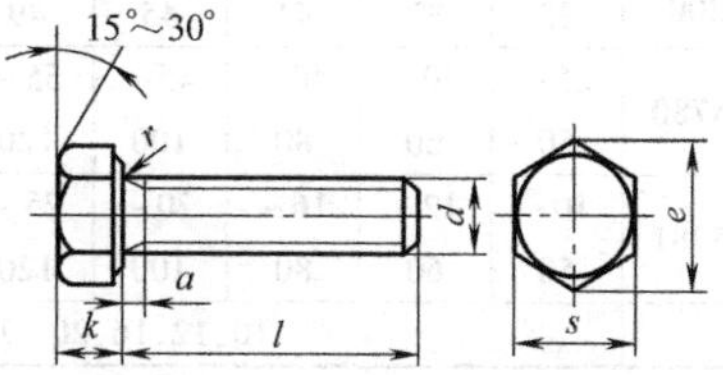

标记示例：
螺纹规格 d=M12，公称长度 l=80mm，性能等级为 8.8 级，表面不经处理、产品等级为 A 级的六角头螺栓标记为
螺栓 GB/T 5782 M12×80

（续）

螺纹规格 d		M3	M4	M5	M6	M8	M10	M12	(M14)	M16	(M18)	M20	(M22)	M24	(M27)	M30	M36
s max		5.5	7	8	10	13	16	18	21	24	27	30	34	36	41	46	55
k		2	2.8	3.5	4	5.3	6.4	7.5	8.8	10	11.5	12.5	14	15	17	18.7	22.5
e		6.1	7.7	8.8	11.1	14.4	17.8	20	23.4	26.8	30	33.5	37.7	40	45.2	50.9	60.8
a		1.5	2.1	2.4	3	3.75	4.5	5.25	6	6	7.5	7.5	7.5	9	9	10.5	12
b 参考	$l \leqslant 125$	12	14	16	18	22	26	30	34	38	42	46	50	54	60	66	78
	$125 < l \leqslant 200$	—	—	—	—	28	32	36	40	44	48	52	56	60	66	72	84
	$l > 200$	—	—	—	—	41	43	49	57	57	61	65	69	73	79	85	97
l		20~30	25~40	25~50	30~60	35~80	40~100	45~120	50~140	55~160	60~180	65~200	70~220	80~240	90~260	90~330	110~360
全螺纹长度 l		6~30	8~40	10~50	12~60	16~80	20~100	25~100	30~140	35~100	35~180	40~100	45~200	40~100	55~200	40~100	
l 系列		20~50(5进位),(55),60,(65),70~160(10进位),180~400(20进位)															

注：1. 产品等级A级用于 $d=1.6 \sim 24$mm 和 $l \leqslant 10d$ 或 $l \leqslant 150$mm 的螺栓，B级用于 $d>24$mm 和 $l>10d$ 或 $l>150$mm 的螺栓。

2. M3~M36为商品规格，M42~M64为通用规格，带括号的规格尽量不用。

表 13-11　六角头螺栓　C级（GB/T 5780—2016）、六角头螺栓　全螺纹　C级（GB/T 5781—2016）

（单位：mm）

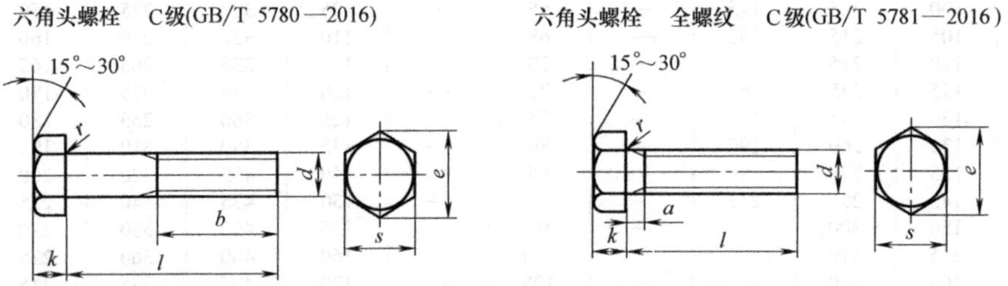

标记示例：

螺纹规格 d=M12，公称长度 l=80mm，性能等级为4.8级，表面不经处理，产品等级为C级的六角头螺栓标记为

螺栓 GB/T 5780　M12×80

螺纹规格 d		M5	M6	M8	M10	M12	(M14)	M16	(M18)	M20	(M22)	M24	(M27)	M30	M36
s_{max}		8	10	13	16	18	21	24	27	30	34	36	41	46	55
$k_{公称}$		3.5	4	5.3	6.4	7.5	8.8	10	11.5	12.5	14	15	17	18.7	22.5
e_{min}		8.63	10.89	14.2	17.59	19.85	22.8	26.17	29.6	32.95	37.3	39.55	45.2	50.85	60.79
a_{max}		2.4	3	4	4.5	5.3	6	6	7.5	7.5	7.5	9	9	10.5	12
b 参考	$l_{公称} \leqslant 125$	16	18	22	26	30	34	38	42	46	50	54	60	66	—
	$125 < l_{公称} \leqslant 200$	22	24	28	32	36	40	44	48	52	56	60	66	72	84
	$l_{公称} > 200$	35	37	41	45	49	53	57	61	65	69	73	79	85	97
l	GB/T 5780	25~50	30~60	40~80	45~100	55~120	60~140	65~160	80~180	65~200	90~220	100~240	110~260	120~300	140~360
	GB/T 5781	10~50	12~60	16~80	20~100	25~120	30~140	30~160	35~180	40~200	45~220	50~240	55~280	60~300	70~360
l 系列		10,12,16,20~70(5进位),70~150(10进位),180~500(20进位)													

注：1. M5~M36为商品规格，为销售储备的产品最通用的规格。

2. M42~M64为通用规格，较商品规格低一档，有时买不到要现制造。

3. 带括号的规格表示尽量不采用的规格，除表列外还有（M33）、（M39）、（M45）、（M52）和（M60）。

表 13-12　六角头加强杆螺栓　A 级和 B 级（GB/T 27—2013）　　（单位：mm）

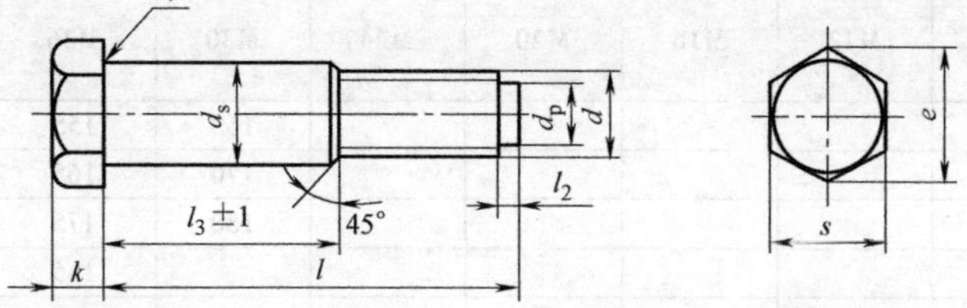

标记示例：

螺纹规格 d=M12，d_s 公差为 h9，公称长度 l=80mm，性能等级为 8.8 级，表面氧化处理，产品等级为 A 级的六角头加强杆螺栓标记为

螺栓　GB/T 27　M12×80

若 d_s 按 m6 制造，其余条件同上时，应标记为

螺栓　GB/T 27　M12m6×80

螺纹规格 d		M6	M8	M10	M12	M16	M20	M24	M30	M36
d_{smax}(h9)		7	9	11	13	17	21	25	32	38
s_{max}		10	13	16	18	24	30	36	46	55
k		4	5	6	7	9	11	13	17	20
e_{min}	A	11.05	14.38	17.77	20.03	26.75	33.53	39.98	—	—
	B	10.89	14.20	17.59	19.85	26.17	32.95	39.55	50.85	60.79
r_{min}		0.25	0.4	0.4	0.6	0.6	0.8	0.8	1	1
d_p		4	5.5	7	8.5	12	15	18	23	28
l_2		1.5	1.5	2	2	3	4	4	5	6

各螺栓对应的 l、l_3 系列值

l ＼ l_3 ＼ 螺纹规格	M6	M8	M10	M12	M16	M20	M24	M30	M36
25	13	10							
28	16	13							
30	18	15	12						
32	20	17	14						
35	23	20	17	13					
38	26	23	20	16					
40	28	25	22	18					
45	33	30	27	23	17				
50	38	35	32	28	22				
55	43	40	37	33	27	23			
60	48	45	42	38	32	28			
65	53	50	47	43	37	33	27		
70		55	52	48	42	38	32		
75		60	57	53	47	43	37		
80		65	62	58	52	48	42	30	
85			67	63	57	53	47	35	
90			72	68	62	58	52	40	35
95			77	73	67	63	57	45	40
100			82	78	72	68	62	50	45
110			92	88	82	78	72	60	55
120			102	98	92	88	82	70	65
130				108	102	98	92	80	75
140				118	112	108	102	90	85
150				128	122	118	112	100	95
160				138	132	128	122	110	105
170				148	142	138	132	120	115
180				158	152	148	142	130	125
190					162	158	152	140	135
200					172	168	162	150	145

（续）

各螺栓对应的 l、l_3 系列值									
l \ l_3 螺纹规格	M6	M8	M10	M12	M16	M20	M24	M30	M36
210								160	155
220								170	165
230								180	175
240									185
250									195
260									205
280									225
300									245

第四节　螺　　柱

表 13-3　双头螺柱 $b_m=1d$（GB/T 897—1988）、$b_m=1.25d$（GB/T 898—1988）、$b_m=1.5d$（GB/T 899—1988）、$b_m=2d$（GB/T 900—1988）　（单位：mm）

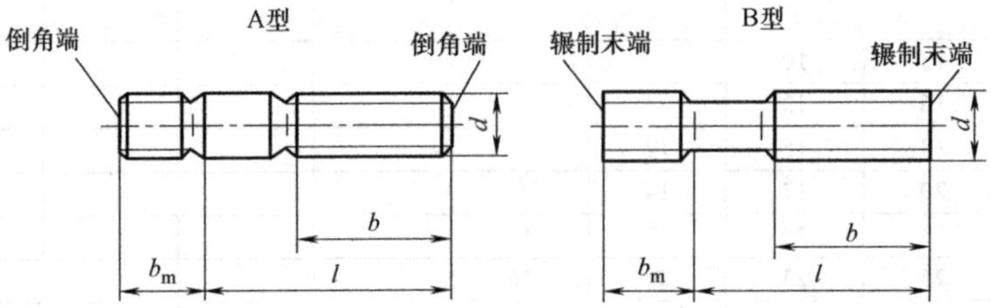

标记示例：

两端均为粗牙普通螺纹，d=M10，l=50mm，性能等级为 4.8 级，不经表面处理，B 型，$b_m=1d$ 的双头螺柱，标记为

螺柱　GB/T 897—1988　M10×50

旋入机体一端为粗牙普通螺纹，旋螺母一端为 P=1mm 的细牙普通螺纹，d=M10，l=50mm，性能等级 4.8 级，不经表面处理，A 型，$b_m=1d$ 的双头螺柱，标记为

螺柱　GB/T 897—1988　AM10—M10×1×50

旋入机体一端为过渡配合螺纹的第一种配合，旋螺母一端为粗牙普通螺纹，d=M10，l=50mm，性能等级为 8.8 级，镀锌钝化，B 型，$b_m=1d$ 的双头螺柱，标记为

螺柱　GB/T 897—1988　GM10—M10×50-8.8-Zn·D

螺纹规格 d		M5	M6	M8	M10	M12	(M14)	M16	M18	M20
b_m	GB/T 897—1988	5	6	8	10	12	14	16	18	20
	GB/T 898—1988	6	8	10	12	15	18	20	22	25
	GB/T 899—1988	8	10	12	15	18	21	24	27	30
	GB/T 900—1988	10	12	16	20	24	28	32	36	40
$\frac{l}{b}$		16~22 / 10	20~22 / 10	20~22 / 12	25~28 / 14	25~30 / 16	20~35 / 18	30~38 / 20	35~44 / 22	35~40 / 25
		25~50 / 16	25~30 / 14	25~30 / 16	30~38 / 16	32~40 / 20	38~45 / 25	40~55 / 30	45~60 / 35	45~65 / 35
			32~75 / 18	32~90 / 22	40~120 / 26	45~120 / 30	50~120 / 34	60~120 / 38	65~120 / 42	70~120 / 46
					130 / 32	130~180 / 36	130~180 / 40	130~200 / 44	130~200 / 48	130~200 / 52

（续）

螺纹规格 d		(M22)	M24	(M27)	M30	(M33)	M36	(M39)	M42	M48
b_m	GB/T 897—1988	22	24	27	30	33	36	39	42	48
	GB/T 898—1988	28	30	35	38	41	45	49	52	60
	GB/T 899—1988	33	36	40	45	49	54	58	63	72
	GB/T 900—1988	44	48	54	60	66	72	78	84	96
$\frac{l}{b}$		$\frac{40\sim45}{30}$	$\frac{45\sim50}{30}$	$\frac{50\sim60}{35}$	$\frac{60\sim65}{40}$	$\frac{65\sim70}{45}$	$\frac{65\sim75}{45}$	$\frac{70\sim80}{50}$	$\frac{70\sim80}{50}$	$\frac{80\sim90}{60}$
		$\frac{50\sim70}{40}$	$\frac{55\sim75}{45}$	$\frac{65\sim85}{50}$	$\frac{70\sim90}{50}$	$\frac{75\sim95}{60}$	$\frac{80\sim110}{60}$	$\frac{85\sim110}{65}$	$\frac{85\sim110}{70}$	$\frac{95\sim110}{80}$
		$\frac{75\sim120}{50}$	$\frac{80\sim120}{54}$	$\frac{90\sim130}{60}$	$\frac{95\sim120}{66}$	$\frac{100\sim120}{72}$	$\frac{120}{78}$	$\frac{120}{84}$	$\frac{120}{90}$	$\frac{120}{102}$
		$\frac{130\sim200}{56}$	$\frac{130\sim200}{60}$	$\frac{130\sim200}{66}$	$\frac{130\sim200}{72}$	$\frac{130\sim200}{78}$	$\frac{130\sim200}{84}$	$\frac{130\sim200}{90}$	$\frac{130\sim200}{96}$	$\frac{130\sim200}{108}$
					$\frac{210\sim250}{85}$	$\frac{210\sim300}{91}$	$\frac{210\sim300}{97}$	$\frac{210\sim300}{103}$	$\frac{210\sim300}{109}$	$\frac{210\sim300}{121}$
l 系列		16,(18),20,(22),25,(28),30,(32),35,(38),40,45,50,(55),60,(65),70,(75),80,(85),90,(95),100,110,120,130,140,150,160,170,180,190,200								

注：1. 括号中的值尽量不用。GB/T 898—1988 中 d=M5~M20 为商品规格，其余均为通用规格。

2. 技术条件：螺纹公差 6g 过渡配合螺纹 GM、G_2M，性能等级：钢为 4.8，5.8，6.8，8.8，10.9，12.9；GB/T 900 还可用过盈配合螺纹 YM。

3. $b_m=1d$ 一般用于钢对钢，$b_m=(1.25\sim1.5)d$ 一般用于钢对铸铁，$b_m=2d$ 一般用于钢对铝合金。

第五节 螺 钉

表 13-14 内六角圆柱头螺钉（GB/T 70.1—2008） （单位：mm）

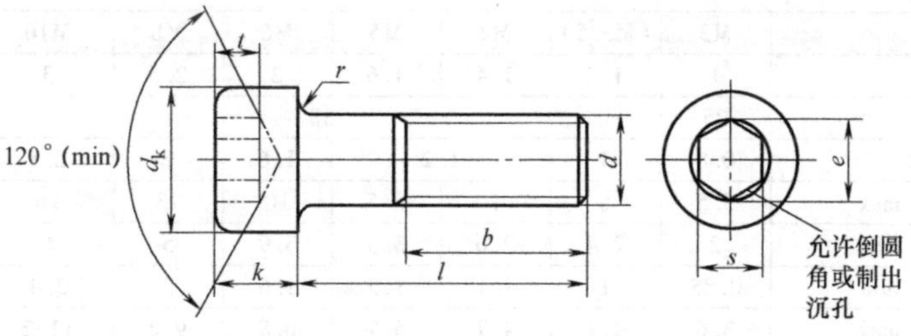

标记示例：

螺纹规格 d=M5，公称长度 l=20mm，性能等级为 8.8 级、表面氧化的 A 级内六角圆柱头螺钉标记为

螺钉 GB/T 70.1 M5×20

螺纹规格 d		M3	M4	M5	M6	M8	M10	M12	(M14)	M16	M20	M24	M30	M36
d_k	max	5.5	7	8.5	10	13	16	18	21	24	30	36	45	54
k	max	3	4	5	6	8	10	12	14	16	20	24	30	36
t	min	1.3	2	2.5	3	4	5	6	7	8	10	12	15.5	19
r		0.1	0.2	0.2	0.25	0.4	0.4	0.6	0.6	0.6	0.8	0.8	1	1

（续）

螺纹规格 *d*		M3	M4	M5	M6	M8	M10	M12	(M14)	M16	M20	M24	M30	M36
s	公称	2.5	3	4	5	6	8	10	12	14	17	19	22	27
e	min	2.9	3.4	4.6	5.7	6.9	9.2	11.4	13.7	16	19	21.7	25.2	30.9
b(参考)		18	20	22	24	28	32	36	40	44	52	60	72	84
l 范围		5~30	6~40	8~50	10~60	12~80	16~100	20~120	25~140	25~160	30~200	40~200	45~260	55~200
全螺纹时最大长度 *l*≤		20	25	25	30	35	40	45	50 (65)	55	65	80	90	110
l 系列（公称）		2.5,3,4,5,6,8,10,12,(14),(16),20,25,30,35,40,45,50,(55),60,(65),70,80,90,100,110,120,130,140,150,160,180,200												

注：尽可能不采用括号内的规格。

表 13-15　开槽圆柱头螺钉（GB/T 65—2016）、开槽盘头螺钉（GB/T 67—2016）、开槽沉头螺钉（GB/T 68—2016）、开槽半沉头螺钉（GB/T 69—2016）（单位：mm）

开槽圆柱头螺钉(GB/T 65—2016)

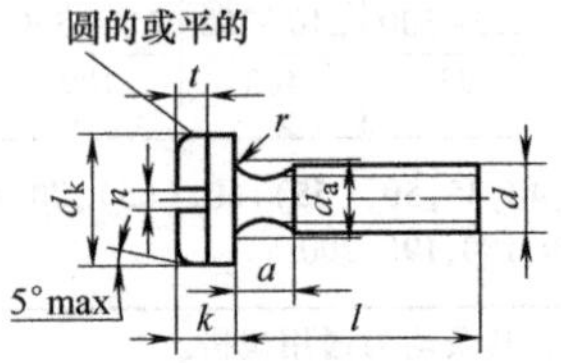

开槽盘头螺钉(GB/T 67—2016)

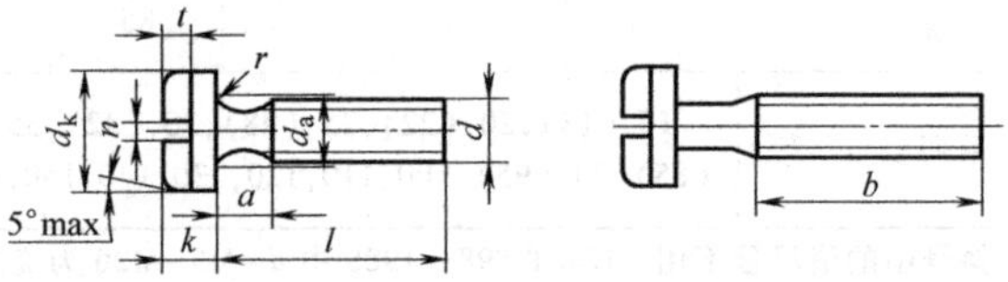

开槽沉头螺钉(GB/T 68—2016)

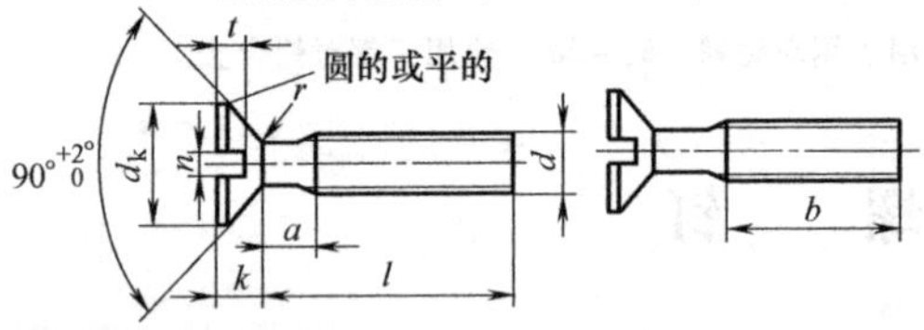

开槽半沉头螺钉(GB/T 69—2016)

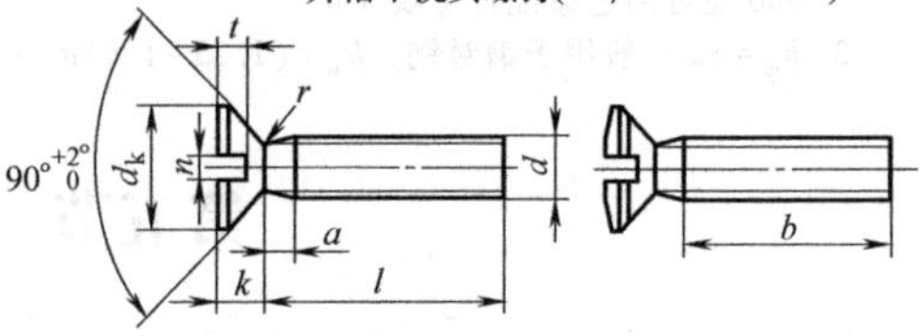

标记示例：

螺纹规格 *d*=M5,公称长度 *l*=20mm,性能等级为 4.8 级,不经表面处理的 A 级开槽圆柱头螺钉标记为

螺钉　GB/T 65　M5×20

螺纹规格 *d*			M3	(M3.5)	M4	M5	M6	M8	M10
a		max	1	1.2	1.4	1.6	2	2.5	3
b		max	25	38					
n		公称	0.8	1	1.2		1.6	2	2.5
GB/T 65	d_k	max	5.5	6	7	8.5	10	13	16
	k	max	2	2.4	2.6	3.3	3.9	5	6
	t	min	0.85	1	1.1	1.3	1.6	2	2.4
	d_a	max	3.6	4.1	4.7	5.7	6.8	9.2	11.2
	r	min	0.1		0.2		0.25	0.4	
	商品规格长度 *l*		4~30	5~35	5~40	6~50	8~60	10~80	12~80
	全螺纹长度 *l*		4~30	5~40	5~40	6~40	8~40	10~40	12~40
GB/T 67	d_k	max	5.6	7	8	9.5	12	16	20
	k	max	1.8	2.1	2.4	3	3.6	4.8	6
	t	min	0.7	0.8	1	1.2	1.4	1.9	2.4
	d_a	max	3.6	4.1	4.7	5.7	6.8	9.2	11.2
	r	min	0.1		0.2		0.25	0.4	
	商品规格长度 *l*	4~30	5~35	5~40	6~50	8~60	10~80	12~80	
	全螺纹长度 *l*	4~30	5~40	5~40	6~40	8~40	10~40	12~40	

（续）

螺纹规格 d				M3	(M3.5)	M4	M5	M6	M8	M10
GB/T 68 GB/T 69	d_k		max	5.5	7.3	8.4	9.3	11.3	15.8	18.3
	k		max	1.65	2.35	2.7	2.7	3.3	4.65	5
	r		min	0.8	0.9	1	1.3	1.5	2	2.5
	t	min	GB/T 68	0.6	0.9	1	1.1	1.2	1.8	2
			GB/T 69	1.2	1.4	1.6	2	2.4	3.2	3.8
	商品规格长度 l			5~30	6~35	6~40	8~50	8~60	10~80	12~80
	全螺纹长度 l			5~30	6~45	6~45	8~45	8~45	10~45	12~45

表 13-16 开槽锥端紧定螺钉（GB/T 71—1985）、开槽平端紧定螺钉（GB/T 73—2017）和开槽长圆柱端紧定螺钉（GB/T 75—1985）

（单位：mm）

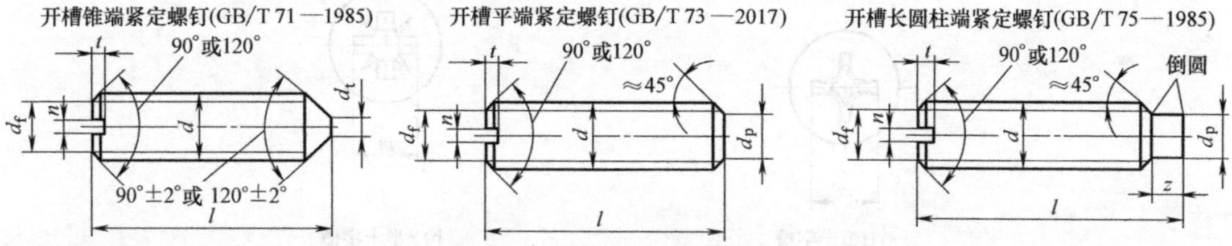

标记示例：

螺纹规格 d=M5，公称长度 l=12mm，性能等级为 14H 级，表面氧化的开槽锥端紧定螺钉：

螺钉 GB/T 71 M5 ×12

螺纹规格 d	螺距 P	n（公称）	t（max）	d_t（max）	d_p（max）	z（max）	长度 l GB/T 71、GB/T 75	长度 l GB/T 73	l 系列（公称）
M4	0.7	0.6	1.42	0.4	2.5	2.25	6~20	4~20	4,5,6,8,10,12,16,20,25,30,35,40,45,50,60
M5	0.8	0.8	1.63	0.5	3.5	2.75	8~25	5~25	
M6	1	1	2	1.5	4	3.25	8~30	6~30	
M8	1.25	1.2	2.5	2	5.5	4.3	10~40	8~40	4,5,6,8,10,12,16,20,25,30,35,40,45,50,60
M10	1.5	1.6	3	2.5	7	5.3	12~50	10~50	

技术条件	材料	性能等级	螺纹公差	产品等级	表面处理
	钢	14H、22H	6g	A	氧化或镀锌钝化

表 13-17 十字槽盘头螺钉（GB/T 818—2016）与十字槽沉头螺钉（GB/T 819.1—2016）

（单位：mm）

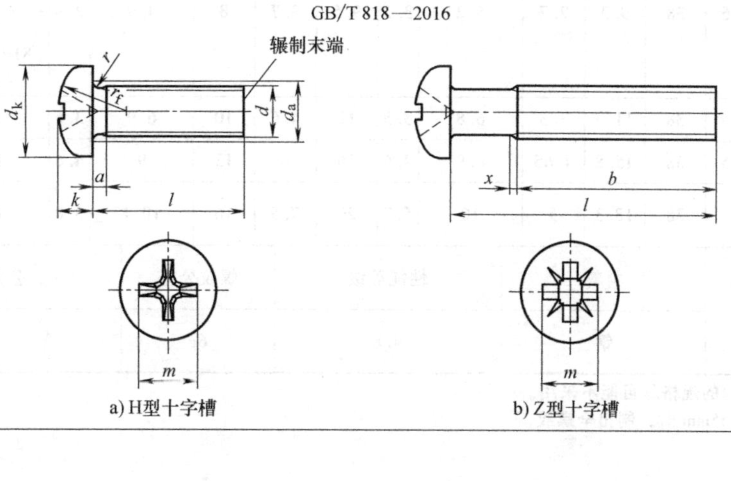

（续）

GB/T 819.1—2016

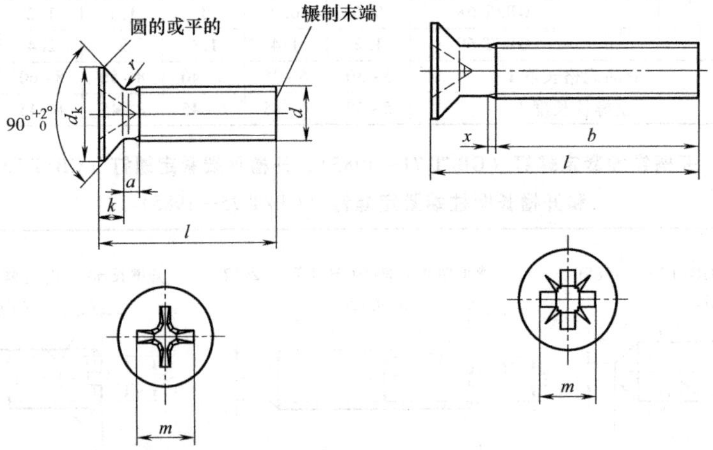

a) H型十字槽　　　　b) Z型十字槽

标记示例：

螺纹规格 d=M5，公称长度 l=20mm，性能等级为4.8级，不经表面处理的H型十字槽沉头螺钉的标记为

螺钉　GB/T 819.1　M5×20

螺纹规格 d=M5，公称长度 l=20mm，性能等级为4.8级，不经表面处理的H型十字槽盘头螺钉的标记为

螺钉　GB/T 818　M5×20

<table>
<tr><th rowspan="3">螺纹规格 d</th><th rowspan="3">螺距 P</th><th rowspan="3">a_{max}</th><th rowspan="3">b_{min}</th><th colspan="4">GB/T 819.1—2016</th><th colspan="5">GB/T 818—2016</th><th rowspan="3">l 范围</th><th rowspan="3">l 系列</th></tr>
<tr><th rowspan="2">d_{kmax}</th><th rowspan="2">k_{min}</th><th colspan="2">十字槽 H型插入深度</th><th rowspan="2">d_{kmax}</th><th rowspan="2">k_{min}</th><th rowspan="2">r_f ≈</th><th colspan="2">十字槽 H型插入深度</th></tr>
<tr><th>m（参考）</th><th>max</th><th>m（参考）</th><th>max</th></tr>
<tr><td>M4</td><td>0.7</td><td>1.4</td><td>38</td><td>8.4</td><td>2.7</td><td>4.6</td><td>2.6</td><td>8</td><td>3.1</td><td>6.5</td><td>4.4</td><td>2.4</td><td>5~40</td><td rowspan="6">5,6,8,10,12,(14),16,20,25,30,35,40,45,50,(55),60</td></tr>
<tr><td rowspan="2">M5</td><td rowspan="2">0.8</td><td rowspan="2">1.6</td><td rowspan="2">38</td><td rowspan="2">9.3</td><td rowspan="2">2.7</td><td rowspan="2">5.2</td><td rowspan="2">3.2</td><td rowspan="2">9.5</td><td rowspan="2">3.7</td><td rowspan="2">8</td><td rowspan="2">4.9</td><td rowspan="2">2.9</td><td>GB/T 818—2016 6~45</td></tr>
<tr><td>GB/T 819.1—2016 6~50</td></tr>
<tr><td>M6</td><td>1</td><td>2</td><td>38</td><td>11.3</td><td>3.3</td><td>6.8</td><td>3.5</td><td>12</td><td>4.6</td><td>10</td><td>6.9</td><td>3.6</td><td>8~60</td></tr>
<tr><td>M8</td><td>1.25</td><td>2.5</td><td>38</td><td>15.8</td><td>4.65</td><td>8.9</td><td>4.6</td><td>16</td><td>6</td><td>13</td><td>9</td><td>4.6</td><td>10~60</td></tr>
<tr><td>M10</td><td>1.5</td><td>3</td><td>38</td><td>18.3</td><td>5</td><td>10</td><td>5.7</td><td>20</td><td>7.5</td><td>16</td><td>10.1</td><td>5.8</td><td>12~60</td></tr>
</table>

技术条件	材料	性能等级	螺纹公差	公差产品等级
	钢	4.8	6g	A

注：1. 括号内的规格尽可能不采用。

2. 当 l≤45mm 时，制出全螺纹。

第六节 螺 母

表 13-18 1 型六角螺母 A 级和 B 级（GB/T 6170—2015）、
1 型六角螺母 C 级（GB/T 41—2016） （单位：mm）

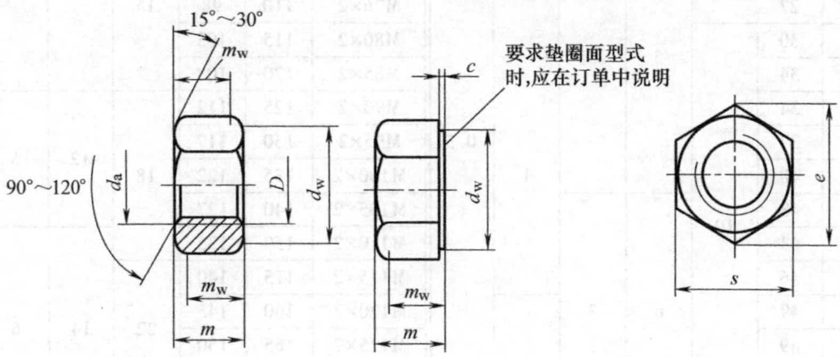

标记示例：
螺纹规格 D=M12,性能等级为 8 级,表面不经处理,产品等级为 A 级的 1 型六角螺母标记为
螺母 GB/T 6170 M12

螺纹规格 D		M5	M6	M8	M10	M12	(M14)	M16	(M18)	M20	(M22)	M24	(M27)	M30	(M33)	M36
$e_{(min)}$	GB/T 6170	8.79	11.05	14.38	17.77	20.03	23.35	26.75	29.56	32.95	37.29	39.55	45.2	50.85	55.37	60.79
	GB/T 41	8.63	10.89	14.20	17.29	19.85	22.78	26.17	29.56	32.95	37.29	39.55	45.2	50.85	55.37	60.79
m	GB/T 6170	4.7	5.2	6.8	8.4	10.8	12.8	14.8	15.8	18	19.4	21.5	23.8	25.6	28.7	31
	GB/T 41	5.6	6.4	7.9	9.5	12.2	13.9	15.9	16.9	19	20.2	22.3	24.7	26.4	—	31
$s_{(max)}$		8	10	13	16	18	21	24	27	30	34	36	41	46	50	55

技术条件		材料	力学性能等级	螺纹公差	产品等级	表面处理
	GB/T 6170	钢	6,8,10	6H	A 级用于 D≤M16, B 级用于 D>M16	不经处理或表面镀锌钝化
	GB/T 41		4,5	7H	C	

注：括号内的规格尽量不用。

表 13-19 圆螺母（GB/T 812—1988） （单位：mm）

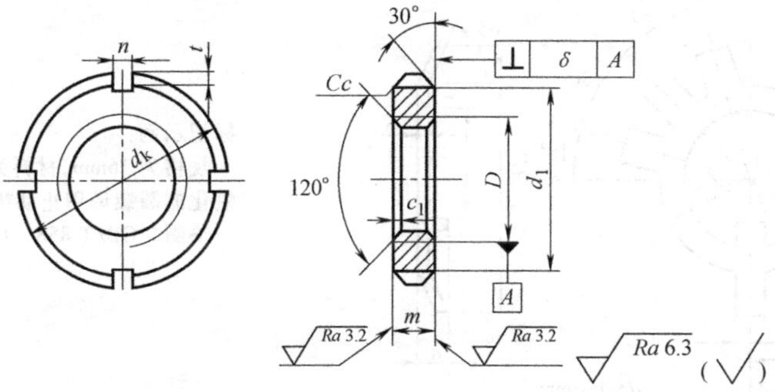

标记示例：
螺纹规格 D=M16×1.5,材料为 45 钢,槽或全部热处理硬度 35～45HRC,表面氧化的圆螺母标记为
螺母 GB/T 812 M16×1.5

（续）

$D\times P$	d_k	d_1	m	n	t	c	c_1	$D\times P$	d_k	d_1	m	n	t	c	c_1
M10×1	22	16	8	4	2	0.5	0.5	M64×2	95	84	12	8	3.5	1.5	1
M12×1.25	25	19						M65×28*	95	84					
M14×1.5	28	20						M68×2	100	88		10	4		
M16×1.5	30	22		5	2.5			M72×2	105	93	15				
M18×1.5	32	24						M75×2*	105	93					
M20×1.5	35	27						M76×2	110	98					
M22×1.5	38	30	10					M80×2	115	103					
M24×1.5	42	34				1		M85×2	120	108					
M25×1.5*	42	34						M90×2	125	112	18	12	5		
M27×1.5	45	37						M95×2	130	117					
M30×1.5	48	40						M100×2	135	122					
M33×1.5	52	43		6	3			M105×2	140	127					
M35×1.5*	52	43						M110×2	150	135		14	6		
M36×1.5	55	46						M115×2	115	140	22				
M39×1.5	58	49				1.5		M120×2	160	145					
M40×1.5*	58	49						M125×2	165	150					
M42×1.5	62	53						M130×2	170	155					
M45×1.5	68	59						M140×2	180	165	26				
M48×1.5	72	61	12	8	3.5			M150×2	200	180		16	7		
M50×1.5*	72	61					1	M160×3	210	190				2	1.5
M52×1.5	78	67						M170×3	220	200					
M55×2*	78	67						M180×3	230	210	30				
M56×2	85	74						M190×3	240	220					
M60×2	90	79						M200×3	250	230					

注：1. 当 $D\times P\leqslant$ M100×2 时，槽数为 4；当 $D\times P\geqslant$ M105×2 时，槽数为 6。

2. 标有 * 者仅用于滚动轴承锁紧装置。

第七节 垫 圈

表 13-20 圆螺母用止动垫圈（GB/T 858—1988） （单位：mm）

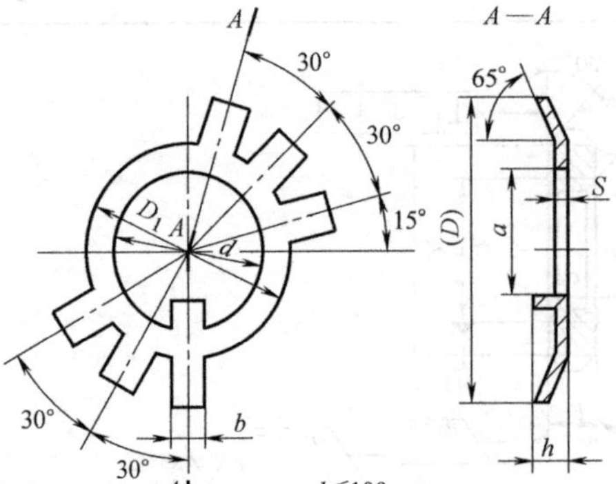

$d\leqslant$100mm

标记示例：

规格为 16mm，材料为 Q235A，经退火、表面氧化的圆螺母用止动垫圈标记为

垫圈 GB/T 858 16

（续）

规格（螺纹大径）	d	D（参考）	D_1	S	b	a	h	规格（螺纹大径）	d	D（参考）	D_1	S	b	a	h
18	18.5	35	24			15		52	52.5	82	67			49	
20	20.5	38	27			17		55*	56					52	
22	22.5	42	30			19	4	56	57	90	74			53	
24	24.5	45	34	1	4.8	21		60	61	94	79		7.7	57	6
25*	25.5					22		64	65	100	84			61	
27	27.5	48	37			24		65*	66					62	
30	30.5	52	40			27		68	69	105	88	1.5		65	
33	33.5	56	43			30		72	73	110	93			69	
35*	35.5					32		75*	76					71	
36	36.5	60	46			33		76	77	115	98		9.6	72	
39	39.5	62	49		5.7	36	5	80	81	120	103			76	
40*	40.5			1.5		37		85	86	125	108			81	7
42	42.5	66	53			39		90	91	130	112			86	
45	45.5	72	59			42		95	96	135	117	2	11.6	91	
48	48.5	76	61			45		100	101	140	122			96	
50*	50.5					47		105	106	145	127			101	

注：*仅用于滚动轴承锁紧装置

表 13-21 小垫圈、平垫圈

（单位：mm）

小垫圈 A级(GB/T 848—2002)
平垫圈 A级(GB/T 97.1—2002)

平垫圈 倒角型 A级(GB/T 97.2—2002)

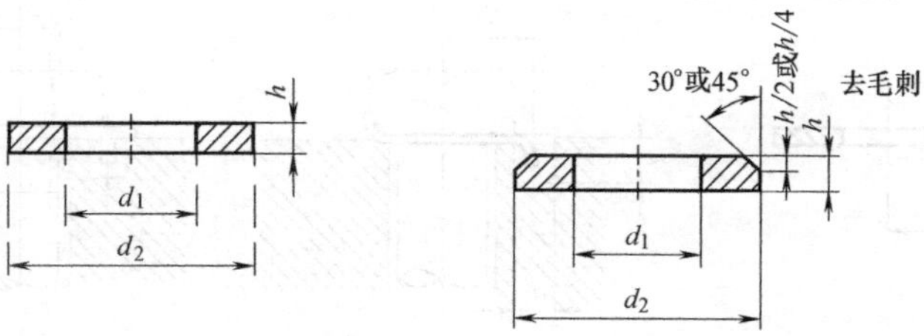

标记示例：

小系列（或标准系列）、公称规格 $d=8$mm，性能等级为200HV级，不经表面处理的小垫圈（或平垫圈，或倒角型平垫圈）标记为

垫圈 GB/T 848 8 （或 GB/T 97.1 8，或 GB/T 97.2 8）

公称规格（螺纹大径）d		1.6	2	2.5	3	4	5	6	8	10	12	14	16	20	24	30	36
d_1	GB/T 848—2002	1.7	2.2	2.7	3.2	4.3	5.3	6.4	8.4	10.5	13	15	17	21	25	31	37
	GB/T 97.1—2002																
	GB/T 97.2—2002	—	—	—	—	—											
d_2	GB/T 848—2002	3.5	4.5	5	6	8	9	11	15	18	20	24	28	34	39	50	60
	GB/T 97.1—2002	4	5	6	7	9	10	12	16	20	24	28	30	37	44	56	66
	GB/T 97.2—2002	—	—	—	—	—											
h	GB/T 848—2002	0.3	0.3	0.5	0.5	0.5	1	1.6	1.6	1.6	2	2.5	2.5	3	4	4	5
	GB/T 97.1—2002					0.8				2	2.5		3				
	GB/T 97.2—2002	—	—	—	—	—											

表 13-22　标准型弹簧垫圈（GB/T 93—1987）、轻型弹簧垫圈（GB/T 859—1987）

（单位：mm）

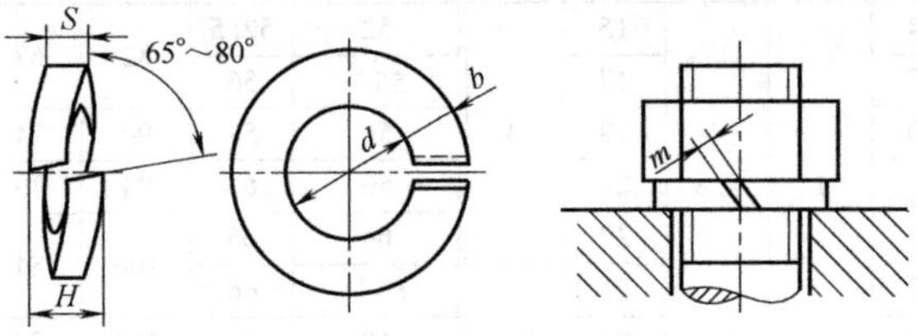

标记示例：

规格 16mm，材料为 65Mn，表面氧化的标准型（或轻型）弹簧垫圈的标记为

垫圈　GB/T 93　16　（或 GB/T 859　16）

规格(螺纹大径)			6	8	10	12	16	20	24	30	36
d(min)			6.1	8.1	10.2	12.2	16.2	20.2	24.5	30.5	36.5
GB/T 93—1987	$S(b)$		1.6	2.1	2.6	3.1	4.1	5	6	7.5	9
	H	min	3.2	4.2	5.2	6.2	8.2	10	12	15	18
		max	4	5.25	6.5	7.75	10.25	12.5	15	18.75	22.5
	$m\leqslant$		0.8	1.05	1.3	1.55	2.05	2.5	3	3.75	4.5
GB/T 859—1987	d(min)		6.1	8.1	10.2	12.2	16.2	20.2	24.5	30.5	—
	S		1.3	1.6	2	2.5	3.2	4	5	6	—
	b		2	2.5	3	3.5	4.5	5.5	7	9	—
	H	min	2.6	3.2	4	5	6.4	8	10	12	—
		max	3.25	4	5	6.25	8	10	12.5	15	—
	$m\leqslant$		0.65	0.8	1	1.25	1.6	2	2.5	3	—

注：材料为 65Mn。

表 13-23　外舌止动垫圈（GB/T 856—1988）

（单位：mm）

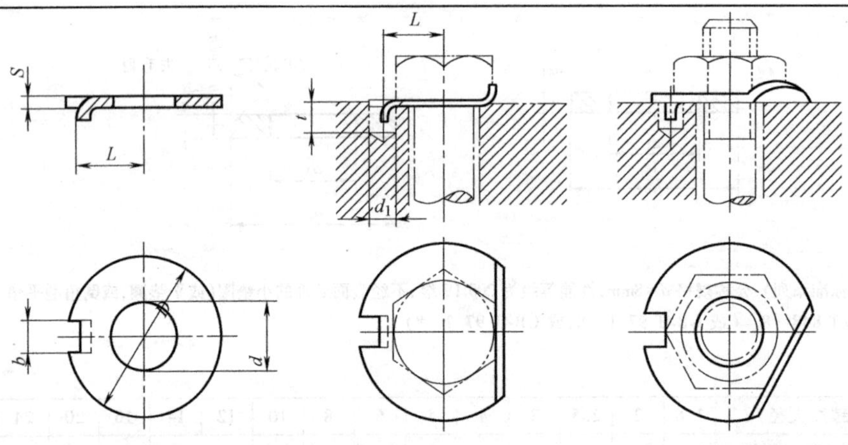

标记示例：

规格为 10mm，材料为 Q235A，不经表面处理的外舌止动垫圈的标记为

垫圈　GB/T 856　10

规格(螺纹大径)	5	6	8	10	12	(14)	16	(18)	20	(22)	24	(27)	30	36
d	5.3	6.4	8.4	10.5	13	15	17	19	21	23	25	28	31	37
D	17	19	22	26	32	32	40	45	45	50	50	58	63	75
b	3.5	3.5	3.5	4.5	4.5	4.5	5.5	6	6	7	7	8	8	11
L	7	7.5	8.5	10	12	12	15	18	18	20	20	23	25	31
S	0.5	0.5	0.5	0.5	1	1	1	1	1	1	1	1.5	1.5	1.5
d_1	4	4	4	5	5	5	6	7	7	8	8	9	9	12
t	4	4	4	5	6	6	6	7	7	7	7	10	10	10

注：尽可能不采用括号内的规格。

第八节 挡 圈

表 13-24 轴端挡圈 （单位：mm）

螺钉紧固轴端挡圈(GB/T 891—1986)　　　螺栓紧固轴端挡圈(GB/T 892—1986)

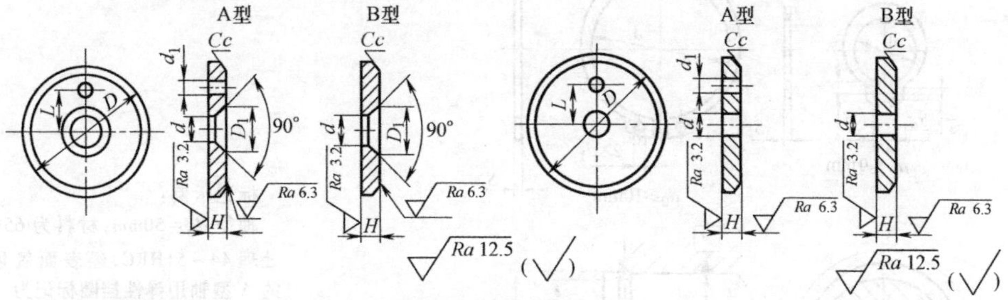

轴端单孔挡圈的固定

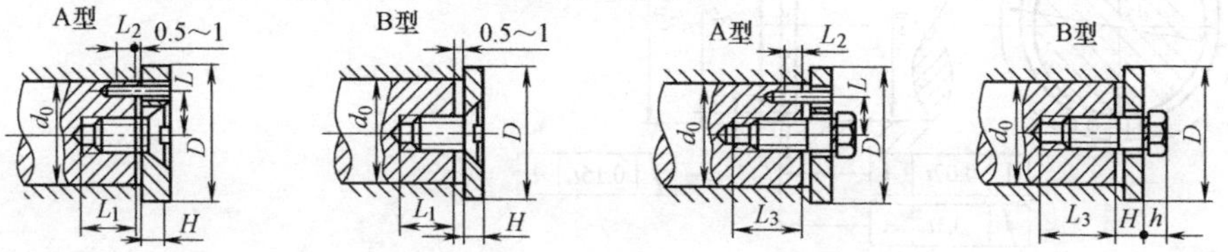

标记示例：

公称直径 D=45mm，材料为 Q235A，不经表面处理的 A 型螺钉紧固轴端挡圈的标记：挡圈 GB/T 891 45

公称直径 D=45mm，材料为 Q235A，不经表面处理的 B 型螺钉紧固轴端挡圈的标记：挡圈 GB/T 891 B45

轴径 ≤	公称直径 D	H	L	d	d_1	c	螺钉紧固轴端挡圈			螺栓紧固轴端挡圈			安装尺寸(参考)			
							D_1	螺钉 GB/T 819.1—2016（推荐）	圆柱销 GB/T 119.1—2000（推荐）	螺栓 GB/T 5783—2016（推荐）	圆柱销 GB/T 119.1—2000（推荐）	垫圈 GB/T 93—1987（推荐）	L_1	L_2	L_3	h
14	20	4	—	5.5	2.1	0.5	11	M5×12	2×10	M5×16	2×10	5	14	6	16	4.8
16	22	4	—													
18	25	4	—													
20	28	4	7.5													
22	30	4	7.5													
25	32	5	10	6.6	3.2	1	13	M6×16	3×12	M6×20	3×12	6	18	7	20	5.6
28	35	5	10													
30	38	5	10													
32	40	5	12													
35	45	5	12													
40	50	5	12													
45	55	6	16	9	4.2	1.5	17	M8×20	4×14	M8×5	4×14	8	22	8	24	7.4
50	60	6	16													
55	65	6	16													
60	70	6	20													
65	75	6	20													
70	80	6	20													
75	90	8	25	13	5.2	2	25	M12×25	5×16	M12×30	5×16	12	26	10	28	10.6
85	100	8	25													

注：1. 当挡圈装在带螺纹孔的轴端时，紧固用螺钉允许加长。

2. 材料为 Q235A、35 钢、45 钢。

3. “轴端单孔挡圈的固定”不属于 GB/T 891—1986 和 GB/T 892—1986 中的内容，仅供参考。

表 13-25　轴用弹性挡圈—A 型（GB/T 894.1—1986）　　（单位：mm）

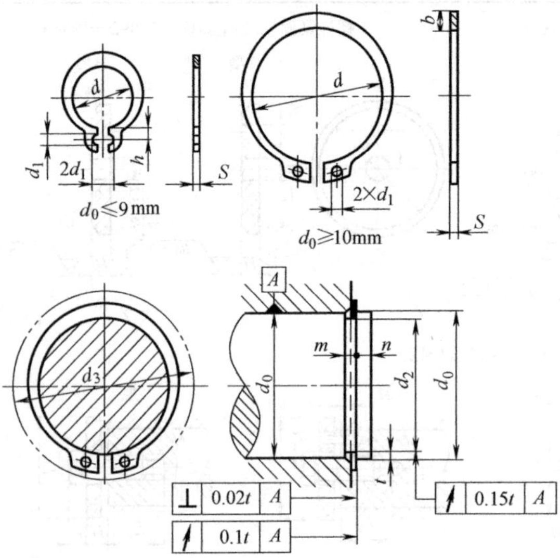

d_3——允许套入的最小孔径

标记示例：

轴径 d_0 = 50mm，材料为 65Mn，热处理 44～51HRC，经表面氧化处理的 A 型轴用弹性挡圈标记为

挡圈　GB/T 894.1　50

<table>
<tr><th rowspan="2">轴径
d_0</th><th colspan="4">挡圈</th><th colspan="3">沟槽（推荐）</th><th rowspan="2">孔
$d_3 \geqslant$</th><th rowspan="2">轴径
d_0</th><th colspan="4">挡圈</th><th colspan="3">沟槽（推荐）</th><th rowspan="2">孔
$d_3 \geqslant$</th></tr>
<tr><th>d</th><th>S</th><th>$b\approx$</th><th>d_1</th><th>d_2</th><th>m</th><th>$n\geqslant$</th><th>d</th><th>S</th><th>$b\approx$</th><th>d_1</th><th>d_2</th><th>m</th><th>$n\geqslant$</th></tr>
<tr><td>18</td><td>16.5</td><td rowspan="5">1</td><td rowspan="2">2.48</td><td>1.7</td><td>17</td><td rowspan="5">1.1</td><td rowspan="5">1.5</td><td>27</td><td>50</td><td>45.8</td><td rowspan="7">2</td><td rowspan="3">5.48</td><td rowspan="21">3</td><td>47</td><td rowspan="7">2.2</td><td rowspan="13">4.5</td><td>64.8</td></tr>
<tr><td>19</td><td>17.5</td><td rowspan="10">2</td><td>18</td><td>28</td><td>52</td><td>47.8</td><td>49</td><td>67</td></tr>
<tr><td>20</td><td>18.5</td><td rowspan="3">2.68</td><td>19</td><td>29</td><td>55</td><td>50.8</td><td>52</td><td>70.4</td></tr>
<tr><td>21</td><td>19.5</td><td>20</td><td>31</td><td>56</td><td>51.8</td><td rowspan="5">6.12</td><td>53</td><td>71.7</td></tr>
<tr><td>22</td><td>20.5</td><td>21</td><td>32</td><td>58</td><td>53.8</td><td>55</td><td>73.6</td></tr>
<tr><td>24</td><td>22.2</td><td rowspan="7">1.2</td><td rowspan="3">3.32</td><td>22.9</td><td rowspan="7">1.3</td><td rowspan="3">1.7</td><td>34</td><td>60</td><td>55.8</td><td>57</td><td>75.8</td></tr>
<tr><td>25</td><td>23.2</td><td>23.9</td><td>35</td><td>62</td><td>57.8</td><td>59</td><td>79</td></tr>
<tr><td>26</td><td>24.2</td><td>24.9</td><td>36</td><td>63</td><td>58.8</td><td rowspan="14">2.5</td><td>60</td><td rowspan="14">2.7</td><td>79.6</td></tr>
<tr><td>28</td><td>25.9</td><td>3.60</td><td>26.6</td><td rowspan="3">2.1</td><td>38.4</td><td>65</td><td>60.8</td><td>62</td><td>81.6</td></tr>
<tr><td>29</td><td>26.9</td><td rowspan="2">3.72</td><td>27.6</td><td>39.8</td><td>68</td><td>63.5</td><td rowspan="5">6.32</td><td>65</td><td>85</td></tr>
<tr><td>30</td><td>27.9</td><td>28.6</td><td>42</td><td>70</td><td>65.5</td><td>67</td><td>87.2</td></tr>
<tr><td>32</td><td>29.6</td><td>3.92</td><td rowspan="8">2.5</td><td>30.3</td><td rowspan="2">2.6</td><td>44</td><td>72</td><td>67.5</td><td>69</td><td>89.4</td></tr>
<tr><td>34</td><td>31.5</td><td rowspan="9">1.5</td><td>4.32</td><td>32.3</td><td rowspan="9">1.7</td><td>46</td><td>75</td><td>70.5</td><td>72</td><td>92.8</td></tr>
<tr><td>35</td><td>32.2</td><td rowspan="3">4.52</td><td>33</td><td rowspan="4">3</td><td>48</td><td>78</td><td>73.5</td><td>75</td><td>96.2</td></tr>
<tr><td>36</td><td>33.2</td><td>34</td><td>49</td><td>80</td><td>74.5</td><td rowspan="5">7.0</td><td>76.5</td><td rowspan="8">5.3</td><td>98.2</td></tr>
<tr><td>37</td><td>34.2</td><td>35</td><td>50</td><td>82</td><td>76.5</td><td>78.5</td><td>101</td></tr>
<tr><td>38</td><td>35.2</td><td rowspan="5">5.0</td><td>36</td><td>51</td><td>85</td><td>79.5</td><td>81.5</td><td>104</td></tr>
<tr><td>40</td><td>36.5</td><td>37.5</td><td rowspan="4">3.8</td><td>53</td><td>88</td><td>82.5</td><td>84.5</td><td>107.3</td></tr>
<tr><td>42</td><td>38.5</td><td>39.5</td><td>56</td><td>90</td><td>84.5</td><td>7.6</td><td>86.5</td><td>110</td></tr>
<tr><td>45</td><td>41.6</td><td rowspan="2"></td><td>42.5</td><td>59.4</td><td>95</td><td>89.5</td><td rowspan="2">9.2</td><td>91.5</td><td>115</td></tr>
<tr><td>48</td><td>43.5</td><td>45.5</td><td>62.8</td><td>100</td><td>94.5</td><td>96.5</td><td>121</td></tr>
</table>

表 13-26 孔用弹性挡圈—A 型（GB/T 893.1—1986） （单位：mm）

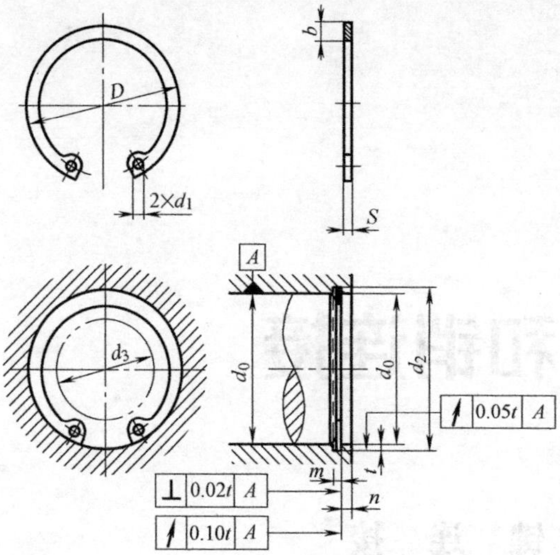

标记示例：

孔径 $d_0=50$mm，材料为 65Mn，热处理硬度 44~51HRC，经表面氧化处理的 A 型孔用弹性挡圈标记为

挡圈 GB/T 893.1 50

d_3——允许套入的最大轴径

孔径	挡圈				沟槽（推荐）			轴	孔径	挡圈				沟槽（推荐）			轴
d_0	D	S	$b\approx$	d_1	d_2	m	$n\geqslant$	$d_3\leqslant$	d_0	D	S	$b\approx$	d_1	d_2	m	$n\geqslant$	$d_3\leqslant$
30	32.1				31.4		2.1	18	65	69.2		5.2		68			48
31	33.4	1.2	3.2		32.7	1.3		19	68	72.5				71			50
32	34.4				33.7		2.6	20	70	74.5		5.7		73			53
34	36.5				35.7			22	72	76.5				75		4.5	55
35	37.8			2.5	37			23	75	79.5				78			56
36	38.8		3.6		38			24	78	82.5		6.3		81			60
37	39.8				39		3	25	80	85.5				83.5			63
38	40.8	1.5			40	1.7		26	82	87.5	2.5	6.8	3	85.5	2.7		65
40	43.5		4		42.5			27	85	90.5				88.5			68
42	45.5				44.5		3.8	29	88	93.5		7.3		91.5			70
45	48.5		4.7	3	47.5			31	90	95.5				93.5		5.3	72
47	50.5				49.5			32	92	97.5				95.5			73
48	51.5	1.5			50.5	1.7	3.8	33	95	100.5		7.7		98.5			75
50	54.2		4.7		53			36	98	103.5				101.5			78
52	56.2				55			38	100	105.5				103.5			80
55	59.2				58			40	102	108				106			82
56	60.2	2		3	59		4.5	41	105	112		8.1		109			83
58	62.2				61	2.2		43	108	115	2	8.8	4	112	3.2	6	86
60	64.2		5.2		63			44	110	117				114			88
62	66.2				65			45	112	119		9.3		116			89
63	67.2				66			46	115	122				119			90

第十四章

键连接和销连接

第一节 键 连 接

表 14-1 普通平键连接的剖面和键槽尺寸（GB/T 1095—2003、GB/T 1096—2003）（单位：mm）

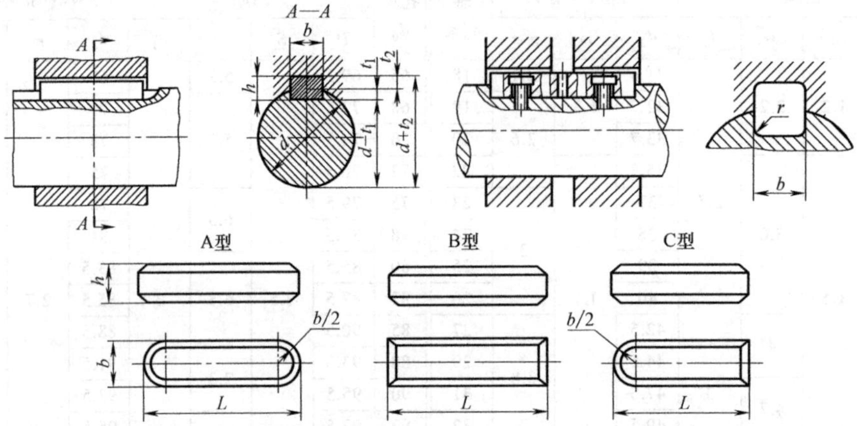

标记示例：

宽度 $b=16$mm、高度 $h=10$mm、长度 $L=100$mm 的普通 A 型平键：GB/T 1096 键 16×10×100

宽度 $b=16$mm、高度 $h=10$mm、长度 $L=100$mm 的普通 B 型平键：GB/T 1096 键 B16×10×100

宽度 $b=16$mm、高度 $h=10$mm、长度 $L=100$mm 的普通 C 型平键：GB/T 1096 键 C16×10×100

轴	键	键槽											
公称直径 d	公称尺寸 $b×h$	宽度 b						深度				半径 r	
		公称尺寸	极限偏差					轴 t_1		毂 t_2			
			松连接		正常连接		紧密连接						
			轴 H9	毂 D10	轴 N9	毂 JS9	轴和毂 P9	公称尺寸	极限偏差	公称尺寸	极限偏差	最小	最大
>6~8	2×2	2	+0.025 0	+0.060 +0.020	−0.004 −0.029	±0.0125	−0.006 −0.031	1.2	+0.1 0	1	+0.1 0	0.08	0.16
>8~10	3×3	3						1.8		1.4			
>10~12	4×4	4	+0.030 0	+0.078 +0.030	0 −0.030	±0.015	−0.012 −0.042	2.5		1.8			
>12~17	5×5	5						3.0		2.3		0.16	0.25
>17~22	6×6	6						3.5		2.8			
>22~30	8×7	8	+0.036 0	+0.098 +0.040	0 −0.036	±0.018	−0.015 −0.051	4.0	+0.2 0	3.3	+0.2 0		
>30~38	10×8	10						5.0		3.3		0.25	0.40

（续）

轴	键	键槽											
		宽度 b						深度				半径 r	
		公称尺寸	极限偏差					轴 t_1		毂 t_2			
			松连接		正常连接		紧密连接						
公称直径 d	公称尺寸 $b\times h$		轴 H9	毂 D10	轴 N9	毂 JS9	轴和毂 P9	公称尺寸	极限偏差	公称尺寸	极限偏差	最小	最大
>38~44	12×8	12						5.0		3.3			
>44~50	14×9	14	+0.043	+0.120	0	±0.0215	-0.018	5.5		3.8			
>50~58	16×10	16	0	+0.050	-0.043		-0.061	6.0		4.3		0.25	0.40
>58~65	18×11	18						7.0	+0.2	4.4	+0.2		
>65~75	20×12	20						7.5	0	4.9	0		
>75~85	22×14	22	+0.052	+0.149	0	±0.026	0.022	9.0		5.4			
>85~95	25×14	25	0	+0.065	-0.052		-0.074	9.0		5.4		0.40	0.60
>95~110	28×16	28						10.0		6.4			
键的长度系列	6,8,10,12,14,16,18,20,22,25,28,32,36,40,45,50,56,63,70,80,90,100,110,125,140,160,180,200,220,250,280,320,360												

注：1. 在工作图中，轴槽深用 $d-t_1$ 或 t_1 标注，毂槽深用 $d+t_2$ 标注。

2. （$d-t_1$）和（$d+t_2$）两组组合尺寸的极限偏差按相应的 t_1 和 t_2 极限偏差选取，但（$d-t_1$）极限偏差值应取负号（-）。

3. 键尺寸 b 的极限偏差代号为 h8，h 为 h11（矩形）或 h8（方形），L 为 h14。

4. 键材料的抗拉强度应不小于 590MPa。

表 14-2 半圆键连接的剖面和键槽尺寸（GB/T 1098—2003）、半圆键的形式和尺寸（GB/T 1099.1—2003） （单位：mm）

半圆键连接的剖面和键槽尺寸(GB/T 1098—2003)

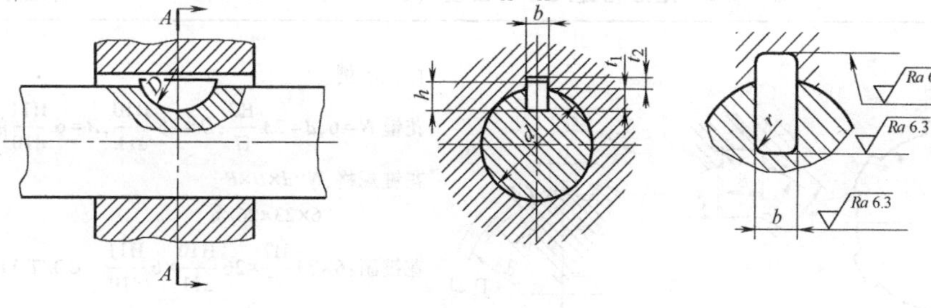

半圆键的形式和尺寸(GB/T 1099.1—2003)

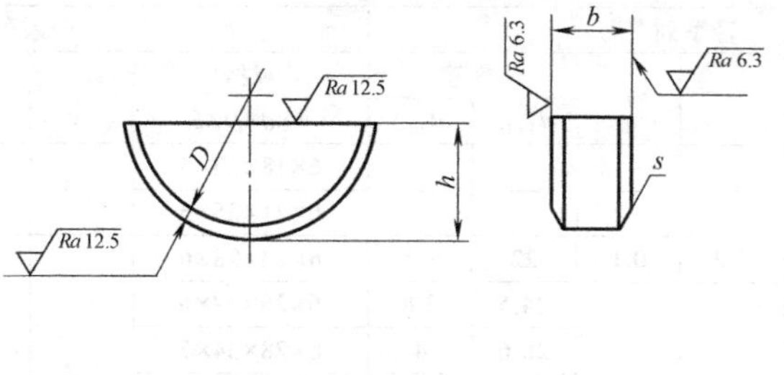

标记示例：

$b=6$mm、$h=10$mm、$D=25$mm 的半圆键标记为

GB/T 1099.1 键 6×10×25

（续）

轴径 d		键	键槽										s	
			宽度 b				深度				半径 r			
				极限偏差			轴 t_1		毂 t_2					
				正常连接		紧密连接								
键传递转矩	键定位	公称尺寸 $b×h×D$	公称尺寸	轴 N9	毂 JS9	轴和毂 P9	公称尺寸	极限偏差	公称尺寸	极限偏差	最小	最大	最小	最大
自 3~4	自 3~4	1.0×1.4×4	1.0	-0.004 -0.029	±0.012	-0.006 -0.031	1.0	+0.1 0	0.6	+0.1 0	0.08	0.16	0.16	0.25
>4~5	>4~6	1.5×2.6×7	1.5				2.0		0.8					
>5~6	>6~8	2.0×2.6×7	2.0				1.8		1.0					
>6~7	>8~10	2.0×3.7×10	2.0				2.9		1.0					
>7~8	>10~12	2.5×3.7×10	2.5				2.7		1.2					
>8~10	>12~15	3.0×5.0×13	3.0				3.8	+0.2 0	1.4					
>10~12	>15~18	3.0×6.5×16	3.0				5.3		1.4		0.16	0.25		
>12~14	>18~20	4.0×6.5×16	4.0	0 -0.030	±0.015	-0.012 -0.042	5.0		1.8				0.25	0.40
>14~16	>20~22	4.0×7.5×19	4.0				6.0		1.8					
>16~18	>22~25	5.0×6.5×16	5.0				4.5		2.3					
>18~20	>25~28	5.0×7.5×19	5.0				5.5		2.3					
>20~22	>28~32	5.0×9.0×22	5.0				7.0		2.3					
>22~25	>32~36	6.0×9.0×22	6.0				6.5	+0.3 0	2.8					
>25~28	>36~40	6.0×10.0×25	6.0				7.5		2.8	+0.2 0	0.25	0.40		
>28~32	>40	8.0×11.0×28	8.0	0 -0.036	±0.018	-0.015 -0.051	8.0		3.3				0.40	0.06
>32~38	—	10.0×13.0×32	10.0				10.0		3.3					

注：1. 在工作图中轴槽深用 t_1 或（$d-t_1$）标注，轮毂槽深用（$d+t_2$）标注。

2. （$d-t_1$）和（$d+t_2$）的尺寸偏差按相应的 t_1 和 t_2 的偏差选取，但（$d-t_1$）公差值应取负号（-）。

表 14-3 矩形花键尺寸与公差（GB/T 1144—2001） （单位：mm）

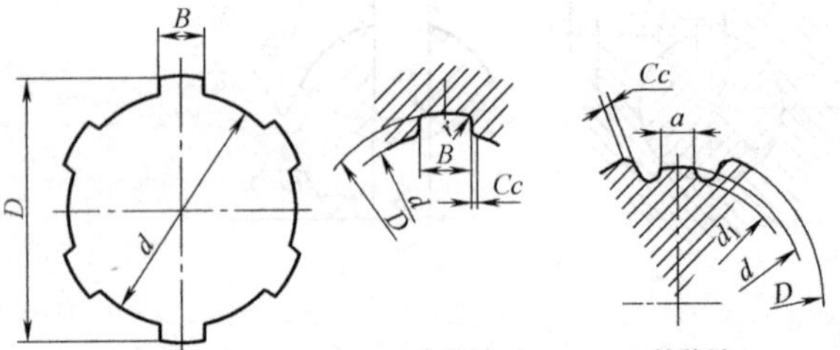

内花键 外花键

标记示例：

花键 $N=6, d=23\frac{H7}{f7}, D=26\frac{H10}{a11}, B=6\frac{H11}{d10}$的标记为

花键规格：$N×d×D×B$

6×23×26×6

花键副：$6×23\frac{H7}{f7}×26\frac{H10}{a11}×6\frac{H11}{d10}$ GB/T 1144—2001

内花键：6×23H7×26H10×6H11 GB/T 1144—2001

外花键：6×23f7×26a11×6d10 GB/T 1144—2001

公称尺寸系列和键槽截面尺寸										
小径 d	轻系列					中系列				
	规格 $N×d×D×B$	c	r	参考 d_{1min}	参考 a_{min}	规格 $N×d×D×B$	c	r	参考 d_{1min}	参考 a_{min}
18	—	—	—	—	—	6×18×22×5	0.3	0.2	16.6	1
21						6×21×25×5			19.5	2
23	6×23×26×6	0.2	0.1	22	3.5	6×23×28×6	0.4	0.3	21.2	1.2
26	6×26×30×6	0.3	0.2	24.5	3.8	6×26×32×6			23.6	1.2
28	6×28×32×7			26.6	4	6×28×34×7			25.3	1.4
32	8×32×36×6			30.3	2.7	8×32×38×6			29.4	1
36	8×36×40×7			34.3	3.5	8×36×42×7			33.4	1
42	8×42×46×8			40.5	5	8×42×48×8			39.4	2.5
46	8×46×50×9			44.6	5.7	8×46×54×9	0.5	0.4	42.6	1.4

（续）

公称尺寸系列和键槽截面尺寸										
小径 d	轻系列					中系列				
	规格 $N\times d\times D\times B$	c	r	参考 $d_{1\min}$	参考 $a_{\min}$	规格 $N\times d\times D\times B$	c	r	参考 $d_{1\min}$	参考 $a_{\min}$
52	8×52×58×10	0.4	0.3	49.6	4.8	8×52×60×10	0.5	0.4	48.6	2.5
56	8×56×62×10			53.5	6.5	8×56×65×10			52	2.5
62	8×62×68×12			59.7	7.3	8×62×72×12	0.6	0.5	57.7	2.4
72	10×72×78×12			69.6	5.4	10×72×82×12			67.4	1
82	10×82×88×12			79.3	8.5	10×82×92×12			77	2.9
92	10×92×98×14			89.6	9.9	10×92×102×14			87.3	4.5
102	10×102×108×16			99.6	11.3	10×102×112×16			97.7	6.2

内、外花键的尺寸公差带							
内花键				外花键			装配型式
d	D	B 拉削后不热处理	B 拉削后热处理	d	D	B	
一般用公差带							
H7	H10	H9	H11	f7	a11	d10	滑动
				g7		f9	紧滑动
				h7		h10	固定
精密传动用公差带							
H5	H10	H7、H9		f5	a11	d8	滑动
				g5		f7	紧滑动
				h5		h8	固定
H6				f6		d8	滑动
				g6		f7	紧滑动
				h6		d8	固定

注：1. 精密传动用的内花键，当需要控制键侧配合间隙时，槽宽可选 H7，一般情况下可选 H9。

2. d 为 H6 和 H7 的内花键，允许与提高一级的外花键配合。

表 14-4　轴上开有平键槽时的抗弯截面系数 W 和抗扭截面系数 W_T

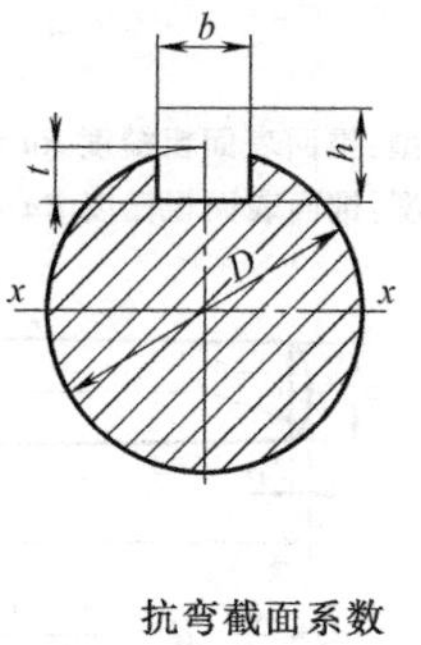

抗弯截面系数

$$W=\frac{\pi D^3}{32}-\frac{bt(D-t)^2}{2D}$$

抗扭截面系数

$$W_T=\frac{\pi D^3}{32}-\frac{bt(D-t)^2}{2D}$$

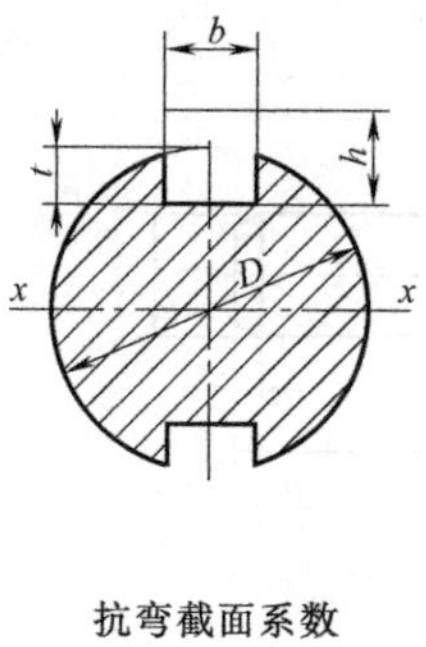

抗弯截面系数

$$W=\frac{\pi D^3}{32}-\frac{bt(D-t)^2}{D}$$

抗扭截面系数

$$W_T=\frac{\pi D^3}{32}-\frac{bt(D-t)^2}{D}$$

(续)

D/mm	b×h mm×mm	单键 W/cm^3	单键 W_T/cm^3	双键 W/cm^3	双键 W_T/cm^3
20	6×6	0.643	1.43	0.5	1.28
21		0.756	1.66	0.603	1.51
11		0.889	1.92	0.719	1.78
24	8×7	1.06	2.42	0.825	2.13
25		1.25	2.79	0.97	2.5
26		1.43	3.15	1.13	2.85
28		1.83	3.98	1.49	3.65
30		2.29	43.94	1.93	4.58
32	10×8	2.65	5.86	2.08	5.30
34		3.24	7.14	2.62	6.48
35		3.57	7.78	2.93	7.14
38		4.67	10.05	3.95	9.34
40	12×8	5.36	11.65	5.45	10.72
42		6.36	13.57	5.32	12.59
45	14×9	7.61	16.56	6.29	15.23
48		9.41	20.27	7.97	18.82
50		10.75	23.02	9.22	21.5
52	16×10	11.85	25.66	9.90	23.7
55		14.42	30.58	12.14	28.48
58		16.92	36.08	14.69	33.84
60	18×11	18.26	39.47	15.31	36.52
65	18×11	23.72	50.67	20.44	47.44
70	20×12	29.5	63.18	25.32	58.98
75		36.87	78.3	32.32	73.74
80	22×14	44.85	94.32	37.78	89.7
85		53.67	114.05	46.98	107.32
90	25×14	63.4	134.9	55.08	126.7
95		75.44	159.63	66.7	150.87
100	28×16	87.89	168.09	77.6	175.78
105		101.65	215.32	89.68	203.3
110		118	248.7	105.3	236
115	32×18	132.8	282	116	265.6
120		152.3	322	135	304.5
130		196.5	412	117	393
140	36×20	244	514	219	488
150		304	635	276.6	608
160	40×22	367	769	332	734
170		444.7	927	407	889
180	45×25	512	1094	470	1042
190		619	1293	565	1238
200		728	1513	670	1455

注：表中键槽尺寸适用于 GB/T 1095—2003 中的平键。

第二节 销 连 接

表 14-5 圆柱销（GB/T 119.1—2000）和圆锥销（GB/T 117—2000）（单位：mm）

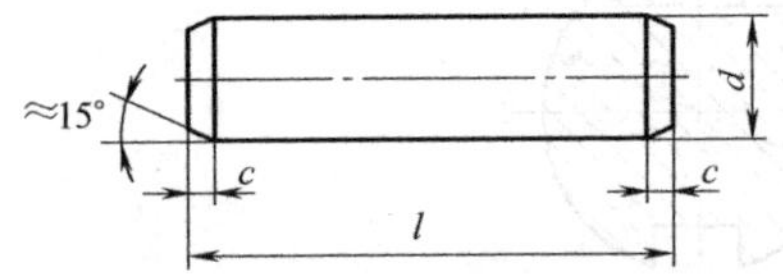

标记示例：

公称直径 $d=6$mm，公差为 m6，公称长度 $l=30$mm，材料为钢，不经淬火，不经表面处理的圆柱销的标记为

销 GB/T 119.1 6 m6×30

A 型：锥面表面粗糙度 $Ra=0.8\mu m$

B 型：锥面表面粗糙度 $Ra=3.2\mu m$

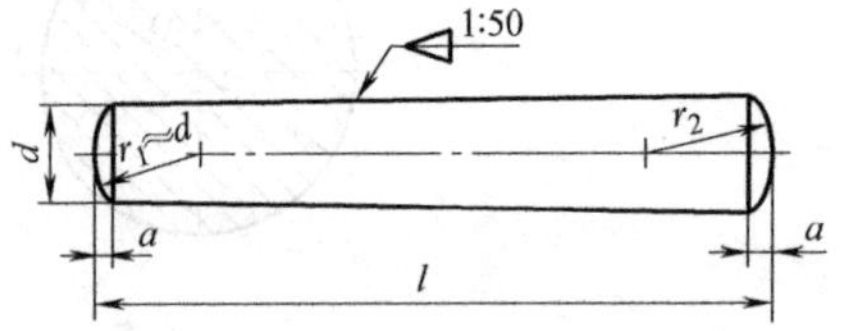

$$r_2=\frac{a}{2}+d+\frac{(0.02l)^2}{8a}$$

端面 $\sqrt{Ra\ 6.3}$

标记示例：

公称直径 $d=6$mm，公称长度 $l=30$mm，材料为 35 钢，热处理硬度 28～38HRC，表面氧化处理的 A 型圆锥销的标记为

销 GB/T 117 6×30

（续）

圆柱销	d	1.5	2	2.5	3	4	5	6	8	10	12	16	20	25
	c	0.3	0.35	0.4	0.5	0.63	0.8	1.2	1.6	2	2.5	3	3.5	4
	l	4~16	6~20	6~24	8~30	8~40	10~50	12~60	14~80	18~95	22~140	26~180	35~200	50~200
圆锥销	d	1.5	2	2.5	3	4	5	6	8	10	12	16	20	25
	a	0.2	0.25	0.3	0.4	0.5	0.63	0.8	1	1.2	1.6	2	2.5	3
	l	8~24	10~35	10~35	12~45	14~55	18~60	22~90	22~120	26~100	32~180	40~200	45~200	50~200
l	公称尺寸	2,3,4,5,6~32(2 进位),35~100(5 进位),公称长度大于 100 按 20 递增												

表 14-6　内螺纹圆柱销（GB/T 120—2000）、内螺纹圆锥销（GB/T 118—2000）

（单位：mm）

标记示例：

公称直径 $d=6$mm、公差为 m6、公称长度 $l=30$mm、材料为钢、不经淬火、不经表面处理的内螺纹圆柱销标记为

销　GB/T 120.1　6×30

公称直径 $d=10$mm、长度 $l=60$mm、材料为 35 钢、热处理硬度 28~38HRC、表面氧化处理的 A 型内螺纹圆锥销的标记为

销　GB/T 118　10×60

内螺纹圆柱销

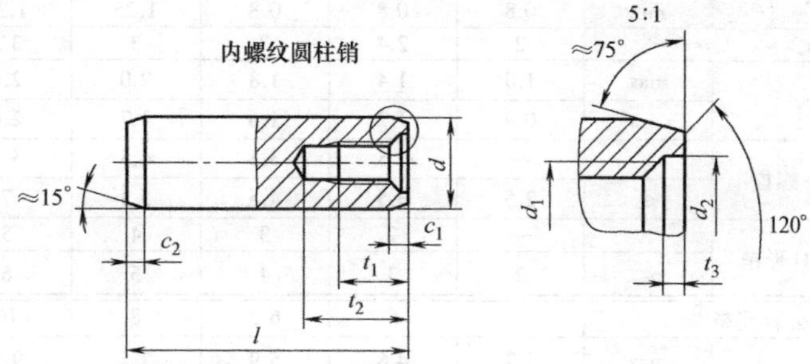

内螺纹圆锥销

A型(磨削):锥面表面粗糙度 Ra=0.8μm

B型(切削或冷镦):锥面表面粗糙度 Ra=3.2μm

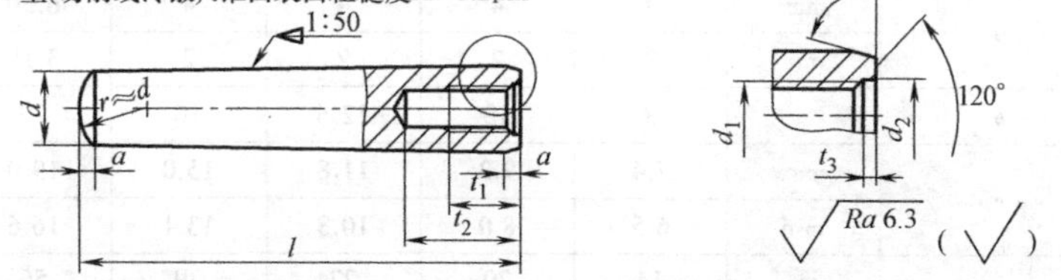

内螺纹圆柱销	d	m6	6	8	10	12	16	20	25	30	40	50
	c_1	≈	0.8	1	1.2	1.6	2	2.5	3	4	5	6.3
	c_2	≈	1.2	1.6	2	2.5	3	3.5	4	5	6.3	8
	d_1		M4	M5	M6	M6	M8	M10	M16	M20	M20	M24
	P		0.7	0.8	1	1	1.25	1.5	2	2.5	2.5	3
	d_2		4.3	5.3	6.4	6.4	8.4	10.5	17	21	21	25
	t_1		6	8	10	12	16	18	24	30	30	36
	t_2	min	10	12	16	20	25	28	35	40	40	50
	t_3		1	1.2	1.2	1.2	1.5	1.5	2	2	2.5	2.5
内螺纹圆锥销	d	h10	6	8	10	12	16	20	25	30	40	50
	a	≈	0.8	1	1.2	1.6	2	2.5	3	4	5	6.3
	d_1		M4	M5	M6	M8	M10	M12	M16	M20	M20	M24
	P		0.7	0.8	1	1.25	1.5	1.75	2	2.5	2.5	3
	d_2		4.3	5.3	6.4	8.4	10.5	13	17	21	21	25
	t_1		6	8	10	12	16	18	24	30	30	36
	t_2	min	10	12	16	20	25	28	35	40	40	50
	t_3		1	1.2	1.2	1.2	1.5	1.5	2	2	2.5	2.5
l(公称)			16~60	18~80	22~100	26~120	32~160	40~200	50~200	60~200	80~200	100~200
l(公称)的系列			16~32(2 进位),35~100(5 进位),100~200(20 进位)									

注：1. P 为螺距。

2. 公称长度大于 200mm，按 20mm 递增。

表 14-7　开口销（GB/T 91—2000）　　（单位：mm）

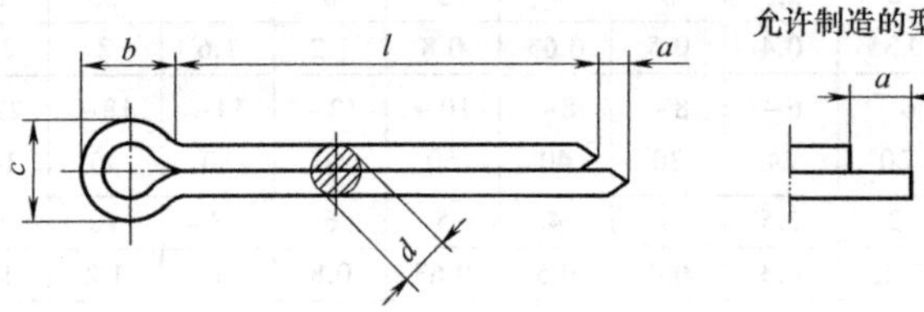

标记示例：

公称规格为 5mm 为公称长度 l=50mm 为材料为 Q215 或 Q235，不经表面处理的开口销的标记为

销　GB/T 91　5×50

公称规格①			0.6	0.8	1	1.2	1.6	2	2.5	3.2
d		max	0.5	0.7	0.9	1.0	1.4	1.8	2.3	2.9
		min	0.4	0.6	0.8	0.9	1.3	1.7	2.1	2.7
a		max	1.6	1.6	1.6	2.50	2.50	2.50	2.50	3.2
		min	0.8	0.8	0.8	1.25	1.25	1.25	1.25	1.6
b		≈	2	2.4	3	3	3.2	4	5	6.4
c		max	1.0	1.4	1.8	2.0	2.8	3.6	4.6	5.8
		min	0.9	1.2	1.6	1.7	2.4	3.2	4.0	5.1
适用的直径②	螺栓	>	—	2.5	3.5	4.5	5.5	7	9	11
		≤	2.5	3.5	4.5	5.5	7	9	11	14
	U 形销	>	—	2	3	4	5	6	8	9
		≤	2	3	4	5	6	8	9	12
公称规格①			4	5	6.3	8	10	13	16	20
d		max	3.7	4.6	5.9	7.5	9.5	12.4	15.4	19.3
		min	3.5	4.4	5.7	7.3	9.3	12.1	15.1	19.0
a		max	4	4	4	4	6.30	6.30	6.30	6.30
		min	2	2	2	2	3.15	3.15	3.15	3.15
b		≈	8	10	12.6	16	20	26	32	40
c		max	7.4	9.2	11.8	15.0	19.0	24.8	30.8	38.5
		min	6.5	8.0	10.3	13.1	16.6	21.7	27.0	33.8
适用的直径②	螺栓	>	14	20	27	39	56	80	120	170
		≤	20	27	39	56	80	120	170	—
	U 形销	>	12	17	23	29	44	69	110	160
		≤	17	23	29	44	69	110	160	—
l 系列尺寸			4,5,6,8,10,12,14,16,18,20,22,25,28,32,36,40,45,50,56,63,71,80,90,100,112,125,140,160,180,200,224,250,280							

① 公称规格等于开口销孔的直径。对销孔直径推荐的公差：公称规格≤1.2mm：H13；公称规格>1.2mm：H14。根据供需双方协议，允许采用公称规格为 3mm、6mm 和 12mm 的开口销。

② 用于铁道和在 U 形销中开口销承受交变横向力的场合，推荐使用的开口销规格应较本表规定的加大一档。

第十五章

滚动轴承

第一节　常用滚动轴承

表 15-1　深沟球轴承（GB/T 276—2013）

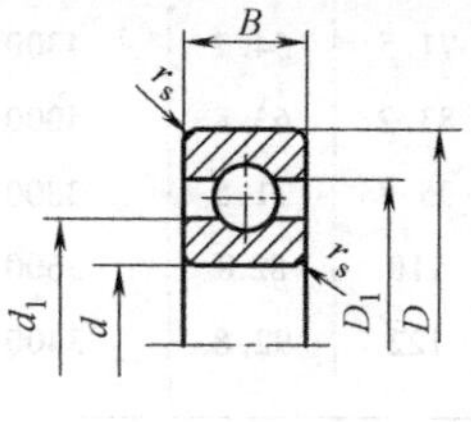

外形尺寸

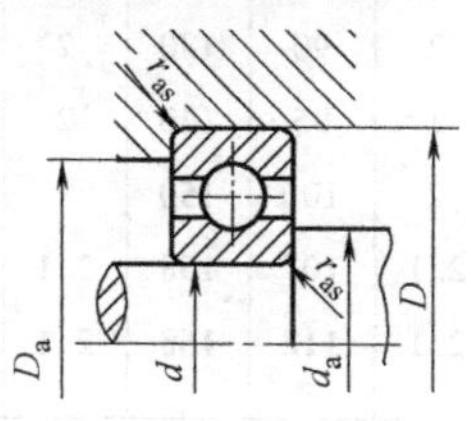

安装尺寸

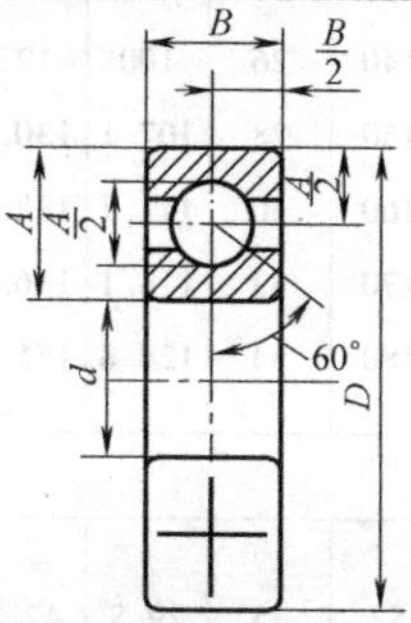

简化画法

标记示例：
滚动轴承　6208　GB/T 276—2013

轴承代号	基本尺寸/mm			其他尺寸/mm			安装尺寸/mm			基本额定载荷		极限转速/(r/min)	
	d	D	B	$d_1\approx$	$D_1\approx$	r_s (min)	d_a (min)	D_a (max)	r_{as} (max)	C_r/kN	C_{0r}/kN	脂润滑	油润滑
10系列													
6004	20	42	12	26.9	35.1	0.6	25	37	0.6	9.38	5.02	15000	19000
6005	25	47	12	31.8	40.2	0.6	30	42	0.6	10.0	5.85	13000	17000
6006	30	55	13	38.4	47.7	1	36	49	1	13.2	8.3	10000	14000
6007	35	62	14	43.4	53.7	1	41	56	1	16.2	10.5	9000	12000
6008	40	68	15	48.8	59.2	1	46	62	1	17.0	11.8	8500	11000
6009	45	75	16	54.2	65.9	1	51	69	1	21.0	14.8	8000	10000
6010	50	80	16	59.2	70.9	1	56	74	1	22.0	16.2	7000	9000
6011	55	90	18	66.5	79	1.1	62	83	1	30.2	21.8	6300	8000
6012	60	95	18	71.9	85.7	1.1	67	88	1	31.5	24.2	6000	7500
6013	65	100	18	75.3	89.1	1.1	72	93	1	32.0	24.8	5600	7000
6014	70	110	20	82	98	1.1	77	103	1	38.5	30.5	5300	6700
6015	75	115	20	88.6	104	1.1	82	108	1	40.2	33.2	5000	6300
6016	80	125	22	95.9	112.8	1.1	87	118	1	47.5	39.8	4800	6000
6017	85	130	22	100.1	117.6	1.1	92	123	1	50.8	42.8	4500	5600
6018	90	140	24	107.2	126.8	1.5	99	131	1.5	53	49.8	4300	5300
6019	95	145	24	110.2	129.8	1.5	104	136	1.5	57.8	50	4000	5000
6020	100	150	24	114.6	135.4	1.5	109	141	1.5	64.5	56.2	3800	4800

（续）

轴承代号	基本尺寸/mm			其他尺寸/mm			安装尺寸/mm			基本额定载荷		极限转速/(r/min)	
	d	D	B	$d_1\approx$	$D_1\approx$	r_s (min)	d_a (min)	D_a (max)	r_{as} (max)	C_r/kN	C_{0r}/kN	脂润滑	油润滑
02 系列													
6204	20	47	14	29.3	39.7	1	26	41	1	12.8	6.65	14000	18000
6205	25	52	15	33.8	44.2	1	31	46	1	14.0	7.88	12000	16000
6206	30	62	16	40.8	52.2	1	36	56	1	19.5	11.5	9500	13000
6207	35	72	17	46.8	60.2	1.1	42	65	1	25.5	15.2	8500	11000
6208	40	80	18	52.8	67.2	1.1	47	73	1	29.5	18.0	8000	10000
6209	45	85	19	58.8	73.2	1.1	52	78	1	31.5	20.5	7000	9000
6210	50	90	20	62.4	77.6	1.1	57	83	1	35.0	23.2	6700	8500
6211	55	100	21	68.9	86.1	1.5	64	91	1.5	43.2	29.2	6000	7500
6212	60	110	22	76	94.1	1.5	69	101	1.5	47.8	32.8	5600	7000
6213	65	120	23	82.5	102.5	1.5	74	111	1.5	57.2	40.0	5000	6300
6214	70	125	24	89	109	1.5	79	116	1.5	60.8	45.0	4800	6000
6215	75	130	25	94	115	1.5	84	121	1.5	66.0	49.5	4500	5600
6216	80	140	26	100	122	2	90	130	2	71.5	54.2	4300	5300
6217	85	150	28	107.1	130.9	2	95	140	2	83.2	63.8	4000	5000
6218	90	160	30	111.7	138.4	2	100	150	2	95.8	71.5	3800	4800
6219	95	170	32	118.1	146.9	2.1	107	158	2.1	110	82.8	3600	4500
6220	100	180	34	124.8	155.3	2.1	112	168	2.1	122	92.8	3400	4300
03 系列													
6304	20	52	15	29.8	42.2	1.1	27	45	1	15.8	7.88	13000	17000
6305	25	62	17	36	51	1.1	32	55	1	22.2	11.5	10000	14000
6306	30	72	19	44.8	59.2	1.1	37	65	1	27.0	15.2	9000	12000
6307	35	80	21	50.4	66.6	1.5	44	71	1.5	33.2	19.2	8000	10000
6308	40	90	23	56.5	74.6	1.5	48	81	1.5	40.8	24.0	7000	9000
6309	45	100	25	63	84	1.5	54	91	1.5	52.8	31.8	6300	8000
6310	50	110	27	69.1	91.9	2	60	100	2	61.8	38.0	6000	7500
6311	55	120	29	76.1	100.9	2	65	110	2	71.5	44.8	5800	6700
6312	60	130	31	81.7	108.4	2.1	72	118	2.1	81.8	51.8	5600	6300
6313	65	140	33	88.1	116.9	2.1	77	128	2.1	93.8	60.5	4500	5600
6314	70	150	35	94.8	125.3	2.1	82	138	2.1	105	68.0	4300	5300
6315	75	160	37	101.3	133.7	2.1	87	148	2.1	112	76.8	4000	5000
6316	80	170	39	107.9	142.2	2.1	92	158	2.1	122	86.5	3800	4800
6317	85	180	41	114.4	150.6	3	99	166	2.5	132	96.5	3600	4500
6318	90	190	43	120.8	159.2	3	104	176	2.5	145	108	3400	4300
6319	95	200	45	127.1	167.9	3	109	186	2.5	155	122	3200	4000
6320	100	215	47	135.6	179.4	3	114	201	2.5	172	140	2800	3600

表 15-2　角接触球轴承（GB/T 292—2007）

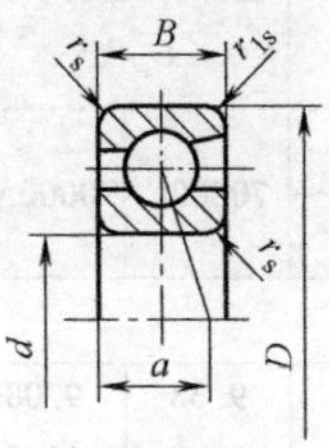

标准外形

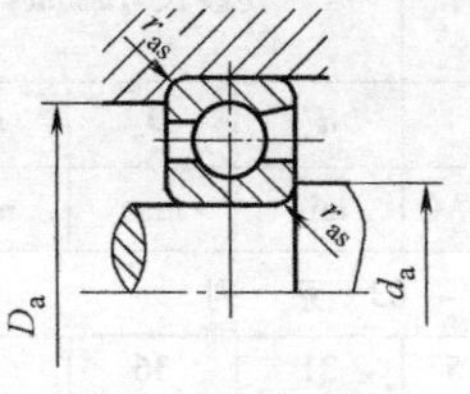

安装尺寸

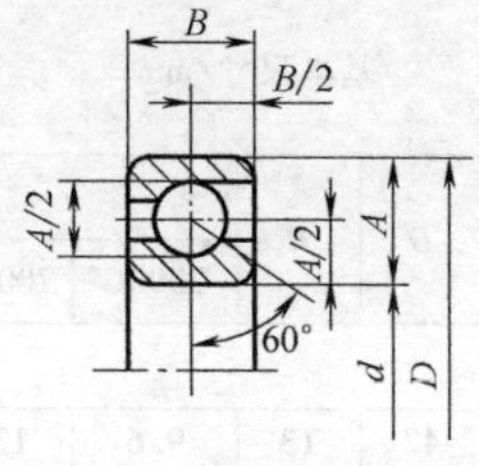

简化画法

标记示例：

滚动轴承　7208C　GB/T 292—2007

70000C 型（$\alpha=15°$）				70000AC 型（$\alpha=25°$）
iF_a/C_{0r}	e	Y		
0.015	0.38	1.47	径向当量动载荷 当 $F_a/F_r \leqslant e$ 时，$P_r=F_r$ 当 $F_a/F_r>e$ 时，$P_r=0.44F_r+YF_a$	径向当量动载荷 当 $F_a/F_r \leqslant 0.68$ 时，$P_r=F_r$ 当 $F_a/F_r>0.68$ 时，$P_r=0.41F_r+0.87F_a$
0.029	0.40	1.40		
0.058	0.43	1.30		
0.087	0.46	1.23		
0.12	0.47	1.19		
0.17	0.50	1.12		
0.29	0.55	1.02	径向当量静载荷 $P_{0r}=0.5F_r+0.46F_a$	径向当量静载荷 $P_{0r}=0.5F_r+0.38F_a$
0.44	0.56	1.00		
0.58	0.56	1.00		

轴承代号		基本尺寸/mm					安装尺寸/mm			基本额定动载荷 C_r/kN		额定静载荷 C_{0r}/kN	
		d	D	B	a		d_a	D_a	r_{as}	70000C	70000AC	70000C	70000AC
					7000C	7000AC	min	max	max				
02 系列													
7204C	7204AC	20	47	14	11.5	14.9	26	41	1	14.5	14.0	8.22	7.82
7205C	7205AC	25	52	15	12.7	16.4	31	46	1	16.5	15.8	10.5	9.88
7206C	7206AC	30	62	16	14.2	18.7	36	56	1	23.0	22.0	15.0	14.2
7207C	7207AC	35	72	17	15.7	21	42	65	1	30.5	29.0	20.0	19.2
7208C	7208AC	40	80	18	17	23	47	73	1	36.8	35.2	25.8	24.5
7209C	7209AC	45	85	19	18.2	24.7	52	78	1	38.5	36.8	28.5	27.2
7210C	7210AC	50	90	20	19.4	26.3	57	83	1	42.8	40.8	32.0	30.5
7211C	7211AC	55	100	21	20.9	28.6	64	91	1.5	52.8	50.5	40.5	38.5
7212C	7212AC	60	110	22	22.4	30.8	69	101	1.5	61.0	58.2	48.5	46.2
7213C	7213AC	65	120	23	24.2	33.5	74.4	111	1.5	69.8	66.5	55.2	52.5
7214C	7214AC	70	125	24	25.3	35.1	79	116	1.5	70.2	69.2	60.0	57.5
7215C	7215AC	75	130	25	26.4	36.6	84	121	1.5	79.2	75.2	65.8	63.0
7216C	7216AC	80	140	26	27.7	38.9	90	130	2	89.5	85.0	78.2	74.5
7217C	7217AC	85	150	28	29.9	41.6	95	140	2	99.8	94.8	85.0	81.5
7218C	7218AC	90	160	30	31.7	44.2	100	150	2	122	118	105	100
7219C	7219AC	95	170	32	33.8	46.9	107	158	2.1	135	128	115	108
7220C	7220AC	100	180	34	35.8	49.7	112	168	2.1	148	142	128	122

（续）

轴承代号		基本尺寸/mm					安装尺寸/mm			基本额定动载荷 C_r/kN		额定静载荷 C_{0r}/kN	
		d	D	B	a		d_a	D_a	r_{as}	70000C	70000AC	70000C	70000AC
					7000C	7000AC	min	max	max				
						03 系 列							
7302C	7302AC	15	42	13	9.6	13.5	21	36	1	9.38	9.08	5.95	5.58
7303C	7303AC	17	47	14	10.4	14.8	23	41	1	12.8	11.5	8.62	7.08
7304C	7304AC	20	52	15	11.3	16.3	27	45	1	14.2	13.8	9.68	9.10
7305C	7305AC	25	62	17	13.1	19.1	32	55	1	21.5	20.8	15.8	14.8
7306C	7306AC	30	72	19	15	22.2	37	65	1	26.2	25.2	19.8	18.5
7307C	7307AC	35	80	21	16.6	24.5	44	71	1.5	34.2	32.8	26.8	24.8
7308C	7308AC	40	90	23	18.5	27.5	49	81	1.5	40.2	38.5	32.3	30.5
7309C	7309AC	45	100	25	20.2	30.2	54	91	1.5	49.2	47.5	39.8	37.2
7310C	7310AC	50	110	27	22	33	60	100	2	53.5	55.5	47.2	44.5
7311C	7311AC	55	120	29	23.8	35.8	65	110	2	70.5	67.2	60.5	56.8
7312C	7312AC	60	130	31	25.6	38.9	72	118	2.1	80.5	77.8	70.2	65.8
7313C	7313AC	65	140	33	27.4	41.5	77	128	2.1	91.5	89.8	80.5	75.5
7314C	7314AC	70	150	35	29.2	44.3	82	138	2.1	102	98.5	91.5	86.0
7315C	7315AC	75	160	37	31	47.2	87	148	2.1	112	108	105	97.0
7316C	7316AC	80	170	39	32.8	50	92	158	2.1	122	118	118	108
7318C	7318AC	90	190	43	36.4	55.6	104	176	2.5	142	135	142	135
7320C	7320AC	100	215	47	40.2	61.9	114	201	2.5	162	165	175	178
						04 系 列							
	7406AC	30	90	23		26.1	39	81	1		42.5		32.2
	7407AC	35	100	25		29	44	91	1.5		53.8		42.5
	7408AC	40	110	27		34.6	50	100	2		62.0		49.5
	7409AC	45	120	29		38.7	55	110	2		66.8		52.8
	7410AC	50	130	31		37.4	62	118	2.1		76.5		64.2
	7412AC	60	150	35		43.1	72	138	2.1		102		90.8
	7414AC	70	180	42		51.5	84	166	2.5		125		125
	7416AC	80	200	48		58.1	94	186	2.5		152		162
	7418AC	90	215	54		64.8	108	197	3		178		205

表 15-3　圆锥滚子轴承（GB/T 297—2015）

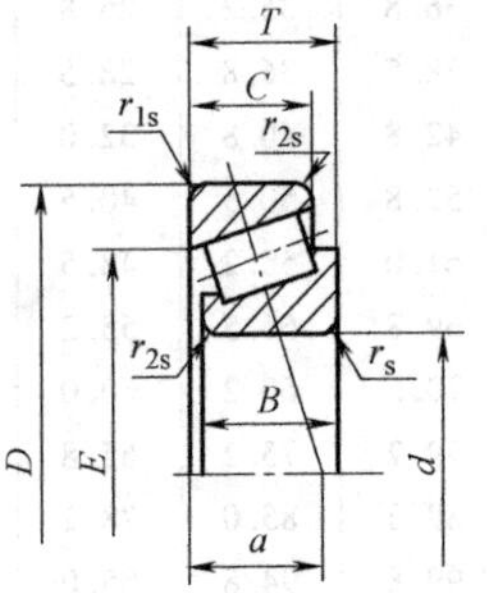

外形尺寸

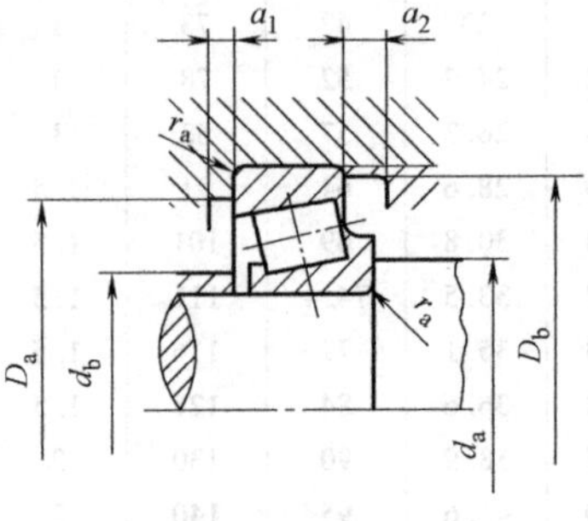

安装尺寸

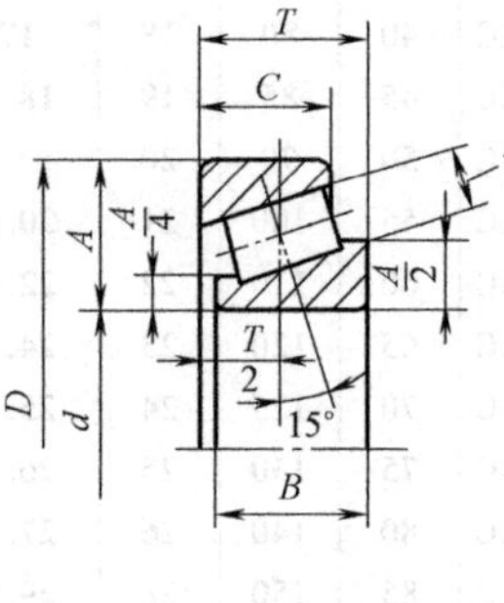

简化画法

标记示例：

滚动轴承　30308　GB/T 297—2015

（续）

径向当量动载荷							当 $F_a/F_r \leqslant e$ 时，$P_r=F_r$；当 $F_a/F_r>e$ 时　$P_r=0.4F_r+YF_a$											
径向当量静载荷							取下列两式计算出的大值：$P_{0r}=0.5F_r+Y_0F_a$，　$P_{0r}=F_r$											
轴承代号	基本尺寸/mm						安装尺寸/mm							基本额定载荷		计算系数		
	d	D	T	B	C	$a\approx$	d_a	d_b	D_a	D_b	a_1	a_2	r_a	C_r/kN	C_{0r}/kN	e	Y	Y_0
							min	max	max	min	min	min	max					
02 系　列																		
30204	20	47	15.25	14	12	11.2	26	27	41	43	2	3.5	1	28.2	30.5	0.35	1.7	1
30205	25	52	16.25	15	13	12.6	31	31	46	48	2	3.5	1	32.2	37	0.37	1.6	0.9
30206	30	62	17.25	16	14	13.8	36	37	56	58	2	3.5	1	43.2	50.5	0.37	1.6	0.9
30207	35	72	18.25	17	15	15.3	42	44	65	67	3	3.5	1.5	54.2	63.5	0.37	1.6	0.9
30208	40	80	19.75	18	16	16.9	47	49	73	75	3	4	1.5	63.0	74.0	0.37	1.6	0.9
30209	45	85	20.75	19	16	18.6	52	53	78	80	3	5	1.5	67.8	83.5	0.4	1.5	0.8
30210	50	90	21.75	20	17	20	57	58	83	86	3	5	1.5	73.2	92.0	0.42	1.4	0.8
30211	55	100	22.75	21	18	21	64	64	91	95	4	5	2	90.8	115	0.4	1.5	0.8
30212	60	110	23.75	22	19	22.4	69	69	101	103	4	5	2	102	130	0.4	1.5	0.8
30213	65	120	24.75	23	20	24	74	77	111	114	4	5	2	120	152	0.4	1.5	0.8
30214	70	125	26.25	24	21	25.9	79	81	116	119	4	5.5	2	132	175	0.42	1.4	0.8
30215	75	130	27.25	25	22	27.4	84	85	121	125	4	5.5	2	138	185	0.44	1.4	0.8
30216	80	140	28.25	26	22	28	90	90	130	133	4	6	2.1	160	212	0.42	1.4	0.8
30217	85	150	30.5	28	24	29.9	95	96	140	142	5	6.5	2.1	178	238	0.42	1.4	0.8
30218	90	160	32.5	30	26	32.4	100	102	150	151	5	6.5	2.1	200	270	0.42	1.4	0.8
30219	95	170	34.5	32	27	35.1	107	108	158	160	5	7.5	2.5	228	308	0.42	1.4	0.8
30220	100	180	37	34	29	36.5	112	114	168	169	5	8	2.5	255	350	0.42	1.4	0.8
03 系　列																		
30304	20	52	16.25	15	13	11	27	28	45	48	3	3.5	1.5	33.0	33.2	0.3	2	1.1
30305	25	62	18.25	17	15	13	32	34	55	58	3	3.5	1.5	46.8	48.0	0.3	2	1.1
30306	30	72	20.75	19	16	15	37	40	65	66	3	5	1.5	59.0	63.0	0.31	1.9	1
30307	35	80	22.75	21	18	17	44	45	71	74	3	5	2	75.2	82.5	0.31	1.9	1
30308	40	90	25.25	23	20	19.5	49	52	81	84	3	5.5	2	90.8	108	0.35	1.7	1
30309	45	100	27.75	25	22	21.5	54	59	91	94	3	5.5	2	108	130	0.35	1.7	1
30310	50	110	29.25	27	23	23	60	65	100	103	4	6.5	2.1	130	158	0.35	1.7	1
30311	55	120	31.5	29	25	25	65	70	110	112	4	6.5	2.1	152	188	0.35	1.7	1
30312	60	130	33.5	31	26	26.5	72	76	118	121	5	7.5	2.5	170	210	0.35	1.7	1
30313	65	140	36	33	28	29	77	83	128	131	5	8	2.5	195	242	0.35	1.7	1
30314	70	150	38	35	30	30.6	82	89	138	141	5	8	2.5	218	272	0.35	1.7	1
30315	75	160	40	37	31	32	87	95	148	150	5	9	2.5	252	318	0.35	1.7	1
30316	80	170	42.5	39	33	34	92	102	158	160	5	9.5	2.5	278	352	0.35	1.7	1
30317	85	180	44.5	41	34	36	99	107	166	168	6	10.5	3	305	388	0.35	1.7	1
30318	90	190	46.5	43	36	37.5	104	113	176	178	6	10.5	3	342	440	0.35	1.7	0.8
30319	95	200	49.5	45	38	40	109	118	186	185	6	11.5	3	370	478	0.35	1.7	1
30320	100	215	51.5	47	39	42	114	127	201	199	6	12.5	3	405	525	0.35	1.7	1

（续）

轴承代号	基本尺寸/mm						安装尺寸/mm							基本额定载荷		计算系数		
	d	D	T	B	C	$a\approx$	d_a min	d_b max	D_a max	D_b min	a_1 min	a_2 min	r_a max	C_r/kN	C_{0r}/kN	e	Y	Y_0
22 系 列																		
32206	30	62	21.5	20	17	15.4	36	36	56	58	3	4.5	1	51.8	63.8	0.37	1.6	0.9
32207	35	72	24.25	23	19	17.6	42	42	65	68	3	5.5	1.5	70.5	89.5	0.37	1.6	0.9
32208	40	80	24.75	23	19	19	47	48	73	75	3	6	1.5	77.8	97.2	0.37	1.6	0.9
32209	45	85	24.75	23	19	20	52	53	78	81	3	6	1.5	80.8	105	4	1.5	0.8
32210	50	90	24.75	23	19	21	57	57	83	86	3	6	1.5	82.8	108	42	1.4	0.8
32211	55	100	26.75	25	21	22.5	64	62	91	96	4	6	2	108	142		1.5	0.8
32212	60	110	29.75	28	24	24.9	69	68	101	105	4	6	2	132	180	0.4	1.5	0.8
32213	65	120	32.75	31	27	27.2	74	75	111	115	4	6	2	160	222	0.4	1.5	0.8
32214	70	125	33.25	31	27	28.6	79	79	116	120	4	6.5	2	168	238	0.42	1.4	0.8
32215	75	130	33.25	31	27	30.2	84	84	121	126	4	6.5	2	170	242	0.44	1.4	0.8
32216	80	140	35.25	33	28	31.3	90	89	130	135	5	7.5	2.1	198	278	0.42	1.4	0.8
32217	85	150	38.5	36	30	34	95	95	140	143	5	8.5	2.1	215	355	0.42	1.4	0.8
32218	90	160	42.5	40	34	36.7	100	101	150	153	5	8.5	2.1	270	395	0.42	1.4	0.8
32219	95	170	45.5	43	37	39	107	106	158	163	5	8.5	2.5	302	448	0.42	1.4	0.8
32220	100	180	49	46	39	41.8	112	113	168	172	5	10	2.5	340	512	0.42	1.4	0.8
23 系 列																		
32304	20	52	22.52	21	18	13.4	27	28	45	48	3	4.5	1.5	42.8	46.2	0.3	2	1.1
32305	25	62	25.25	24	20	14.0	32	32	55	58	3	5.5	1.5	61.5	68.8	0.3	2	1.1
32306	30	72	28.75	27	23	18.8	37	38	65	66	4	6	1.5	81.5	96.5	0.31	1.9	1
32307	35	80	32.75	31	25	20.5	44	43	71	74	4	8.5	2	99.0	118	0.31	1.9	1
32308	40	90	35.25	33	27	23.4	49	49	81	83	4	8.5	2	115	148	0.35	1.7	1
32309	45	100	38.25	36	30	25.6	54	56	91	93	4	8.5	2	145	188	0.35	1.7	1
32310	50	110	42.25	40	33	28	60	61	100	102	5	9.5	2	178	235	0.35	1.7	1
32311	55	120	45.5	43	35	30.6	65	66	110	111	5	10.5	2.5	202	270	0.35	1.7	1
32312	60	130	48.5	46	37	32	72	72	118	122	6	11.5	2.5	228	302	0.35	1.7	1
32313	65	140	51	48	39	34	77	79	128	131	6	12	2.5	260	350	0.35	1.7	1
32314	70	150	54	51	42	36.5	82	84	138	141	6	12	2.5	298	408	0.35	1.7	1
32315	75	160	58	55	45	39	87	91	148	150	7	13	2.5	348	482	0.35	1.7	1
32316	80	170	61.5	58	48	42	92	97	158	160	7	13.5	2.5	388	542	0.35	1.7	1
32317	85	180	63.5	60	49	43.6	99	102	166	168	8	14.5	3	422	592	0.35	1.7	1
32318	90	190	67.5	64	53	46	104	107	176	178	8	14.5	3	478	682	0.35	1.7	1
32319	95	200	71.5	67	55	49	109	114	186	187	8	16.5	3	515	738	0.35	1.7	1
32320	100	215	77.5	73	60	53	114	122	201	201	8	17.5	3	600	872	0.35	1.7	1

表 15-4　推力球轴承（GB/T 301—2015）

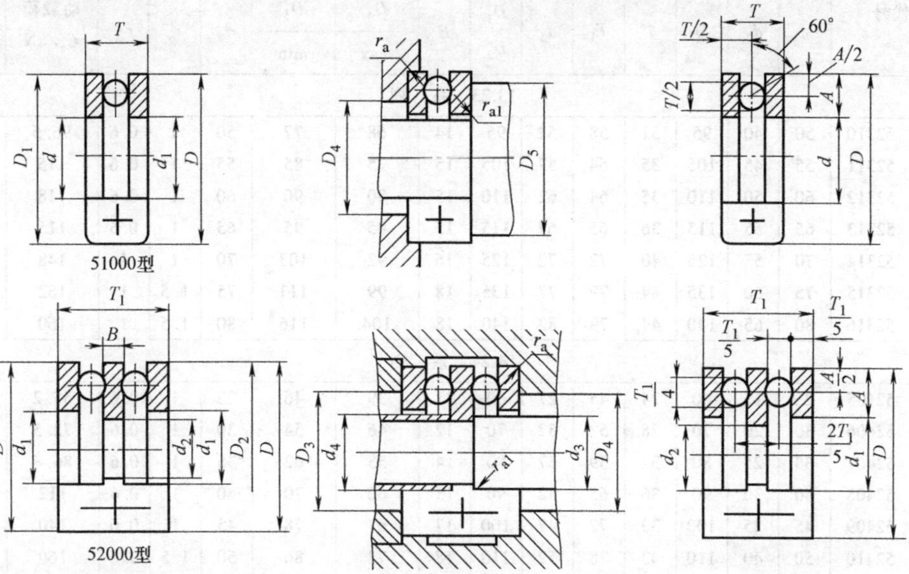

标准外形　　安装尺寸　　简化画法

标记示例：

滚动轴承　51204　GB/T 301—2015

滚动轴承　52204　GB/T 301—2015

轴承代号		基本尺寸/mm								安装尺寸/mm					基本额定动载荷 C_a/kN	基本额定静载荷 C_{0a}/kN
		d	d_2	D	T	T_1	d_1	D_1 D_2	B	D_4 max	D_5 min	d_3	r_a	r_{a1}		
								12.22　系　列								
51204	52204	20	15	40	14	26	22	40	6	28	32	20	0.6	0.3	22.2	37.5
51205	52205	25	20	47	15	28	27	47	7	34	38	25	0.6	0.3	27.8	50.5
51206	52206	30	25	52	16	29	32	52	7	39	43	30	0.6	0.3	28.0	54.2
51207	52207	35	30	62	18	34	37	62	8	46	51	35	0.9	0.3	39.2	78.2
51208	52208	40	30	68	19	36	42	68	9	51	57	40	0.9	0.6	47.0	98.2
51209	52209	45	35	73	20	37	47	73	9	56	62	45	1	0.6	47.8	105
51210	52210	50	40	78	22	39	52	78	9	61	67	50	1	0.6	48.5	112
51211	52211	55	45	90	25	45	57	90	10	69	76	55	1	0.6	67.5	158
51212	52212	60	50	95	26	46	62	95	10	74	81	60	1	0.6	73.5	178
51213	52213	65	55	100	27	47	67	100	10	79	86	65	1	0.6	74.8	188
51214	52214	70	55	105	27	47	72	105	10	84	91	70	1	0.9	73.5	188
51215	52215	75	60	110	27	47	77	110	10	89	96	75	1	1	74.8	198
51216	52216	80	65	115	28	48	82	115	10	94	101	80	1	1	83.8	222
								13.23　系　列								
51305	52305	25	20	52	18	34	27	52	8	36	41	25	1	0.3	35.5	61.5
51306	52306	30	25	60	21	38	32	60	9	42	48	30	1	0.3	42.8	78.5
51307	52307	35	30	68	24	44	37	68	10	48	55	35	1	0.3	55.2	105
51308	52308	40	30	78	26	49	42	78	12	55	63	40	1	0.6	69.2	135
51309	52309	45	35	85	28	52	47	85	12	61	69	45	1	0.6	75.8	150

（续）

轴承代号		基本尺寸/mm								安装尺寸/mm					基本额定动载荷	基本额定静载荷
		d	d_2	D	T	T_1	d_1	D_1 D_2	B	D_4 max	D_5 min	d_3	r_a	r_{a1}	C_a/kN	C_{0a}/kN
13.23 系　列																
51310	52310	50	40	95	31	58	52	95	14	68	77	50	1	0.6	96.5	202
51311	52311	55	45	105	35	64	57	105	15	75	85	55	1	0.6	115	242
51312	52312	60	50	110	35	64	62	110	15	80	90	60	1	0.6	118	262
51313	52313	65	55	115	36	65	67	115	15	85	95	65	1	0.6	115	262
51314	52314	70	55	125	40	72	72	125	16	92	103	70	1	1	148	340
51315	52315	75	60	135	44	79	77	135	18	99	111	75	1.5	1	162	380
51316	52316	80	65	140	44	79	82	140	18	104	116	80	1.5	1	160	380
14.24 系　列																
51405	52405	25	15	60	24	45	27	60	11	39	46	25	1	0.6	55.2	89.2
51406	52406	30	20	70	28	52	32	70	12	46	54	30	1	0.6	72.5	125
51407	52407	35	25	80	32	59	37	80	14	53	62	35	1	0.6	86.8	155
51408	52408	40	30	90	36	65	42	90	15	60	70	40	1	0.6	112	205
51409	52409	45	35	100	39	72	47	100	17	67	78	45	1	0.6	140	262
51410	52410	50	40	110	43	78	52	110	18	74	86	50	1.5	0.6	160	302
51411	52411	55	45	120	48	87	57	120	20	81	94	55	1.5	0.6	182	355
51412	52412	60	50	130	51	93	62	130	21	88	102	60	1.5	0.6	200	395
51413	52413	65	50	140	56	101	68	140	23	95	110	65	2	1	215	448
51414	52414	70	55	150	60	107	73	150	24	102	118	70	2	1	255	560
51415	52415	75	60	160	65	115	78	160	26	110	125	75	2	1	268	615

表 15-5　圆柱滚子轴承（GB/T 283—2007）

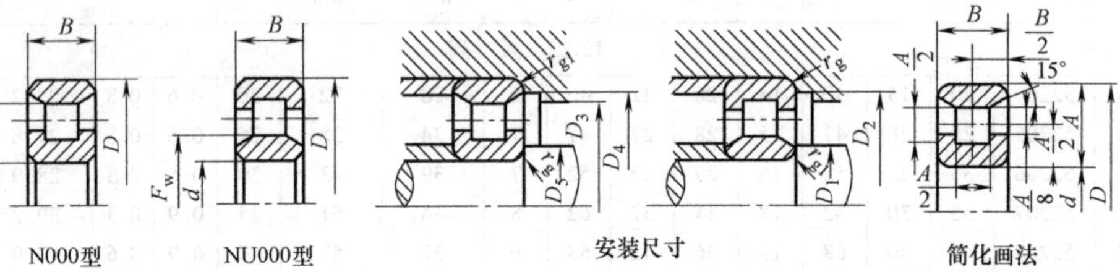

N000型　NU000型　安装尺寸　简化画法

标记示例：

滚动轴承　N208　GB/T 283—2007

轴承代号		基本尺寸/mm					安装尺寸/mm							基本额定动载荷	基本额定静载荷	极限转速 /（×10³r/min）	
		d	D	B	F_w	E_w	D_1	D_2	D_3	D_4	D_5	r_g	r_{g1}	C_r/kN	C_{0r}/kN	脂润滑	油润滑
轻　(2)　窄　系　列																	
N204	NU204	20	47	14	27	40	25	41	42	43.2	26.3	1	0.6	11.8	6.5	12	16
N205	NU205	25	52	15	32	45	30	46	47	48	30	1	0.6	13.5	7.8	10	14
N206	NU206	30	62	16	38.5	53.5	37	54	55	57	37	1	0.6	18.5	11.2	8.5	11
N207	NU207	35	72	17	43.8	61.8	42	64	64	67	42	1	0.6	27.2	17.2	7.5	9.5
N208	NU208	40	80	18	50	70	48	73	72	74	46	1	1	35.8	23.5	7.0	9.0

（续）

轴承代号		基本尺寸/mm					安装尺寸/mm							基本额定动载荷	基本额定静载荷	极限转速/($\times10^3$ r/min)	
		d	D	B	F_w	E_w	D_1	D_2	D_3	D_4	D_5	r_g	r_{g1}	C_r/kN	C_{0r}/kN	脂润滑	油润滑
轻（2）窄系列																	
N209	NU209	45	85	19	55	75	53	79	77	79	53	1	1	37.8	25.2	6.3	8.0
N210	NU210	50	90	20	60.4	80.4	58	83	82	84	58	1	1	41.2	28.5	6.0	7.5
N211	NU211	55	100	21	66.5	88.5	64	91	90	93	64	1.5	1	50.2	35.5	5.3	6.7
N212	NU212	60	110	22	73	97	71	99	99	110	71	1.5	1.5	59.8	43.2	5.0	6.3
N213	NU213	65	120	23	79.5	105.5	77	110	107.6	111	77	1.5	1.5	69.8	51.5	4.5	5.6
N214	NU214	70	125	24	84.5	110.5	82	114	112	117	82	1.5	1.5	69.8	51.5	4.3	5.3
N215	NU215	75	130	25	88.5	118.3	86	122	118	122	86	1.5	1.5	84.8	64.2	4.0	5.0
N216	NU216	80	140	26	95	125	93	127	127	131	93	1.8	1.8	97.5	74.5	3.8	4.8
N217	NU217	85	150	28	101.5	135.5	99	140	135	140	95	1.8	1.8	110	85.8	3.6	4.5
N218	NU218	90	160	30	107	143	105	150	145	150	105	1.8	1.8	135	105	3.4	4.3
N219	NU219	95	170	32	113.5	151.5	111	150	153	159	106	2	2	145	112	3.2	4.0
N220	NU220	100	180	34	120	160	117	168	162	168	112	2	2	160	125	3.0	3.8
中（3）窄系列																	
N304	NU304	20	52	15	28.5	44.5	26	46	46	47.6	26.7	1	0.5	17.2	10.0	11.0	15
N305	NU305	25	62	17	35	53	33	54	55	57	32	1	1	24.2	14.5	9.0	12
N306	NU306	30	72	19	42	62	40	64	64	66	37	1	1	32.0	20.2	8.0	10
N307	NU307	35	80	21	46.2	68.2	44	73	70	73	45	1.5	1	39.0	25.2	7.0	9.0
N308	NU308	40	90	23	53.5	77.5	51	82	80	82	51	1.5	1.5	46.5	30.5	6.3	8.0
N309	NU309	45	100	25	58.5	86.5	56	92	89	92	53	1.5	1.5	63.5	42.8	5.6	7.0
N310	NU310	50	110	27	65	95	63	101	97	101	63	2	2	72.5	49.8	5.3	6.7
N311	NU311	55	120	29	70.5	104.5	68	107	106	111	68	2	2	93.2	65.2	4.8	6.0
N312	NU312	60	130	31	77	113	74	120	115	120	70	2	2	112	79.8	4.5	5.6
N313	NU313	65	140	33	83.5	121.5	81	129	123	129	76	2	2	118	85.2	4.0	5.0
N314	NU314	70	150	35	90	130	87	139	132	139	81	2	2	138	102	3.8	4.8
N315	NU315	75	160	37	95.5	139.5	92	148	142	148	87	2	2	158	118	3.6	4.5
N316	NU316	80	170	39	103	147	100	157	149	157	93	2	2	168	125	3.4	4.3
N317	NU317	85	180	41	108	156	105	166	158	166	98.5	2.5	2.5	202	152	3.2	4.0
N318	NU318	90	190	43	115	165	112	176	167	175	110	2.5	2.5	218	165	3.0	3.8
N319	NU319	95	200	45	121.5	173.5	118	185	176	186	112	2.5	2.5	232	180	2.8	3.6
N320	NU320	100	215	47	129.5	185.5	126	198	187	198	117	2.5	2.5	270	212	2.4	3.2
重（4）窄系列																	
N407	NU407	35	100	25	53	83	51	86	85	91	45	1.5	1.5	67.5	45.5	6.0	7.5
N408	NU408	40	110	27	58	92	56	95	94	99	51	2	2	86.2	79.8	5.6	7.0
N409	NU409	45	120	29	64.5	100.5	63	109	102	109	61	2	2	97.0	64.8	5.0	6.3
N410	NU410	50	130	31	70.8	110.8	68	120	113	119	62	2	2	115	80.8	4.8	6.0
N411	NU411	55	140	33	77.2	117.2	75	128	119	128	67	2	2	123	88.0	4.3	5.3
N412	NU412	60	150	35	83	127	80	138	129	138	72	2	2	148	108	4.0	5.0
N413	NU413	65	160	37	89.5	135.3	87	147	137	147	79	2	2	162	118	3.8	4.8
N414	NU414	70	180	42	100	152	97	164	154	164	88	2.5	2.5	205	155	3.4	4.3
N415	NU415	75	190	45	104.5	160.5	101	173	163	173	92	2.5	2.5	238	182	3.2	4.0
N416	NU416	80	200	48	110	170	107	183	172	183	97	2.5	2.5	272	210	3.0	3.8
N417	NU417	85	210	52	113	179.5	112	192	182	192	100	3.0	3.0	298	230	2.8	3.6
N418	NU418	90	225	54	123.5	191.5	120	206	194	206	109	3.0	3.0	335	262	2.4	3.2

第二节　滚动轴承的配合

表 15-6　角接触球轴承和圆锥滚子轴承的轴向游隙

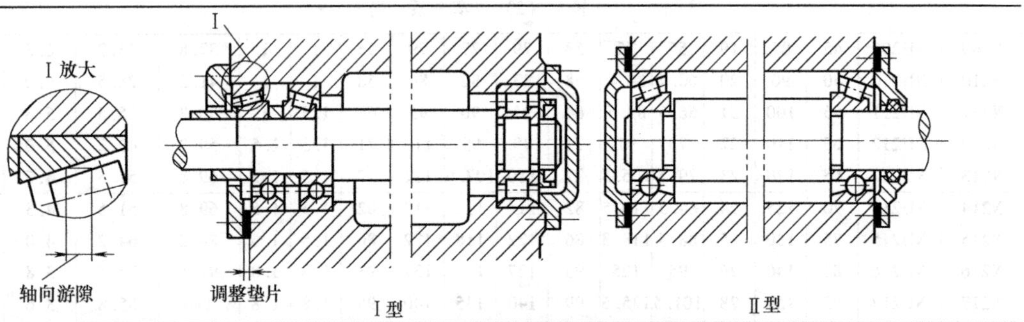

轴承类型	轴承内径 d/mm		允许轴向游隙的范围/μm						Ⅱ型轴承间允许的距离（大概值）
			I 型		Ⅱ型		I 型		
			最小	最大	最小	最大	最小	最大	
	超过	到	接触角 α						
角接触球轴承			α = 15°				α = 25°及 40°		
	—	30	20	40	30	50	10	20	8d
	30	50	30	50	40	70	15	30	7d
	50	80	40	70	50	100	20	40	6d
	80	120	50	100	60	150	30	50	5d
圆锥滚子轴承			α = 10° ~ 16°				α = 25° ~ 29°		
	—	30	20	40	40	70	—	—	14d
	30	50	40	70	50	100	20	40	12d
	50	80	50	100	80	150	30	50	11d
	80	120	80	150	120	200	40	70	10d

表 15-7　向心轴承和轴的配合——轴公差带（GB/T 275—2015）

圆柱孔轴承						
载荷情况		举例	深沟球轴承、调心球轴承和角接触球轴承	圆柱滚子轴承和圆锥滚子轴承	调心滚子轴承	公差带
			轴承公称内径/mm			
内圈承受旋转载荷或方向不定载荷	轻载荷	输送机、轻载齿轮箱	≤18 >18 ~ 100 >100 ~ 200 —	— ≤40 >40 ~ 140 >140 ~ 200	— ≤40 >40 ~ 100 >100 ~ 200	h5 j6① k6① m6①
	正常载荷	一般通用机械、电动机、泵、内燃机、正齿轮传动装置	≤18 >18 ~ 100 >100 ~ 140 >140 ~ 200 >200 ~ 280 — —	— ≤40 >40 ~ 100 >100 ~ 140 >140 ~ 200 >200 ~ 400 —	— ≤40 >40 ~ 65 >65 ~ 100 >100 ~ 140 >140 ~ 280 >280 ~ 500	j5、js5 k5② m5② m6 n6 p6 r6
	重载荷	铁路机车车辆轴箱、牵引电机、破碎机等	—	>50 ~ 140 >140 ~ 200 >200 —	>50 ~ 100 >100 ~ 140 >140 ~ 200 >200	n6③ p6③ r6③ r7③

（续）

圆柱孔轴承							
载荷情况			举例	深沟球轴承、调心球轴承和角接触球轴承	圆柱滚子轴承和圆锥滚子轴承	调心滚子轴承	公差带
				轴承公称内径/mm			
内圈承受固定载荷	所有载荷	内圈需在轴向易移动	非旋转轴上的各种轮子	所有尺寸			f6 g6
		内圈不需在轴向易移动	张紧轮、绳轮				h6 j6
仅有轴向载荷				所有尺寸			j6、js6

圆锥孔轴承				
所有载荷	铁路机车车辆轴箱	装在退卸套上	所有尺寸	h8(IT6)④,⑤
	一般机械传动	装在紧定套上	所有尺寸	h9(IT7)④,⑤

① 凡精度要求较高的场合，应用 j5、k5、m5 代替 j6、k6、m6。
② 圆锥滚子轴承、角接触球轴承配合对游隙影响不大，可用 k6、m6 代替 k5、m5。
③ 重载荷下轴承游隙应选大于 N 组。
④ 凡精度要求较高或转速要求较高的场合，应选用 h7（IT5）代替 h8（IT6）等。
⑤ IT6、IT7 表示圆柱度公差数值。

表 15-8 向心轴承和轴承座孔的配合——孔公差带（GB/T 275—2015）

载荷情况		举例	其他状况	公差带①	
				球轴承	滚子轴承
外圈承受固定载荷	轻、正常、重	一般机械、铁路机车车辆油箱	轴向易移动，可采用剖分式轴承座	H7、G7②	
	冲击		轴向能移动，可采用整体或剖分式轴承座	J7、JS7	
方向不定载荷	轻、正常	电机、泵、曲轴主轴承			
	正常、重		轴向不移动，采用整体式轴承座	K7	
	重、冲击	牵引电机		M7	
外圈承受旋转载荷	轻	皮带张紧轮		J7	K7
	正常	轮毂轴承		M7	N7
	重			—	N7、P7

① 并列公差带随尺寸的增大从左至右选择。对旋转精度有较高要求时，可相应提高一个公差等级。
② 不适用于剖分式轴承座。

表 15-9 推力轴承和轴的配合——轴公差带（GB/T 275—2015）

载荷情况		轴承类型	轴承公称内径/mm	公差带
仅有轴向载荷		推力球和推力圆柱滚子轴承	所有尺寸	j6、js6
径向和轴向联合载荷	轴圈承受固定载荷	推力调心滚子轴承、推力角接触球轴承、推力圆锥滚子轴承	≤250	j6
			>250	js6
	轴圈承受旋转载荷或方向不定载荷		≤200	k6①
			>200~400	m6
			>400	n6

① 要求较小过盈时，可分别用 j6、k6、m6 代替 k6、m6、n6。

表 15-10 推力轴承和轴承座孔的配合——孔公差带（GB/T 275—2015）

载荷情况	轴承类型	公差带
仅有轴向载荷	推力球轴承	H8
	推力圆柱、圆锥滚子轴承	H7
	推力调心滚子轴承	—①

（续）

载荷情况		轴承类型	公差带
径向和轴向联合载荷	座圈承受固定载荷	推力角接触球轴承，推力调心滚子轴承、推力圆锥滚子轴承	H7
	座圈承受旋转载荷或方向不定载荷		K7②
			M7③

① 轴承座孔与座圈间间隙为 0.001D（D 为轴承公称外径）。
② 一般工作条件。
③ 有较大径向载荷时。

表 15-11 轴和轴承座孔的几何公差（GB/T 275—2015）

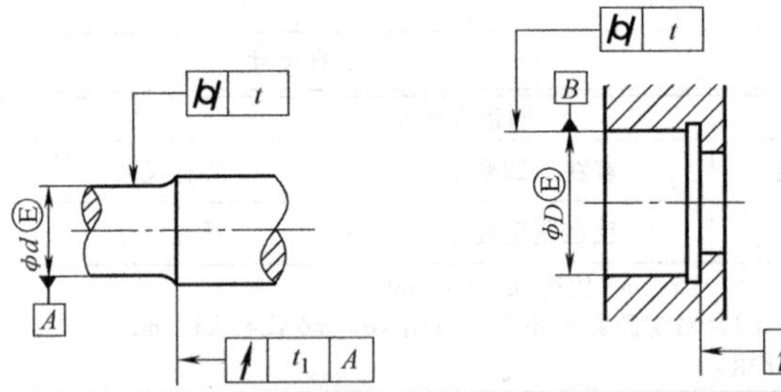

公称尺寸/mm		圆柱度 t/μm				轴向圆跳动 t_1/μm			
		轴颈		轴承座孔		轴肩		轴承座孔肩	
		轴承公差等级							
>	≤	0	6(6X)	0	6(6X)	0	6(6X)	0	6(6X)
—	6	2.5	1.5	4	2.5	5	3	8	5
6	10	2.5	1.5	4	2.5	6	4	10	6
10	18	3	2	5	3	8	5	12	8
18	30	4	2.5	6	4	10	6	15	10
30	50	4	2.5	7	4	12	8	20	12
50	80	5	3	8	5	15	10	25	15
80	120	6	4	10	6	15	10	25	15
120	180	8	5	12	8	20	12	30	20
180	250	10	7	14	10	20	12	30	20
250	315	12	8	16	12	25	15	40	25
315	400	13	9	18	13	25	15	40	25
400	500	15	10	20	15	25	15	40	25
500	630	—	—	22	16	—	—	50	30
630	800	—	—	25	18	—	—	50	30
800	1000	—	—	28	20	—	—	60	40
1000	1250	—	—	33	24	—	—	60	40

表 15-12 配合表面及端面的表面粗糙度（GB/T 275—2015）

轴或轴承座孔直径/mm		轴或轴承座孔配合表面直径公差等级					
		IT7		IT6		IT5	
		表面粗糙度 Ra/μm					
>	≤	磨	车	磨	车	磨	车
—	80	1.6	3.2	0.8	1.6	0.4	0.8
80	500	1.6	3.2	1.6	3.2	0.8	1.6
500	1250	3.2	6.3	1.6	3.2	1.6	3.2
端面		3.2	6.3	6.3	6.3	6.3	3.2

表 15-13 向心轴承载荷的区分（GB/T 275—2015）

载荷大小	轻载荷	正常载荷	重载荷
$\frac{P_r(\text{径向当量动载荷})}{C_r(\text{径向额定动载荷})}$	≤0.06	>0.06~0.12	>0.12

第十六章

润滑与密封

第一节　常用润滑剂及选择

表 16-1　常用润滑油的主要性质及用途

名称	代号	40℃的运动黏度/(mm^2/s)	倾点/℃ ≤	闪点(开口)/℃ ≥	主要用途
L-AN 全损耗系统用油(GB 443—1989)	L-AN5	4.14~5.06	-5	80	用于各种高速轻载机械轴承的润滑和冷却(循环式或油箱式),如转速在10000r/min以上的精密机械、机床及纺织纱锭的润滑和冷却
	L-AN7	6.12~7.48		110	
	L-AN10	9.00~11.0		130	
	L-AN15	13.5~16.5		150	用于小型机床齿轮箱、传动装置轴承,中小型电机,风动工具等
	L-AN22	19.8~24.2			
	L-AN32	28.8~35.2			用于一般机床齿轮变速箱、中小型机床导轨及100kW以上电机轴承
	L-AN46	41.4~50.6		160	主要用在大型机床、大型刨床上
	L-AN68	61.2~74.8			主要用在低速重载的纺织机械及重型机床、锻压、铸造设备上
	L-AN100	90.0~110		180	
	L-AN150	135~165			
工业闭式齿轮油(GB 5903—2011)	L-CKC32	28.8~35.2	-12	180	适用于煤炭、水泥、冶金工业部门大型封闭式齿轮传动装置的润滑
	L-CKC46	41.4~50.6			
	L-CKC68	61.2~74.8			
	L-CKC100	90.0~110			
	L-CKC150	135~165	-9	200	
	L-CKC220	198~242			
	L-CKC320	288~352			
	L-CKC460	414~506			
	L-CKC680	612~748	-5		
液压油(GB 11118.1—2011)	L-HL15	13.5~16.5	-12	140	适用于机床和其他设备的低压齿轮泵,也可以用于使用其他抗氧防锈型润滑油的机械设备(如轴承和齿轮等)
	L-HL22	19.8~24.2	-9	165	
	L-HL32	28.8~35.2	-6	175	
	L-HL46	41.4~50.6		185	
	L-HL68	61.2~74.8		195	
	L-HL100	90.0~110		205	

（续）

名称	代号	40℃的运动黏度/(mm^2/s)	倾点/℃ ≤	闪点（开口）/℃ ≥	主要用途
蜗轮蜗杆油（SH/T 0094—1991）	L-CKE220	198～242	-6	200	用于铜-钢配对的圆柱形、承受重载荷、传动中有振动和冲击的蜗杆副
	L-CKE320	288～352			
	L-CKE460	414～506		220	
	L-CKE680	612～748			
	L-CKE1000	900～1100			

表 16-2　常用润滑脂的主要性质及用途

名称	代号	滴点/℃ ≥	工作锥入度（25℃，150g）/（0.1mm）	主要用途
钙基润滑脂（GB/T 491—2008）	1号	80	310～340	有耐水性。用于工作温度低于55～60℃的各种工农业、交通运输机械设备的轴承润滑
	2号	85	265～295	
	3号	90	220～250	
	4号	95	175～205	
钠基润滑脂（GB 492—1989）	2号	160	265～295	不耐水或不耐潮湿。用于工作温度为-10～110℃的一般中等载荷机械设备轴承润滑
	3号		220～250	
通用锂基润滑脂（GB/T 7324—2010）	1号	170	310～340	有良好的耐水性和耐热性。用于工作温度为-20～120℃的各种机械的滚动轴承、滑动轴承及其他摩擦部位的润滑
	2号	175	265～295	
	3号	180	220～250	
钙钠基润滑脂（SH/T 0368—1992）	2号	120	250～290	用于工作温度为80～100℃、有水分或较潮湿环境中工作的机械润滑；多用于铁路机车、列车、小电动机、发电机滚动轴承（温度较高者）的润滑。不适于低温工作
	3号	135	200～240	
石墨钙基润滑脂（SH/T 0369—1992）	—	80	—	人字齿轮，起重机、挖掘机的底盘齿轮，矿山机械、绞车钢丝绳等载荷、高压力、低速度的粗糙机械润滑及一般开式齿轮润滑。能耐潮湿
滚珠轴承润滑脂（SH/T 0386—1992）	—	120	250～290（-40℃时为30）	用于机车、汽车、电动机及其他机械的滚动轴承润滑
7407号齿轮润滑脂（SH/T 0469—1994）	—	160	75～90	适用于各种低速，中、重载荷齿轮、链和联轴器等的润滑，使用温度≤120℃，可承受冲击载荷
高温润滑脂（SH/T 0376—1992）	4号	200	170～225	适用于高温下各种滚动轴承的润滑，也可用于一般滑动轴承和齿轮的润滑。使用温度为-40～200℃

表 16-3　闭式齿轮传动润滑油运动黏度的荐用值　　　　（单位：mm^2/s）

齿轮材料	抗拉强度/MPa	齿轮节圆速度/(m/s)						
		<0.5	0.5~1	1~2.5	2.5~5	5~12.5	12.5~25	>25
钢	450~1000	500	330	220	140	100	75	55
钢	1000~1250	500	500	330	220	140	100	75
钢 渗碳或表面淬火钢	1250~1600 —	900	500	500	330	220	140	100
铸铁、青铜	—	330	220	145	100	75	55	—

注：多级减速器的润滑油黏度应按各级传动所需黏度的平均值选取。

表 16-4　闭式蜗杆传动润滑油运动黏度的荐用值　　　　（单位：mm^2/s）

滑动速度/(m/s)	≤1	>1~2.5	>2.5~5	>5~10	>10~15	>15~25	>25
工作条件	重载	重载	中载	—	—	—	—
润滑方式	浸油			浸油或喷油	喷油润滑，喷油压力 MPa		
					0.07	0.2	0.3
运动黏度/(mm^2/s)	900	580	330	220	135	100	75

第二节　润滑装置

表 16-5　直通式压注油杯（JB/T 7940.1—1995）　　　　（单位：mm）

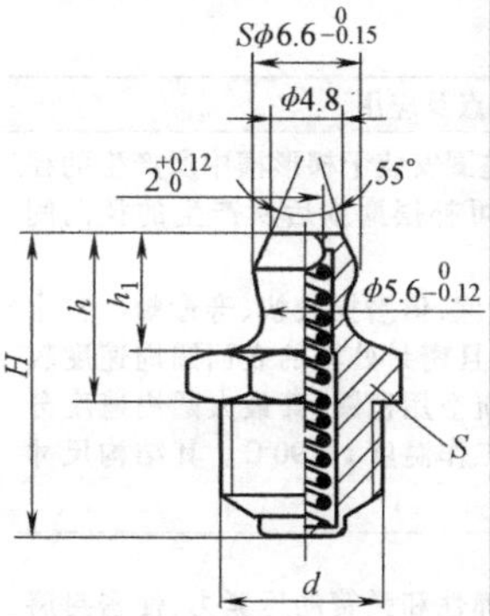

尺寸						
d	*H*	*h*	h_1	*S* 公称尺寸	*S* 极限偏差	钢球（按 GB/T 308.1—2013）
M6	13	8	6	8	0 −0.22	3
M8×1	16	9	6.5	10		
M10×1	18	10	7	11		

标记示例：

连接螺纹 M10×1，直通式压注油杯标记为

油杯　M10×1　JB/T 7940.1

表 16-6　压配式压注油杯（JB/T 7940.4—1995）　　　　（单位：mm）

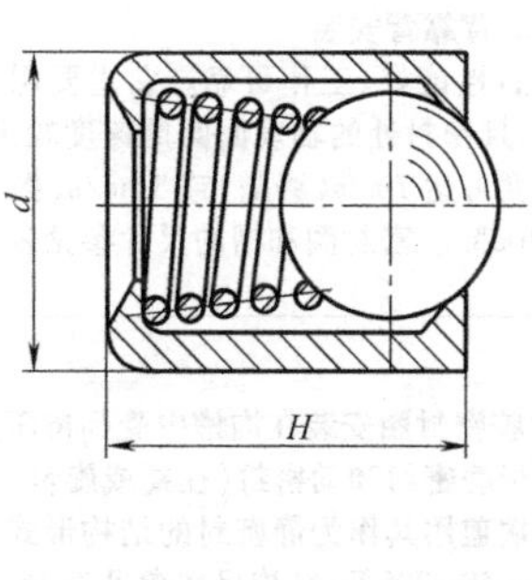

d 公称尺寸	*d* 极限偏差	*H*	钢球（GB/T 308.1—2013）
6	+0.040 +0.028	6	4
8	+0.049 +0.034	10	5
10	+0.058 +0.040	12	6
16	+0.063 +0.045	20	11
25	+0.085 +0.064	30	13

标记示例：

d=6mm，压配式压注油杯的标记为

油杯　6　JB/T 7940.4

表 16-7　旋盖式油杯（JB/T 7940.3—1995）　　（单位：mm）

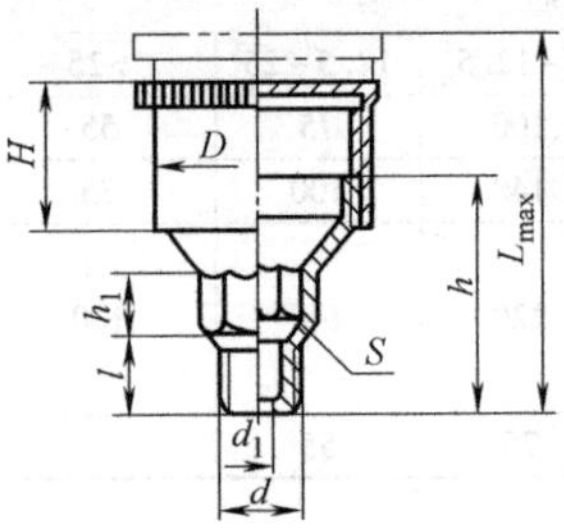

A型

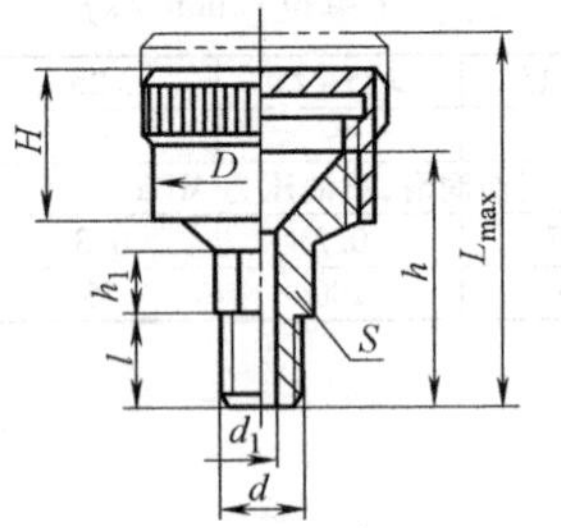

B型

最小容量 /cm^3	d	l	H	h	h_1	d_1	D A型	D B型	L max	S 基本尺寸	S 极限偏差
1.5	M8×1	8	14	22	7	3	16	18	33	10	0 −0.22
3	M10×1		15	23	8	4	20	22	35	13	0 −0.27
6			17	26			26	28	40		
12	M14×1.5	12	20	30	10	5	32	34	47	18	
18			22	32			36	40	50		
25			24	34			41	44	55		
50	M16×1.5		30	44			51	54	70	21	0 −0.33
100			38	52			68	68	85		
200	M24×1.5	16	48	64	16	6	—	86	105	30	—

标记示例：最小容量为 25cm^3 的 A 型旋盖式油杯的标记为
油杯　A25　JB/T 7940.3

注：B 型油杯除尺寸 D 和滚花部分尺寸稍有不同外，其余尺寸与 A 型相同。

表 16-8　常用滚动轴承的密封形式

密封形式		基本类型及应用示例	特点及应用
接触式密封	毡圈密封	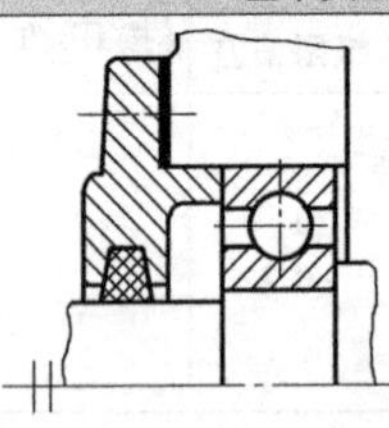 a)　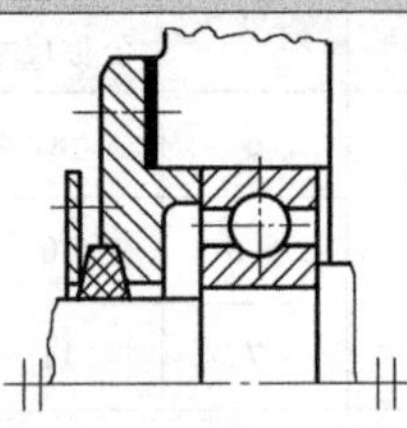 b)	其密封效果是靠矩形毡圈安装于梯形槽中所产生的径向压力来实现的。图 b 可补偿磨损后所产生的径向间隙，且便于更换毡圈 其特点是结构简单、价廉，但磨损较快、寿命短。它主要用于轴承采用脂润滑，且密封处轴的表面圆周速度较小的场合，对粗、半粗及航空用毡圈，其最大圆周速度分别为 3m/s、5m/s、7m/s，工作温度 t≤90℃。其结构尺寸参见表 16-9
	旋转轴唇形密封圈密封	a) 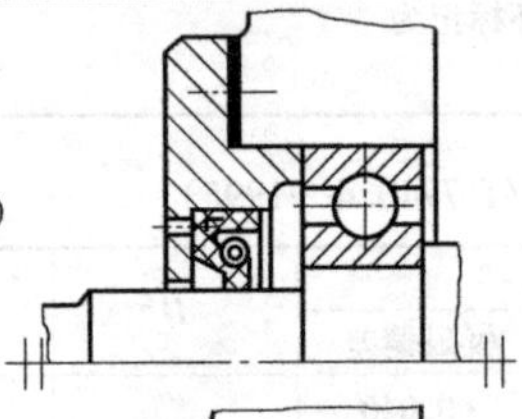 b) 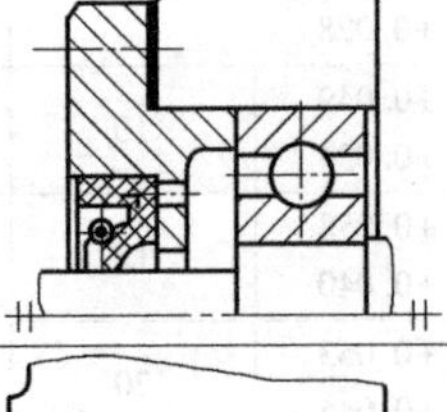	利用密封圈的密封唇弹性和弹簧的压紧力，使密封唇压紧在轴上来实现密封的 骨架密封圈的结构有内包骨架（B 型）和外露骨架（W 型），根据唇的结构又分无副唇和有副唇（型号加 F）两种。密封圈靠过盈安装于轴承盖的孔中。以防漏油为主时，密封唇开口向内安装（图 a）；以防尘为主时，向外安装（图 b）。若要求既防漏油又防尘，可采用有副唇的密封圈或两个密封圈背靠背安装 其特点是密封性能好、工作可靠。它主要用于轴承采用油或脂润滑，且密封处的轴表面圆周速度较大的场合，其最大圆周速度可达 7m/s（磨削）或 15m/s（抛光），工作温度 t=−40～100℃。密封圈和槽的尺寸参见表 16-10
	O 形橡胶密封圈密封	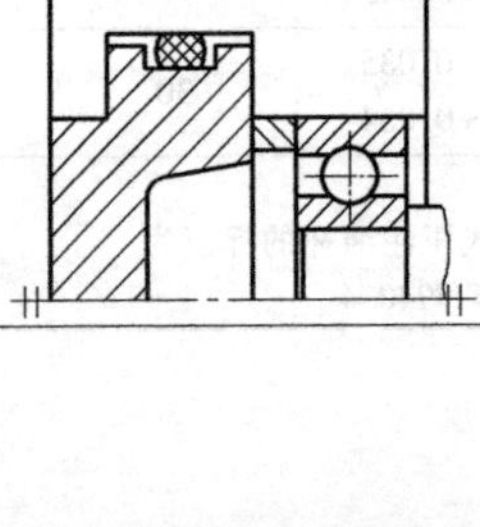	利用 O 形橡胶密封圈安装在沟槽中受到挤压变形来实现密封。可用于静密封和动密封（往复或旋转）。图示为减速器嵌入式端盖用其作为静密封的结构形式。此密封的工作温度 t=−40～200℃，结构尺寸参见表 16-11

（续）

密封形式		基本类型及应用示例	特点及应用
非接触式密封	迷宫式密封槽密封	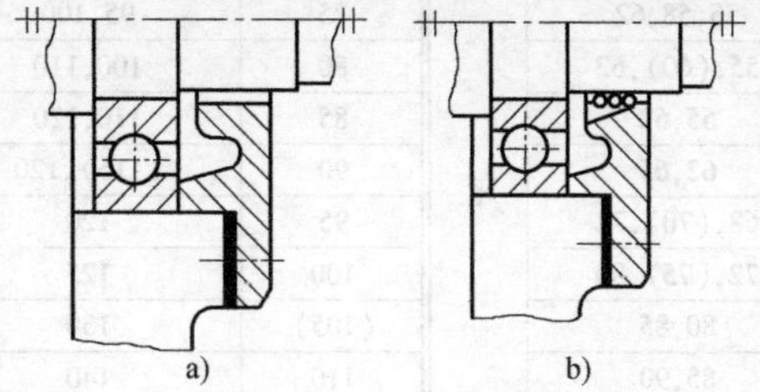	靠轴与轴承盖间的细小环形间隙或沟槽充满油脂来实现密封。图 a 为圆形间隙式密封，其间隙一般为 0.2~0.5mm，密封处轴的最大圆周速度应小于 5m/s；图 b 为沟槽式密封（并开有回油槽），其密封性能比前者好，且轴表面的圆周速度不受限制 其特点是结构简单，但密封性能不大可靠。它主要用于脂或油润滑，且周围环境干净的轴伸处。油沟密封槽的尺寸参见表 16-14

第三节　密　封　件

表 16-9　毡圈油封及槽的形式和尺寸（JB/ZQ 4606—1997）　（单位：mm）

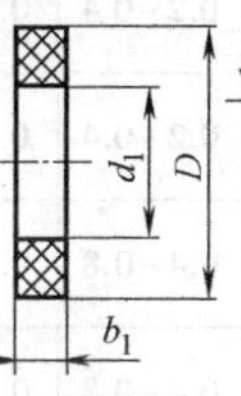

毡圈

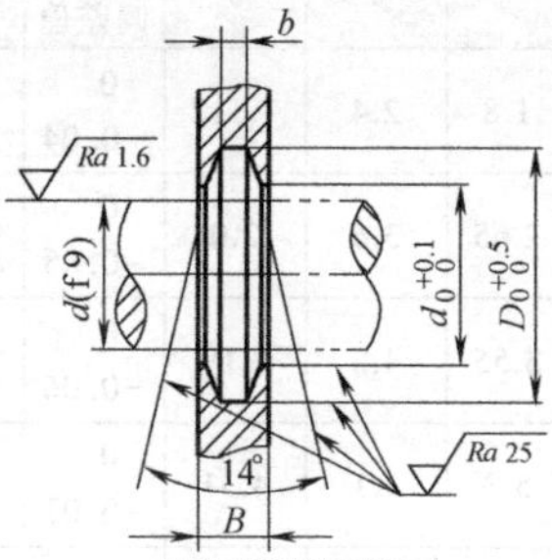

装毡圈的沟槽尺寸

标记示例：
轴径 d=40mm 的毡圈标记为
毡圈　40　JB/ZQ 4606—1997
材料：半粗羊毛毡

轴径 d	毡圈 D	毡圈 d_1	毡圈 b_1	沟槽 D_0	沟槽 d_0	沟槽 b	B_{min} 钢	B_{min} 铸铁
16	26	14	6	28	16	5	10	12
20	33	19		32	21			
25	39	24	7	38	26	6	12	15
30	45	29		44	31			
35	49	34		48	36			
40	53	39		52	41			
45	61	44	8	60	46	7		
50	69	49		68	51			
55	74	53		72	56			
60	80	58		78	61			
65	84	63		82	66			
70	90	68		88	71			
75	94	73		92	77			
80	102	78	9	100	82	8	15	18
85	107	83		105	87			
90	112	88		110	92			
95	117	93	10	115	97			
100	122	98		120	102			

注：本标准适用于线速度 v<5m/s。

表 16-10　内包骨架旋转轴唇形密封圈　（单位：mm）

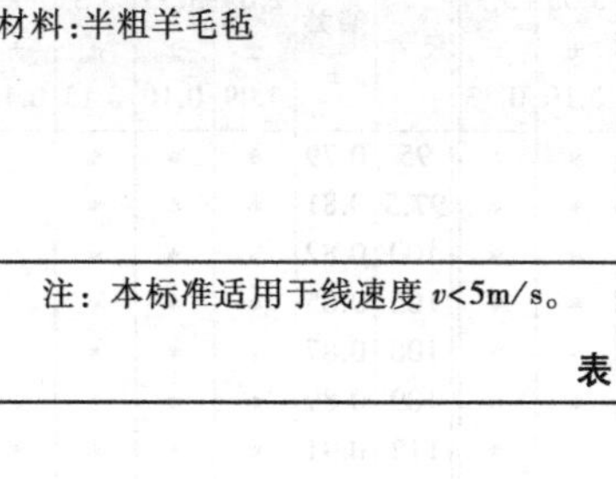

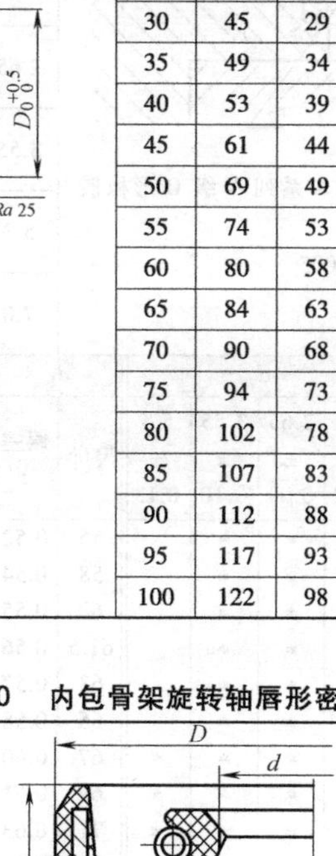

B型

FB型

标记示例：

(F)B　50　72　GB/T 9877—2008

—D=72mm
—d=50mm
—(有副唇)内包骨架旋转轴唇形密封圈

（续）

基本内径 d	外径 D	宽度 b	基本内径 d	外径 D	宽度 b	基本内径 d	外径 D	宽度 b
16	30,(35)	7	38	55,58,62	8	75	95,100	10
18	30,35		40	55,(60),62		80	100,110	12
20	35,40		42	55,62		85	110,120	
22	35,40,47		45	62,65		90	(115),120	
25	40,47,52		50	68,(70),72		95	120	
28	40,47,52		55	72,(75),80		100	125	
30	40,47,(50),52		60	80,85		(105)	130	
32	45,47,52		65	85,90		110	140	
35	50,52,55	8	70	90,95	10	120	150	

注：1. 括弧内尺寸尽量不采用。

2. 为便于拆卸密封圈，在壳体上应有 3 个或 4 个 d_1 孔。

3. B 型为单唇，FB 型为双唇。

表 16-11　O 形橡胶密封圈内径、截面直径系列和偏差（GB/T 3452.1—2005）

（单位：mm）

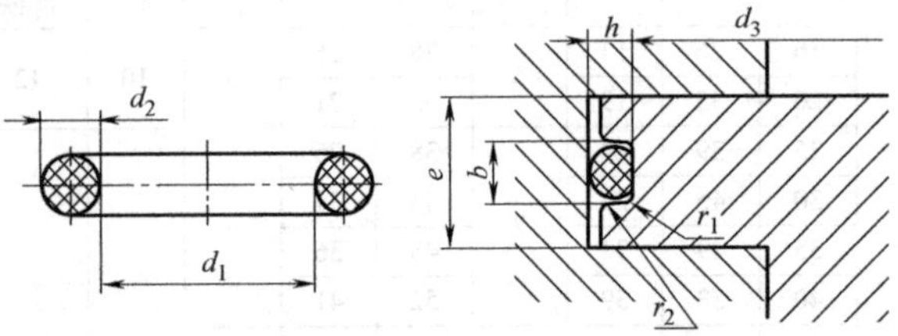

标记示例：

内径 d_1 = 32.5mm，截面直径 d_2 = 2.65mm，A 系列 N 级 O 形橡胶密封圈标记为

O 形圈　32.5×2.65-A-N-GB/T 3452.1—2005

沟槽尺寸（GB/T 3452.3—2005）					
d_2	$b^{+0.25}_{0}$	$h^{+0.10}_{0}$	d_3 偏差值	r_1	r_2
1.8	2.4	1.312	0 −0.04	0.2～0.4	0.1～0.3
2.65	3.6	2.0	0 −0.05	0.2～0.4	0.1～0.3
3.55	4.8	2.19	0 −0.06	0.4～0.8	0.1～0.3
5.3	7.1	4.31	0 −0.07	0.4～0.8	0.1～0.3
7.0	9.5	5.85	0 −0.09	0.8～1.2	0.1～0.3

d_1		d_2			d_1		d_2				d_1		d_2			d_1		d_2			
尺寸	偏差 ±	1.8 ± 0.08	2.65 ± 0.09	3.55 ± 0.10	尺寸	偏差 ±	1.8 ± 0.08	2.65 ± 0.09	3.55 ± 0.10	5.3 ± 0.13	尺寸	偏差 ±	2.65 ± 0.09	3.55 ± 0.10	5.3 ± 0.13	尺寸	偏差 ±	2.65 ± 0.09	3.55 ± 0.10	5.3 ± 0.13	7 ± 0.15
13.2	0.21	*	*		33.5	0.36	*	*	*		56	0.52	*	*	*	95	0.79	*	*	*	
14	0.22	*	*		34.5	0.37	*	*	*		58	0.54	*	*	*	97.5	0.81	*	*	*	
15	0.22	*	*		35.5	0.38	*	*	*		60	0.55	*	*	*	100	0.82	*	*	*	
16	0.23	*	*		36.5	0.38	*	*	*		61.5	0.56	*	*	*	103	0.85	*	*	*	
17	0.24	*	*		37.5	0.39	*	*	*		63	0.57	*	*	*	106	0.87	*	*	*	
18	0.25	*	*	*	38.7	0.40	*	*	*		65	0.58	*	*	*	109	0.89	*	*	*	*
19	0.25	*	*	*	40	0.41	*	*	*	*	67	0.60	*	*	*	112	0.91	*	*	*	*
20	0.26	*	*	*	41.2	0.42	*	*	*	*	69	0.61	*	*	*	115	0.93	*	*	*	*
21.2	0.27	*	*	*	42.5	0.43	*	*	*	*	71	0.63	*	*	*	118	0.95	*	*	*	*
22.4	0.28	*	*	*	43.7	0.44	*	*	*	*	73	0.64	*	*	*	122	0.97	*	*	*	*
23.6	0.29	*	*	*	45	0.44	*	*	*	*	75	0.65	*	*	*	125	0.99	*	*	*	*
25	0.30	*	*	*	46.2	0.45	*	*	*	*	77.5	0.67	*	*	*	128	1.01	*	*	*	*
25.8	0.31	*	*	*	47.5	0.46	*	*	*	*	80	0.69	*	*	*	132	10.4	*	*	*	*
26.5	0.31	*	*	*	48.7	0.47	*	*	*	*	82.5	0.71	*	*	*	136	1.07	*	*	*	*
28.0	0.32	*	*	*	50	0.48	*	*	*	*	85	0.72	*	*	*	140	1.09	*	*	*	*
30.0	0.34	*	*	*	51.5	0.49		*	*	*	87.5	0.74	*	*	*	145	1.13	*	*	*	*
31.5	0.35	*	*	*	53	0.50		*	*	*	90	0.76	*	*	*	150	1.16	*	*	*	*
32.5	0.36	*	*	*	54.5	0.51		*	*	*	92.5	0.77	*	*	*	155	1.19		*	*	*

注：表中 * 表示包括的规格。

表 16-12　旋转轴唇形密封圈的形式、尺寸及安装要求（摘自 GB/T 13871.1—2007）

（单位：mm）

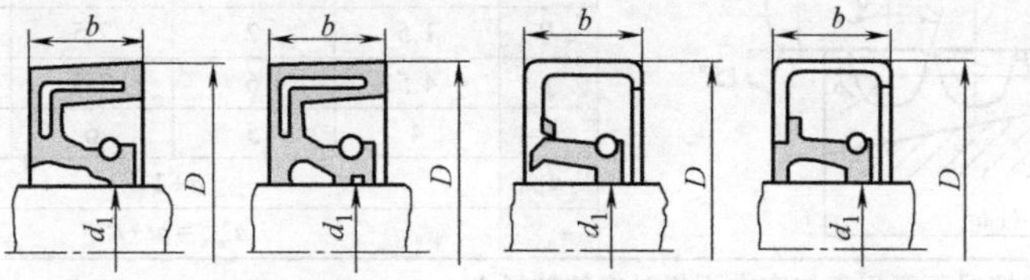

B型 内包骨架型　FB型 带副唇内包骨架型　W型 外露骨架型　FW型 带副唇外露骨架型

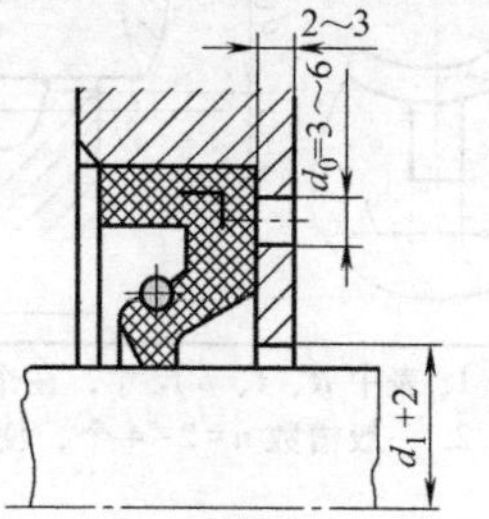

安装图

标记标例：

$d_1=120$mm，$D=150$mm，带副唇内包骨架型旋转轴唇形密封圈标记为

(F)B　120　150　GB/T 13971.1—2007

d_1	D	b	d_1	D	b	d_1	D	b
6	16,22	7	25	40,47,52	7	55	72,(75),80	8
7	22		28	40,47,52		60	80,85	
8	22,24		30	42,47,(50)		65	85,90	10
9	22		30	52	8	70	90,95	
10	22,25		32	45,47,52		75	95,100	
12	24,25,30		35	50,52,55		80	100,110	
15	26,30,35		38	52,58,62		85	110,120	12
16	30,(35)		40	55,(60),62		90	(115),120	
18	30,35		42	55,62		95	120	
20	35,40,(45)		45	62,65		100	125	
22	35,40,47		50	68,(70),72		105	(130)	

旋转轴唇形密封圈的安装要求

轴导入倒角

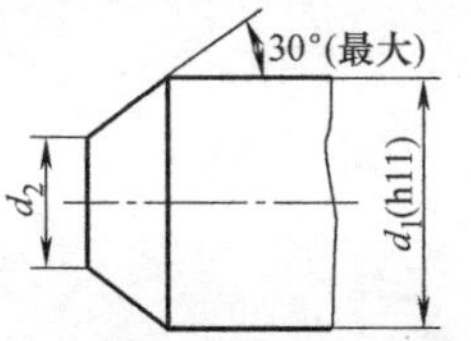

d_1	d_1-d_2	d_1	d_1-d_2
$d_1\leqslant10$	1.5	$40<d_1\leqslant50$	3.5
$10<d_1\leqslant20$	2.0	$50<d_1\leqslant70$	4.0
$20<d_1\leqslant30$	2.5	$70<d_1\leqslant95$	4.5
$30<d_1\leqslant40$	3.0	$95<d_1\leqslant130$	5.5

腔体内孔尺寸

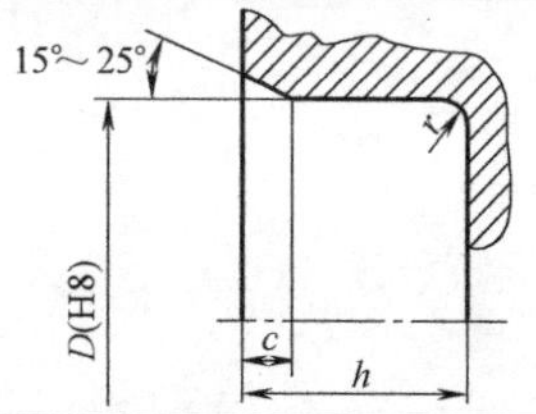

基本宽度 b	最小内孔深 h	倒角长度 c	$r_{\max}$
$\leqslant10$	$b+0.9$	0.70~1.00	0.50
>10	$b+1.2$	1.20~1.50	0.75

注：1. 标准考虑了国内实际情况，除全部采用国际标准的尺寸外，还补充了若干种国内常用的规格，并加括号以示区别。

2. 安装要求中若轴端采用倒圆导入倒角，则倒圆的圆角半径不小于表中的 d_1-d_2 之值。

表 16-13　J 型无骨架橡胶油封

（单位：mm）

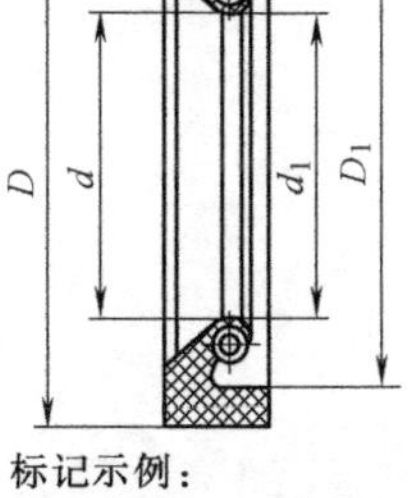

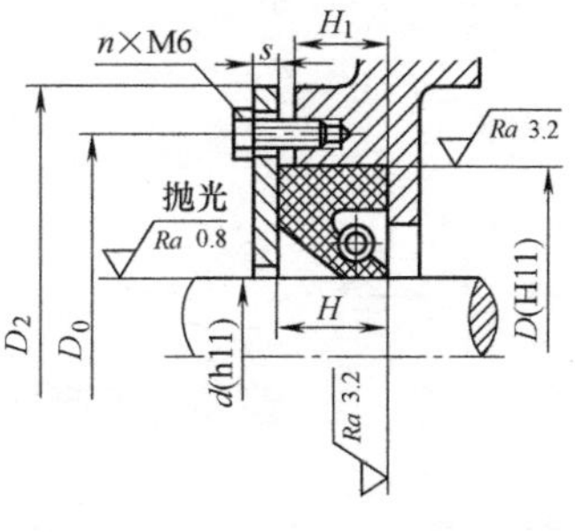

轴径 d		30~95（按 5 进位）	100~170（按 10 进位）
油封尺寸	D	$d+25$	$d+30$
	D_1	$d+16$	$d+20$
	d_1	$d-1$	
	H	12	16
油封槽尺寸	s	6~8	8~10
	D_0	$D+15$	
	D_2	D_0+15	
	n	4	6
	H_1	$H-(1\text{-}2)$	

标记示例：

$d=50$mm，$D=75$mm，$H=12$mm，材料为耐油橡胶Ⅰ-1 的 J 形无骨架橡胶油封标记为

J 形油封　50×75×12　橡胶Ⅰ-1

表 16-14　迷宫式密封槽（JB/ZQ 4245—2006）　（单位：mm）

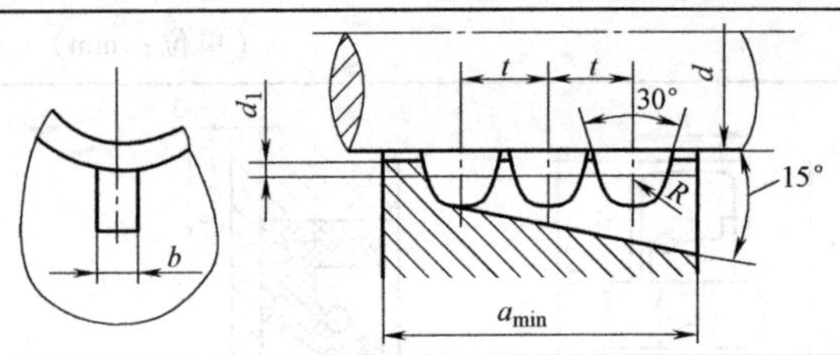

轴径 d	25~80	>80~120	>120~180	>180
R	1.5	2	2.5	3
t	4.5	6	7.5	9
b	4	5	6	7
d_1	$d+1$			
a_{min}	$a_{min}=nt+R$			

注：1. 表中 R、t、b 尺寸，在个别情况下可用于与表中不相对应的轴径上。
2. 一般槽数 $n=2\sim4$ 个，使用 3 个的较多。

第十七章

联 轴 器

第一节　联轴器性能、轴孔形式及系列尺寸

表 17-1　常用联轴器的性能、特点及应用

类　别	联轴器名称	额定转矩范围 T_n/N·m	轴孔直径范围 d/mm	许用转速[n]/(r/min)	许用相对位移 轴向 Δx/mm	径向 Δy/mm	角向 $\Delta\alpha$	特点及应用
刚性联轴器	凸缘联轴器(GB/T 5843—2003)	25~100000	12~250	12000~1600	要求两轴严格对中			结构简单,制造成本较低,装拆和维护均较简单,能保证两轴有较高的对中性,传递转矩较大,应用较广,但不能消除冲击和由于两轴的不对中而引起的不良后果。主要用于载荷较平稳的场合
有弹性元件的挠性联轴器	弹性套柱销联轴器(GB/T 4323—2002)	6.3~16000	9~170	8800~1150	较大	0.2~0.6	30′~1°30′	结构紧凑,装配方便,具有一定弹性和缓冲性能,补偿两轴相对位移量不大,当位移量过大时,弹性件易损坏。主要用于一般的中、小功率传动轴系的连接
	弹性柱销联轴器(GB/T 5014—2003)	160~180000	12~340	8500~950	0.5~3.0	0.15~0.25	≤30′	结构简单,制造容易,更换方便,柱销较耐腐,但弹性差,补偿两轴相对位移量小。主要用于载荷较平稳,起动频繁,轴向窜动量较大,对缓冲要求不高的传动
	梅花形弹性联轴器(GB/T 5272—2002)	25~25000	12~160	15300~1900	1.2~5.0	0.5~1.8	1°~2°	结构简单,零件数量少,外形尺寸小,弹性元件制造容易,承载能力也高,适用范围广。可用于中、小功率的水平和垂直传动轴系

（续）

类 别	联轴器名称	额定转矩范围 T_n/N·m	轴孔直径范围 d/mm	许用转速[n]/(r/min)	许用相对位移 轴向 Δx/mm	径向 Δy/mm	角向 $\Delta\alpha$	特点及应用
无弹性元件的挠性联轴器	滑块联轴器（JB/ZQ 4384—2006）	金属滑块：120~20000 非金属滑块：17~3430	金属滑块：15~150 非金属滑块：15~950	金属滑块：250~100 非金属滑块：8200~1700	较大	金属滑块：0.0401 非金属滑块：0.01d+0.25，d为轴径	金属滑块：≤30′ 非金属滑块：≤40′	结构简单，径向外形尺寸较小，允许两轴径向位移大，但对角位移较敏感，受滑块偏心产生离心力的限制，不宜用于高速

表 17-2 轴孔和键槽的形式、代号及系列尺寸（GB/T 3852—2008）

圆柱形和圆锥形轴孔、键槽形式	长圆柱形轴孔（Y型）	有沉孔的短圆柱形轴孔（J型）	有沉孔的长圆锥形轴孔（Z型）	圆锥形轴孔（Z_1型）
	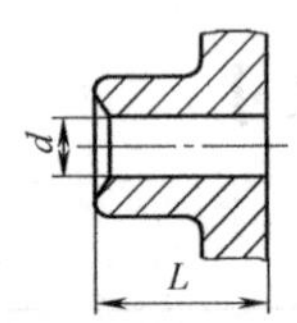	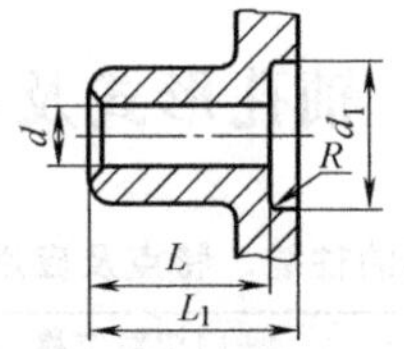	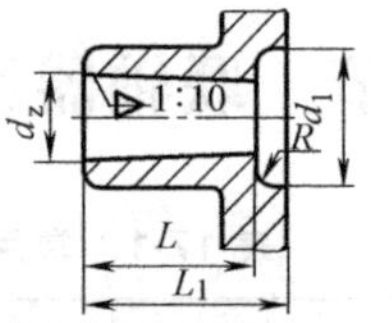	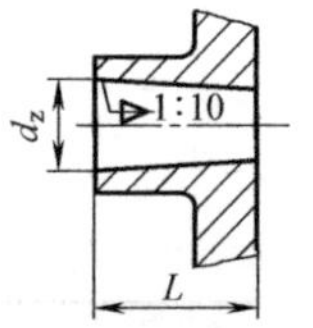
	平键单键槽（A型）	120°布置平键双键槽（B型）	180°布置平键双键槽（B_1型）	圆锥形轴孔平键单键槽（C型）
	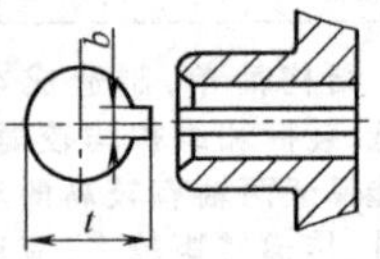	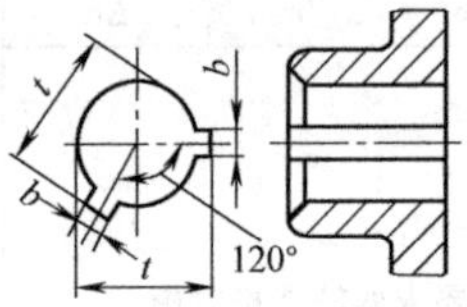	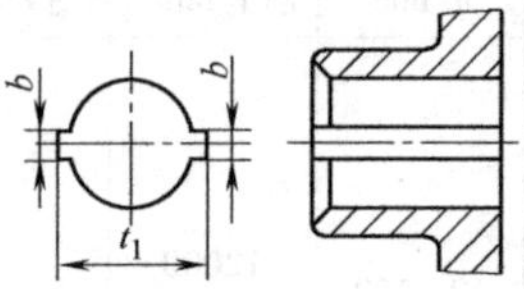	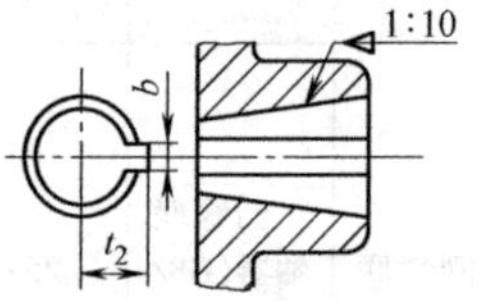

轴孔和键槽尺寸 （单位：mm）

轴孔直径 d_1 d_z	长度 Y型 L	J、Z、Z_1型 L	L_1	沉孔 d_1	R	键槽 A型，B型，B_1型 b	t 公称尺寸	t 极限偏差	t_1 公称尺寸	t_1 极限偏差	C型 b	t_2 公称尺寸	t_2 极限偏差
16	42	30	42	38	1.5	5	18.3	+0.1 0	20.6	+0.2 0	3	8.7	+0.1 0
18						6	20.8		23.6		4	10.1	
19							21.8		24.6			10.6	
20	52	38	52				22.8		25.6			10.9	
22							24.8		27.6			11.9	
24						8	27.3	+0.2 0	30.6	+0.4 0	5	13.4	
25	62	44	62	48			28.3		31.6			13.7	
28							31.3		34.6			15.2	
30	82	60	82	55			33.3		36.6		6	15.8	
32						10	35.3		38.6			17.3	
35							38.3		41.6			18.8	
38							41.3		44.6			20.3	
40	112	84	112	65	2	12	43.3		46.6		10	21.2	+0.2 0
42							45.3		48.6			22.2	
45				80		14	48.8		52.6		12	23.7	
48							51.8		55.6			25.2	
50							53.8		57.6			26.2	
55				95	2.5	16	59.3		63.6		14	29.2	
56							60.3		64.6			29.7	

第二节　常用联轴器

表 17-3　凸缘联轴器（GB/T 5843—2003）

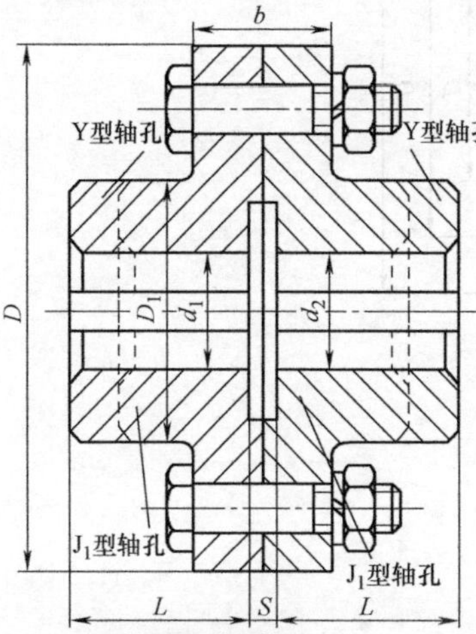

GY型凸缘联轴器

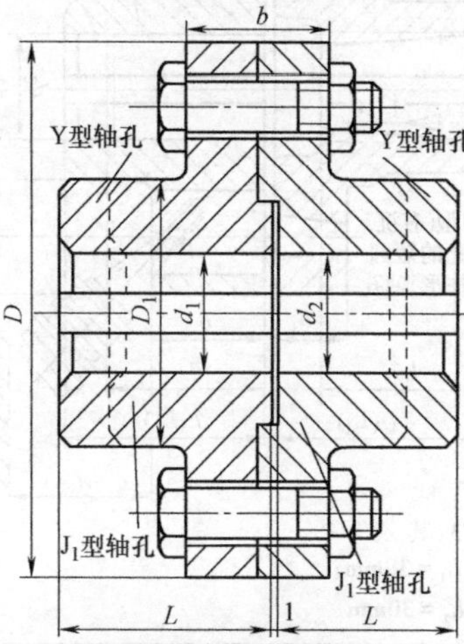

GYS型有对中榫凸缘联轴器

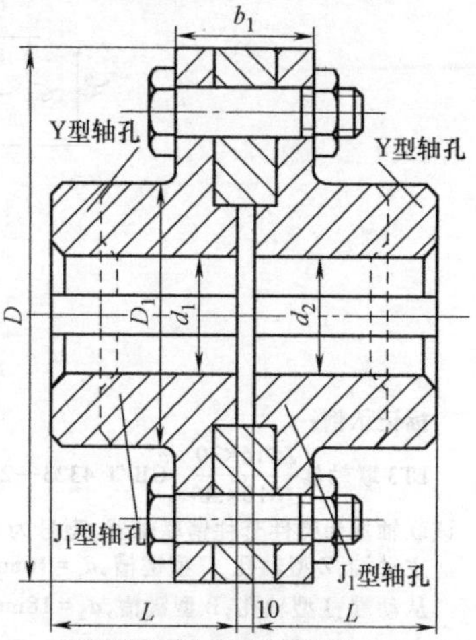

GYH型有对中环凸缘联轴器

标记示例：

GY5 凸缘联轴器$\frac{30\times82}{J_1 30\times60}$　GB/T 5843—2003

主动端：Y 型轴孔，A 型键槽，$d_1=30\text{mm}$，$L=82\text{mm}$

从动端：J_1 型轴孔，A 型键槽，$d_1=30\text{mm}$，$L=60\text{mm}$

型号	公称转矩 /N·m	许用转速 /r·min^{-1}	轴孔直径 d_1，d_2/mm	轴孔长度 L/mm		D /mm	D_1 /mm	b /mm	b_1 /mm	S /mm	转动惯量 /kg·m^2	质量 /kg
				Y 型	J_1 型							
GY1 GYS1 GYH1	25	12000	12，14	32	27	80	30	26	42	6	0.0008	1.16
			16，18，19	42	30							
GY2 GYS2 GYH2	63	10000	16，18，19	42	30	90	40	28	44	6	0.0015	1.72
			20，22，24	52	38							
			25	62	44							
GY3 GYS3 GYH3	112	9500	20，22，24	52	38	100	45	30	46	6	0.0025	2.38
			25，28	62	44							
GY4 GYS4 GYH4	224	9000	25，28	62	44	105	55	32	48	6	0.003	3.15
			30，32，35	82	60							
GY5 GYS5 GYH5	400	8000	30，32，35，38	82	60	120	68	36	52	8	0.007	5.43
			40，42	112	84							
GY6 GYS6 GYH6	900	6800	38	82	60	140	80	40	56	8	0.015	7.59
			40，42，45，48，50	112	84							
GY7 GYS7 GYH7	1600	6000	48，50，55，56	112	84	160	100	40	56	8	0.031	13.1
			60，63	142	107							
GY8 GYS8 GYH8	3150	4800	60，63，65，70，71，75	142	107	200	130	50	68	10	0.103	27.5
			80	172	132							
GY9 GYS9 GYH9	6300	3600	75	142	107	260	160	66	84	10	0.319	47.8
			80，85，90，95	172	132							
			100	212	167							

注：1. 本联轴器不具备径向、轴向和角向的补偿性能，刚性好，传递转矩大，结构简单，工作可靠，维护简便，适用于两轴对中精度良好的一般轴系传动。

2. 质量、转动惯量是按 GY 型联轴器 Y/J_1 轴孔组合型式和小孔轴径计算的。

表 17-4 弹性套柱销联轴器（GB/T 4323—2002）

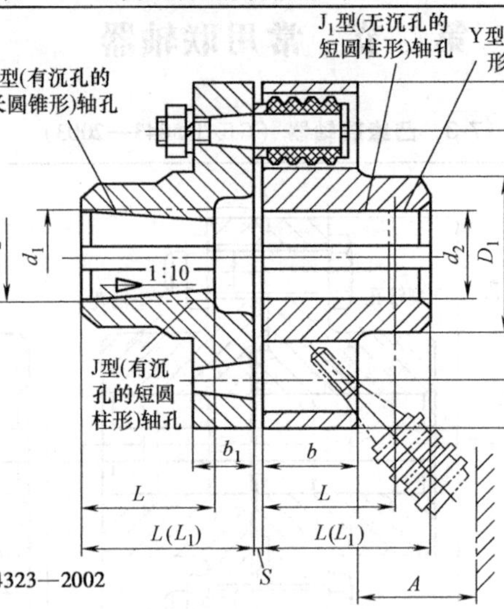

标记示例：

LT3 联轴器 $\dfrac{ZC16\times30}{JB18\times30}$ GB/T 4323—2002

该联轴器为弹性套柱销联轴器，型号为 LT3，其

主动端：Z 型轴孔，C 型键槽，$d_z=16$mm，$L_1=30$mm；

从动端：J 型轴孔，B 型键槽，$d_2=18$mm，$L_1=30$mm

型号	公称转矩 /N·m	许用转速 /r·min^{-1}	轴孔直径 d_1、d_2、d_z /mm	轴孔长度/mm Y 型 L	轴孔长度/mm J、J_1、Z 型 L_1	轴孔长度/mm J、J_1、Z 型 L	D /mm	A /mm	S /mm	转动惯量 /kg·m^2	b /mm
LT1	6.3	8800	9	20	14	—	71	18	3	0.0005	14
			10,11	25	17						
			12,14	32	20						
LT2	16	7600	12,14			42	80			0.0008	
			16,18,19	42	30						
LT3	31.5	6300	16,18,19				95	35	4	0.0023	19
			20,22	52	38	52					
LT4	63	5700	20,22,24				106			0.0037	
			25,28	62	44	62					
LT5	125	4600	25,28				130	45	5	0.012	36
			30,32,35	82	60	82					
LT6	250	3800	32,35,38				160			0.028	
			40,42								
LT7	500	3600	40,42,45,48	112	84	112	190			0.055	
LT8	710	3000	45,48,50,55,56				224	65	6	0.134	42
			60,63	142	107	142					
LT9	1000	2850	50,55,56	112	84	112	250			0.213	
			60,63,65,70,71	142	107	142					
LT10	2000	2300	63,65,70,71,75				315	80	8	0.66	52
			80,85,90,95	172	132	172					
LT11	4000	1800	80,85,90,95				400	100	10	2.112	66
			100,110	212	167	212					
LT12	8000	1450	100,110,120,125				475	130	12	5.39	84
			130	252	202	252					
LT13	16000	1150	120,125	212	167	212	600	180	14	17.58	102
			130,140,150	252	202	252					
			160,170	302	242	302					

注：1. 弹性套柱销联轴器安装锥度孔螺栓的一端是主动端，安装弹性套的一端为从动端。

2. 表中许用转速、轴孔直径、转动惯量适应于铸钢材质的联轴器。

表 17-5 弹性柱销联轴器（GB/T 5014—2017）

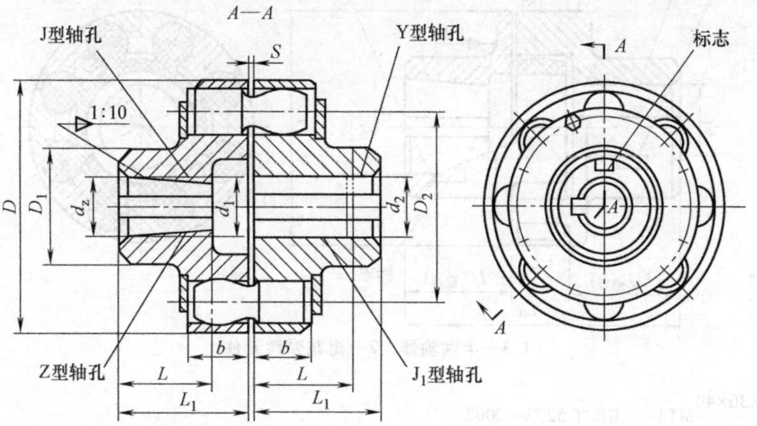

标记示例：

LX5 联轴器 $\frac{ZC55\times84}{JB50\times84}$ GB/T 5014—2033

该联轴器为弹性柱销联轴器，型号为 LX5，其

主动端：Z 型轴孔，C 型键槽，$d_z=55$mm，$L_1=84$mm；

从动端：J 型轴孔，B 型键槽，$d_2=50$mm，$L_1=84$mm

型号	公称转矩 /N·m	许用转速 /r·min^{-1}	轴孔直径 d_1、d_2、d_z/mm	轴孔长度/mm			D/mm	D_1/mm	b/mm	S/mm	转动惯量 /kg·m^2
				Y 型	J、J_1、Z 型						
				L	L	L_1					
LX1	250	8500	12,14	32	27	—	90	40	20	2.5	0.002
			16,18,19	42	30	42					
			20,22,24	52	38	52					
LX2	560	6300	20,22,24	52	38	52	120	55	28	2.5	0.009
			25,28	62	44	62					
			30,32,35	82	60	82					
LX3	1250	4700	30,32,35,38	82	60	82	160	75	36	2.5	0.026
			40,42,45,48	112	84	112					
LX4	2500	3850	40,42,45,50,55,56	112	84	112	195	100	45	3	0.109
			60,63	142	107	142					
LX5	3150	3450	50,55,56	112	84	112	220	120	45	3	0.191
			60,63,65,70,71,75	142	107	142					
LX6	6300	2720	60,63,65,70,71,75	142	107	142	280	140	56	4	0.543
			80,85	172	132	172					
LX7	11200	2360	70,71,75	142	107	142	320	170	56	4	1.314
			80,85,90,95	172	132	172					
			100,110	212	167	212					
LX8	16000	2120	80,85,90,95	172	132	172	360	200	5	5	2.023
			100,110,120,125	212	167	212					
LX9	22500	1850	100,110,120,125	212	167	212	410	230	63	5	4.386
			130,140	252	202	252					
LX10	35500	1600	110,120,125	212	167	212	480	280	75	6	9.760
			130,140,150	252	202	252					
			160,170,180	302	242	302					

表 17-6　梅花形弹性联轴器（GB/T 5272—2002）

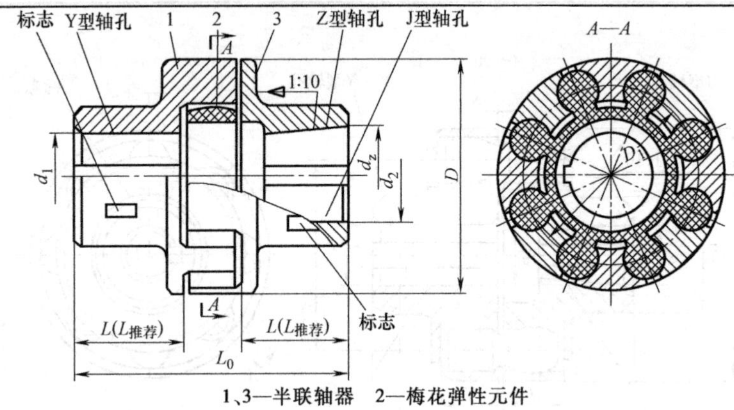

1、3—半联轴器　2—梅花弹性元件

标记示例：

LM3 联轴器 $\frac{\text{Z}30\times40}{\text{B}25\times40}$ MT3-a　GB/T 5272—2002

该联轴器为LM3 型梅花形联轴器，MT3 型弹性件为 a，其

主动端：Z 型轴孔，A 型键槽，d_z = 30mm，$L_{推荐}$ = 40mm；

从动端：Y 型轴孔，B 型键槽，d_1 = 25mm，$L_{推荐}$ = 40mm

型号	公称转矩 /N·m		许用转速 /r·min^{-1}	轴孔直径 d_1、d_2、d_z /mm	轴孔长度 L /mm			L_0 /mm	D /mm	弹性件型号	转动惯量 /kg·m^2
	弹性件硬度				Y 型	J_1、Z 型	$L_{推荐}$				
	a/H_A	b/H_D			L						
	80±5	60±5									
LM1	25	45	15300	12,14	32	27	35	86	50	$MT1_{-b}^{-a}$	0.0002
				16,18,19	42	30					
				20,22,24	52	38					
				25	62	44					
LM2	50	100	12000	16,18,19	42	30	38	95	60	$MT2_{-b}^{-a}$	0.0004
				20,22,24	52	38					
				25,28	62	44					
				30	82	60					
LM3	100	200	10900	20,22,24	52	38	40	103	70	$MT3_{-b}^{-a}$	0.0009
				25,28	62	44					
				30,32	82	60					
LM4	140	280	900	22,24	52	38	45	114	85	$MT4_{-b}^{-a}$	0.002
				25,28	62	44					
				30,32,35,38	82	60					
				40	112	84					
LM5	350	400	7300	25,28	62	44	50	127	105	$MT5_{-b}^{-a}$	0.005
				30,32,35,38	82	60					
				40,42,45	112	84					
LM6	400	710	6100	30,32,35,38	82	60	55	143	125	$MT6_{-b}^{-a}$	0.0114
				40,42,45,48	112	84					
LM7	630	1120	5300	35*,38*	82	60	60	159	145	$MT7_{-b}^{-a}$	0.0232
				40*,42*,45,48,50,55	112	84					
LM8	1120	2240	4500	45*,48*,50,55,56			70	181	170	$MT8_{-b}^{-a}$	0.0468
				60,63,65*	142	107					

注：1. 带 * 号的轴孔直径可用于 Z 型轴孔。

2. a、b 为两种材料的硬度代号。

表 17-7 LM 型梅花形弹性联轴器允许误差

型号	允许最大安装误差		允许最大运转补偿量		轴向间隙
	径向 ΔY/mm	角向 $\Delta\alpha$/(°)	径向 ΔY/mm	角向 $\Delta\alpha$/(°)	(ΔX±10%)/mm
LM1	0.2	1.0	0.5	2.0	1.2
LM2	0.3		0.6		1.3
LM3	0.4		0.8		1.5
LM4					2.0
LM5					2.5
LM6	0.5	0.7	1	1.5	3.0
LM7					
LM8					3.5
LM9	0.7		1.5		4.0
LM10		0.5		1.0	4.5
LM11					5.0
LM12	0.8		1.8		
LM13					
LM14					

表 17-8 滑块联轴器（JB/ZQ 4384—2006）

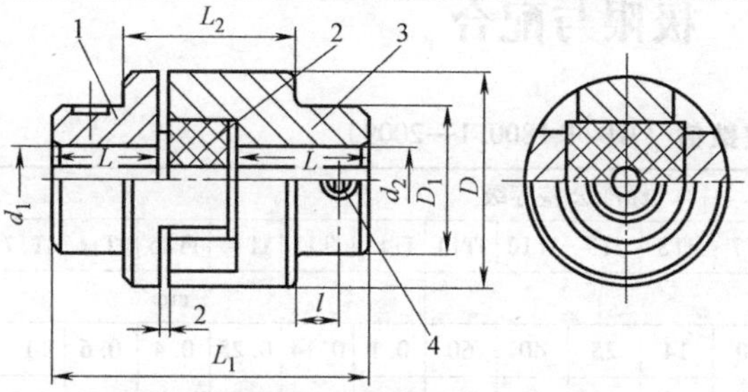

1、3—半联轴器 2—滑块 4—紧定螺钉

标记示例：

WHb 联轴器 $\frac{35\times82}{J_1 38\times60}$ JB/ZQ 4384—2006

主动端：Y 型轴孔，A 型键槽，$d_1=35$mm，$L=82$mm；

从动端：J_1 型轴孔，A 型键槽，$d_2=38$mm，$L=60$mm

型号	公称转矩 /N·m	许用转速 /r·min^{-1}	轴孔直径 d_1、d_2	轴孔长度 L Y 型	轴孔长度 L J_1 型	D	D_1	L_2	l	质量 /kg	转动惯量 /kg·m^2
			mm								
WH1	16	10000	10,11	25	22	40	30	52	5	0.6	0.0007
			12,14	32	27						
WH2	31.5	8200	12,14			50	32	56	5	1.5	0.0038
			16,(17),18	42	30						
WH3	63	7000	(17),18,19			70	40	60	5	1.8	0.0063
			20,22	52	38						
WH4	160	5700	20,22,24			80	50	64	8	2.5	0.013
			25,28	62	44						
WH5	280	4700	25,28			100	70	75	10	5.8	0.045
			30,32,35	82	60						
WH6	500	3800	30,32,35,38			120	80	90	15	9.5	0.12
			40,42,45	112	84						
WH7	900	3200	40,42,45,48			150	100	120	25	25	0.43
			50,55								
WH8	1800	2400	50,55			190	120	150	25	55	1.98
			60,63,65,70	142	107						
WH9	3550	1800	65,70,75			250	150	180	25	85	4.9
			80,85	172	132						
WH10	5000	1500	80,85,90,95			330	190	180	40	120	7.5
			100	212	167						

注：1. 装配时两轴的许用补偿量：轴向 $\Delta X=1\sim2$mm；径向 $\Delta Y\leqslant0.2$mm；角向 $\Delta\alpha\leqslant40'$。

2. 本联轴器具有一定的补偿两轴相对偏移量、减振和缓冲性能，适用于中、小功率、转速较高、转矩较小的轴系传动，如控制器、液压泵装置等，工作温度为-20~+70℃。

3. 括号内的数值尽量不用。

第十八章

极限与配合、几何公差和表面粗糙度

第一节　极限与配合

表 18-1　标准公差数值（GB/T 1800.1—2009）

公称尺寸/mm		标准公差等级																	
		IT1	IT2	IT3	IT4	IT5	IT6	IT7	IT8	IT9	IT10	IT11	IT12	IT13	IT14	IT15	IT16	IT17	IT18
大于	至	μm											mm						
—	3	0.8	1.2	2	3	4	6	10	14	25	40	60	0.1	0.14	0.25	0.4	0.6	1	1.4
3	6	1	1.5	2.5	4	5	8	12	18	30	48	75	0.12	0.18	0.3	0.48	0.75	1.2	1.8
6	10	1	1.5	2.5	4	6	9	15	22	36	58	90	0.15	0.22	0.36	0.58	0.9	1.5	2.2
10	18	1.2	2	3	5	8	11	18	27	43	70	110	0.18	0.27	0.43	0.7	1.1	1.8	2.7
18	30	1.5	2.5	4	6	9	13	21	33	52	84	130	0.21	0.33	0.52	0.84	1.3	2.1	3.3
30	50	1.5	2.5	4	7	11	16	25	39	62	100	160	0.25	0.39	0.62	1	1.6	2.5	3.9
50	80	2	3	5	8	13	19	30	46	74	120	190	0.3	0.46	0.74	1.2	1.9	3	4.6
80	120	2.5	4	6	10	15	22	35	54	87	140	220	0.35	0.54	0.87	1.4	2.2	3.5	5.4
120	180	3.5	5	8	12	18	25	40	63	100	160	250	0.4	0.63	1	1.6	2.5	4	6.3
180	250	4.5	7	10	14	20	29	46	72	115	185	290	0.46	0.72	1.15	1.85	2.9	4.6	7.2
250	315	6	8	12	16	23	32	52	81	130	210	320	0.52	0.81	1.3	2.1	3.2	5.2	8.1
315	400	7	9	13	18	25	36	57	89	140	230	360	0.57	0.89	1.4	2.3	3.6	5.7	8.9
400	500	8	10	15	20	27	40	63	97	155	250	400	0.63	0.97	1.55	2.5	4	6.3	9.7
500	630	9	11	16	22	32	44	70	110	175	280	440	0.7	1.1	1.75	2.8	4.4	7	11
630	800	10	13	18	25	36	50	80	125	200	320	500	0.8	1.25	2	3.2	5	8	12.5
800	1000	11	15	21	28	40	56	90	140	230	360	560	0.9	1.4	2.3	3.6	5.6	9	14
1000	1250	13	18	24	33	47	66	105	165	260	420	660	1.05	1.65	2.6	4.2	6.6	10.5	16.5
1250	1600	15	21	29	39	55	78	125	195	310	500	780	1.25	1.95	3.1	5	7.8	12.5	19.5
1600	2000	18	25	35	46	65	92	150	230	370	600	920	1.5	2.3	3.7	6	9.2	15	23
2000	2500	22	30	41	55	78	110	175	280	440	700	1100	1.75	2.8	4.4	7	11	17.5	28
2500	3150	26	36	50	68	96	135	210	330	540	860	1350	2.1	3.3	5.4	8.6	13.5	21	33

注：1. 公称尺寸大于 500mm 的 IT1～IT5 的标准公差数值为试行的。

2. 公称尺寸小于或等于 1mm 时，无 IT14～IT18。

表 18-2 轴的极限偏差（GB/T 1800.2—2009） （单位：μm）

公称尺寸/mm		公差带																						
		a	c	d				e			f					g			h					
大于	至	11*	▼11	8*	▼9	10*	11*	7*	8	9*	5*	6*	▼7	8*	9*	5*	▼6	7*	5*	▼6	▼7	8*	▼9	10*
3	6	-270 -345	-70 -145	-30 -48	-30 -60	-30 78	-30 -105	-20 -32	-20 -38	-20 -50	-10 -15	-10 -18	-10 -22	-10 -28	-10 -40	-4 -9	-4 -12	-4 -16	0 -5	0 -8	0 -12	0 -18	0 -30	0 -48
6	10	-280 -370	-80 -170	-40 -62	-40 -76	-40 -98	-40 -130	-25 -40	-25 -47	-25 -61	-13 -19	-13 -22	-13 -28	-13 -35	-13 -49	-5 -11	-5 -14	-5 -20	0 -6	0 -9	0 -15	0 -22	0 -36	0 -58
10	18	-290 -400	-95 -205	-50 -77	-50 -93	-50 -120	-50 -160	-32 -50	-32 -59	-32 -75	-16 -24	-16 -27	-16 -34	-16 -43	-16 -59	-6 -14	-6 -17	-6 -24	0 -8	0 -11	0 -18	0 -27	0 -43	0 -70
18	30	-300 -430	-110 -240	-65 -98	-65 -117	-65 -149	-65 -195	-40 -61	-40 -73	-40 -92	-20 -29	-20 -33	-20 -41	-20 -53	-20 -72	-7 -16	-7 -20	-7 -28	0 -9	0 -13	0 -21	0 -33	0 -52	0 -84
30	40	-310 -470	-120 -280	-80 -119	-80 -142	-80 -180	-80 -240	-50 -75	-50 -89	-50 -112	-25 -36	-25 -41	-25 -50	-25 -64	-25 -87	-9 -20	-9 -25	-9 -34	0 -11	0 -16	0 -25	0 -39	0 -62	0 -100
40	50	-320 -480	-130 -290																					
50	65	-340 -530	-140 -330	-100 -146	-100 -174	-100 -220	-100 -290	-60 -90	-60 -106	-60 -134	-30 -43	-30 -49	-30 -60	-30 -76	-30 -104	-10 -23	-10 -29	-10 -40	0 -13	0 -19	0 -30	0 -46	0 -74	0 -120
65	80	-360 -550	-150 -340																					
80	100	-380 -600	-170 -390	-120 -174	-120 -207	-120 -260	-120 -340	-72 -107	-72 -126	-72 -159	-36 -51	-36 -58	-36 -71	-36 -90	-36 -123	-12 -27	-12 -34	-12 -47	0 -15	0 -22	0 -35	0 -54	0 -87	0 -140
100	120	-410 -630	-180 -400																					

（续）

公称尺寸/mm		公差带																						
		a	c	d				e			f					g			h					
大于	至	11*	▼11	8*	▼9	10*	11*	7*	8	9*	5*	6*	▼7	8*	9*	5*	▼6	7*	5*	▼6	▼7	8*	▼9	10*
120	140	-460 -710	-200 -450																					
140	160	-520 -770	-210 -460	-145 -208	-145 -245	-145 -305	-145 -395	-85 -125	-85 -148	-85 -185	-43 -61	-43 -68	-43 -83	-43 -106	-43 -143	-14 -32	-14 -39	-14 -54	0 -18	0 -25	0 -40	0 -63	0 -100	0 -160
160	180	-580 -830	-230 -480																					
180	200	-660 -950	-240 -530																					
200	225	-740 -1030	-260 -550	-170 -242	-170 -285	-170 -355	-170 -460	-100 -146	-100 -172	-100 -215	-50 -70	-50 -79	-50 -96	-50 -122	-50 -165	-15 -35	-15 -44	-15 -61	0 -20	0 -29	0 -46	0 -72	0 -115	0 -185
225	250	-820 -1110	-280 -570																					
250	280	-920 -1240	-300 -620	-190 -271	-190 -320	-190 -400	-190 -510	-110 -162	-110 -191	-110 -240	-56 -79	-56 -88	-56 -108	-56 -137	-56 -185	-17 -40	-17 -49	-17 -69	0 -23	0 -32	0 -52	0 -81	0 -130	0 -210
280	315	-1050 -1370	-330 -650																					
315	355	-1200 -1500	-360 -720	-210 -299	-210 -350	-210 -440	-210 -570	-125 -182	-125 -214	-125 -265	-62 -87	-62 -98	-62 -119	-62 -151	-62 -202	-18 -43	-18 -54	-18 -75	0 -25	0 -36	0 -57	0 -89	0 -140	0 -230
355	400	-1350 -1710	-400 -760																					
400	450	-1500 -1900	-440 -840	-230 -327	-230 -385	-230 -480	-230 -630	-135 -198	-135 -232	-135 -290	-68 -95	-68 -108	-68 -131	-68 -165	-68 -223	-20 -47	-20 -60	-20 -83	0 -27	0 -40	0 -63	0 -97	0 -115	0 -250
450	500	-1650 -2050	-480 -880																					

（续）

公称尺寸/mm		公差带																						
		h		j		js			k			m			n			p		r		s	u	
大于	至	▼11	12*	5	6	5*	6*	7*	5*	▼6	7*	5*	6*	7*	5*	▼6	7*	▼6	7*	6*	7*	▼6	▼6	8
3	6	0 −75	0 −120	+3 −2	+6 −2	±2.5	±4	±6	+6 +1	+9 +1	+13 +1	+9 +4	+12 +4	+16 +4	+13 +8	+16 +8	+20 +8	+20 +12	+24 +12	+23 +15	+37 +15	+27 +19	+31 +23	+41 +23
6	10	0 −90	0 −150	+4 −2	+7 −2	±3	±4.5	±7	+7 +1	+10 +1	+16 +1	+12 +6	+15 +6	+21 +6	+16 +10	+19 +10	+25 +10	+24 +15	+30 +15	+28 +19	+34 +19	+32 +23	+37 +28	+50 +28
10	18	0 −110	0 −180	+5 −3	+8 −3	±4	±5.5	±9	+9 +1	+12 +1	+19 +1	+15 +7	+18 +7	+25 +7	+20 +12	+23 +12	+30 +12	+29 +18	+36 +18	+34 +23	+41 +23	+39 +28	+44 +33	+60 +33
18	24	0 −130	0 −210	+5 −4	+9 −4	±4.5	±6.5	±10	+11 +2	+15 +2	+23 +2	+17 +8	+21 +8	+29 +8	+24 +15	+28 +15	+36 +15	+35 +22	+43 +22	+41 +28	+49 +28	+48 +35	+54 +41	+74 +41
24	30																						+61 +48	+81 +48
30	40	0 −160	0 −250	+6 −5	+11 −5	±5.5	±8	±12	+13 +2	+18 +2	+27 +2	+20 +9	+25 +9	+34 +9	+28 +17	+33 +17	+42 +17	+42 +26	+51 +26	+50 +34	+59 +34	+59 +43	+76 +60	+99 +60
40	50																						+86 +70	+109 +70
50	65	0 −190	0 −300	+6 −7	+12 −7	±6.5	±9.5	±15	+15 +2	+21 +2	+32 +2	+24 +11	+30 +11	+41 +11	+33 +20	+39 +20	+50 +20	+51 +32	+62 +32	+60 +41	+71 +41	+72 +53	+106 +87	+133 +87
65	80																			+62 +43	+72 +43	+78 +59	+121 +102	+148 +102
80	100	0 −220	0 −350	+6 −9	+13 −9	±7.5	±11	±17	+18 +3	+25 +3	+38 +3	+28 +13	+35 +13	+48 +13	+38 +23	+45 +23	+58 +23	+59 +37	+72 +37	+73 +51	+86 +51	+93 +71	+146 +124	+178 +124
100	120																			+76 +54	+89 +54	+101 +79	+166 +144	+198 +144

（续）

公称尺寸/mm		公差带																						
		h		j		js			k			m			n			p		r		s	u	
大于	至	▼11	12*	5	6	5*	6*	7*	5*	▼6	7*	5*	6*	7*	5*	▼6	7*	▼6	7*	6*	7*	▼6	▼6	8
120	140	0 −250	0 −400	+7 −11	+14 −11	±9	±12.5	±20	+21 +3	+28 +3	+43 +3	+33 +15	+40 +15	+55 +15	+45 +27	+52 +27	+67 +27	+68 +43	+83 +43	+88 +63	+103 +63	+117 +92	+195 +170	+233 +170
140	160																			+90 +65	+105 +65	+125 +100	+215 +190	+253 +190
160	180																			+93 +68	+108 +68	+133 +108	+235 +210	+273 +210
180	200	0 −290	0 −460	+7 −13	+16 −13	±10	±14.5	±23	+24 +4	+33 +4	+50 +4	+37 +17	+46 +17	+63 +17	+51 +31	+60 +31	+77 +31	+79 +50	+96 +50	+106 +77	+123 +77	+151 +122	+265 +236	+308 +236
200	225																			+109 +80	+126 +80	+159 +130	+287 +258	+330 +258
225	250																			+113 +84	+130 +84	+169 +140	+313 +284	+356 +284
250	280	0 −320	0 −520	+7 +16	±16	±11.5	±16	±26	+27 +4	+36 +4	+56 +4	+43 +20	+52 +20	+72 +20	+57 +34	+66 +34	+86 +34	+88 +56	+108 +56	+126 +94	+146 +94	+190 +158	+347 +315	+396 +315
280	315																			+130 +98	+150 +98	+202 +170	+382 +350	+431 +350
315	355	0 −360	0 −570	+7 −18	±18	±12.5	±18	±28	+29 +4	+40 +4	+61 +4	+46 +21	+57 +21	+78 +21	+62 +37	+73 +37	+94 +37	+98 +62	+119 +62	+144 +108	+165 +108	+226 +190	+426 +390	+479 +390
355	400																			+150 +114	+171 +114	+244 +208	+471 +435	+524 +435
400	450	0 −400	0 −630	+7 −20	±20	±13.5	±20	±31	+32 +5	+45 +5	+68 +5	+50 +23	+63 +23	+86 +23	+67 +40	+80 +40	+103 +40	+108 +68	+131 +68	+166 +126	+189 +126	+272 +232	+530 +490	+587 +490
450	500																			+172 +132	+195 +132	+292 +252	+580 +540	+637 +540

注：▼为优先公差带，* 为常用公差带，其余为一般公差带。

表 18-3　孔的极限偏差（GB/T 1800. 2—2009）

（单位：μm）

公称尺寸/mm		公差带																						
		C	D				E		F				G		H								J	
大于	至	▼11	8*	▼9	10*	11*	8*	9*	6*	7*	▼8	9*	6*	▼7	5	6*	▼7	▼8	▼9	10*	▼11	12*	6	7
3	6	+145 +70	+48 +30	+60 +30	+78 +30	+105 +30	+38 +20	+50 +20	+18 +10	+22 +10	+28 +10	+40 +10	+12 +4	+16 +4	+5 0	+8 0	+12 0	+18 0	+30 0	+48 0	+75 0	+120 0	+5 -3	±6
6	10	+170 +80	+62 +40	+76 +40	+98 +40	+130 +40	+47 +25	+61 +25	+22 +13	+28 +13	+35 +13	+49 +13	+14 +5	+20 +5	+6 0	+9 0	+15 0	+22 0	+36 0	+58 0	+90 0	+150 0	+5 -4	+8 -7
10	18	+205 +95	+77 +50	+93 +50	+120 +50	+160 +50	+59 +32	+75 +32	+27 +16	+34 +16	+43 +16	+59 +16	+17 +6	+24 +6	+8 0	+11 0	+18 0	+27 0	+43 0	+70 0	+110 0	+180 0	+6 -5	+10 -8
18	30	+240 +110	+98 +65	+117 +65	+149 +65	+195 +65	+73 +40	+92 +40	+33 +20	+41 +20	+53 +20	+72 +29	+20 +7	+28 +7	+9 0	+13 0	+21 0	+33 0	+52 0	+84 0	+130 0	+210 0	+8 -5	+12 -9
30	40	+280 +120	+119 +80	+142 +80	+180 +80	+240 +80	+89 +50	+112 +50	+41 +25	+50 +25	+64 +25	+87 +25	+25 +9	+34 +9	+11 0	+16 0	+25 0	+39 0	+62 0	+120 0	+160 0	+250 0	+10 -6	+14 -11
40	50	+290 +130																						
50	65	+330 +140	+146 +100	+174 +100	+220 +100	+290 +100	+106 +60	+134 +60	+49 +30	+60 +30	+76 +30	+104 +30	+29 +10	+40 +10	+13 0	+19 0	+30 0	+46 0	+74 0	+120 0	+190 0	+300 0	+13 -6	+18 -12
65	80	+340 +150																						
80	100	+390 +170	+174 +120	+207 +120	+260 +120	+340 +120	+126 +72	+159 +72	+58 +36	+71 +36	+90 +36	+123 +36	+34 +12	+47 +12	+15 0	+22 0	+35 0	+54 0	+87 0	+140 0	+220 0	+350 0	+16 -6	+22 -13
100	120	+400 +180																						

（续）

公称尺寸/mm		公差带																						
		C	D				E		F				G		H								J	
大于	至	▼11	8*	▼9	10*	11*	8*	9*	6*	7*	▼8	9*	6*	▼7	5	6*	▼7	▼8	▼9	10*	▼11	12*	6	7
1240	140	+450 +200																						
140	160	+460 +210	+208 +145	+245 +145	+305 +145	+395 +145	+148 +85	+185 +85	+68 +43	+83 +43	+106 +43	+143 +43	+39 +14	+54 +14	+18 0	+25 0	+40 0	+63 0	+100 0	+160 0	+250 0	+400 0	+18 −7	+26 −14
160	180	+480 +230																						
180	200	+530 +240																						
200	225	+550 +260	+242 +170	+285 +170	+355 +170	+460 +170	+172 +100	+215 +100	+79 +50	+96 +50	+122 +50	+165 +50	+44 +15	+61 +15	+20 0	+29 0	+46 0	+72 0	+115 0	+185 0	+290 0	+460 0	+22 −7	+30 −16
225	250	+570 +280																						
250	280	+620 +300	+271 +190	+320 +190	+400 +190	+510 +190	+191 +110	+240 +110	+88 +56	+108 +56	+137 +56	+186 +56	+49 +17	+69 +17	+23 0	+32 0	+52 0	+81 0	+130 0	+210 0	+320 0	+520 0	+25 −7	+36 −16
280	315	+650 +330																						
315	355	+720 +360	+299 +210	+350 +210	+440 +210	+570 +210	+214 +125	+265 +125	+98 +62	+119 +62	+151 +62	+202 +62	+54 +18	+75 +18	+25 0	+36 0	+57 0	+89 0	+140 0	+230 0	+360 0	+570 0	+29 −7	+39 −18
355	400	+760 +400																						
400	450	+840 +440	+327 +230	+385 +230	+480 +230	+630 +230	+232 +135	+290 +135	+108 +68	+131 +68	+165 +68	+223 +68	+60 +20	+83 +20	+27 0	+40 0	+63 0	+97 0	+155 0	+250 0	+400 0	+630 0	+33 −7	+43 −20
450	500	+880 +480																						

（续）

公称尺寸/mm		公差带																						
		Js					K			M			N				P			R		S		U
大于	至	6*	7*	8*	9	10	6*	▼7	8*	6*	7*	8*	6*	▼7	8*	9	6*	▼7	9	6*	7*	6*	▼7	▼7
3	6	±4	±6	±9	±15	±24	+2 -6	+3 -9	+5 -13	-1 -9	0 -12	+2 -16	-5 -13	-4 -16	-2 -20	0 -30	-9 -17	-8 -20	-12 -42	-12 -20	-11 -23	-16 -24	-15 -27	-19 -31
6	10	±4.5	±7	±11	±18	±29	+2 -7	+5 -10	+6 -16	-3 -12	0 -15	+1 -21	-7 -16	-4 -19	-3 -25	0 -36	-12 -21	-9 -24	-15 -51	-16 -25	-13 -28	-20 -29	-17 -32	-22 -37
10	18	±5.5	±9	±13	±21	±36	+2 -9	+6 -12	+8 -19	-4 -15	0 -18	+2 -25	-9 -20	-5 -23	-3 -30	0 -43	-15 -26	-11 -29	-18 -61	-20 -31	-16 -34	-25 -36	-21 -39	-26 -44
18	24	±6.5	±10	±16	±26	±42	+2 -11	+6 -15	+10 -23	-4 -17	0 -21	+4 -29	-11 -24	-7 -28	-3 -36	0 -52	-18 -31	-14 -35	-22 -74	-24 -37	-20 -41	-31 -44	-27 -48	-33 -54
24	30																							-40 -61
30	40	±8	±12	±9	±31	±50	+3 -13	+7 -18	+12 -27	-4 -20	0 -25	+5 -34	-12 -28	-8 -33	-3 -42	0 -62	-21 -37	-17 -42	-26 -88	-29 -45	-25 -50	-38 -54	-34 -59	-51 -76
40	50																							-61 -86
50	65	±9.5	±15	±23	±37	±60	+4 -15	+9 -21	+14 -32	-5 -24	0 -30	+5 -41	-14 -33	-9 -39	-4 -50	0 -74	-26 -45	-21 -51	-32 -106	-35 -54	-30 -60	-47 -66	-42 -72	-76 -106
65	80																			-37 -56	-32 -62	-53 -72	-48 -78	-91 -121
80	100	±11	±17	±27	±43	±70	+4 -18	+10 -25	+16 -38	-6 -28	0 -35	+6 -48	-16 -48	-10 -45	-4 -58	0 -87	-30 -52	-24 -59	-37 -124	-44 -66	-38 -73	-64 -86	-58 -93	-111 -146
100	120																			-47 -69	-41 -76	-72 -94	-66 -101	-131 -166

（续）

公称尺寸/mm		公差带																						
		Js					K			M			N				P			R		S		U
大于	至	6*	7*	8*	9	10	6*	▼7	8*	6*	7*	8*	6*	▼7	8*	9	6*	▼7	9	6*	7*	6*	▼7	▼7
120	140																			-56 -81	-48 -88	-85 -110	-77 -117	-155 -195
140	160	±12.5	±20	±31	±50	±80	+4 -21	+12 -28	+20 -43	-8 -33	0 -40	+8 -55	-20 -45	-12 -52	-4 -67	0 -100	-36 -61	-28 -68	-43 -143	-58 -83	-50 -90	-93 -118	-85 -125	-175 -215
160	180																			-61 -86	-53 -93	-101 -126	-93 -133	-195 -235
180	200																			-68 -97	-60 -106	-113 -142	-105 -151	-219 -265
200	225	±14.5	±23	±36	±57	±92	+5 -24	+13 -33	+22 -50	-8 -37	0 -46	+9 -63	-22 -51	-14 -60	-5 -77	0 -115	-41 -70	-33 -79	-50 -165	-71 -100	-63 -109	-121 -150	-113 -159	-241 -287
225	250																			-75 -104	-67 -113	-131 -160	-123 -169	-267 -313
250	280	±16	±26	±40	±65	±105	+5 -27	+16 -36	+25 -56	-9 -41	0 -52	+9 -72	-25 -57	-14 -66	-5 -86	0 -130	-47 -79	-36 -88	-56 -186	-85 -117	-74 -126	-149 -181	-138 -190	-295 -347
280	315																			-89 -121	-78 -130	-161 -193	-150 -202	-330 -382
315	355	±18	±28	±44	±70	±115	+7 -29	+17 -40	+28 -61	-10 -46	0 -57	+11 -78	-26 -62	-16 -73	-5 -94	0 -140	-51 -87	-41 -98	-62 -202	-97 -133	-87 -144	-179 -215	-169 -226	-369 -426
355	400																			-103 -139	-93 -150	-197 -233	-187 -244	-414 -471
400	450	±20	±31	±48	±77	±125	+8 -32	+18 -45	+29 -68	-10 -50	0 -63	+11 -86	-27 -67	-17 -80	-6 -103	0 -155	-55 -95	-45 -108	-68 -223	-113 -153	-103 -166	-219 -259	-209 -272	-467 -530
450	500																			-119 -159	-109 -172	-239 -279	-229 -292	-517 -580

注：▼为优先公差带，*为常用公差带，其余为一般公差带。

表 18-4　线性尺寸的未注公差（GB/T 1804—2000）　　（单位：mm）

公差等级	线性尺寸的极限偏差数值								倒圆半径与倒角高度尺寸的极限偏差数值			
	公称尺寸分段								公称尺寸分段			
	0.5~3	>3~6	>6~30	>30~120	>120~400	>400~1000	>1000~2000	>2000~4000	0.5~0.3	>3~6	>6~30	>30
f(精密)	±0.05	±0.05	±0.1	±0.15	±0.2	±0.3	±0.5	—	±0.2	±0.5	±1	±2
m(中等)	±0.1	±0.1	±0.2	±0.3	±0.5	±0.8	±1.2	±2				
c(粗糙)	±0.2	±0.3	±0.5	±0.8	±1.2	±2	±3	±4	±0.4	±1	±2	±4
v(最粗)	—	±0.5	±1	±1.5	±2.5	±4	±6	±8				

注：线性尺寸未注公差指在车间一般加工条件下可保证的公差，主要用于较低精度的非配合尺寸，一般不检验。本标准适用于金属切削加工的尺寸，也适用于一般冲压加工的尺寸。

表 18-5　优先配合特性及应用举例

基孔制	基轴制	优先配合特性及应用举例
$\frac{H11}{c11}$	$\frac{C11}{h11}$	间隙非常大，用于很松的、转动很慢的间隙配合；或要求大公差与大间隙的外露组件；要求装配方便的很松的配合
$\frac{H9}{d9}$	$\frac{D9}{h9}$	间隙很大的自由转动配合，用于精度为非主要要求时，或有大的温度变动、高转速或大的轴颈压力时
$\frac{H8}{f7}$	$\frac{F8}{h7}$	间隙不大的转动配合，用于中等转速与中等轴颈压力的精确转动；也用于装配较易的中等定位配合
$\frac{H7}{g6}$	$\frac{G7}{h6}$	间隙很小的间隙配合，用于不希望自由转动，但可自由移动和滑动并精密定位时，也可用于要求明确的定位配合
$\frac{H7}{h6}$ $\frac{H8}{h7}$ $\frac{H9}{h9}$ $\frac{H11}{h11}$	$\frac{H7}{h6}$ $\frac{H8}{h7}$ $\frac{H9}{h9}$ $\frac{H11}{h11}$	均为间隙定位配合，零件可自由装拆，而工作时一般相对静止不动。在最大实体条件下的间隙为零，在最小实体条件下的间隙由公差等级决定
$\frac{H7}{k6}$	$\frac{K7}{h6}$	过渡配合，用于精密定位
$\frac{H7}{n6}$	$\frac{N7}{h6}$	过盈配合，允许有较大过盈的更精密定位
$\frac{H7^{*}}{p6}$	$\frac{P7}{h6}$	过盈定位配合，即小过盈配合，用于定位精度特别重要时，能以最好的定位精度达到部件的刚性及对中性要求，而对内孔承受压力无特殊要求，不依靠配合的紧固性传递摩擦载荷
$\frac{H7}{s6}$	$\frac{S7}{h6}$	中等压入配合，适用于一般钢件；或用于薄壁的冷缩配合，用于铸铁件可得到最紧的配合
$\frac{H7}{u6}$	$\frac{U7}{h6}$	压入配合，适用于可以承受压入力或不宜承受大压入力的冷缩配合

注："*"配合在小于或等于 3mm 时为过渡配合。

表 18-6　轴的各种基本偏差的应用

配合种类	基本偏差	配合特性及应用
间隙配合	a、b	可得到特别大的间隙，很少应用
	c	可得到很大的间隙，一般适用于缓慢、松弛的间隙配合；用于工作条件较差（如农业机械），受力变形，或为了便于装配而必须保证有较大的间隙时；推荐配合为 H11/c11，其较高级的配合，如 H8/c7 适用于轴在高温时工作的紧密间隙配合，如内燃机排气阀和导管

（续）

配合种类	基本偏差	配合特性及应用
间隙配合	d	配合一般用于 IT7～IT11，适用于松的转动配合，如密封盖、滑轮或空转带轮等与轴的配合，也适用于大直径滑动轴承配合，如涡轮机、球磨机、轧滚成型和重型弯曲机及其他重型机械中的一些滑动支承
	e	多用于 IT7～IT9，通常适用于要求有明显间隙、易于转动的支承配合，如大跨距、多支点支承等；高等级的 e 轴适用于大型、高速、重载的支承配合，如涡轮发电机、大型电动机、内燃机、凸轮轴及摇臂支承等
	f	多用于 IT6～IT8 的一般转动配合；当温度影响不大时，被广泛用于普通润滑油（或润滑脂）润滑的支承，如齿轮箱、小电动机和泵等的转轴与滑动支承的配合
	g	配合间隙很小，制造成本高，除很轻负荷的精密装置外，不推荐用于转动配合；多用于IT5～IT7，最适合不回转的精密滑动配合，也用于插销等定位配合，如精密连杆轴承、活塞、滑阀及连杆销等
	h	多用于 IT4～IT11；广泛用于无相对转动的零件，作为一般的定位配合；若没有温度、变形的影响，也用于精密滑动配合
过渡配合	js	为完全对称偏差（±IT/2），平均为稍有间隙的配合，多用于 IT4～IT7，要求间隙比 h 轴小，并允许略有过盈的定位配合，如联轴器，可用手或木锤装配
	k	平均为没有间隙的配合，适用于 IT4～IT7；推荐用于稍有过盈的定位配合，例如为了消除振动用的定位配合，一般用木锤装配
	m	平均为具有小过盈的过渡配合；适用于 IT4～IT7，一般用木锤装配，但在最大过盈时，要求相当的压入力
	n	平均过盈比 m 轴稍大，很少得到间隙，适用于 IT4～IT7，用锤子或压力机装配，通常推荐用于紧密的组件配合；H6/n5 配合时为过盈配合
过盈配合	p	与 H6 或 H7 配合时是过盈配合，与 H8 孔配合时则为过渡配合；对非铁类零件，为较轻的压入配合，当需要时易于拆卸；对钢、铸铁或铜、钢组件装配，是标准的压入配合
	r	对铁类零件，为中等打入配合，对非铁类零件，对轻打入的配合，当需要时可以拆卸；与 H8 孔配合，直径在 100mm 以上时为过盈配合，直径小时为过渡配合
	s	用于钢和铁制零件的永久性和半永久装配，可产生相当大的结合力；当用弹性材料，如轻合金时，配合性质与铁类零件的 p 轴相当，例如套环压装在轴上、阀座等配合。尺寸较大时，为了避免损伤配合表面，需用热胀或冷缩法装配
	t、u、v x、y、z	过盈量依次增大，一般不推荐采用

表 18-7 公差等级与加工方法的关系

加工方法	公差等级（IT）												
	4	5	6	7	8	9	10	11	12	13	14	15	16
珩	—	—	—	—									
圆磨、平磨		—	—	—	—								
拉削		—	—	—	—								
铰孔			—	—	—	—	—						
车、镗				—	—	—	—	—					
铣					—	—	—	—					
刨、插							—	—					
钻孔							—	—	—	—			
冲压							—	—	—	—	—		
砂型铸造、气割													—
锻造												—	

表 18-8 减速器主要零件的荐用配合

配合零件	荐用配合	装拆方法
一般情况下的齿轮、蜗轮、带轮、链轮、联轴器与轴的配合	$\frac{H7}{r6}$，$\frac{H7}{n6}$	用压力机

（续）

配合零件	荐用配合	装拆方法
小锥齿轮及常拆卸的齿轮、带轮、链轮、联轴器与轴的配合	$\frac{H7}{m6}$，$\frac{H7}{k6}$	用压力机或锤子打入
蜗轮轮缘与轮芯的配合	轮箍式：H7/js6 螺栓连接式：H7/h6	加热轮缘或用压力机推入
轴套、挡油盘、溅油盘与轴的配合	$\frac{D11}{k6}$，$\frac{F9}{k6}$，$\frac{F9}{m6}$，$\frac{H8}{h7}$，$\frac{H8}{h8}$	徒手装配与拆卸
轴承套杯与箱体孔的配合	$\frac{H7}{js6}$，$\frac{H7}{h6}$	
轴承盖与箱体孔（或套杯孔）的配合	$\frac{H7}{d11}$，$\frac{H7}{h8}$	
嵌入式轴承盖的凸缘与箱体孔凹槽之间的配合	$\frac{H11}{h11}$	
与密封件相接触轴段的公差带	f9，h11	

第二节　几何公差

表 18-9　表面几何特征、符号和附加符号（GB/T 1182—2008）

几何特征符号

公差类型	几何特征	符号	有无基准
形状公差	直线度	⏤	无
	平面度	⏥	无
	圆度	○	无
	圆柱度	⌭	无
	线轮廓度	⌒	无
	面轮廓度	⌓	无
方向公差	平行度	//	有
	垂直度	⊥	有
	倾斜度	∠	有
	线轮廓度	⌒	有
	面轮廓度	⌓	有
位置公差	位置度	⌖	有或无
	同心度（用于中心点）	◎	有
	同轴度（用于轴线）	◎	有
	对称度	⌯	有
	线轮廓度	⌒	有
	面轮廓度	⌓	有
跳动公差	圆跳动	↗	有
	全跳动	⌰	有

附加符号

说明	符号
被测要素	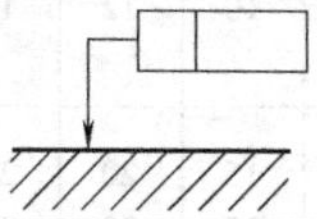
基准要素	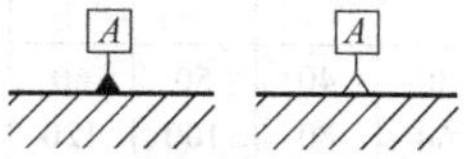
基准目标	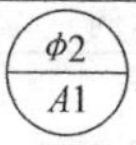
理论正确尺寸	50
延伸公差带	Ⓟ
最大实体要求	Ⓜ
最小实体要求	Ⓛ
自由状态条件（非刚性零件）	Ⓕ
全周（轮廓）	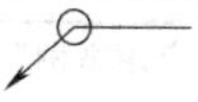
包容要求	Ⓔ
公共公差带	CZ
小径	LD
大径	MD
中径、节径	PD
线素	LE
不凸起	NC
任意横截面	ACS

表 18-10 直线度、平面度公差（GB/T 1184—1996） （单位：μm）

主参数 *L* 图例

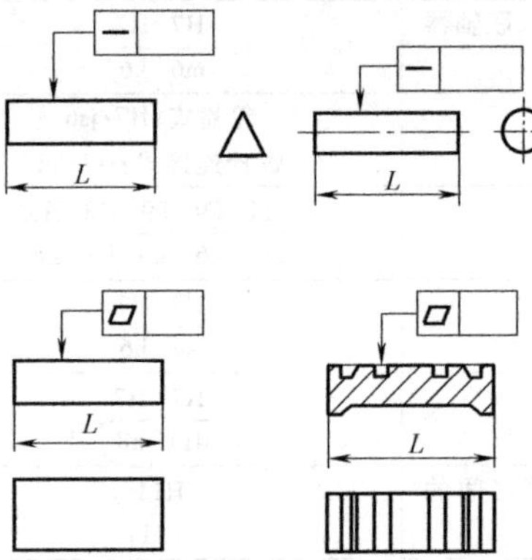

公差等级	主参数 L/mm													应用举例
	≤10	>10~16	>16~25	>25~40	>40~63	>63~100	>100~160	>160~250	>250~400	>400~630	>630~1000	>1000~1600	>1600~2500	
5 6	2 3	2.5 4	3 5	4 6	5 8	6 10	8 12	10 15	12 20	15 25	20 30	25 40	30 50	普通精度机床导轨，柴油机进、排气门导杆
7 8	5 8	6 10	8 12	10 15	12 20	15 25	20 30	25 40	30 50	40 60	50 80	60 100	80 120	轴承体的支承面，压力机导轨及滑块，减速器箱体、液压泵、轴系支承轴承的接合面
9 10	12 20	15 25	20 30	25 40	30 50	40 60	50 80	60 100	80 120	100 150	120 200	150 250	200 300	辅助机构及手动机械的支承面，液压管件和法兰的连接面
11 12	30 60	40 80	50 100	60 120	80 150	100 200	120 250	150 300	200 400	250 500	300 600	400 800	500 1000	离合器的摩擦片，汽车发动机缸盖接合面

标注示例	说　明	标注示例	说　明
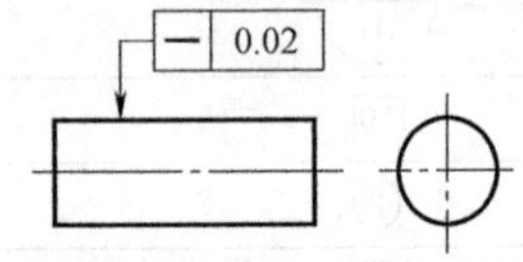	圆柱表面上任一素线必须位于轴向平面内，距离为公差值 0.02mm 的两平行平面之间	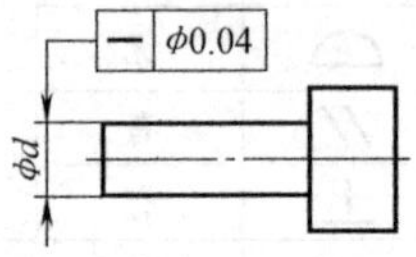	*ϕd* 圆柱体的轴线必须位于直径为公差值 0.04mm 的圆柱面内
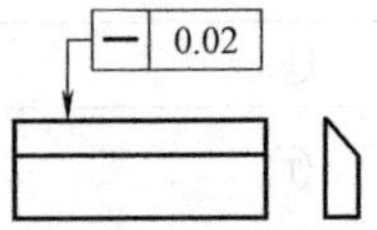	棱线必须位于箭头所示方向，距离为公差值 0.02mm 的两平行平面内	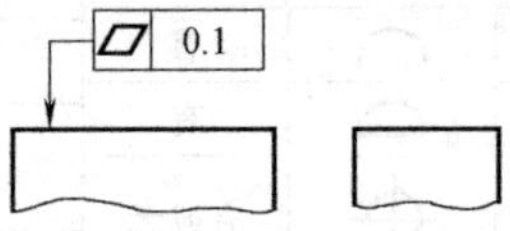	上表面必须位于距离为公差值 0.1mm 的两平行平面内

注：表中“应用举例”仅供参考。

表 18-11 圆度和圆柱度公差（GB/T 1184—1996） （单位：μm）

主参数 *d*(*D*)图例

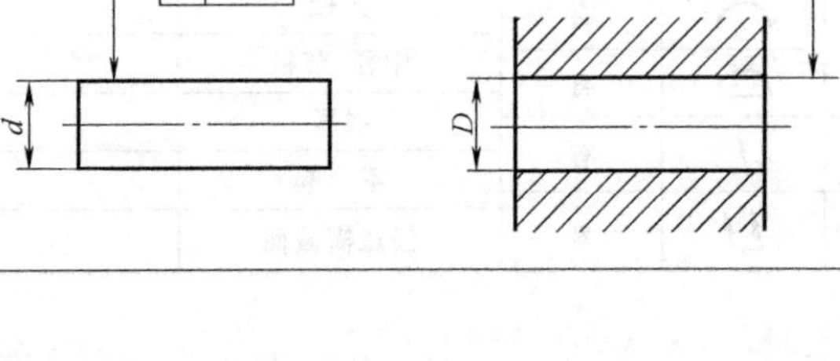

（续）

公差等级	主参数 $d(D)$/mm										应用举例
	>10~18	>18~30	>30~50	>50~80	>80~120	>120~180	>180~250	>250~315	>315~400	>400~500	
7	5	6	7	8	10	12	14	16	18	20	发动机的胀圈、活塞销及连杆中装衬套的孔等，千斤顶或压力油缸活塞，水泵及减速器轴颈，液压传动系统的分配机构，拖拉机气缸体与气缸套的配合面，炼胶机的冷铸轧辊
8	8	9	11	13	15	18	20	23	25	27	
9	11	13	16	19	22	25	29	32	36	40	起重机、卷扬机用的滑动轴承，带软密封的低压泵的活塞或气缸，通用机械杠杆与拉杆，拖拉机的活塞环与套筒孔
10	18	21	25	30	35	40	46	52	57	63	

注：表中“应用举例”仅供参考。

表 18-12　平行度、垂直度、倾斜度公差（GB/T 1184—1996）　（单位：μm）

主参数L, $d(D)$图例

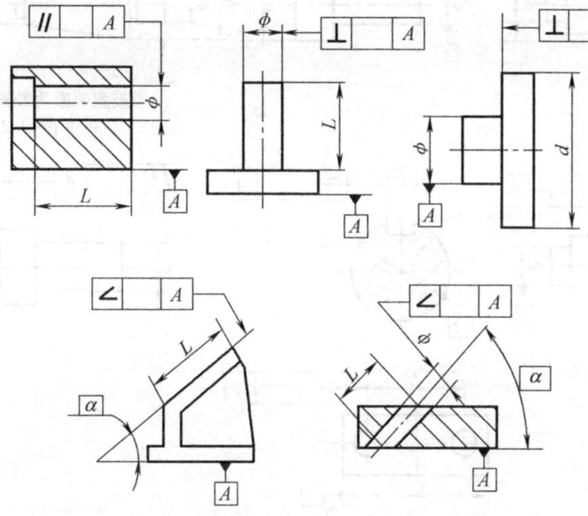

公差等级	主参数 L, $d(D)$/mm													应用举例	
	≤10	>10~16	>16~25	>25~40	>40~63	>63~100	>100~160	>160~250	>250~400	>400~630	>630~1000	>1000~1600	>1600~2500	平行度	垂直度
7	12	15	20	25	30	40	50	60	80	100	120	150	200	一般机床零件的工作面或基准面，压力机和锻锤的工作面，中等精度钻模的工作面，一般刀、量、模具，机床一般轴承孔对基准面的要求，主轴箱一般孔间要求，气缸轴线，变速器箱孔，主轴花键对定心直径，重型机械轴承盖的端面	低精度机床主要基准面和工作面、回转工作台轴向跳动，一般导轨，主轴箱孔，刀架、砂轮架及工作台，机床轴肩、气缸配合面对其轴线、活塞销孔对活塞中心线以及P6、P0级轴承壳体孔的轴线等
8	20	25	30	40	50	60	80	100	120	150	200	250	300		

（续）

公差等级	主参数 $L,d(D)$/mm													应用举例	
	≤10	>10~16	>16~25	>25~40	>40~63	>63~100	>100~160	>160~250	>250~400	>400~630	>630~1000	>1000~1600	>1600~2500	平行度	垂直度
9	30	40	50	60	80	100	120	150	200	250	300	400	500	低精度零件，重型机械滚动轴承端盖，柴油机和发动机的曲轴孔、轴颈等	花键轴轴肩端面，带式传动机法兰盘等端面对轴线，手动卷扬机及传动装置中轴承壳体平面等
10	50	60	80	100	120	150	200	250	300	400	500	600	800		

注：表中“应用举例”仅供参考。

表 18-13 同轴度、对称度、圆跳动和全跳动公差（GB/T 1184—1996）（单位：μm）

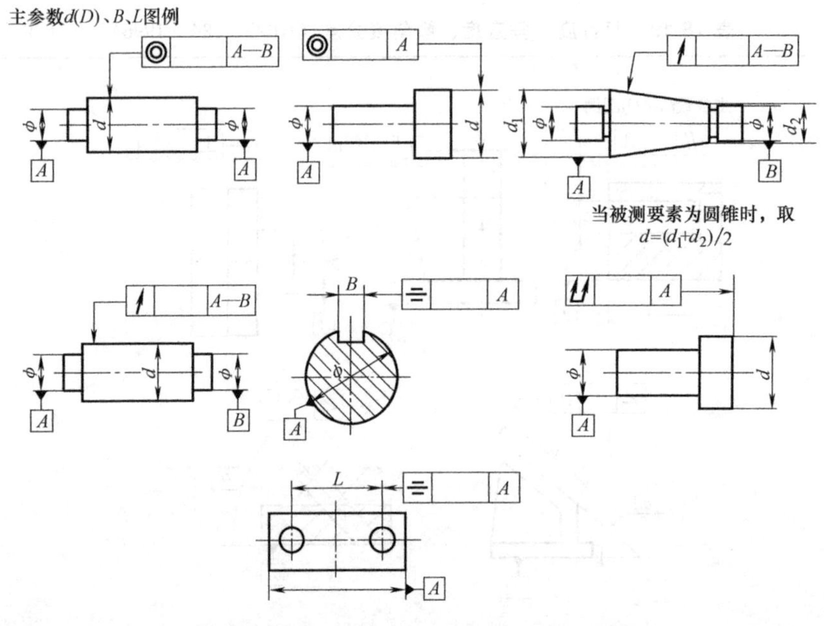

公差等级	主参数 $d(D),B,L$/mm											应用举例
	>3~6	>6~10	>10~18	>18~30	>30~50	>50~120	>120~250	>250~500	>500~800	>800~1250	>1250~2000	
7	8	10	12	15	20	25	30	40	50	60	80	8级和9级精度齿轮轴的配合面，拖拉机发动机分配轴轴颈，普通精度高速轴（1000r/min以下），长度在1m以下的主传动轴，起重运输机的鼓轮配合孔和导轮的滚动面
8	12	15	20	25	30	40	50	60	80	100	120	
9	25	30	40	50	60	80	100	120	150	200	250	10级和11级精度齿轮轴的配合面，发动机气缸套配合面，水泵叶轮，离心泵泵件，摩托车活塞，自行车中轴
10	50	60	80	100	120	150	200	250	300	400	500	

注：表中“应用举例”仅供参考。

第三节　表面粗糙度

表 18-14　表面粗糙度图形符号及其含义与说明（GB/T 131—2006）

图形符号		意义及说明
		基本图形符号：仅用于简化代号标注，没有补充说明时不能单独使用
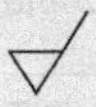	扩展图形符号	要求去除材料的图形符号：即在基本图形符号上加一短横，表示指定表面是用去除材料的方法获得的，如车、铣、钻、磨、剪切、抛光、腐蚀、电火花加工、气割等
	扩展图形符号	不允许去除材料的图形符号：即在基本图形符号上加一个圆圈，表示指定表面是用不去除材料的方法获得的，如铸、锻、冲压变形、热轧、冷轧、粉末冶金等。也可用于保持上道工序形成的表面，不管这种状况是通过去除材料或不去除材料形成的
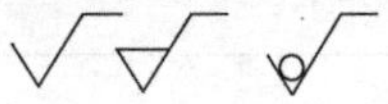		完整图形符号：即在上述三种符号的长边上均可加一横线，用于标注有关参数和说明
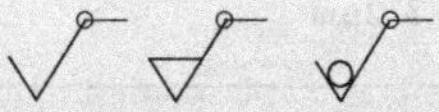		工件轮廓各表面的图形符号：当在图样的某个视图上构成封闭轮廓的各表面有相同的表面结构要求时，在上述三种符号上均可加一个小圆圈，标注在图样中工件的封闭轮廓线上

表 18-15　评定表面粗糙度的参数及其数值（GB/T 1031—2009）　（单位：μm）

轮廓算术平均偏差 *Ra*							
优先系列	补充系列	优先系列	补充系列	优先系列	补充系列	优先系列	补充系列
	0.008						
	0.010						
0.012			0.125		1.25	12.5	
	0.016		0.160	1.60			
							16.0
	0.02	0.20			2.0		
							20
0.025			0.25		2.5	25	
	0.032		0.32	3.2			
							32
	0.040	0.40			4.0		
							40
0.050			0.50		5.0	50	
	0.063		0.63	6.3			
							63
	0.080	0.80			8.0		
							80
0.100			1.00		10.0	100	

轮廓最大高度 *Rz*											
优先系列	补充系列	优先系列	补充系列	优先系列	补充系列	优先系列	补充系列	优先系列	补充系列	优先系列	补充系列
			0.125		1.25	12.5			125		1250
			0.160	1.60			16.0		160	1600	
					2.0		20	200	250		
		0.20									
0.025			0.25		2.5	25					
			0.32	3.2			32		320		
	0.032										
					4.0		40	400			
	0.040	0.40									
0.050			0.50		5.0		63		500		
			0.63	6.3					630		
	0.063										
					8.0	50	80	800			
	0.080	0.80									
0.100			1.00		10.0	100			1000		

注：在表面结构参数常用的参数范围内（*Ra* 为 0.025～6.3μm，*Rz* 为 0.1～25μm），推荐优先选用 *Ra*。

表 18-16　表面粗糙度标注示例

Ra 值的标注 代号	Ra 值的标注 意义	Rz 值的标注 代号	Rz 值的标注 意义
Ra 3.2	用任何方法获得的表面粗糙度，Ra 的上限值为 3.2μm	Rz 3.2	用任何方法获得的表面粗糙度，Rz 的上限值为 3.2μm
Ra 3.2	用去除材料方法获得的表面粗糙度，Ra 的上限值为 3.2μm	Rz 200	用不去除材料方法获得的表面粗糙度，Rz 的上限值为 200μm
Ra 3.2	用不去除材料方法获得的表面粗糙度，Ra 的上限值为 3.2μm	U Rz 3.2 L Rz 1.6	用去除材料方法获得的表面粗糙度，Rz 的上限值为 3.2μm，Rz 的下限值为 1.6μm
U Ra 3.2 L Ra 1.6	用去除材料方法获得的表面粗糙度，Ra 的上限值为 3.2μm，Ra 的下限值为 1.6μm	Ra 3.2 Rz 12.5	用去除材料方法获得的表面粗糙度，Ra 的上限为 3.2μm，Rz 的上限值为 12.5μm
Ra max3.2	用任何方法获得的表面粗糙度，Ra 的最大值为 3.2μm	Rz max3.2	用任何方法获得的表面粗糙度，Rz 的最大值为 3.2μm
Ra max3.2	用去除材料方法获得的表面粗糙度，Ra 的最大值为 3.2μm	Rz max200	用不去除材料方法获得的表面粗糙度，Rz 的最大值为 200μm
Ra max3.2	用不去除材料方法获得的表面粗糙度，Ra 的最大值为 3.2μm	Rz max3.2 Rz min1.6	用去除材料方法获得的表面粗糙度，Rz 的最大值为 3.2μm，Rz 的最小值为 1.6μm
Ra max3.2 Ra min1.6	用去除材料方法获得的表面粗糙度，Ra 的最大值为 3.2μm，Ra 的最小值为 1.6μm	Ra max3.2 Rz max12.5	用去除材料方法获得的表面粗糙度，Ra 的最大值为 3.2μm，Rz 的最大值为 12.5μm

表 18-17　典型零件表面粗糙度 Ra 的选择

表面特性	部位	表面粗糙度轮廓参数 Ra 值不大于/μm		
键与键槽	工作表面	6.3		
	非工作表面	12.5		
齿轮		齿轮的精度等级		
		7	8	9
	齿面	0.8	1.6	3.2
	外圆	1.6~3.2		3.2~6.3
	端面	0.8~3.2		3.2~6.3
滚动轴承配合面	轴承座孔直径	轴或外壳配合表面直径公差等级		
	/mm	IT5	IT6	IT7
	≤80 >80~500	0.4~0.8 0.8~1.6	0.8~1.6 1.6~3.2	1.6~3.2 1.6~3.2
	端面	1.6~3.2	3.2~6.3	
传动件、联轴器等轮毂与轴的配合表面	轴	1.6~3.2		
	轮毂			
轴端面、倒角、螺栓孔等非配合表面		12.5~25		

（续）

<table>
<tr><th>表面特性</th><th>部位</th><th colspan="3">表面粗糙度轮廓参数 Ra 值不大于/μm</th></tr>
<tr><td rowspan="4">轴密封处的表面</td><td>毡圈式</td><td colspan="2">橡胶密封式</td><td>油沟及迷宫式</td></tr>
<tr><td colspan="3">与轴接触处的圆周速度/(m/s)</td><td rowspan="3">1.6~3.2</td></tr>
<tr><td>≤3</td><td>>3~5</td><td>>5~10</td></tr>
<tr><td>0.8~1.6</td><td>0.4~0.8</td><td>0.2~0.4</td></tr>
<tr><td>箱体剖分面</td><td colspan="4">1.6~3.2</td></tr>
<tr><td>孔与盖的接触面、箱体底面</td><td colspan="4">6.3~12.5</td></tr>
<tr><td>定位孔销</td><td colspan="4">0.8~1.6</td></tr>
</table>

表 18-18　表面粗糙度的参数值、加工方法及选择

$Ra/\mu m$	表面状况	加工方法	适用范围
100	除净毛刺	铸造、锻、热轧、冲切	不加工的平滑表面，如砂型铸造、冷铸、压力铸造、轧材、锻压、热压及各种型锻的表面
50,25	可用手触及刀痕	粗车、镗、刨、钻	工序间加工时所得到的粗糙表面，即预先经过机械加工，如粗车、粗铣等的零件表面
12.5	可见刀痕	粗车、刨、铣、钻	
6.3	微见加工刀痕	车、镗、刨、钻、铣、锉、磨、粗铰、铣齿	不重要零件的非配合表面，如支柱、轴、外壳、衬套、盖等的表面；紧固零件的自由表面，不要求定心及配合特性的表面，如用钻头钻的螺栓孔等的表面；固定支承表面，如与螺栓头相接触的表面、键的非接合表面
3.2	看不清加工刀痕	车、镗、刨、铣、刮 1~2 点/cm^2、拉磨、锉、滚压、铣齿	和其他零件连接而又不是配合表面，如外壳凸耳、扳手等的支承表面，要求有定心及配合特性的固定支承表面，如定心的轴肩、槽等的表面；不重要的紧固螺纹表面
1.6	可见加工痕迹方向	车、镗、刨、铣、铰、拉、磨、滚压、刮 1~2 点/cm^2	要求不精确的定心及配合特性的固定支承表面，如衬套、轴承和定位销的压入孔；不要求定心及配合特性的活动支承面，如活动关节、花键连接、传动螺纹工作面等；重要零件的配合表面，如导向件等
0.8	微见加工痕迹的方向	车、镗、拉、磨、立铣、刮 3~10 点/cm^2、滚压	要求保证定心及配合特性的表面，如锥形销和圆柱销表面、安装滚动轴承的孔、滚动轴承的轴颈等；不要求保证定心及配合特性的活动支承表面，如高精度活动球接头表面、支承垫圈、磨削的轮齿
0.4	微辨加工痕迹的方向	铰、磨、镗、拉、刮 3~10 点/cm^2、滚压	要求能长期保持所规定配合特性的轴和孔的配合表面，如导柱、导套的工作表面；要求保证定心及配合特性的表面，如精密球轴承的压入座、轴瓦的工作表面、机床顶尖表面等；工作时承受反复应力的重要零件表面；在不破坏配合特性下工作要保证其耐久性和疲劳强度所要求的表面，圆锥定心表面，如曲轴和凸轮轴的工作表面
0.2	不可辨加工痕迹的方向	布轮磨、研磨、超级加工	工作时承受反复应力的重要零件表面，保证零件的疲劳强度、耐蚀性和耐久性，并在工作时不破坏配合特性的表面，如轴颈表面、活塞和柱塞表面；IT5、IT6 公差等级配合的表面；圆锥定心表面；摩擦表面
0.1	暗光泽面	超级加工	工作时承受较大反复应力的重要零件表面，保证零件的疲劳强度、耐蚀性及在活动接头工作中的耐久性的表面，如活塞销表面、液压传动用的孔的表面；保证精确定心的圆锥表面
0.05	亮光泽面	超级加工	精密仪器及附件的摩擦面，量具工作面
0.025	镜状光泽面		
0.012	雾状镜面		

第十九章

19

齿轮及蜗杆、蜗轮的精度

第一节　渐开线圆柱齿轮的精度

渐开线圆柱齿轮的精度标准体系由 GB/T 10095.1—2008《圆柱齿轮　精度制　第 1 部分：齿轮同侧齿面偏差的定义和允许值》、GB/T 10095.2—2008《圆柱齿轮　精度制　第 2 部分：径向综合偏差与径向跳动的定义和允许值》及其指导性技术文件组成，适用于平行轴传动的渐开线圆柱齿轮及其齿轮副。

一、精度等级及其选择

GB/T 10095.1—2008 对渐开线圆柱齿轮及同侧齿面偏差规定了 13 个精度等级，即 0，1，2，…，12 级，其中 0 级精度最高，12 级精度最低。若要求的齿轮精度等级为标准中的某一等级，而无其他规定时，则齿距、齿廓、螺旋线等各项偏差的允许值均按该精度等级确定。也可以按协议对工作和非工作齿面规定不同的精度等级，或对不同偏差项目规定不同的精度等级。另外，也可仅对工作齿面规定要求的精度等级。齿轮副中两个齿轮的精度等级一般取为相同，也允许取为不同。一般机械制造及通用减速器中常用 6~9 级精度的齿轮。

GB/T 10095.2—2008 对径向综合偏差规定了 9 个精度等级，其中 4 级最高，12 级最低；对径向跳动规定了 13 个精度等级，其中 0 级最高，12 级最低。

齿轮、齿轮副偏差的定义和代号见表 19-1。

表 19-1　齿轮、齿轮副偏差的定义和代号

对象	偏差名称		代号	定　义	标准号
齿轮	齿距偏差	单个齿距偏差	f_{pt}	在端平面上，在接近齿高中部的一个与齿轮轴线同心的圆上，实际齿距与理论齿距的代数差	GB/T 10095.1—2008
		齿距累积偏差	F_{pk}	任意 k 个齿距的实际弧长与理论弧长的代数差。理论上它等于这 k 个齿距的各单个齿距偏差的代数和	
		齿距累积总偏差	F_p	齿轮同侧齿面任意弧段（$k=1$ 至 $k=z$）内的最大齿距累积偏差	

（续）

对象	偏差名称		代号	定　义	标准号
齿轮	齿廓偏差	齿廓总偏差	F_{α}	在计值范围内，包容实际齿廓迹线的两条设计齿廓迹线间的距离	GB/T 10095.1—2008
		齿廓形状偏差	$f_{f\alpha}$	在计值范围内，包容实际齿廓迹线的，与平均齿廓迹线完全相同的两条迹线间的距离，且两条曲线与平均齿廓迹线的距离为常数	
		齿廓倾斜偏差	$f_{H\alpha}$	在计值范围内的两端与平均齿廓迹线相交的两条设计齿廓迹线间的距离	
	螺旋线偏差	螺旋线总偏差	F_{β}	在计值范围内，包容实际螺旋线迹线的两条设计螺旋线迹线间的距离	
		螺旋线形状偏差	$f_{f\beta}$	在计值范围内，包容实际螺旋线迹线的，与平均螺旋线迹线完全相同的两条曲线间的距离，且两条曲线与平均螺旋线迹线的距离为常数	
		螺旋线倾斜偏差	$f_{H\beta}$	在计值范围的两端与平均螺旋线迹线相交的两条设计螺旋线迹线间的距离	
	切向综合偏差	切向综合总偏差	F'_{i}	被测齿轮与测量齿轮单面啮合检验时，被测齿轮一转内，齿轮分度圆上实际圆周位移与理论圆周位移的最大差值	
		一齿切向综合偏差	f'_{i}	被测齿轮与测量齿轮单面啮合时，在被测齿轮一个齿距内，齿轮分度圆上实际圆周位移与理论圆周位移的最大差值	
	径向综合偏差	径向综合总偏差	F''_{i}	在径向（双面）综合检验时，产品齿轮的左右齿面同时与测量齿轮接触，并转过一整圈出现的中心距最大值和最小值之差	GB/T 10095.2—2008
		一齿径向综合偏差	f''_{i}	当产品齿轮啮合一整圈时，对应一个齿距的径向综合偏差值	
	径向圆跳动		F_{r}	当计量器测头（圆形、圆柱形等）相继置于每个齿槽内时，从它到齿轮轴线的最大和最小径向距离之差。检验中，测头在齿高中部附近与左右齿面接触	
齿轮副	中心距偏差		f_{a}	实际中心距与公称中心距之差	GB/Z 18620.3—2008
	轴线平行度偏差		$f_{\Sigma\delta}$ $f_{\Sigma\beta}$	又分轴线平面内的偏差 $f_{\Sigma\delta}$ 和垂直平面上的偏差 $f_{\Sigma\beta}$，分别是在两轴线的公共平面和与公共平面相垂直的“交错轴平面”上测量的	
	法向侧隙		j_{bn}	指装配好的齿轮副，当工作齿面接触时，非工作齿面之间的最小距离	GB/Z 18620.2—2008
	齿厚偏差		E_{sns} E_{sni}	在分度圆柱面上，齿厚实际值与公称值之差。用 E_{sns} 和 E_{sni} 分别表示上、下极限偏差	
	公法线平均长度偏差		E_{bns} E_{bni}	公法线长度平均值与公称值的差。用 E_{bns} 和 E_{bni} 分别表示上、下极限偏差	
	接触斑点			安装好的齿轮副，在轻微制动下，运转后齿面上分布的接触擦亮痕迹	GB/Z 18620.4—2008

齿轮精度等级的选择，不但应满足传动装置的使用要求，同时也应考虑工艺性和经济性的要求。根据齿轮传动的用途、工作条件、传递功率、圆周速度及工作寿命等多种因素，合理确定齿轮的精度等级。其选择原则是，在满足使用要求的前提下，尽量选用精度较低的级别。

各类机械传动中采用的齿轮精度等级见表 19-2，部分精度等级齿轮的适用范围见表 19-3，供选用时参考。

表 19-2 各类机械传动中采用的齿轮精度等级

应用范围	精度等级	应用范围	精度等级
测量齿轮	3~5	内燃机与电气机车	6~7
汽轮机减速器	3~6	轻型汽车	5~8
金属切削机床	3~8	重型汽车	6~9
航空发动机	4~7	矿用绞车	8~10
拖拉机	6~10	起重机机构	7~10
一般用途的减速器	6~9	农业机械	8~11
轧钢设备的小齿轮	6~10		

表 19-3 部分精度等级齿轮的适用范围

精度等级	圆周速度 v/(m/s)		工作条件与适用范围
	直齿轮	斜齿轮	
4	$20<v\leqslant35$	$40<v\leqslant70$	1)特精密分度机构或在极平稳、无噪声的极高速情况下工作的传动齿轮 2)高速汽轮机齿轮 3)控制机构齿轮 4)检测 6~7 级齿轮的测量齿轮
5	$15<v\leqslant20$	$30<v\leqslant40$	1)精密分度机构或在极平稳、无噪声的高速情况下工作的传动齿轮 2)精密机构用齿轮 3)检测 8~9 级齿轮的测量齿轮
6	$10<v\leqslant15$	$15<v\leqslant30$	1)高速下平稳工作、需要高效率及低噪声的齿轮 2)特别重要的航空、汽车用齿轮 3)读数装置中特别精密传动的齿轮
7	$6<v\leqslant10$	$10<v\leqslant15$	1)增强和减速用齿轮传动 2)金属切削机床进给机构用齿轮 3)高速减速器齿轮 4)航空、汽车用齿轮 5)读数装置用齿轮
8	$2<v\leqslant6$	$4<v\leqslant10$	1)无特殊精度要求的一般机械制造用齿轮 2)机床的变速齿轮 3)通用减速器齿轮 4)起重机构用齿轮、农业机械中的重要齿轮 5)航空、汽车用的不重要齿轮
9	$v\leqslant2$	$v\leqslant4$	1)无精度要求的粗糙工作齿轮 2)重载、低速不重要工作机械的齿轮 3)农机齿轮

二、齿轮检验与公差

1. 圆柱齿轮和齿轮副的检验项目

齿轮及齿轮副的检验项目应根据工作要求、生产规模确定。对于常用精度等级的一般齿轮传动，推荐的检验项目列于表 19-4 中。

表 19-4 圆柱齿轮和齿轮副的检验项目

检验对象	检 验 项 目
齿轮	根据使用要求和生产批量,在下述检验组中选取一个来评定齿轮质量: ① f_{pt}、F_p、F_α、F_β、F_r;② F_{pk}、f_{pt}、F_p、F_α、F_β、F_r; ③ F''_i、f''_i;④ f_{pt}、F_r(10~12 级);⑤ F'_i、f'_i(有协议要求时)
齿轮副	中心距偏差$\pm f_a$;轴线平行度偏差 $f_{\Sigma\delta}$、$f_{\Sigma\beta}$;接触斑点
齿轮毛坯	齿顶圆直径偏差,基准面的径向圆跳动偏差,基准面的轴向圆跳动偏差

2. 齿轮和齿轮副各项误差的偏差值（见表 19-5~表 19-7）

表 19-5 $\pm f_{pt}$、F_p、F_α、$f_{f\alpha}$、$f_{H\alpha}$、F_r、f'_i、F_w 和 $\pm F_{pk}$ 偏差允许值（GB/T 10095.1—2008）（单位：μm）

分度圆直径 d/mm 大于	至	模数 m_n/mm 大于	至	单个齿距偏差 $\pm f_{pt}$ 5	6	7	8	齿距累积总偏差 F_p 5	6	7	8	齿廓总偏差 F_α 5	6	7	8	齿廓形状偏差 $f_{f\alpha}$ 5	6	7	8	齿廓倾斜偏差 $\pm f_{H\alpha}$ 5	6	7	8	径向跳动偏差 F_r 5	6	7	8	f'_i/K 值 5	6	7	8	公法线长度变动偏差 F_w 5	6	7	8
5	20	0.5	2	4.7	6.5	9.5	13	11	16	23	32	4.6	6.5	9.0	13	3.5	5.0	7.0	10	2.9	4.2	6.0	8.5	9.0	13	18	25	14	19	27	38	10	14	20	29
		2	3.5	5.0	7.5	10	15	12	17	23	33	6.5	9.5	13	19	5.0	7.0	10	14	4.2	6.0	8.5	12	9.5	13	19	27	16	23	32	45				
20	50	0.5	2	5.0	7.0	10	14	14	20	29	41	5.0	7.5	10	15	4.0	5.5	8.0	11	3.3	4.6	6.5	9.5	11	16	23	32	14	20	29	41	12	16	23	32
		2	3.5	5.5	7.5	11	15	15	21	30	42	7.0	10	14	20	5.5	8.0	11	16	4.5	6.5	9.0	13	12	17	24	34	17	24	34	48				
		3.5	6	6.0	8.5	12	17	15	22	31	44	9.0	12	18	25	7.0	9.5	14	19	5.5	8.0	11	16	12	17	25	35	19	27	38	54				
50	125	0.5	2	5.5	7.5	11	15	18	26	37	52	6.0	8.5	12	17	4.5	6.5	9.0	13	3.7	5.5	7.5	11	15	21	29	42	16	22	31	44	14	19	27	37
		2	3.5	6.0	8.5	12	17	19	27	38	53	8.0	11	16	22	6.0	8.5	12	17	5.0	7.0	10	14	15	21	30	43	18	25	36	51				
		3.5	6	6.5	9.0	13	18	19	28	39	55	9.5	13	19	27	7.5	10	15	21	6.0	8.5	12	17	16	22	31	44	20	29	40	57				
125	280	0.5	2	6.0	8.5	12	17	24	35	49	69	7.0	10	14	20	5.5	7.5	11	15	4.4	6.0	9.0	12	20	28	39	55	17	24	34	49	16	22	31	44
		2	3.5	6.5	9.0	13	18	25	35	50	70	9.0	13	18	25	7.0	9.5	14	19	5.5	8.0	11	16	20	28	40	56	20	28	39	56				
		3.5	6	7.0	10	14	20	25	36	51	72	11	15	21	30	8.0	12	16	23	6.5	9.5	13	19	20	29	41	58	22	31	44	62				
280	560	0.5	2	6.5	9.5	13	19	32	46	64	91	8.5	12	17	23	6.5	9.0	13	18	5.5	7.5	11	15	26	36	51	73	19	27	39	54	19	26	37	53
		2.	3.5	7.0	10	14	20	33	46	65	92	10	15	21	29	8.0	11	16	22	6.5	9.0	13	18	26	37	52	74	22	31	44	62				
		3.5	6	8.0	11	16	22	33	47	66	94	12	17	24	34	9.0	13	18	26	7.5	11	15	21	27	38	53	75	24	34	48	68				

注：1. 本表中 F_w 是根据我国的生产实践提出的，不是国家标准规定的，仅供参考。

2. 将 f'_i/K 乘以 K，即得到 f'_i；当总重合度 $\varepsilon_\gamma<4$ 时，$K=0.2(\varepsilon_\gamma+4)/\varepsilon_\gamma$；当总重合度 $\varepsilon_\gamma\geqslant4$ 时，$K=0.4$。

3. $F'_i=F_p+f'_i$。

4. $\pm F_{pk}=f_{pt}+1.6\sqrt{(k-1)m_n}$（5 级精度），通常取 $k=z/8$；按相邻两级的公比 $\sqrt{2}$，可求得其他级 $\pm F_{pk}$ 值。

表 19-6 F_β、$f_{f\beta}$和$\pm f_{H\beta}$偏差允许值（GB/T 10095.1—2008） （单位：μm）

分度圆直径 d/mm 大于	分度圆直径 d/mm 至	齿宽 b/mm 大于	齿宽 b/mm 至	螺旋线总偏差 F_β 5	6	7	8	螺旋线形状偏差 $f_{f\beta}$ 和螺旋线倾斜偏差 $\pm f_{H\beta}$ 5	6	7	8
5	20	4	10	6.0	8.5	12	17	4.4	6.0	8.5	12
		10	20	7.0	9.5	14	19	4.9	7.0	10	14
20	50	4	10	6.5	9.0	13	18	4.5	6.5	9.0	13
		10	20	7.0	10	14	20	5.0	7.0	10	14
		20	40	8.0	11	16	23	6.0	8.0	12	16
50	125	4	10	6.5	9.5	13	19	4.8	6.5	9.5	13
		10	20	7.5	11	15	21	5.5	7.5	11	15
		20	40	8.5	12	17	24	6.0	8.5	12	17
		40	80	10	14	20	28	7.0	10	14	20
125	280	4	10	7.0	10	14	20	5.0	7.0	10	14
		10	20	8.0	11	16	22	5.5	8.0	11	16
		20	40	9.0	13	18	25	6.5	9.0	13	18
		40	80	10	15	21	29	7.5	10	15	21
		80	160	12	17	25	35	8.5	12	17	25
280	560	10	20	8.5	12	17	24	6.0	8.5	12	17
		20	40	9.5	13	19	27	7.0	9.5	14	19
		40	80	11	15	22	31	8.0	11	16	22
		80	160	13	18	26	36	9.0	13	18	26
		160	250	15	21	30	43	11	15	22	30

表 19-7 F''_i和f''_i偏差值（GB/T 10095.1—2008） （单位：μm）

分度圆直径 d/mm 大于	分度圆直径 d/mm 至	模数 m_n/mm 大于	模数 m_n/mm 至	径向综合总偏差 F''_i 5	6	7	8	一齿径向综合偏差 f''_i 5	6	7	8
5	20	0.2	0.5	11	15	21	30	2.0	2.5	3.5	5.0
		0.5	0.8	12	16	23	33	2.5	4.0	5.5	7.5
		0.8	1.0	12	18	25	35	3.5	5.0	7.0	10
		1.0	1.5	14	19	27	38	4.5	6.5	9.0	13
20	50	0.2	0.5	13	19	26	37	2.0	2.5	3.5	5.0
		0.5	0.8	14	20	28	40	2.5	4.0	5.5	7.5
		0.8	1.0	15	21	30	42	3.5	5.0	7.0	10
		1.0	1.5	16	23	32	45	4.5	6.5	9.0	13
		1.5	2.5	18	26	37	52	6.5	9.5	13	19
50	125	1.0	1.5	19	27	39	55	4.5	6.5	9.0	13
		1.5	2.5	22	31	43	61	6.5	13	44	
		2.5	4.0	25	36	51	72	10	14	20	29
		4.0	6.0	31	44	62	88	15	22	31	44
		6.0	10	40	57	80	114	24	34	48	67

（续）

分度圆直径 d/mm		偏差项目 / 精度等级 / 模数 m_n/mm		径向综合总偏差 F''_i				一齿径向综合偏差 f''_i			
大于	至	大于	至	5	6	7	8	5	6	7	8
125	280	1.0	1.5	24	34	48	68	4.5	6.5	9.0	13
		1.5	2.5	26	37	53	75	6.5	9.5	13	19
		2.5	4.0	30	43	61	86	10	15	21	29
		4.0	6.0	36	51	72	102	15	22	31	44
		6.0	10	45	64	90	127	24	34	48	67
280	560	1.0	1.5	30	43	61	86	4.5	6.5	9.0	13
		1.5	2.5	33	46	65	92	6.5	9.5	13	19
		2.5	4.0	37	52	73	104	10	15	21	29
		4.0	6.0	42	60	81	119	15	22	31	44
		6.0	10	51	73	103	145	24	34	48	68

三、齿轮副精度

1. 中心距极限偏差

齿轮副中心距的允许偏差数值见表 19-8。

表 19-8　齿轮副中心距允许偏差 ±f_a 值　（单位：μm）

项　目		精度等级 6	7	8	9
齿轮副的中心距 /mm	>50~80	15	23		37
	>80~120	17.5	27		43.5
	>120~180	20	31.5		50
	>180~250	23	36		57.5
	>250~315	26	40.5		65
	>315~400	28.5	44.5		70
	>400~500	31.5	48.5		77.5
	>500~630	35	55		87

2. 轴线平行度偏差

轴线平行度偏差的数值，可参照“轴线平面内的偏差”$f_{\Sigma\delta}$和“垂直平面内的偏差”$f_{\Sigma\beta}$的推荐最大值来选择和确定。轴线偏差的推荐最大值计算公式见表 19-9。

表 19-9　轴线平行度偏差 $f_{\Sigma\delta}$ 和 $f_{\Sigma\beta}$（GB/Z 18620.3—2008）

名称	计算公式
垂直平面内的轴线平行度偏差 $f_{\Sigma\beta}$	$f_{\Sigma\beta}=0.5\left(\frac{L}{b}\right)F_\beta$
轴线平面内的轴线平行度偏差 $f_{\Sigma\delta}$	$f_{\Sigma\delta}=2f_{\Sigma\beta}$

注：L—轴承跨距；b—齿宽；F_β—螺旋线总偏差，按大齿轮的分度圆直径查表 19-6。

3. 轮齿接触斑点

GB/Z 18620.4—2008 给出了各精度等级的直齿轮、斜齿轮装配后所需的接触斑点，见表 19-10。

表 19-10 齿轮装配后的接触斑点（GB/Z 18620.4—2008）

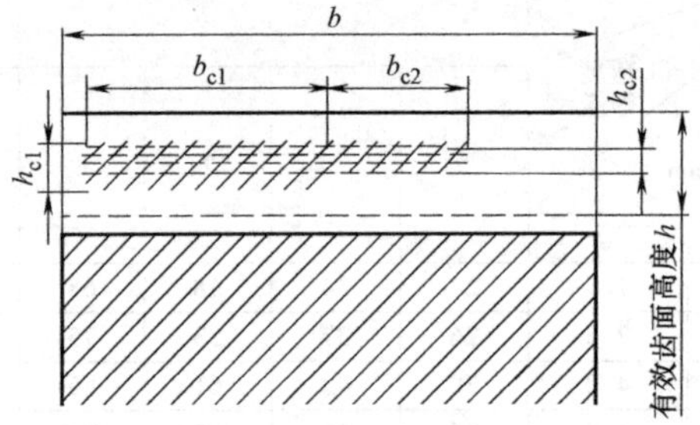

参数 / 齿轮 / 精度等级	$b_{c1}/b\times100\%$		$h_{c1}/h\times100\%$		$b_{c2}/b\times100\%$		$h_{c2}/h\times100\%$	
	直齿轮	斜齿轮	直齿轮	斜齿轮	直齿轮	斜齿轮	直齿轮	斜齿轮
4 级及更高	50	50	70	50	40	40	50	30
5 和 6	45	45	50	40	35	35	30	20
7 和 8	35	35	50	40	35	35	30	20
9~12	25	25	50	40	25	25	30	20

四、齿轮副侧隙

齿轮副的侧隙是为了避免齿轮副因制造、安装误差和工件热变形而使齿轮卡住，并为齿面间能形成油膜而在非工作侧齿面间留有的适当间隙。在中心距确定的前提下，一般通过减薄齿厚的方法来获得。控制齿厚的方法有两种，即控制齿厚极限偏差和控制公法线平均长度极限偏差。由于齿轮副的侧隙受一对齿轮的中心距及每个齿轮的实际齿厚所控制，运行时还因速度、温度及载荷等的变化而变化，因此齿轮副在静态可测量状态下，必须要有足够的侧隙。

1. 齿厚极限偏差 E_{sns} 和 E_{sni} 的计算

齿厚极限偏差的计算步骤如下：

1）最小法向侧隙 j_{bnmin}，按 $j_{bnmin}=\frac{2}{3}(0.06+0.0005a_i+0.03m_n)$ 来计算，对于中、大模数的齿轮，齿轮副的最小法向侧隙的推荐值按表 19-11 确定。

表 19-11 对于中、大模数齿轮最小法向侧隙 j_{bnmin} 的推荐值（GB/Z 18620.2—2008）

（单位：mm）

模数 m_n	最小中心距 a_i					
	50	100	200	400	800	1600
1.5	0.09	0.11	—	—	—	—
2	0.10	0.12	0.15	—	—	—
3	0.12	0.14	0.17	0.24	—	—
5	—	0.18	0.21	0.28	—	—
8	—	0.24	0.27	0.34	0.47	—
12	—	—	0.35	0.42	0.55	—
18	—	—	—	0.54	0.67	0.94

2）侧隙减小量 Δj_{bn}，用于补偿齿轮和齿轮箱体的加工和安装误差，其计算公式为

$$\Delta j_{bn}=\sqrt{0.88(f_{pt1}^2+f_{pt2}^2)+[2+0.34(L/b)]F_{\beta2}^2}$$

式中 f_{pt1}、f_{pt2}——两齿轮的单个齿距偏差（mm），见表 19-5；

L——轴承跨距（mm）；

b——齿宽（mm）；

$F_{\beta2}$——大齿轮的螺旋线总偏差（mm），见表 19-6。

3）按表 19-8 查取中心距偏差 f_a。

4）齿厚允许的上偏差 E_{sns} 的计算公式为

$$E_{sns}=-\frac{j_{bnmin}+j_{bn}}{2\cos\alpha_n}-|f_a|\tan\alpha_n$$

式中 α_n——法向压力角（°），其余参数含义同前。

5）齿厚公差 T_{sn} 的计算公式为

$$T_{sn}=2\tan\alpha_n\sqrt{b_r^2+F_r^2}$$

式中 b_r——切齿径向进刀公差（mm），见表 19-12，其余参数同前。

表 19-12 切齿径向进刀公差 b_r

精度等级	4	5	6	7	8	9
b_r 值	1.26IT7	IT8	1.26IT8	IT9	1.26IT9	IT10

注：根据分度圆直径查 IT 值。

6）齿厚允许的下偏差 E_{sni} 的计算公式为

$$E_{sni}=E_{sns}-T_{sn}$$

7）齿厚偏差标注为 $s_{nE_{sni}}^{E_{sns}}$。其中，s_n 为法向齿厚，对于标准齿轮 $s_n=\frac{\pi m_n}{2}$。

2. 公法线长度 W_k 及其极限偏差 E_{bns} 和 E_{bni}

1）公法线长度 W_k 的计算，可参考表 19-13～表 19-15 确定。表 19-16 列出了分度圆弦齿厚的测量值。

2）公法线长度极限偏差 E_{bns} 和 E_{bni} 的计算公式为

$$E_{bns}=E_{sns}-0.72F_r\sin\alpha_n$$

$$E_{bni}=E_{sni}+0.72F_r\sin\alpha_n$$

3）公法线长度偏差标注为 $W_{kE_{bni}}^{E_{bns}}$。

表 19-13 公法线长度 W_k^*（$m=1$mm，$\alpha=20°$） （单位：mm）

齿轮齿数 z	跨测齿数 k	公法线长度 W_k^*	齿轮齿数 z	跨测齿数 k	公法线长度 W_k^*	齿轮齿数 z	跨测齿数 k	公法线长度 W_k^*	齿轮齿数 z	跨测齿数 k	公法线长度 W_k^*
4	2	4.4842	13	2	4.6103	22	3	7.6884	31	4	10.7666
5	2	4.4942	14	2	4.6243	23	3	7.7024	32	4	10.7806
6	2	4.5122	15	2	4.6383	24	3	7.7165	33	4	10.7946
7	2	4.5262	16	2	4.6523	25	3	7.7305	34	4	10.8086
8	2	4.5402	17	2	4.6663	26	3	7.7445	35	4	10.8226
9	2	4.5542	18	3	7.6324	27	4	10.7106	36	5	13.7888
10	2	4.5683	19	3	7.6464	28	4	10.7246	37	5	13.8028
11	2	4.5823	20	3	7.6604	29	4	10.7386	38	5	13.8168
12	2	4.5963	21	3	7.6744	30	4	10.7526	39	5	13.8308

（续）

齿轮齿数 z	跨测齿数 k	公法线长度 W_k^*	齿轮齿数 z	跨测齿数 k	公法线长度 W_k^*	齿轮齿数 z	跨测齿数 k	公法线长度 W_k^*	齿轮齿数 z	跨测齿数 k	公法线长度 W_k^*
40	5	13.8448	81	10	29.1797	122	14	41.5624	163	19	56.8972
41	5	13.8588	82	10	29.1937	123	14	41.5764	164	19	56.9113
42	5	13.8728	83	10	29.2077	124	14	41.5904	165	19	56.9253
43	5	13.8868	84	10	29.2217	125	14	41.6044	166	19	56.9393
44	5	13.9008	85	10	29.2357	126	15	44.5706	167	19	56.9533
45	6	16.8670	86	10	29.2497	127	15	44.5846	168	19	56.9673
46	6	16.8810	87	10	29.2637	128	15	44.5986	169	19	56.9813
47	6	16.8950	88	10	29.2777	129	15	44.6126	170	19	56.9953
48	6	16.9090	89	10	29.2917	130	15	44.6266	171	20	59.9615
49	6	16.9230	90	11	32.2579	131	15	44.6406	172	20	59.9754
50	6	16.9370	91	11	32.2718	132	15	44.6546	173	20	59.9894
51	6	16.9510	92	11	32.2858	133	15	44.6686	174	20	60.0034
52	6	16.9660	93	11	32.2998	134	15	44.6826	175	20	60.0174
53	6	16.9790	94	11	32.3136	135	16	47.6490	176	20	60.0314
54	7	19.9452	95	11	32.3279	136	16	47.6627	177	20	60.0455
55	7	19.9591	96	11	32.3419	137	16	47.6767	178	20	60.0595
56	7	19.9731	97	11	32.3559	138	16	47.6907	179	20	60.0735
57	7	19.9871	98	11	32.3699	139	16	47.7047	180	21	63.0397
58	7	20.0011	99	12	35.3361	140	16	47.7187	181	21	63.0536
59	7	20.0152	100	12	35.3500	141	16	47.7327	182	21	63.0676
60	7	20.0292	101	12	35.3640	142	16	47.7408	183	21	63.0816
61	7	20.0432	102	12	35.3780	143	16	47.7608	184	21	63.0956
62	7	20.0572	103	12	35.3920	144	17	50.7270	185	21	63.1099
63	8	23.0233	104	12	35.4060	145	17	50.7409	186	21	63.1236
64	8	23.0373	105	12	35.4200	146	17	50.7549	187	21	63.1376
65	8	23.0513	106	12	35.4340	147	17	50.7689	188	21	63.1516
66	8	23.0653	107	12	35.4481	148	17	50.7829	189	22	66.1179
67	8	23.0793	108	13	38.4142	149	17	50.7969	190	22	66.1318
68	8	23.0933	109	13	38.4282	150	17	50.8109	191	22	66.1458
69	8	23.1073	110	13	38.4422	151	17	50.8249	192	22	66.1598
70	8	23.1213	111	13	38.4562	152	17	50.8389	193	22	66.1738
71	8	23.1353	112	13	38.4702	153	17	53.8051	194	22	66.1878
72	9	26.1015	113	13	38.4842	154	18	53.8191	195	22	66.2018
73	9	26.1155	114	13	38.4982	155	18	53.8331	196	22	66.2158
74	9	26.1295	115	13	38.5122	156	18	53.8471	197	22	66.2298
75	9	26.1435	116	13	38.5262	157	18	53.8611	198	23	69.1961
76	9	26.1575	117	14	41.4924	158	18	53.8751	199	23	69.2101
77	9	26.1715	118	14	41.5064	159	18	53.8891	200	23	69.2241
78	9	26.1855	119	14	41.5204	160	18	53.9031			
79	9	26.1995	120	14	41.5344	161	18	53.9171			
80	9	26.2135	121	14	41.5484	162	19	56.8833			

注：1. 对标准直齿圆柱齿轮，公法线长度 $W_k=W_k^* m$，W_k^* 为 $m=1\text{mm}$、$\alpha=20°$的公法线长度。

2. 对变位直齿圆柱齿轮，当变位系数 x 较小，即 $|x|<0.3$ 时，跨测齿数 k 不变，按照该表查出；而公法线长度 $W_k=(W_k^*+0.684x)m$；当变位系数 x 较大，即 $|x|>0.3$ 时，跨测齿数为 k'，可按下式计算：

$$k'=z\frac{\alpha_z}{180°}+0.5$$

式中　$\alpha_z=\arccos\dfrac{2d\cos\alpha}{d_a+d_f}$；

而公法线长度为

$$W_k=[2.9521(k'-0.5)+0.014z+0.684x]m$$

3. 斜齿轮的公法线长度 W_{nk} 在法面内测量，其值也可按该表确定，但必须根据当量齿数 $z'(z'=Kz)$ 查表，其中 K 为与分度圆柱上齿的螺旋角 β 有关的当量齿数系数，见表 19-14。当量齿数常为非整数，其小数部分 $\Delta z'$ 所对应的公法线长度 ΔW_n^* 可查表 19-15。故总的公法线长度 $W_{nk}=(W_k^*+\Delta W_n^*)\ m_n$，式中 m_n 为法向模数，W_k^* 为与当量齿数 z' 整数部分相对应的公法线长度，见本表。

表 19-14　当量齿数系数 K（$\alpha_n = 20°$）

β	K	差值	β	K	差值	β	K	差值	β	K	差值
1°	1.000	0.022	6°	1.016	0.006	11°	1.054	0.011	16°	1.119	0.017
2°	1.002	0.002	7°	1.022	0.006	12°	1.065	0.012	17°	1.136	0.018
3°	1.004	0.003	8°	1.028	0.008	13°	1.077	0.016	18°	1.154	0.019
4°	1.007	0.004	9°	1.036	0.009	14°	1.090	0.014	19°	1.173	0.021
5°	1.011	0.005	10°	1.045	0.009	15°	1.144	0.015	20°	1.194	—

注：对于 β 中间值的系数 K 和差值可按内插法求出。

表 19-15　与 $\Delta z'$ 对应的公法线长度 ΔW_n^*

$\Delta z'$	0.00	0.01	0.02	0.03	0.04	0.05	0.06	0.07	0.08	0.09
0.0	0.0000	0.0001	0.0003	0.0004	0.0006	0.0007	0.0008	0.0010	0.0011	0.0013
0.1	0.0014	0.0015	0.0017	0.0018	0.0020	0.0021	0.0022	0.0024	0.0025	0.0027
0.2	0.0028	0.0029	0.0031	0.0032	0.0034	0.0035	0.0036	0.0038	0.0039	0.0041
0.3	0.0042	0.0043	0.0045	0.0046	0.0048	0.0049	0.0051	0.0052	0.0053	0.0055
0.4	0.0056	0.0057	0.0059	0.0060	0.0061	0.0063	0.0064	0.0066	0.0067	0.0069
0.5	0.0070	0.0071	0.0073	0.0074	0.0076	0.0077	0.0079	0.0080	0.0081	0.0083
0.6	0.0084	0.0085	0.0087	0.0088	0.0089	0.0091	0.0092	0.0094	0.0095	0.0097
0.7	0.0098	0.0099	0.0101	0.0102	0.0104	0.0105	0.0106	0.0108	0.0109	0.0111
0.8	0.0112	0.0114	0.0115	0.0116	0.0118	0.0119	0.0120	0.0122	0.0123	0.0124
0.9	0.0126	0.0127	0.0129	0.0130	0.0132	0.0133	0.0135	0.0136	0.0137	0.0139

注：查取示例，如 $\Delta z' = 0.65$ 时，由本表查得 $\Delta W_n^* = 0.0091$。

表 19-16　标准齿轮分度圆弦齿厚和弦齿高（$m = m_n = 1\text{mm}$，$\alpha = \alpha_n = 20°$，$h_a^* = 1$）

（单位：mm）

齿数 z	分度圆弦齿厚 $\bar{s}^*$	分度圆弦齿高 $\bar{h}_a^*$	齿数 z	分度圆弦齿厚 $\bar{s}^*$	分度圆弦齿高 $\bar{h}_a^*$	齿数 z	分度圆弦齿厚 $\bar{s}^*$	分度圆弦齿高 $\bar{h}_a^*$	齿数 z	分度圆弦齿厚 $\bar{s}^*$	分度圆弦齿高 $\bar{h}_a^*$
6	1.5529	1.1022	27	1.5699	1.0228	48	1.5705	1.0129	69	1.5707	1.0090
7	1.5508	1.0873	28	1.5700	1.0220	49	1.5705	1.0126	70	1.5707	1.0088
8	1.5607	1.0769	29	1.5700	1.0213	50	1.5705	1.0123	71	1.5707	1.0087
9	1.5628	1.0684	30	1.5701	1.0205	51	1.5706	1.0121	72	1.5707	1.0086
10	1.5643	1.0616	31	1.5701	1.0199	52	1.5706	1.0119	73	1.5707	1.0085
11	1.5654	1.0559	32	1.5702	1.0193	53	1.5706	1.0117	74	1.5707	1.0084
12	1.5663	1.0514	33	1.5702	1.0187	54	1.5706	1.0114	75	1.5707	1.0083
13	1.5670	1.0474	34	1.5702	1.0181	55	1.5706	1.0112	76	1.5707	1.0081
14	1.5675	1.0440	35	1.5702	1.0176	56	1.5706	1.0110	77	1.5707	1.0080
15	1.5679	1.0411	36	1.5703	1.0171	57	1.5706	1.0108	78	1.5707	1.0079
16	1.5683	1.0358	37	1.5703	1.0167	58	1.5706	1.0106	79	1.5707	1.0078
17	1.5686	1.0362	38	1.5703	1.0162	59	1.5706	1.0105	80	1.5707	1.0077
18	1.5688	1.0342	39	1.5703	1.0158	60	1.5706	1.0102	81	1.5707	1.0076
19	1.5690	1.0324	40	1.5704	1.0154	61	1.5706	1.0101	82	1.5707	1.0075
20	1.5692	1.0308	41	1.5704	1.0150	62	1.5706	1.0100	83	1.5707	1.0074
21	1.5694	1.0294	42	1.5704	1.0147	63	1.5706	1.0098	84	1.5707	1.0074
22	1.5695	1.0281	43	1.5705	1.0143	64	1.5706	1.0097	85	1.5707	1.0073
23	1.5696	1.0268	44	1.5705	1.0140	65	1.5706	1.0095	86	1.5707	1.0072
24	1.5697	1.0257	45	1.5705	1.0137	66	1.5706	1.0094	87	1.5707	1.0071
25	1.5698	1.0247	46	1.5705	1.0134	67	1.5706	1.0092	88	1.5707	1.0070
26	1.5698	1.0237	47	1.5705	1.0131	68	1.5706	1.0091	89	1.5707	1.0069

（续）

齿数 z	分度圆弦齿厚 $\bar{s}^*$	分度圆弦齿高 $\bar{h}_a^*$	齿数 z	分度圆弦齿厚 $\bar{s}^*$	分度圆弦齿高 $\bar{h}_a^*$	齿数 z	分度圆弦齿厚 $\bar{s}^*$	分度圆弦齿高 $\bar{h}_a^*$	齿数 z	分度圆弦齿厚 $\bar{s}^*$	分度圆弦齿高 $\bar{h}_a^*$
90	1.5707	1.0068	103	1.5707	1.0060	116	1.5707	1.0053	129	1.5707	1.0048
91	1.5707	1.0068	104	1.5707	1.0059	117	1.5707	1.0053	130	1.5707	1.0047
92	1.5707	1.0067	105	1.5707	1.0059	118	1.5707	1.0053	131	1.5708	1.0047
93	1.5707	1.0067	106	1.5707	1.0058	119	1.5707	1.0052	132	1.5708	1.0047
94	1.5707	1.0066	107	1.5707	1.0058	120	1.5707	1.0052	133	1.5708	1.0047
95	1.5707	1.0065	108	1.5707	1.0057	121	1.5707	1.0051	134	1.5708	1.0046
96	1.5707	1.0064	109	1.5707	1.0057	122	1.5707	1.0051	135	1.5708	1.0046
97	1.5707	1.0064	110	1.5707	1.0056	123	1.5707	10050	140	1.5708	1.0044
98	1.5707	1.0063	111	1.5707	1.0056	124	1.5707	1.0050	145	1.5708	1.0042
99	1.5707	1.0062	112	1.5707	1.0055	125	1.5707	1.0049	150	1.5708	1.0041
100	1.5707	1.0061	113	1.5707	1.0055	126	1.5707	1.0049	齿条	1.5708	1.0000
101	1.5707	1.0061	114	1.5707	1.0054	127	1.5707	1.0049			
102	1.5707	1.0060	115	1.5707	1.0054	128	1.5707	1.0048			

注：1. 当 $m(m_n)\neq 1$mm 时，分度圆弦齿厚 $\bar{s}=\bar{s}^* m$（$\bar{s}_n=\bar{s}_n^* m_n$），分度圆弦齿高 $\bar{h}_a=\bar{h}_a^* m$（$\bar{h}_{an}=\bar{h}_{an}^* m_n$）。

2. 对于斜齿圆柱齿轮和直齿锥齿轮，本表也可以用，但要按照当量齿数 z_v 查取。

3. 如果当量齿数带小数，就要用比例插入法把小数部分考虑进去。

五、齿轮坯精度

齿坯的加工精度对齿轮的加工、检测及安装精度影响很大。因此，应控制齿坯的精度，以保证齿轮的精度。齿轮在加工、检验和安装时的径向基准面和轴向辅助基准面应尽可能一致，并在零件图上予以标注。齿坯的公差见表 19-17。

表 19-17　齿坯的公差

<table>
<tr><th colspan="3">齿轮精度等级</th><th>6</th><th>7 和 8</th><th>9</th></tr>
<tr><td rowspan="2">孔</td><td colspan="2">尺寸公差</td><td rowspan="2">IT6</td><td rowspan="2">IT7</td><td rowspan="2">IT8①</td></tr>
<tr><td colspan="2">形状公差</td></tr>
<tr><td rowspan="2">轴</td><td colspan="2">尺寸公差</td><td rowspan="2">IT5</td><td rowspan="2">IT6</td><td rowspan="2">IT7</td></tr>
<tr><td colspan="2">形状公差</td></tr>
<tr><td rowspan="2">顶圆直径</td><td colspan="2">作测量基准</td><td colspan="2">IT8</td><td>IT9</td></tr>
<tr><td colspan="2">不作测量基准</td><td colspan="3">按 IT11 给定，但不大于 0.1m_n</td></tr>
<tr><td rowspan="3">基准面的径向圆跳动②和轴向圆跳动/μm</td><td rowspan="3">分度圆直径/mm</td><td>≤125</td><td>11</td><td>18</td><td>28</td></tr>
<tr><td>>125~400</td><td>14</td><td>22</td><td>36</td></tr>
<tr><td>>400~800</td><td>20</td><td>32</td><td>50</td></tr>
</table>

① 表中 IT 为标准公差，其值查表 18-1。

② 当以齿顶圆作基准面时，基准面的径向圆跳动就指齿顶圆的径向圆跳动。

六、图样标注

在齿轮零件图上应标注齿轮的精度等级，其标注方法如下：

1）若齿轮的各检验项目精度等级相同，可只标注精度等级和标准号。如齿轮检验项目精度均为 7 级，其标注为

7 GB/T 10095.1—2008

2）若齿轮的各检验项目精度等级不同，应在各精度等级后标出相应的检验项目。如齿廓总偏差 F_α 为 6 级，齿距累积总偏差 F_p 和螺旋线总偏差 F_β 均为 7 级，则应标注为

$$6\ (F_\alpha)、7\ (F_p、F_\beta)\ \text{GB/T 10095.1—2008}$$

第二节　锥齿轮的精度

锥齿轮精度标准 GB/T 11365—1989 适用于齿宽中点处法向模数 $m_n \geqslant 1$mm 的直齿、斜齿、曲齿锥齿轮和准双曲面齿轮。

一、精度等级及其选择

GB/T 11365—1989 对锥齿轮及齿轮副规定了 12 个精度等级，其中 1 级精度最高，12 级精度最低。锥齿轮副中两齿轮一般取相同的精度等级，也允许取不同的精度等级。按公差特性及其对传动性能的影响，将锥齿轮及其齿轮副的公差项目分成三个公差组，见表 19-18。根据使用要求的不同，三个公差组可选同一精度等级，也允许各公差组选用不同的精度等级，但对齿轮副中两齿轮的同一公差组，应规定相同的精度等级。

表 19-18　锥齿轮和锥齿轮副各项公差与极限偏差分组

类别	公差组	公差与极限偏差项目		类别	公差组	公差与极限偏差项目	
		代号	名　称			代号	名　称
齿轮	Ⅰ	F'_i	切向综合公差	齿轮副	Ⅰ	F'_{ic}	齿轮副切向综合公差
		$F''_{i\Sigma}$	轴交角综合公差			$F''_{i\Sigma c}$	齿轮副轴交角综合公差
		F_p	齿距累积公差			F_{vj}	齿轮副侧隙变动公差
		F_{pk}	K 个齿距累积公差		Ⅱ	f'_{ic}	齿轮副一齿切向综合公差
		F_r	齿圈径向跳动公差			$f''_{i\Sigma c}$	齿轮副一齿轴交角综合公差
	Ⅱ	f'_i	一齿切向综合公差			f'_{zkc}	齿轮副周期误差的公差
		$f''_{i\Sigma}$	一齿轴交角综合公差			f'_{zzc}	齿轮副齿频周期误差的公差
		f'_{zk}	周期误差的公差			$\pm f_{AM}$	齿圈轴向位移极限偏差
		$\pm f_{pt}$	齿距极限偏差		Ⅲ	$\pm f_a$	齿轮副轴间距极限偏差
		f_c	齿形相对误差的公差			—	接触斑点
	Ⅲ	—	接触斑点			$\pm E_\Sigma$	齿轮副轴交角极限偏差

选择精度等级时，应考虑其传递功率、圆周速度、使用条件以及其他技术要求等有关因素。精度等级的选择可通过计算确定，但一般由类比确定。锥齿轮第Ⅱ公差组的精度等级可参考表 19-19 进行选择。

表 19-19　锥齿轮第Ⅱ公差组的精度等级与圆周速度的关系

第Ⅱ公差组精度等级		7	8	9	第Ⅱ公差组精度等级		7	8	9
类别	齿面硬度	平均直径处圆周速度/(m/s)　≤			类别	齿面硬度	平均直径处圆周速度/(m/s)　≤		
直齿	≤350HBW	7	4	3	非直齿	≤350HBW	16	9	6
	>350HBW	6	3	2.5		>350HBW	13	7	5

注：本表不属于 GB/T 11365—1989 中的内容，仅供参考。

二、锥齿轮和锥齿轮副的检验与公差

GB/T 11365—1985 规定了锥齿轮和锥齿轮副的各公差组的检验组。根据锥齿轮和锥齿

轮副的工作要求和生产规模，可在各公差组中选择有关的检验组来评定和检验锥齿轮及锥齿轮副的精度。检验组可由订货的供、需双方协商确定。

对于7、8、9级精度的一般齿轮传动，推荐的锥齿轮和锥齿轮副的检验项目见表19-20。

表 19-20　推荐的锥齿轮和锥齿轮副的检验项目

项　目		精度等级 7	精度等级 8	精度等级 9
公差组	Ⅰ	F_p 或 F_r		F_r
	Ⅱ	$\pm f_{pt}$		
	Ⅲ	接触斑点		
齿轮副	对锥齿轮	齿厚上偏差 $E_{\bar{s}s}$，齿厚下偏差 $E_{\bar{s}r}$		
	对箱体	$\pm f_a$		
	对传动	$\pm f_{AM}$，$\pm f_a$，$\pm E_{\Sigma}$，最小法向侧隙 j_{nmin}		
齿轮毛坯公差		齿坯顶锥母线跳动公差、 基准轴向跳动公差、 外径尺寸极限偏差、 齿坯轮冠距和顶锥角极限偏差		

注：本表不属于 GB/T 11365—1989 中的内容，仅供参考。

锥齿轮和锥齿轮副各检验项目的公差值和极限偏差值，见表19-21～表19-26。

表 19-21　锥齿轮的 F_p、F_{pk}、F_r 和锥齿轮副的 $F''_{i\Sigma c}$、F_{vj} 值　（单位：μm）

齿距累积偏差 F_p 和 k 个齿距累积偏差 F_{pk} ① L/mm	精度等级 7	8	9
~11.2	16	22	32
>11.2~20	22	32	45
>20~32	28	40	56
>32~50	32	45	63
>50~80	36	50	71
>80~160	45	63	90
>160~315	63	90	125
>315~630	90	125	180

中点分度圆直径/mm	中点法向模数/mm	齿圈跳动偏差 F_r 精度等级 7	8	9	齿轮副轴交角综合偏差 $F''_{i\Sigma c}$ 精度等级 7	8	9	侧隙变动偏差 F_{vj} ② 精度等级 9	10
~125	1~3.5	36	45	56	67	85	110	75	90
	>3.5~6.3	40	50	63	75	95	120	80	100
	>6.3~10	45	56	71	85	105	130	90	120
	>10~16	50	63	80	100	120	150	105	130
>125~400	1~3.5	50	63	80	100	125	160	110	140
	>3.5~6.3	56	71	90	105	130	170	120	150
	>6.3~10	63	80	100	120	150	180	130	160
	>10~16	71	90	112	130	160	200	140	170
>400~800	1~3.5	63	80	100	130	160	200	140	180
	>3.5~6.3	71	90	112	140	170	220	150	190
	>6.3~10	80	100	125	150	190	240	160	200
	>10~16	90	112	140	160	200	260	180	220

① F_p 和 F_{pk} 按中点分度圆弧长 L 查表。查 F_p 时，取 $L=\frac{1}{2}\pi d=\frac{\pi m_n z}{2\cos\beta}$；查 F_{pk} 时，取 $L=\frac{K\pi m_n}{\cos\beta}$（没有特殊要求时，$K$ 值取 $z/6$ 或最接近的整齿数）。

② 选 F_{vj} 时，取大小轮中点分度圆直径之和的一半作为查表直径。对于齿数比为整数且不大于3（1、2、3）的齿轮副，当采用选配时，可将 F_{vj} 值缩小25%或更多。

表 19-22　锥齿轮的 $\pm f_{pt}$、f_c 和锥齿轮副的 $f''_{i\Sigma c}$ 值　（单位：μm）

中点分度圆直径/mm	中点法向模数/mm	齿距极限偏差 $\pm f_{pt}$			齿形相对误差的偏差 f_c			齿轮副一齿轴交综合偏差 $f''_{i\Sigma c}$		
		精度等级								
		7	8	9	6	7	8	7	8	9
~125	1~3.5	14	20	28	5	8	10	28	40	53
	>3.5~6.3	18	25	36	6	9	13	36	50	60
	>6.3~10	20	28	40	8	11	17	40	56	71
	>10~16	24	34	48	10	15	22	48	67	85
>125~400	1~3.5	16	22	32	7	9	13	32	45	60
	>3.5~6.3	20	28	40	8	11	15	40	56	67
	>6.3~10	22	32	45	9	13	19	45	63	80
	>10~16	25	36	50	11	17	25	50	71	90
>400~800	1~3.5	18	25	36	9	12	18	36	50	67
	>3.5~6.3	20	28	40	10	14	20	40	56	75
	>6.3~10	25	36	50	11	16	24	50	71	85
	>10~16	28	40	56	13	20	30	56	80	100

表 19-23　锥齿轮接触斑点的大小与精度等级的关系

精度等级	6~7	8~9	10	对于齿面修形的齿轮，在齿面大端、小端和齿顶边缘处不允许出现接触斑点；对于齿面不修形的齿轮，其接触斑点大小应不小于表中平均值
沿齿长方向(%)	50~70	35~65	25~55	
沿齿高方向(%)	55~75	40~70	30~60	

表 19-24　周期误差的公差 f'_{zk} 值（齿轮副周期误差的公差 f'_{zkc} 值）　（单位：μm）

精度等级	中点分度圆直径/mm	中点法向模数/mm	齿轮在一转（齿轮副在大轮一转）内的周期数							
			2~4	>4~8	>8~16	>16~32	>32~63	>63~125	>125~250	>250~500
6	≤125	1~6.3	11	8	6	4.8	3.8	3.2	3	2.6
		>6.3~10	13	9.5	7.1	5.6	4.5	3.8	3.4	3
	>125~400	1~6.3	16	11	8.5	6.7	5.6	4.8	4.2	3.8
		>6.3~10	18	13	10	7.5	6	5.3	4.5	4.2
	>400~800	1~6.3	21	15	11	9	7.1	6	5.3	5
		>6.3~10	22	17	12	9.5	7.5	6.7	6	5.3
	>800~1600	1~6.3	24	17	15	10	8	7.5	7	6.3
		>6.3~10	27	20	15	12	9.5	8	7.1	6.7
7	≤125	1~6.3	17	13	10	8	6	5.3	4.5	4.2
		>6.3~10	21	15	11	9	7.1	6	5.3	5
	>125~400	1~6.3	2.5	18	13	10	9	7.5	6.7	6
		>6.3~10	28	20	16	12	10	8	7.5	6.7
	>400~800	1~6.3	32	24	18	14	11	10	8.5	8
		>6.3~10	36	26	19	15	12	10	9.5	8.5
	>800~1600	1~6.3	36	26	20	16	13	11	10	8.5
		>6.3~10	42	30	22	18	15	12	11	10
8	≤125	1~6.3	25	18	13	10	8.5	7.5	6.7	6
		>6.3~10	28	21	16	12	10	8.5	7.5	7
	>125~400	1~6.3	36	26	19	15	12	10	9	8.5
		>6.3~10	40	30	22	17	14	12	10.5	10
	>400~800	1~6.3	45	32	25	19	16	13	12	11
		>6.3~10	50	36	28	21	17	15	13	12
	>800~1600	1~6.3	53	38	28	22	18	15	14	12
		>6.3~10	63	44	32	26	22	18	16	14

表 19-25 齿圈轴向位移极限偏差 $\pm f_{AM}$ 值 （单位：μm）

中点锥距/mm	分锥角/(°)	精度等级 7				精度等级 8				精度等级 9			
		中点法向模数/mm											
		1~3.5	>3.5~6.3	>6.3~10	>10~16	1~3.5	>3.5~6.3	>6.3~10	>10~16	1~3.5	>3.5~6.3	>6.3~10	>10~16
≤50	≤20	20	11			28	16			40	22		
	>20~45	17	9.5	—	—	24	13	—	—	34	19	—	—
	>45	7.1	4			10	5.6			14	8		
>50~100	≤20	67	38	24	18	95	53	34	26	140	75	50	38
	>20~45	56	32	21	16	80	45	30	22	120	63	42	30
	>45	24	13	8.5	6.7	34	17	12	9	48	26	17	13
>100~200	≤20	150	80	53	40	200	120	75	56	300	160	105	80
	>20~45	130	71	45	34	180	100	63	48	260	140	90	67
	>45	53	30	19	14	75	40	26	20	105	60	38	28
>200~400	≤20	340	180	120	85	480	250	170	120	670	360	240	170
	>20~45	280	150	100	71	400	210	140	100	560	300	200	150
	>45	120	63	40	30	170	90	60	42	240	130	85	60

备注：表中数值用于 $\alpha=20°$ 的非修形齿轮。对于修形齿轮，允许采用低一级的 $\pm f_{AM}$ 值；当 $\alpha \neq 20°$ 时，表中数值乘以 $\sin 20° / \sin\alpha$

表 19-26 锥齿轮副的 f'_{zzc}、$\pm E_{\Sigma}$、$\pm f_a$ 值 （单位：μm）

齿轮副齿频周期误差的公差 f'_{zzc} ①

大轮齿数	中点法向模数/mm	精度等级 6	7	8
≤16	1~3.5	10	15	22
	>3.5~6.3	12	18	28
	>6.3~10	14	22	32
>16~32	1~3.5	10	16	24
	>3.5~6.3	13	19	28
	>6.3~10	16	24	34
	>10~16	19	28	42
>32~63	1~3.5	11	17	24
	>3.5~6.3	14	20	30
	>6.3~10	17	24	36
	>10~16	20	30	45
>63~125	1~3.5	12	18	25
	>3.5~6.3	15	22	32
	>6.3~10	18	26	38
	>10~16	22	34	48
>125~250	1~3.5	13	19	28
	>3.5~6.3	16	24	34
	>6.3~10	19	30	42
	>10~16	24	36	53
>250~500	1~3.5	14	21	30
	>3.5~6.3	18	28	40
	>6.3~10	22	34	48
	>10~16	28	42	60

齿轮副轴交角极限偏差 $\pm E_{\Sigma}$ ②

中点锥距/mm	小轮分锥角/(°)	最小法向侧隙种类 h、e	d	c	b	a
≤50	≤50	7.5	11	18	30	45
	>15~25	10	16	26	42	63
	>25	12	19	30	50	80
>50~100	≤15	10	16	26	42	63
	>15~25	12	19	30	50	80
	>25	15	22	32	60	95
>100~200	≤15	12	19	30	50	80
	>15~25	17	26	45	71	110
	>25	20	32	50	80	125
>200~400	≤15	15	22	32	60	95
	>15~25	24	36	56	90	140
	>25	26	40	63	100	160
>400~800	≤15	20	32	50	80	125
	>15~25	28	45	71	110	180
	>25	34	56	85	140	220
>800~1600	≤15	26	40	63	100	160
	>15~25	40	63	100	160	250
	>25	53	85	130	210	320

齿轮副轴间距极限偏差 $\pm f_a$ ③

中点锥距/mm	精度等级 6	7	8	9
≤50	12	18	28	36
>50~100	15	20	30	45
>100~200	18	25	36	55
>200~400	25	30	45	75
>400~800	30	36	60	90
>800~1600	40	50	85	130

① f'_{zzc} 用于纵向有效重合度 $\varepsilon_{\beta e} \leqslant 0.45$ 的齿轮副。当 $\varepsilon_{\beta e}>0.45 \sim 0.58$ 时，表中数值乘 0.6；当 $\varepsilon_{\beta e}>0.58 \sim 0.67$ 时，表中数值乘 0.4；当 $\varepsilon_{\beta e}>0.67$ 时，表中数值乘 0.3。其中，$\varepsilon_{\beta e}$ = 纵向重合度×齿长方向接触斑点大小百分比的平均值。

② E_{Σ} 值的公差带位置相对于零线可以不对称或取在一侧，适用于 $\alpha=20°$ 的正交齿轮副。

③ f_a 值用于无纵向修形的齿轮副。对纵向修形的齿轮副允许采用低一级的 $\pm f_a$ 值。

三、锥齿轮副的侧隙

GB/T 11365—1989 规定了锥齿轮副的最小法向侧隙种类为 a、b、c、d、e 和 h 六种。其中，以 a 为最大，依次递减，h 为零。一般情况下，设计者可根据锥齿轮副的规格和使用条件用类比法确定。该标准中还规定了锥齿轮副法向侧隙公差种类为 A、B、C、D 和 H 五种。法向侧隙公差种类与精度等级有关。允许不同种类的法向侧隙公差和最小法向侧隙组合。一般情况下，推荐的法向侧隙公差种类与最小侧隙种类的对应关系如图 19-1 所示。

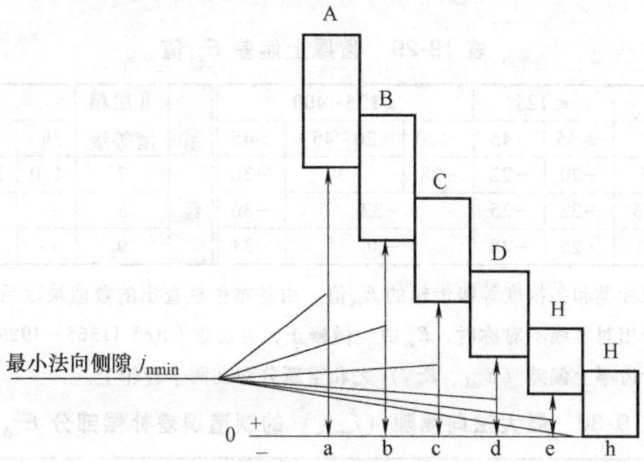

图 19-1　推荐的法向侧隙公差种类与最小侧隙种类的对应关系

最小法向侧隙的种类与精度等级无关，但对精度较低的齿轮副一般不采用较小的侧隙。

锥齿轮副最大法向侧隙 j_{nmax} 可按下式计算：

$$j_{nmax}=(\mid E_{\bar{s}s1}+E_{\bar{s}s2}\mid +T_{\bar{s}1}+T_{\bar{s}2}+E_{\bar{s}\Delta 1}+E_{\bar{s}\Delta 2})\cos\alpha_n$$

式中，$E_{\bar{s}s}$为齿厚上偏差；$T_{\bar{s}}$为齿厚公差；$E_{\bar{s}\Delta}$为制造误差的补偿部分。j_{nmin}、$T_{\bar{s}}$、$E_{\bar{s}s}$和 $E_{\bar{s}\Delta}$ 值分别见表 19-27～表 19-30。

表 19-27　最小法向侧隙 j_{nmin} 值　　（单位：μm）

中点锥距 R/mm		≤50			>50～100			>100～200			>200～400		
小轮分锥角 δ_1/(°)		≤15	>15～25	>25	≤15	>15～25	>25	≤15	>15～25	>25	≤15	>15～25	>25
最小法向侧隙种类	h	0	0	0	0	0	0	0	0	0	0	0	0
	e	15	21	25	21	25	30	25	35	40	30	46	52
	d	22	33	39	33	39	46	39	54	63	46	72	81
	c	36	52	62	52	62	74	62	87	100	74	115	130
	b	58	84	100	84	100	120	100	140	160	120	185	210
	a	90	130	160	130	160	190	160	220	250	190	290	320

注：正交齿轮副按中点锥距 R 查表。非正交齿轮副按 R' 查表，$R'=\frac{R}{2}(\sin 2\delta_1+\sin 2\delta_2)$，式中 δ_1、δ_2 分别为大、小齿轮的分锥角。

四、齿坯要求

锥齿轮在加工、检验和安装时的定位基准面应尽量一致，并在齿轮零件图上予以标注。GB/T 11365—1989 推荐的齿坯公差值见表 19-31～表 19-33。

表 19-28　齿厚公差 T_s 值　（单位：μm）

齿圈跳动公差		法向侧隙公差种类				
大于	至	H	D	C	B	A
32	40	42	55	70	85	110
40	50	50	65	80	100	130
50	60	60	75	95	120	150
60	80	70	90	110	130	180
80	100	90	110	140	170	220
100	125	110	130	170	200	260

表 19-29　齿厚上偏差 $E_{\bar{s}s}$ 值　（单位：μm）

基本值	中点分度圆直径/mm		≤125		>125~400			系数	Ⅱ组精度等级	最小法向侧隙种类					
	分锥角 δ/(°)		≤45	>45	≤20	20~45	>45			h	e	d	c	b	a
	中点法向模数/mm	≤1~3.5	-20	-22	-28	-32	-30		7	1.0	1.6	2.0	2.7	3.8	5.5
		>3.5~6.3	-22	-25	-32		-30		8	—	—	2.2	3.0	4.2	6.0
		>6.3~10	-25	-28	-36		-34		9	—	—	—	3.2	4.6	6.6

注：1. 各最小法向侧隙种类和各精度等级齿轮的 $E_{\bar{s}s}$ 值，由基本值栏查出的数值乘以系数得出。

2. 当轴交角公差带相对零线不对称时，$E_{\bar{s}s}$ 值应做修正，方法查 GB/T 11365—1989 中的附录 A2.4。

3. 允许把大、小轮齿厚上偏差（$E_{\bar{s}s1}$、$E_{\bar{s}s2}$）之和重新分配在两个齿轮上。

表 19-30　最大法向侧隙（j_{nmax}）的制造误差补偿部分 $E_{s\Delta}$ 值　（单位：μm）

中点分度圆直径/mm				≤125		>125~400		
分锥角 δ/(°)				≤45°	>45°	≤20°	20°~45°	>45°
第Ⅱ公差组精度等级	7	中点法向模数/mm	≥1~3.5	20	22	28	32	30
			>3.5~6.3	22	25	32		30
			>6.3~10	25	28	36		34
	8		≥1~3.5	22	24	30	36	32
			>3.5~6.3	24	28	36		32
			>6.3~10	28	30	40		38
	9		≥1~3.5	24	25	32	38	36
			>3.5~6.3	25	30	38		36
			>6.3~10	30	32	45		40

表 19-31　齿坯公差

精度等级	6	7	8	9
基准轴径尺寸公差	h5	h6		h7
基准孔径尺寸公差	H6	H7		H8
外径尺寸极限偏差	h8			h9

注：当三个公差组精度等级不同时，公差值按最高的精度等级查取。

表 19-32　齿坯轮冠距和顶锥角极限偏差

中点法向模数/mm	轮冠距极限偏差/μm	顶锥角极限偏差/(′)
≤1.2	0 -50	+15 0
>1.2~10	0 -75	+8 0
>10	0 -100	+8 0

表 19-33　齿坯顶锥母线跳动和基准轴向圆跳动公差

精度等级	顶锥母线跳动公差/μm					基准轴向圆跳动公差/μm				
	外径/mm					基准端面直径/mm				
	≤30	>30~50	>50~120	>120~250	>250~500	≤30	>30~50	>50~120	>120~250	>250~500
7~8	25	30	40	50	60	10	12	15	20	25
9~12	50	60	80	100	120	15	20	25	30	40

注：当三个公差组精度等级不同时，公差值按最高的精度等级查取。

五、图样标注

在锥齿轮工作图上应标注齿轮的精度等级、最小法向侧隙种类及法向侧隙公差种类，标注示例如下：

1）齿轮的第Ⅰ公差组精度等级为 8 级，第Ⅱ、Ⅲ公差组精度等级为 7 级，最小法向侧隙种类为 c，法向侧隙公差种类为 B，则其标注为

8-7-7　c　B　GB/T 11365—1989

法向侧隙公差种类

最小法向侧隙种类

第 Ⅲ 公差组精度等级

第 Ⅱ 公差组精度等级

第 Ⅰ 公差组精度等级

2）齿轮的三个公差组同为 7 级，最小法向侧隙 400μm，法向侧隙公差种类为 B，则其标注为

7-400　B　GB/T 11365—1989

3）齿轮的三个公差组同为 7 级，最小法向侧隙种类为 b，法向侧隙公差种类为 B，则其标注为

7　b　GB/T 11365—1989

第三节　圆柱蜗杆和蜗轮的精度

GB/T 10089—1988《圆柱蜗杆、蜗轮精度》适用于轴交角 $\Sigma=90°$、模数 $m \geqslant 1$mm 的圆柱蜗杆、蜗轮及其传动副。

一、精度等级及其选择

GB/T 10089—1988 对蜗杆、蜗轮和蜗杆传动规定了 12 个精度等级，其中 1 级精度最高，12 级精度最低。蜗杆和配对蜗轮的精度等级一般相同，也允许取成不同。对于有特殊要求的蜗杆传动，除 F_r、F_i''、f_i'、f_r 项目外，其蜗杆、蜗轮左右齿面的精度等级也可取成不同。按公差特性对传动性能的影响，将蜗杆、蜗轮和蜗杆传动的公差（或极限偏差）分为三个公差组，见表 19-34。根据使用要求的不同，允许各公差组选用不同的精度等级组合，但在同一公差组中，各项公差与极限偏差值应保持相同的精度等级。

表 19-34 蜗杆、蜗轮与蜗杆传动公差的分组

公差组	类别	公差与极限偏差项目		公差组	类别	公差与极限偏差项目	
		代号	名 称			代号	名 称
Ⅰ	蜗轮	F_i'	蜗轮切向综合总偏差	Ⅱ	蜗轮	f_i'	蜗轮一齿切向综合偏差
		F_i''	蜗轮径向综合总偏差			f_i''	蜗轮一齿径向综合偏差
		F_p	蜗轮齿距累积总偏差			$\pm f_{pt}$	蜗轮齿距极限偏差
		F_{pk}	蜗轮 k 个齿距累积偏差		传动	f_{ic}'	传动一齿切向综合偏差
		F_r	蜗轮齿圈径向跳动公差	Ⅲ	蜗杆	f_{f1}	蜗杆齿形公差
	传动	F_{ic}'	传动切向综合偏差		蜗轮	f_{f2}	蜗轮齿形公差
Ⅱ	蜗杆	f_h	蜗杆一转螺旋线偏差		传动	接触斑点	
		f_{hL}	蜗杆螺旋线偏差			$\pm f_a$	传动中心距极限偏差
		$\pm f_{px}$	蜗杆轴向齿距极限偏差			$\pm f_{\Sigma}$	传动轴交角极限偏差
		f_{pxL}	蜗杆轴向齿距累积偏差			$\pm f_x$	传动中间平面极限偏差
		f_r	蜗杆齿槽径向跳动公差				

蜗杆、蜗轮的精度等级可参考表 19-35 进行选择。

表 19-35 蜗杆、蜗轮精度等级与圆周速度的关系

精度等级	7	8	9
适用范围	用于运输和一般工业中的中等速度的动力传动	用于每天只有短时工作的次要传动	用于低速传动或手动机构
蜗轮圆周速度 v/(m/s)	≤7.5	≤3	≤1.5

注：此表不属于 GB/T 10089—1988 中的内容，仅供参考。

二、蜗杆、蜗轮的检验与公差

根据蜗杆传动的工作要求和生产规模，可在各公差组中选择有关的检验组来评定和检验蜗杆、蜗轮的精度。对于动力传动的一般圆柱蜗杆传动，推荐的检验项目见表 19-36。当检验组中有两项或两项以上的误差时，应以检验组中最低的一项精度来评定蜗杆和蜗轮的精度等级。

蜗杆、蜗轮的公差及极限偏差值分别见表 19-37 和表 19-38。

表 19-36 推荐的圆柱蜗杆、蜗轮和蜗杆传动的检验项目

项 目			精度等级		
			7	8	9
公差组	Ⅰ	蜗杆	—		
		蜗轮	F_p		F_r
	Ⅱ	蜗杆	$\pm f_{px}$, f_{pxL}		
		蜗轮	$\pm f_{pt}$		
	Ⅲ	蜗杆	f_{f1}		
		蜗轮	f_{f2}		
蜗杆副	对蜗杆		E_{ss1}, E_{si1}		
	对蜗轮		E_{ss2}, E_{si2}		
	对箱体		$\pm f_a$, $\pm f_x$, $\pm f_{\Sigma}$		
	对传动		接触斑点, $\pm f_a$, $j_{n\,min}$		
毛坯公差			蜗杆、蜗轮齿坯尺寸公差，形状公差，基准面径向和轴向跳动公差		

注：1. 当蜗杆副的接触斑点有要求时，蜗轮的齿形误差 f_{f2} 可不检验。

2. 此表不属于国家标准中的内容，仅供参考。

表 19-37 蜗杆的公差和极限偏差值

第Ⅱ公差组														第Ⅲ公差组
蜗杆齿槽径向跳动公差 f_r①/μm					模数 m/mm	蜗杆轴向齿距极限偏差 $\pm f_{px}$/μm			蜗杆轴向齿距累积偏差 f_{pxL}/μm			蜗杆齿形公差 f_{f1}/μm		
分度圆直径 d_1/mm	模数 m/mm	精度等级				精度等级								
		7	8	9		7	8	9	7	8	9	7	8	9
>31.5~50	≥1~10	17	23	32	≥1~3.5	11	14	20	18	25	36	16	22	32
>50~80	≥1~16	18	25	36	>3.5~6.3	14	20	25	24	34	48	22	32	45
>80~125	≥1~16	20	28	40	>6.3~10	17	25	32	32	45	63	28	40	53
>125~180	≥1~25	25	32	45	>10~16	22	32	46	40	56	80	36	53	75

① 当蜗杆齿形角 $\alpha\neq 20°$ 时，f_r 值为本表公差值乘以 $\sin20°/\sin\alpha$。

表 19-38 蜗轮的公差和极限偏差值

第Ⅰ公差组				第Ⅱ公差组									第Ⅲ公差组		
分度圆弧长 L/mm	蜗轮齿距累积总偏差 F_p 及 k 个齿距累积偏差 F_{pk}/μm			分度圆直径 d_2/mm	模数 m/mm	蜗轮齿圈径向跳动公差 F_r/μm			蜗轮齿距极限偏差 $\pm f_{pt}$/μm			蜗轮齿形公差 f_{f2}/μm			
	精度等级					精度等级									
	7	8	9			7	8	9	7	8	9	7	8	9	
>11.2~20	22	32	45	≤125	≥1~3.5	40	50	63	14	20	28	11	14	22	
>20~32	28	40	56		>3.5~6.3	50	63	80	18	25	36	14	20	32	
>32~50	32	45	63		>6.3~10	56	71	90	20	28	40	17	22	36	
>50~80	36	50	71	>125~400	≥1~3.5	45	56	71	16	22	32	13	18	28	
>80~160	45	63	90		>3.5~6.3	56	71	90	20	28	40	16	22	36	
>160~315	63	90	125		>6.3~10	63	80	100	22	32	45	19	28	45	
>315~630	90	125	180		>10~16	71	90	112	25	36	50	22	32	50	

注：1. 查 F_p 时，取分度圆弧长 $L=\frac{\pi d_2}{2}=\frac{\pi m z_2}{2}$；查 F_{pk} 时，取分度圆弧长 $L=k\pi m$（k 为 2 到小于 $z_2/2$ 的整数）。

除特殊情况外，对于 F_{pk}，k 值规定取为小于 $z_2/6$ 的最大整数。

2. 当蜗杆齿形角 $\alpha\neq 20°$ 时，F_r 的值为本表对应的公差值乘以 $\sin20°/\sin\alpha$。

三、蜗杆传动副的检验与公差

蜗杆传动的精度主要以传动的切向综合误差 $\Delta F'_{ic}$、传动的一齿切向综合误差 $\Delta f'_{ic}$ 和传动的接触斑点来评定。有关传动的检验项目及其公差见表 19-36 和表 19-39。

四、蜗杆传动的侧隙规定

按蜗杆传动最小法向侧隙的大小，将侧隙种类分为八种，分别用代号 a、b、c、d、e、f、g 和 h 表示。最小法向侧隙以 a 为最大，依次减小，h 为零，如图 19-2 所示。侧隙种类与精度等级无关，可根据工作条件和使用要求来选择。各种侧隙的最小法向侧隙 j_{nmin} 值见表 19-40。

传动的最小法向侧隙由蜗杆齿厚的减薄量来保证，即取蜗杆齿厚上偏差 $E_{ss1}=-(j_{nmin}/\cos\alpha_n+E_{s\Delta})$，齿厚下偏差 $E_{si1}=E_{ss1}-T_{s1}$，$E_{s\Delta}$ 为制造误差的补偿部分。最大法向侧隙由蜗杆、蜗轮齿厚公差 T_{s1}、T_{s2} 确定。蜗轮齿厚上偏差 $E_{ss2}=0$，下偏差 $E_{si2}=-T_{s2}$。对于可调中心距传动或不要求互换的传动，对蜗轮的齿厚公差可不做规定。T_{s1}、T_{s2}、$E_{s\Delta}$ 值见表 19-41 和表 19-42。

表 19-39 传动接触斑点的要求和 $\pm f_a$、$\pm f_x$、$\pm f_\Sigma$ 的值

传动接触斑点的要求①		第Ⅲ公差组精度等级 7	8	9
接触面积的百分比	沿齿高不小于	55%	55%	45%
	沿齿长不小于	50%	50%	40%
接触位置		接触斑点痕迹应偏于啮出端，但不允许在齿顶和啮入、啮出端的棱边接触		

传动中心距 a/mm	传动中心距极限偏差 $\pm f_a$/μm 第Ⅲ公差组精度等级 7	8	9	传动中间平面极限偏差 $\pm f_x$/μm 第Ⅲ公差组精度等级 7	8	9
>30~50	31		50	25		40
>50~80	37		60	30		48
>80~120	44		70	36		56
>120~180	50		80	40		64
>180~250	58		92	47		74
>250~315	65		105	52		85
>315~400	70		115	56		92

传动轴交角极限偏差 $\pm f_\Sigma$/μm 蜗轮齿宽 b_2/mm	第Ⅲ公差组精度等级 7	8	9
≤30	12	17	24
>30~50	14	19	28
>50~80	16	22	32
>80~120	19	24	36
>120~180	22	28	42
>180~250	25	32	48

① 采用修形齿面的蜗杆传动，接触斑点的要求可不受本表规定的限制。

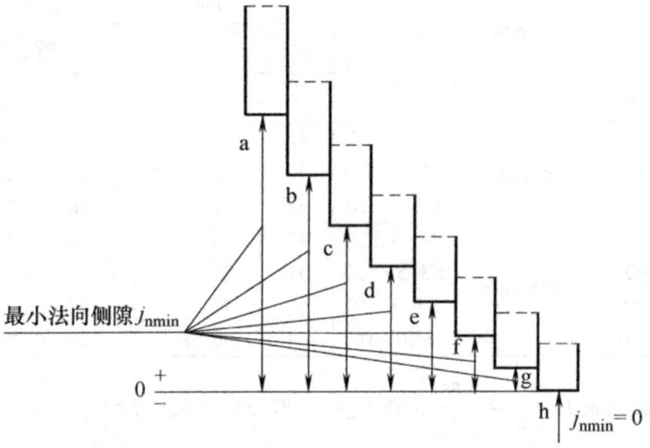

图 19-2 蜗杆副的最小法向侧隙种类

表 19-40 传动的最小法向侧隙 j_{nmin} 值 （单位：μm）

传动中心距 a/mm	侧隙种类 h	g	f	e	d	c	b	a
>30~50	0	11	16	25	39	62	100	160
>50~80	0	13	19	30	46	74	120	190
>80~120	0	15	22	35	54	87	140	220
>120~180	0	18	25	40	63	100	160	250
>180~250	0	20	29	46	72	115	185	290
>250~315	0	23	32	52	81	130	210	320
>315~400	0	25	36	57	89	140	230	360

注：1. 表中数值是蜗杆传动在20℃时的情况，未计入传动发热和传动弹性变形的影响。

2. 传动的最小圆周侧隙 $j_{tmin} \approx j_{nmin}/(\cos\gamma'\cos\alpha_n)$，式中 γ' 为蜗杆节圆柱导程角；α_n 为蜗杆法向齿形角。

五、齿坯要求

蜗杆、蜗轮在加工、检验和安装时的径向、轴向基准面应尽量一致，并应在相应的零件工作图上予以标注。齿坯精度的有关公差值可见表 19-43 和表 19-44。

表 19-41 蜗杆齿厚公差 T_{s1} 和蜗轮齿厚公差 T_{s2} 值

第Ⅱ公差组精度等级	蜗杆齿厚公差 T_{s1}①/μm				蜗杆齿厚公差 T_{s2}②/μm									
	模数 m/mm				蜗轮分度圆直径 d_2/mm									
					≤125			>125~400				>400~800		
					模数 m/mm									
	≥1~3.5	>3.5~6.3	>6.3~10	>10~16	≥1~3.5	>3.5~6.3	>6.3~10	≥1~3.5	>3.5~6.3	>6.3~10	>10~16	>3.5~6.3	>6.3~10	>10~16
7	45	56	71	95	90	110	120	100	120	130	140	120	130	160
8	53	71	90	120	110	130	140	120	140	160	170	140	160	190
9	67	90	110	150	130	160	170	140	170	190	210	170	190	230

① 当传动最大法向侧隙 j_{nmax} 无要求时，允许蜗杆齿厚公差 T_{s1} 增大，最大不超过两倍。

② 在最小法向侧隙能保证的条件下，T_{s2} 公差带允许采用对称分布。

表 19-42 蜗杆齿厚上偏差 E_{ss1} 中的误差补偿部分 $E_{s\Delta}$ 值 （单位：μm）

传动中心距 a/mm	蜗杆第Ⅱ公差组精度等级											
	7				8				9			
	模数 m/mm											
	≥1~3.5	>3.5~6.3	>6.3~10	>10~16	≥1~3.5	>3.5~6.3	>6.3~10	>10~16	≥1~3.5	>3.5~6.3	>6.3~10	>10~16
>30~50	48	56	63	—	56	71	85	—	80	95	115	—
>50~80	50	58	65	—	58	75	90	—	90	100	120	—
>80~120	56	63	71	80	63	78	90	110	95	105	125	160
>120~180	60	68	75	85	68	80	95	115	100	110	130	165
>180~250	71	75	80	90	75	85	100	115	110	120	140	170
>250~315	75	80	85	95	80	90	100	120	120	130	145	180
>315~400	80	85	90	100	85	95	105	125	130	140	155	185

表 19-43 蜗杆、蜗轮齿坯的尺寸和形状公差

精度等级		6	7,8	9
孔	尺寸公差	IT6	IT7	IT8
	几何公差	5级	6级	7级
轴	尺寸公差	IT5	IT6	IT7
	几何公差	4级	5级	6级
齿顶圆直径公差		IT8		IT9

注：1. 当三个公差组的精度等级不同时，按最高精度等级确定公差。

2. 当齿顶圆不作为测量齿厚基准时，尺寸公差按 IT11 确定，但不得大于 0.1mm。

表 19-44 蜗杆、蜗轮齿坯基准面的径向和轴向圆跳动公差 （单位：μm）

基准圆直径 d/mm	精度等级		
	5~6	7~8	9~10
≤31.5	4	7	10
>31.5~63	6	10	16
>63~125	8.5	14	22
>125~400	11	18	28
>400~800	14	22	36

注：1. 当三个公差组的精度等级不同时，按最高精度等级确定公差。

2. 当以齿顶圆作为测量基准时，也即为蜗杆、蜗轮的齿坯基准面。

六、图样标注

1）在蜗杆和蜗轮的工作图上，应分别标注精度等级、齿厚极限偏差或相应的侧隙种类代号和国家标准代号，其标注示例如下：

① 蜗杆的第Ⅱ、Ⅲ公差组的精度等级为 8 级，齿厚极限偏差为标准值，相配的侧隙种类为 c，其标注为

蜗杆 8 c GB/T 10089—1988

c——侧隙种类代号

8——第Ⅱ、Ⅲ公差组的精度等级

② 若①中蜗杆的齿厚极限偏差为非标准值，如上偏差为-0.27mm，下偏差为-0.40mm，则标注为

$$蜗杆\quad 8\left(^{-0.27}_{-0.40}\right)\quad GB/T\ 10089—1988$$

③ 蜗轮的第Ⅰ公差组的精度为 7 级，第Ⅱ、Ⅲ公差组的精度为 8 级，齿厚极限偏差为标准值，相配的侧隙种类为 f，其标注为

蜗轮 7-8-8 f GB/T 10089—1988

f——侧隙种类代号

8——第Ⅲ公差组的精度等级

8——第Ⅱ公差组的精度等级

7——第Ⅰ公差组的精度等级

④ 蜗轮的三个公差组精度同为 8 级，齿厚极限偏差为标准值，相配的侧隙种类为 c，其标注为

蜗轮 8 c GB/T 10089—1988

⑤ 若③中蜗轮的齿厚无公差要求，则标注为

蜗轮 7-8-8 GB/T 10089—1988

2）在蜗杆传动的装配图（即传动图）上，应标注相应的精度等级、侧隙种类代号和国家标准代号，其标注示例如下：

① 传动的三个公差组精度同为 8 级，侧隙种类为 c，其标注为

传动 8 c GB/T 10089—1988

c——侧隙种类代号

8——第Ⅰ、Ⅱ、Ⅲ公差组的精度等级

② 传动的第Ⅰ公差组的精度等级为 7 级，第Ⅱ、Ⅲ公差组的精度为 8 级，侧隙种类为 f，其标注为

传动 7-8-8 f GB/T 10089—1988

f——侧隙种类代号

8——第Ⅲ公差组的精度等级

8——第Ⅱ公差组的精度等级

7——第Ⅰ公差组的精度等级

第二十章

电 动 机

第一节　Y 系列三相异步电动机

Y 系列电动机为全封闭自扇冷式笼型三相异步电动机，是按照国际电工委员会（IEC）标准设计的系列产品，具有国际互换性的特点。Y 系列电动机用于空气中不含易燃、易爆或腐蚀性气体的场合，具有高效、节能、起动转矩大、噪声小、可靠性高及寿命长等优点。Y 系列电动机适用于电源电压为 380V 且无特殊要求的机械上，如机床、泵、风机、输送机、搅拌机、农业机械等；也适用于某些需要高起动转矩的机器上，如压缩机等。Y 系列电动机按外壳防护等级不同，分为 IP44（封闭式）及 IP23（防护式）等。Y 系列电动机的技术数据、安装代号、安装及外形尺寸见表 20-1～表 20-3。

表 20-1　Y 系列（IP44）电动机的技术数据

电动机型号	额定功率/kW	满载转速/(r/min)	堵转转矩/额定转矩	最大转矩/额定转矩	电动机型号	额定功率/kW	满载转速/(r/min)	堵转转矩/额定转矩	最大转矩/额定转矩
同步转速 3000r/min,2 极					同步转速 1000r/min,6 极				
Y80M1-2	0.75	2830	2.2	2.3	Y90S-6	0.75	910	2.0	2.2
Y80M2-2	1.1	2830	2.2	2.3	Y90L-6	1.1	910	2.0	2.2
Y90S-2	1.5	2840	2.2	2.3	Y100L-6	1.5	940	2.0	2.2
Y90L-2	2.2	2840	2.2	2.3	Y112M-6	2.2	940	2.0	2.2
Y100L-2	3	2880	2.2	2.3	Y132S-6	3	960	2.0	2.2
Y112M-2	4	2890	2.2	2.3	Y132M1-6	4	960	2.2	2.2
Y132S1-2	5.5	2900	2.0	2.3	Y132M2-6	5.5	960	2.0	2.2
Y132S2-2	7.5	2900	2.0	2.3	Y160M-6	7.5	970	2.0	2.0
Y160M1-2	11	2930	2.0	2.3	Y160L-6	11	970	2.0	2.0
Y160M2-2	15	2930	2.0	2.3	Y180L-6	15	970	1.8	2.0
Y160L-2	18.5	2930	2.0	2.2	Y200L1-6	18.5	970	1.8	2.0
Y180M-2	22	2940	2.0	2.2	Y200L2-6	22	970	1.8	2.0
Y200L1-2	30	2950	2.0	2.2	Y225M-6	30	980	1.7	2.0
Y200L2-2	37	2950	2.0	2.2	Y250M-6	37	980	1.8	2.0
Y225M-2	45	2970	2.0	2.2	Y280S-6	45	980	1.8	2.0
Y250M-2	55	2970	2.0	2.2	Y280M-6	55	980	1.8	2.0

（续）

电动机型号	额定功率/kW	满载转速/(r/min)	堵转转矩/额定转矩	最大转矩/额定转矩
同步转速 1500r/min，4 极				
Y80M1-4	0.55	1390	2.2	2.3
Y80M2-4	0.75	1390	2.2	2.3
Y90S-4	1.1	1400	2.2	2.3
Y90L-4	1.5	1400	2.2	2.3
Y100L1-4	2.2	1430	2.2	2.3
Y100L2-4	3	1430	2.2	2.3
Y112M-4	4	1440	2.2	2.3
Y132S-4	5.5	1440	2.2	2.3
Y132M-4	7.5	1440	2.2	2.3
Y160M-4	11	1460	2.2	2.3
Y160L-4	15	1460	2.2	2.3
Y180M-4	18.5	1470	2.0	2.2
Y180L-4	22	1470	2.0	2.2
Y200L-4	30	1470	2.0	2.2
Y225S-4	37	1480	1.9	2.2
同步转速 1500r/min，4 极				
Y225M-4	45	1480	1.9	2.2
Y250M-4	55	1480	2.0	2.2
Y280S-4	75	1480	1.9	2.2
Y280M-4	90	1480	1.9	2.2
同步转速 750r/min，8 极				
Y132S-8	2.2	710	2.0	2.0
Y132M-8	3	710	2.0	2.0
Y160M1-8	4	720	2.0	2.0
Y160M2-8	5.5	720	2.0	2.0
Y160L-8	7.5	720	2.0	2.0
Y180L-8	11	730	1.7	2.0
Y200L-8	15	730	1.8	2.0
Y225S-8	18.5	730	1.7	2.0
Y225M-8	22	730	1.8	2.0
Y250M-8	30	730	1.8	2.0
Y280S-8	37	740	1.8	2.0
Y280M-8	45	740	1.8	2.0

注：现以 Y132S2-2-B3 为例，说明电动机型号的含义。其中，Y 表示系列代号；132 表示机座中心高；S 表示短机座（M 为中机座，L 为长机座），字母 S、M、L 后的数字表示不同功率的代号；2 表示电动机的极数；B3 表示安装形式。

表 20-2　Y 系列电动机的安装代号

安装形式	基本安装型	由 B3 派生安装型				
	B3	V5	V6	B6	B7	B8
示意图	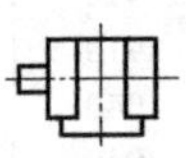	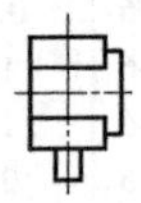	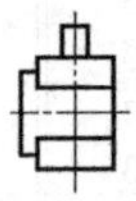	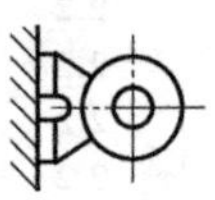	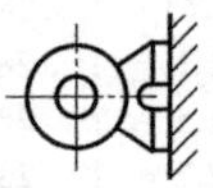	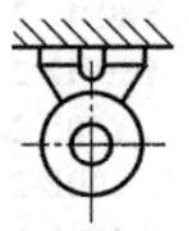
中心高/mm	80～280	80～160				
安装形式	基本安装型	由 B5 派生安装型		基本安装型	由 B35 派生安装型	
	B5	V1	V3	B35	V15	V36
示意图	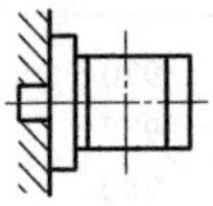	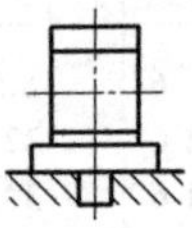	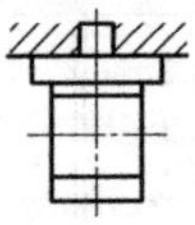	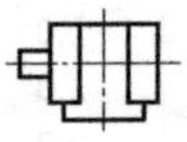	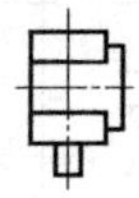	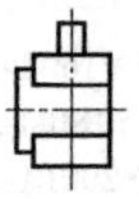
中心高/mm	80～225	80～280	80～160	80～280	80～160	80～160

表 20-3　机座带底脚、端盖无凸缘（B3、B6、B7、B8、V5、V6）电动机的安装及外形尺寸

（单位：mm）

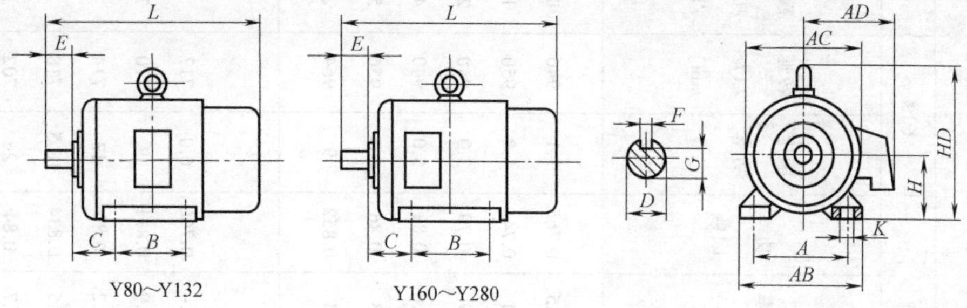

机座号	极数	A	B	C	D	E	F	G	H	K	AB	AC	AD	HD	L
80M	2,4	125	100	50	19j6	40	6N9	15.5	80	10	165	175	150	175	290
90S	2,4,6	140		56	24j6	50	8N9	20	90		180	195	160	195	315
90L			125												340
100L		160	140	63	28j6	60		24	100	12	205	215	180	245	380
112M		190		70					112		245	240	190	265	400
132S		216		89	38k6	80	10N9	33	132		280	275	210	315	475
132M			178												515
160M	2,4,6,8	254	210	108	42k6	110	12N9	37	160	14.5	330	335	265	385	605
160L			254												650
180M		279	241	121	48k6		14N9	42.5	180		355	380	285	430	670
180L			279												710
200L		318	305	133	55m6		16N9	49	200	18.5	395	420	315	475	775
225S	4,8	356	286	149	60m6	140	18N9	53	225		435	475	345	530	820
225M	2		311		55m6	110	16N9	49							815
	4,6,8				60m6	140	18N9	53							845
250M	2	406	349	168					250	24	490	515	385	575	930
	4,6,8				65m6			58							
280S	2	457	368	190					280		550	580	410	640	1000
	4,6,8				75m6		20N9	67.5							
280M	2		419		65m6		18N9	58							1050
	4,6,8				75m6		20N9	67.5							

第二节　YZ 系列起重及冶金用三相异步电动机

起重及冶金用三相异步电动机是用于驱动各种形式的起重机械和冶金设备中的辅助机械的专用系列产品。它具有较大的过载能力和较高的机械强度，特别适用于短时或断续周期运行、频繁起动和制动、有时过载荷及有显著的振动与冲击的设备。

YZ 系列为笼型转子电动机。起重及冶金用电动机大多采用绕线转子，但对于 30kW 以下电动机以及在起动不是很频繁而电网容量又许可满压起动的场所，也可采用笼型转子。

根据载荷的不同性质，电动机常用的工作制分为 S2（短时工作制）、S3（断续周期工作制）、S4（包括起动的断续周期性工作制）、S5（包括电制动的断续周期工作制）四种。电动机的额定工作制为 S3，每一工作周期为 10min。电动机的基准载荷持续率为 40%。YZ 系列电动机的技术数据、安装及外形尺寸等见表 20-4 和表 20-5。

表 20-4　YZ 系列电动机的技术数据（JB/T 10104—2011）

型号	S2				S3															
					6 次/h(热等效起动次数)															
	30min		60min		15%		25%		40%							60%		100%		
	额定功率/kW	转速/(r/min)	额定功率/kW	转速/(r/min)	额定功率/kW	转速/(r/min)	额定功率/kW	转速/(r/min)	额定功率/kW	转速/(r/min)	最大转矩/额定转矩	堵转转矩/额定转矩	堵转电流/额定电流	效率(%)	功率因数	额定功率/kW	转速/(r/min)	额定功率/kW	转速/(r/min)	
YZ112M-6	1.8	892	1.5	920	2.2	810	1.8	892	1.5	920	2.7	2.44	4.47	69.5	0.765	1.1	946	0.8	980	
YZ132M1-6	2.5	920	2.2	935	3.0	804	2.5	920	2.2	935	2.9	3.1	5.16	74	0.745	1.8	950	1.5	960	
YZ132M2-6	4.0	915	3.7	912	5.0	890	4.0	915	3.7	912	2.8	3.0	5.54	79	0.79	3.0	940	2.8	945	
YZ100M1-6	6.3	922	5.5	933	7.5	903	6.3	922	5.5	933	2.7	2.5	4.9	80.6	0.83	5.0	940	4.0	953	
YZ100M2-6	8.5	943	7.5	948	11	926	8.5	943	7.5	948	2.9	2.4	5.52	83	0.86	6.3	956	5.5	961	
YZ160L-6	15	920	11	953	15	920	13	936	11	953	2.9	2.7	6.17	84	0.852	9	964	2.5	972	
YZ100L-8	9	694	7.5	705	11	675	9	694	7.5	705	2.7	2.5	5.1	82.4	0.766	6.0	717	5	721	
YZ180L-8	13	675	11	694	15	654	13	675	11	694	2.5	2.6	4.9	80.9	0.811	9	710	7.5	718	
YZ200L-8	18.5	697	15	710	22	686	18.5	697	15	710	2.8	2.7	6.1	86.2	0.80	13	714	11	720	
YZ225M-8	26	701	22	712	33	687	26	701	22	712	2.9	2.9	6.2	87.5	0.834	18.5	718	17	720	
YZ250M1-8	35	681	30	694	42	663	35	681	30	694	2.54	2.7	5.47	85.7	0.84	26	702	22	717	

表 20-5　YZ 系列电动机的安装及外形尺寸　　（单位：mm）

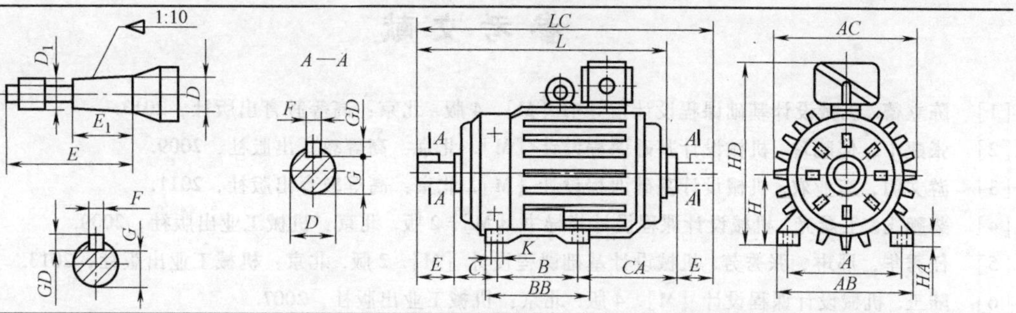

<table>
<tr><th rowspan="2">机座号</th><th colspan="14">安装尺寸</th><th colspan="7">外形尺寸</th></tr>
<tr><th>H</th><th>A</th><th>B</th><th>C</th><th>CA</th><th>K</th><th>螺栓直径</th><th>D</th><th>D1</th><th>E</th><th>E1</th><th>F</th><th>G</th><th>GD</th><th>AC</th><th>AB</th><th>HD</th><th>BB</th><th>L</th><th>LC</th><th>HA</th></tr>
<tr><td>112M</td><td>112</td><td>190</td><td>140</td><td>70</td><td>135</td><td rowspan="2">12</td><td rowspan="2">M10</td><td>32</td><td rowspan="4"></td><td rowspan="2">80</td><td rowspan="4"></td><td rowspan="2">10</td><td>27</td><td rowspan="2">8</td><td>245</td><td>250</td><td>325</td><td>235</td><td>420</td><td>505</td><td>15</td></tr>
<tr><td>132M</td><td>132</td><td>216</td><td>178</td><td>89</td><td>150</td><td>38</td><td>33</td><td>285</td><td>275</td><td>365</td><td>260</td><td>495</td><td>577</td><td>17</td></tr>
<tr><td>160M</td><td rowspan="2">160</td><td rowspan="2">254</td><td>210</td><td rowspan="2">180</td><td rowspan="3">180</td><td rowspan="3">15</td><td rowspan="3">M12</td><td rowspan="2">48</td><td rowspan="3">110</td><td rowspan="3">14</td><td rowspan="2">42.5</td><td rowspan="3">9</td><td rowspan="2">325</td><td rowspan="2">320</td><td rowspan="2">425</td><td>290</td><td>608</td><td>718</td><td rowspan="2">20</td></tr>
<tr><td>160L</td><td>254</td><td>335</td><td>650</td><td>762</td></tr>
<tr><td>180L</td><td>180</td><td>279</td><td>279</td><td>121</td><td>55</td><td>M36×3</td><td>82</td><td>19.9</td><td>360</td><td>360</td><td>465</td><td>380</td><td>685</td><td>800</td><td>22</td></tr>
<tr><td>200L</td><td>200</td><td>318</td><td>305</td><td>133</td><td>210</td><td rowspan="2">19</td><td rowspan="2">M16</td><td>60</td><td rowspan="2">M42×3</td><td rowspan="3">140</td><td rowspan="3">105</td><td rowspan="2">16</td><td>21.4</td><td rowspan="2">10</td><td>405</td><td>405</td><td>510</td><td>400</td><td>780</td><td>928</td><td>25</td></tr>
<tr><td>225M</td><td>225</td><td>356</td><td>311</td><td>149</td><td>258</td><td>65</td><td>23.9</td><td>430</td><td>455</td><td>545</td><td>410</td><td>850</td><td>998</td><td>28</td></tr>
<tr><td>250M</td><td>250</td><td>406</td><td>349</td><td>168</td><td>295</td><td>24</td><td>M20</td><td>70</td><td>M48×3</td><td>18</td><td>25.4</td><td>11</td><td>480</td><td>515</td><td>605</td><td>510</td><td>935</td><td>1092</td><td>30</td></tr>
</table>

参考文献

[1] 陈立德. 机械设计基础课程设计指导书［M］. 4版. 北京：高等教育出版社，2013.

[2] 张建中，何晓玲. 机械设计基础课程设计［M］. 北京：高等教育出版社，2009.

[3] 游文明，李业农. 机械设计基础课程设计［M］. 北京：高等教育出版社，2011.

[4] 柴鹏飞. 王晨光. 机械设计课程设计指导书［M］. 2版. 北京：机械工业出版社，2009.

[5] 任秀华，邢琳，张秀芳. 机械设计基础课程设计［M］. 2版. 北京：机械工业出版社，2013.

[6] 陆玉. 机械设计课程设计［M］. 4版. 北京：机械工业出版社，2007.

[7] 王之栎. 王大康. 机械设计综合课程设计［M］. 2版. 北京：机械工业出版社，2009.

[8] 寇尊权. 王多. 机械设计课程设计［M］. 2版. 北京：机械工业出版社，2011.

[9] 唐增宝，常建娥. 机械设计课程设计［M］. 4版. 武汉：华中科技大学出版社，2012.

[10] 张峰，古乐. 机械设计课程设计手册［M］. 北京：高等教育出版社，2010.

[11] 王昆，等. 机械设计课程设计［M］. 北京：高等教育出版社，1995.

[12] 席伟光，杨光，李波. 机械设计课程设计［M］. 北京：高等教育出版社，2003.

[13] 龚溎义，等. 机械设计课程设计指导书［M］. 2版. 北京：高等教育出版社，1990.

[14] 冯立艳，李建功，陆玉. 机械设计课程设计［M］. 5版. 北京：机械工业出版社，2016.

[15] 王旭，王秀叶，王积森. 机械设计课程设计［M］. 3版. 北京：机械工业出版社，2014.

[16] 宋宝玉. 机械设计课程设计指导书［M］. 2版. 北京：高等教育出版社，2016.

[17] 李育锡. 机械设计课程设计［M］. 2版. 北京：高等教育出版社，2014.

[18] 吴宗泽，等. 机械设计课程设计手册［M］. 4版. 北京：高等教育出版社，2012.

[19] 吴宗泽. 机械设计实用手册［M］. 3版. 北京：化学工业出版社，2010.

[20] 周开勤. 机械零件手册［M］. 5版. 北京：高等教育出版社，2001.

[21] 成大先. 机械设计手册［M］. 6版. 北京：化学工业出版社，2016.

[22] 闻邦椿. 机械设计手册［M］. 5版. 北京：机械工业出版社，2010.

[24] 吴宗泽，冼建生. 机械零件设计手册［M］. 2版. 北京：机械工业出版社，2013.